机械图样的识读与绘制

（中职分册）

主　编　何吉利

ZHEJIANG UNIVERSITY PRESS
浙江大学出版社

图书在版编目（CIP）数据

机械图样的识读与绘制．中职分册／何吉利主编．
—杭州：浙江大学出版社，2016．7
ISBN 978-7-308-16085-8

Ⅰ．①机… Ⅱ．①何… Ⅲ．①机械图—识图—中等专业学校—教材 ②机械制图—中等专业学校—教材 Ⅳ．①TH126

中国版本图书馆 CIP 数据核字(2016)第 178574 号

机械图样的识读与绘制(中职分册)
主编 何吉利

责任编辑 王 波
责任校对 余梦洁
封面设计 林智广告
出版发行 浙江大学出版社
（杭州市天目山路 148 号 邮政编码 310007）
（网址：http://www.zjupress.com）
排 版 杭州中大图文设计有限公司
印 刷 富阳市育才印刷有限公司
开 本 787mm×1092mm 1/16
印 张 21.25
字 数 517 千
版 印 次 2016 年 7 月第 1 版 2016 年 7 月第 1 次印刷
书 号 ISBN 978-7-308-16085-8
定 价 39.00 元

前　言

中等和高等职业教育在课程与教学上的脱节、断层和疏离是制约实现中等和高等职业教育协调发展的关键环节，是影响现代职业教育体系建设进一步深化的重点因素。本教材是在充分认识到中高职衔接课程体系建设的重要性和紧迫性的情况下编写的。

浙江工业职业技术学院机电一体化专业与温岭市职业技术学院、新昌大市聚职业高中、浙江新昌职业技术学校、诸暨市技师学院、绍兴市职业教育中心等展开中高职衔接合作试点。为促成中高职学校真正意义上的有效衔接，我们学院组织相关教师对机电一体化专业的工作岗位群进行调研，分析这些岗位群的工作内容和任务，与以上几所合作单位主管教学的副校长、教务处主任等一同探讨了机电一体化专业“3＋2班”人才培养方案、专业平台课程、专业核心课程的制定等，与各任课老师一起探讨了教材目录的编制框架及内容的编排格式，从而明确本教材的编写指导思想，即：坚持以达到国家职业技能鉴定标准和就业能力为目标，以工作任务为引领，由浅入深，循序渐进，精简理论，突出核心技能和实操能力，使理论和实践融为一体，构建符合当前教学改革方向的，以培养应用型、技术型、创新型人才为目标的教材编写体系。

中高职衔接精品教材《机械图样的识读与绘制》包括中职和高职两个分册，共分十二大模块，具体分为模块—课题—任务的三级编排目录。课程结构以识读和绘制图样的任务为线索，包括查阅相关国标、识读机械图样，让学生通过识读、绘图等活动，构建空间投影概念，形成相应的职业能力。按照“拓宽、拓深、拓高”的思路，中职分册重点突出识读、绘制简单零件图样的能力、识读装配图的能力；高职分册重点突出绘制复杂零件图、装配图及零部件的测绘能力、AutoCAD软件应用能力，真正实现中高职课程的有效衔接。

本教材的编写基于以下两大特色和创新：

1. 以工作任务为引领，在具体任务和实例的选取上，突出实用性和典型性，以培养学生的职业能力。

2. 基于岗位工作能力，量身定制中高职“机械图样的识读与绘制”课程的衔接。根据不同的中高职培养目标对应的职业（岗位）群，对课程结构和教学内容进行调整优化，不仅在课程结构上形成了中高职层次的纵向衔接，且在课程内容上形成横向贯通，尽量降低教学内容的重复率。

本教材由浙江工业职业技术学院何吉利老师任主编，前述各中职学校教师陈伟江、沈连水、符燕群、马晓群、张慧奇、马娜娜等任参编。高龙士老师任主审。

由于编者水平有限，难免有疏漏和不足之处，恳请专家和读者给与批评指正。

目　录

模块一　制图的基本知识与基本技能

课题一　平面图形识读与绘制

引言

图样是工程界的技术语言。它是表达设计意图、交流技术思想的重要工具，是工业生产中的重要技术文件。如我们熟悉的汽车、飞机、探月飞行器、机床等都是依据图样生产的。为了准确地绘制和阅读机械图样，我们必须熟悉和掌握机械制图国家标准的一般规定。由于图样是用二维平面图形（图 1-1(a)）来表达三维空间立体图（图 1-1(b)），所以我们还要学会正确使用绘图工具来绘制平面图形的基本技能。

我们将通过完成本课题具体的识图和绘图实践任务来掌握机械制图国家标准的有关内容，学会正确使用绘图工具来绘制平面图形的绘图技能，并在完成学习任务的过程中养成良好的学习习惯。

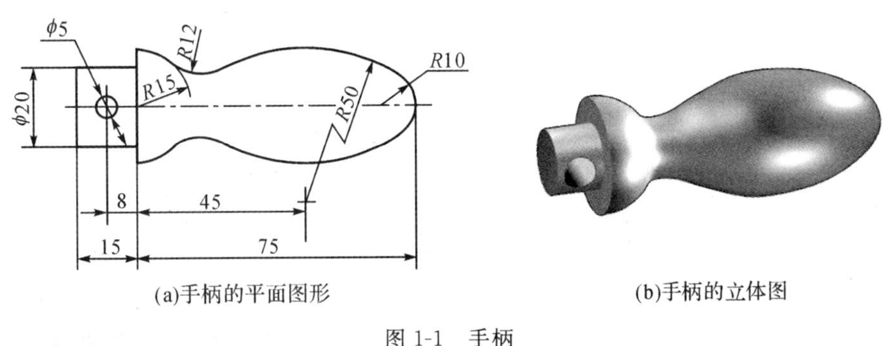

(a)手柄的平面图形　　(b)手柄的立体图

图 1-1　手柄

知识目标

1. 熟悉国家标准中有关图幅、比例、字体、图线和尺寸注法等制图基本知识；
2. 认识绘图工具和仪器，并能熟练使用；
3. 掌握常用的几何作图方法；
4. 掌握平面图形的画图步骤及尺寸标注。

技能目标

1. 能按比例正确绘出带有斜度、锥度、圆弧连接等较复杂的平面图形；
2. 培养认真负责的学习态度和严谨细致的工作作风。

任务一　认识制图国家标准

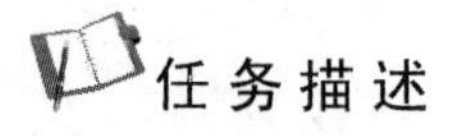

任务描述

识读如图 1-2 所示图样，找出图中所运用的有关国家标准。

任务分析

观察图 1-2，这张图样显示了哪些信息？图中所画是什么零件？图中有不同的线型和线

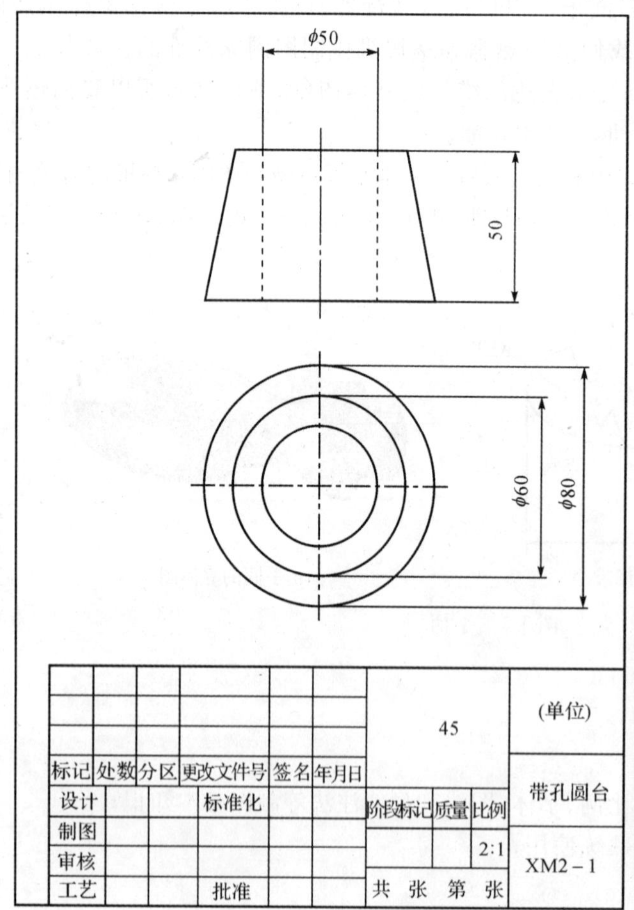

图 1-2　带孔圆台

宽:有连续的、有不连续的;有粗的、有细的等。这些线型代表什么含义?零件实际大小如何?图样中字体有什么要求?国家标准中对以上要求均有统一规定。

相关知识

图样是工程技术人员的共同语言,为了便于技术管理、便于国际国内的技术交流和贸易往来,国家技术监督局发布了《技术制图》和《机械制图》国家标准,对图样的绘制规则等做出统一的规定。其内容包括图纸幅面和格式、比例、字体、图线、尺寸标注等。

1. 图纸幅面与格式(GB/T 14689—2008)

国家标准 GB/T 14689—2008 对图纸幅面与格式做了规定。GB/T 14689—2008 的含义是:“GB”是“国标”两字的汉语拼音缩写,代号“T”表示推荐性标准,“14689”为标准的顺序号,“2008”为颁布或修订标准的年号。

(1)图纸幅面尺寸

图纸幅面是指由图纸的宽度与长度组成的图面大小。基本的图纸幅面共有 5 种:A0、A1、A2、A3、A4,各幅面尺寸见表 1-1,其尺寸关系如图 1-3 所示。使用时优先采用基本幅面,必要时也允许选用加长幅面,但增加的尺寸必须是基本幅面短边的整数倍。

表 1-1 图纸的基本幅面尺寸

<table>
<tr><th>幅面代号</th><th>$B \times L$</th><th>e</th><th>c</th><th>a</th></tr>
<tr><td>A0</td><td>841×1189</td><td rowspan="2">20</td><td rowspan="3">10</td><td rowspan="5">25</td></tr>
<tr><td>A1</td><td>594×841</td></tr>
<tr><td>A2</td><td>420×594</td><td rowspan="3">10</td></tr>
<tr><td>A3</td><td>297×420</td><td rowspan="2">5</td></tr>
<tr><td>A4</td><td>210×297</td></tr>
</table>

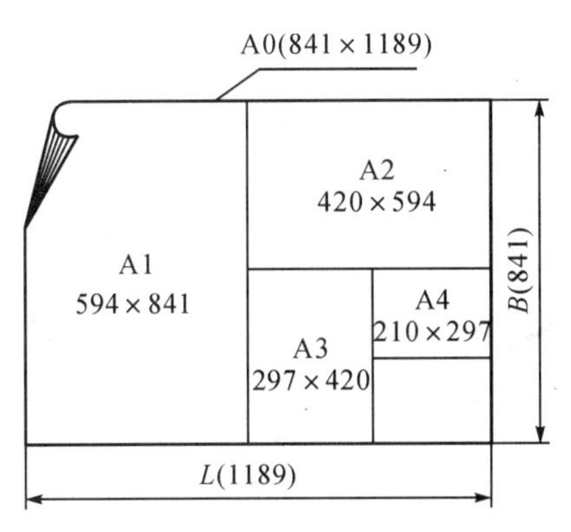

图 1-3 幅面的尺寸关系

(2)图框格式

各种幅面的图样,必须用粗实线画出图框线。格式分留装订边(图 1-4)和不留装订边(图 1-5)两种,同一种产品的图样只能采用一种格式。

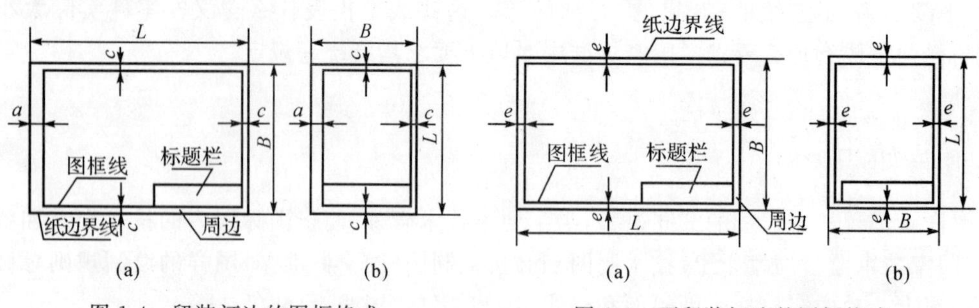

图 1-4 留装订边的图框格式

图 1-5 不留装订边的图框格式

(3)标题栏的方位和格式

每张图样都必须绘出标题栏。标题栏的格式和尺寸在GB/T 10609.1—2008 中做了规定(图 1-6(a))。但为了学习方便,在本课程中建议采用如图 1-6(b)所示的格式。标题栏的位置应位于图样的右下角。其外框线是粗实线,其右边和底边与图框线重合,框内的图线应为细实线。

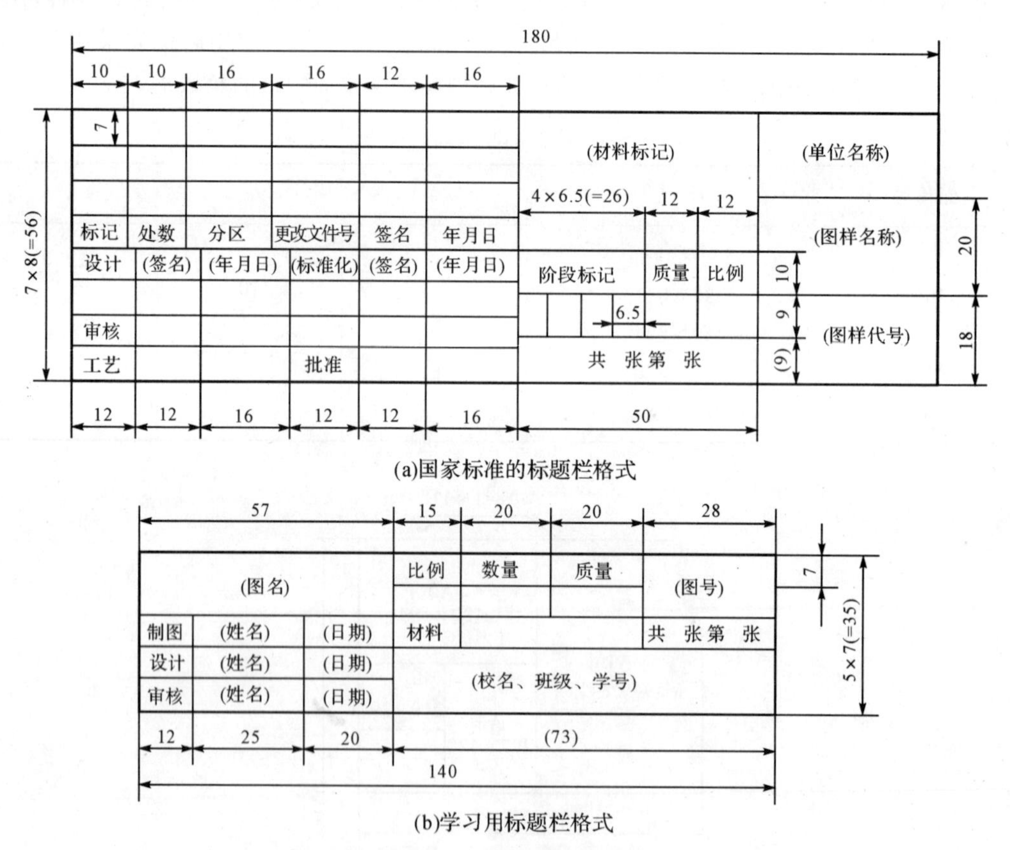

图 1-6 标题栏的格式

(4)看图方向的规定

为了使图样复制和缩微摄影时定位方便,在图纸各边长的中点处分别画出对中符号,对中符号用粗实线绘制,如图 1-7 所示。

看图的方向应与标题栏的方向一致。为了利用预先印制好的图纸,允许将图纸逆时针旋转 90°放置，如图 1-7 所示。可见此时绘图和看图方向与标题栏文字方向不一致，所以应在图纸下边对中符号处用细实线绘制一个等边三角形，称为方向符号，如图 1-7 所示。

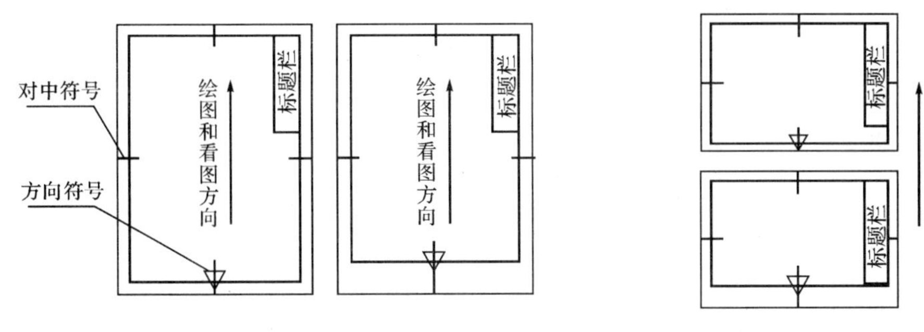

图 1-7 标题栏位于右上角时的看图方向

2. 比例（GB/T 14690—1993）

比例是指图形与其实物相应要素的线性尺寸之比。比例分为原值、放大、缩小三种。

为了反映机件的真实大小，绘制图样时应尽可能按物体的实际大小采用原值比例画出。如果物体太大或太小，则可按表 1-2 中所规定的系列中选取适当的比例。

表 1-2 比例系列（摘自 GB/T 14690—1993）

种 类	优先选用系列	允许选用系列
原值比例	1∶1	—
放大比例	5∶1 2∶1 (5×10^n)∶1 (2×10^n)∶1 (1×10^n)∶1	4∶1 2.5∶1 (4×10^n)∶1 (2.5×10^n)∶1
缩小比例	1∶2 1∶5 1∶10 1∶(2×10^n) 1∶(5×10^n) 1∶(1×10^n)	1∶1.5 1∶2.5 1∶3 1∶4 1∶6 1∶(1.5×10^n) 1∶(2.5×10^n) 1∶(3×10^n) 1∶(4×10^n) 1∶(6×10^n)

注：n 为正整数。

不论采用缩小比例或放大比例绘图，在图样上标注的尺寸均为机件设计要求的实际尺寸，而与比例无关，如图 1-8 表示同一个机件采用不同比例所画出的图形。比例一般应标注在标题栏中的“比例”栏内，如“1∶1”。

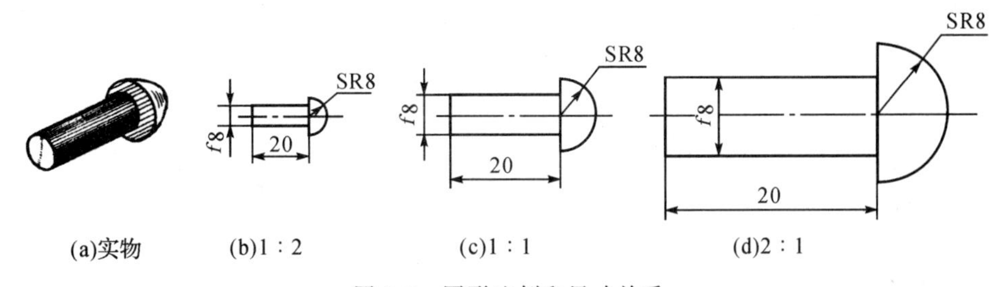

图 1-8 图形比例和尺寸关系

想一想

你注意过地图上的比例吗？是放大比例还是缩小比例？

3. 字体(GB/T 14691—1993)

国家标准 GB/T 14691—1993 对图样中的汉字、数字及字母做了规定：书写字体必须做到字体工整、笔画清楚、间隔均匀、排列整齐；字体大小用字号来表示，分为 1.8、2.5、3.5、5、7、10、14、20 八种，如 7 号字的高度 h 为 7mm。字的宽度一般为 $h/\sqrt{2}\approx 0.7h$。

(1)汉字

图样中的汉字一律写成长仿宋体，并应采用国家公布推行的简化字。汉字的高度 h 应不小于 3.5mm，长仿宋体汉字示例如图 1-9 所示。

10 号汉字

字体工整 笔画清楚 间隔均匀 排列整齐

7 号汉字

学习 机械制图 国家标准 零件图 装配图

5 号汉字

技术制图 机械 班级 姓名 比例 材料 数量 设计 校核 图号 日期 名称

图 1-9 长仿宋体汉字示例

(2)字母和数字

字母和数字分为 A 型和 B 型两种。A 型字体的笔画宽度为字高的 1/14，B 型字体的笔画宽度为字高的 1/10。绘图时，一般用 B 型斜体字，在同一张图样上，只允许选用一种形式的字体。字母和数字可写成斜体或直体。斜体字字头向右倾斜，与水平基准线成 75°。字母或数字和汉字混合书写时用直体，单独书写时用斜体。用作指数、分数、极限偏差、注脚的数字及字母，一般应采用小一号字体。图 1-10 为字母和数字示例。

ABCDEFGHIJKLMNOP QRSTUVWXYZ

拉丁字母(大写斜体)

abcdefghijklmnopq rstuvwxyz

拉丁字母(小写斜体)

0123456789 0123456789

阿拉伯数字(斜体) 阿拉伯数字(直体)

罗马数字(斜体)

I II III IV V

罗马数字(直体)

图 1-10 字母和数字示例

4.图线(GB/T 4457.4—2002)

(1)线型

国家标准 GB/T 4457.4—2002 规定了 9 种图线,其名称、线型、宽度及应用见表 1-3。

表 1-3 机械制图的线型及其应用(摘自 GB/T 4457.4—2002)

图线名称	线 型	图线宽度	一般应用
粗实线		d	可见轮廓线、可见相贯线
细实线		$d/2$	尺寸线及尺寸界线、剖面线、引出线、过渡线
细虚线		$d/2$	不可见轮廓线、不可见相贯线
细点画线		$d/2$	轴线、对称中心线、剖切线
波浪线		$d/2$	断裂处的边界线、视图与剖视图的分界线
双折线		$d/2$	断裂处的边界线、视图与剖视图的分界线
细双点画线		$d/2$	相邻辅助零件的轮廓线、可动零件的极限位置的轮廓线、成形的轮廓线、轨迹线限定范围的表示线
粗点画线		d	限定范围的表示线
粗虚线		d	允许表面处理的表示线

(2)线宽

图线分为粗细两类。粗线的宽度 d 应按图的大小和复杂程度在下面系列中选择:0.13、0.18、0.25、0.35、0.5、0.7、1、1.4、2(单位为 mm),细线的宽度约为 $d/2$。粗线的宽度常用 0.5mm 或 0.7mm,细线的宽度常用 0.35mm、0.5mm。同一张图样中相同线型的宽度应一致。各种图线的应用如图 1-11 所示。

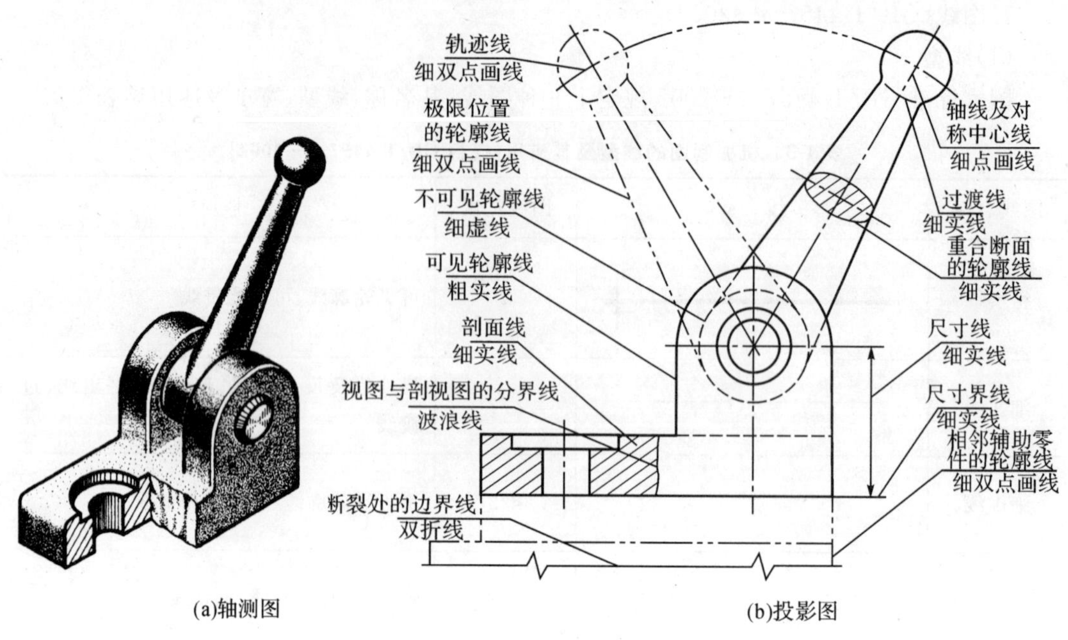

(a)轴测图　　(b)投影图

图 1-11　常用图线应用

(3)图线应用注意事项(见表 1-4)

表 1-4　绘制图线的注意事项

注意事项	图例	
	正确	错误
点画线应以长画相交。点画线的起始与终端应为长画		
中心线应超出圆周约 5mm,较小的圆形其中心线可用细实线代替,超出图形约 3mm	5　3	
虚线与虚线相交,或与实线相交时,应以线段相交,不得留有空隙		
虚线为粗实线的延长线时,不得以短画相接,应留有空隙,以表示两种图线的分界线		

想一想

表 1-3 中机械制图的线型你曾经用过哪几种？画法相同吗？

5.尺寸注法(GB/T 4458.4—2003,GB/T 19096—2003)

图样中的图形只能表达物体的形状,而物体的大小则由标注的尺寸确定。标注尺寸时,应严格遵守国家标准有关尺寸注法的规定,做到正确、完整、清晰、合理。

(1)标注尺寸的基本规则

①物体的真实大小应以图样上所注的尺寸数值为依据,与图形的大小及绘图的准确程度无关。

②图样中的尺寸以毫米为单位时,不需注明计量单位的代号或名称,若采用其他单位,则必须注明相应计量单位的代号或名称。

③物体的每一尺寸在图样中一般只标注一次,并应标注在反映该结构形状最明显的图形上。

④图样中所注尺寸是该物体最后完工时的尺寸,否则应另加说明。

(2)标注尺寸的要素

一个完整的尺寸由尺寸界线、尺寸线和尺寸数字组成,如图 1-12 所示。

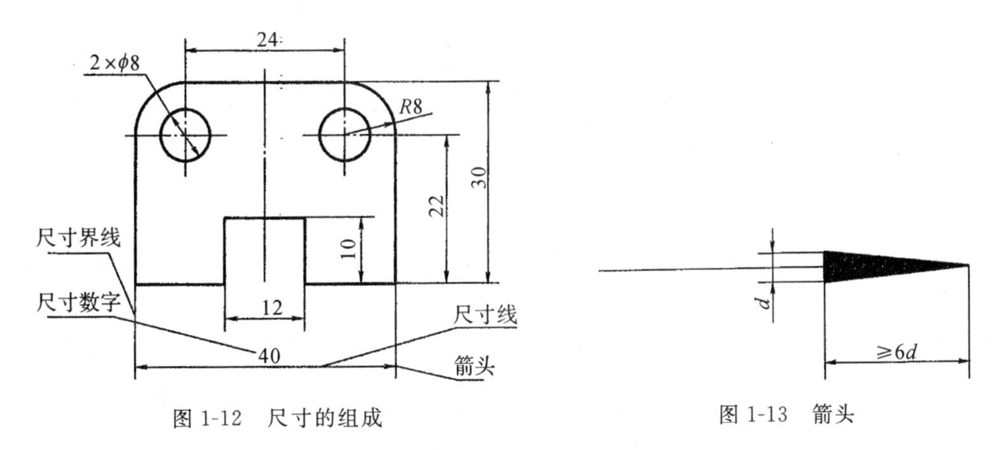

图 1-12　尺寸的组成

图 1-13　箭头

①尺寸界线。尺寸界线表示尺寸的度量范围,用细实线绘制,由图形的轮廓线、轴线或对称中心线处引出。也可以利用轮廓线、轴线或对称线中心作为尺寸界线。尺寸界线一般应与尺寸线垂直,并超出尺寸线的终端 2～3mm。

②尺寸线。尺寸线表示尺寸的度量方向,一端或两端带有终端符号(一般采用箭头),用细实线单独画出。尺寸线不能用其他图线代替,也不得与其他图线重合或画在其他图线的延长线上。标注线性尺寸时,尺寸线与所标注的线段平行。

机械图样中一般采用箭头作为尺寸线的终端。箭头尖端与尺寸界线接触,不得超出也不得离开。箭头的画法如图 1-13 所示,d 为粗实线宽度。

③尺寸数字表示物体尺寸的大小。尺寸数字一般应标注在尺寸线的上方。

注意:尺寸数字是加工检验的重要依据,尺寸数字应注写清楚且不可被任何图线所通过,若无法避免时,必须将该图线断开,如图 1-14 所示。

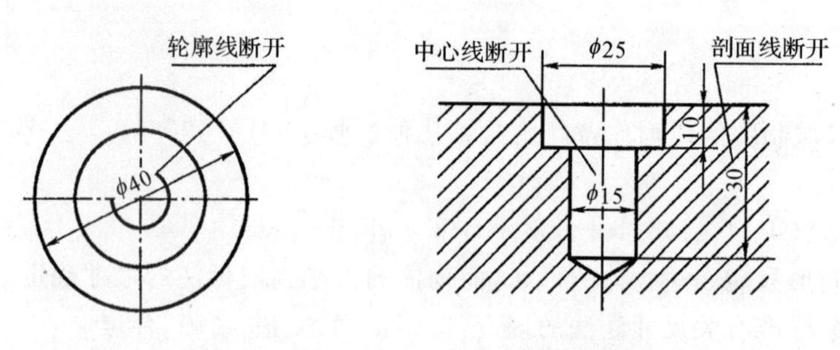

图 1-14　尺寸数字不可被任何图线通过

(3)尺寸注法

①线性尺寸的注法。线性尺寸数字一般应注写在尺寸线的上方,也允许注写在尺寸线的中断处。线性尺寸数字的方向一般应按图 1-15(a)所示的方向标注,水平方向的尺寸数字由左向右书写,字头朝上;竖直方向的尺寸数字由下向上书写,字头朝左;倾斜方向的尺寸数字字头应有向上的趋势。尽可能避免在图示 30°范围内标注尺寸,若无法避免时,可按图 1-15(b)所示的形式标注。

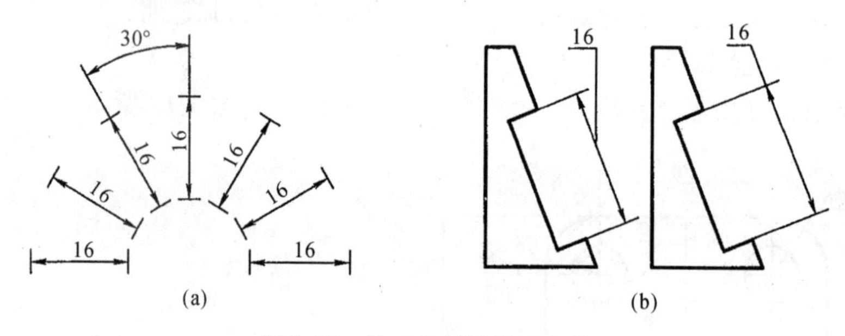

图 1-15　尺寸数字的注写方向

②圆、圆弧及球面的尺寸注法。标注直径时,应在尺寸数字前加注符号"φ",标注半径时,应在尺寸数字前加注符号"R",如图 1-16(a)所示。圆或大于半圆的圆弧一般应标注直径,半圆或小于半圆的圆弧一般标注半径,尺寸线指向圆心,在接触圆的终端画上箭头。当圆弧的半

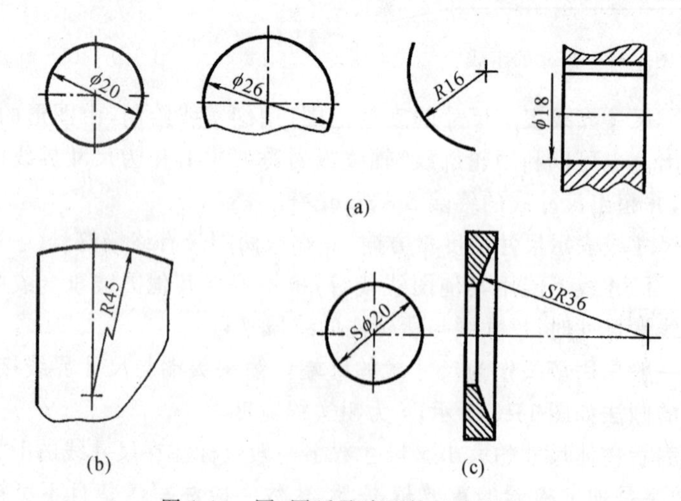

图 1-16　圆、圆弧及球面的尺寸注法

径过大，在图纸范围内无法注出其圆心位置或不必注出其圆心位置时，可按图 1-16(b)所示的形式标注。标注球面直径或半径时，应在符号 ϕ 或 R 前加注表示球面的符号“S”，如图 1-16(c)所示。对于螺钉、铆钉的头部，轴和手柄的端部等，在不致引起误解的情况下，可省略符号“S”。

③角度尺寸的标注。标注角度尺寸时，尺寸界线应沿径向引出，尺寸线画成圆弧，圆心是角的顶点。尺寸数字一律水平书写，一般注写在尺寸线的中断处，必要时也可引出标注，如图 1-17 所示。

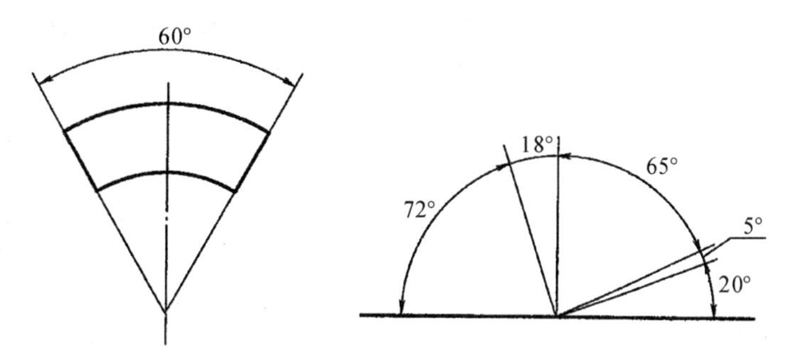

图 1-17　角度尺寸标注

(4)尺寸标注常用的符号和缩写词

为了准确表达机件的某些结构，便于识图，国家标准规定在尺寸标注中采用规定的符号和缩写词(见表 1-5)。

表 1-5　标注尺寸的符号及缩写词(摘自 GB/T 4458.4—2003)

序号	含义	符号或缩写词	序号	含义	符号或缩写词	序号	含义	符号或缩写词
1	直径	ϕ	6	均布	*EQS*	11	埋头孔	⌵
2	半径	*R*	7	45°倒角	*C*	12	弧长	⌒
3	球直径	$S\phi$	8	正方形	□	13	斜度	∠
4	球半径	*SR*	9	深度	↧	14	锥度	◁
5	厚度	*t*	10	沉孔或锪平	⌴	15	型材截面形状	(按 GB/T 4656—2008)

任务实施

图 1-2 所示的图样所运用的有关国家标准见表 1-6。

表 1-6 国家标准的运用

序号	图 1-2 所运用的国家标准	说明
1	图纸幅面和图框格式(GB/T 14689—2008)	图 1-2 的图纸幅面为 A4(竖放),尺寸为 210×297;图框为不留装订边格式;标题栏为国家标准规定的标题栏格式
2	比例(GB/T 14690—1993)	采用了 2∶1 的放大比例
3	字体(GB/T 14691—1993)	图中汉字采用 5 号和 7 号长仿宋体,字高分别为 5mm、7mm,尺寸数字字高为 3.5mm
4	图线(GB/T 4457.4—2002)	可见轮廓线采用粗实线绘制;内孔不可见轮廓线采用细虚线;对称中心线为细点画线;尺寸标注用细实线;图幅用细实线;图框用粗实线;标题栏外框为粗实线,内部用细实线
5	尺寸注法(GB/T 4458.4—2003)	图样虽然采用了放大的比例绘制,但标注的尺寸是物体的真实大小,与图形的大小及绘图的准确程度无关;图样中的尺寸,以毫米为单位,所以不标注计量单位的代号或名称;孔直径的尺寸数字前加注了符号“ϕ”

思考与实践

指出图 1-18 所示的图样中各种图线的名称。

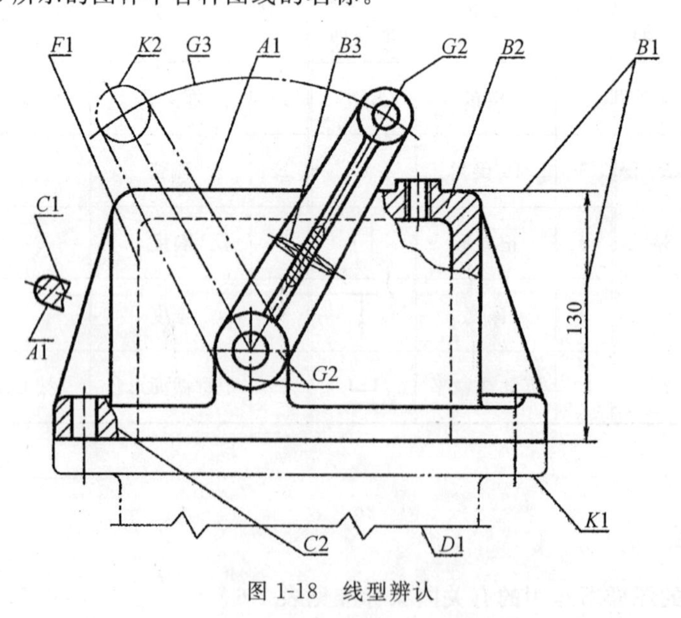

图 1-18 线型辨认

任务二　绘制手柄平面图

任务描述

绘制如图 1-19 所示手柄的平面图，要求符合制图国家标准的有关规定。

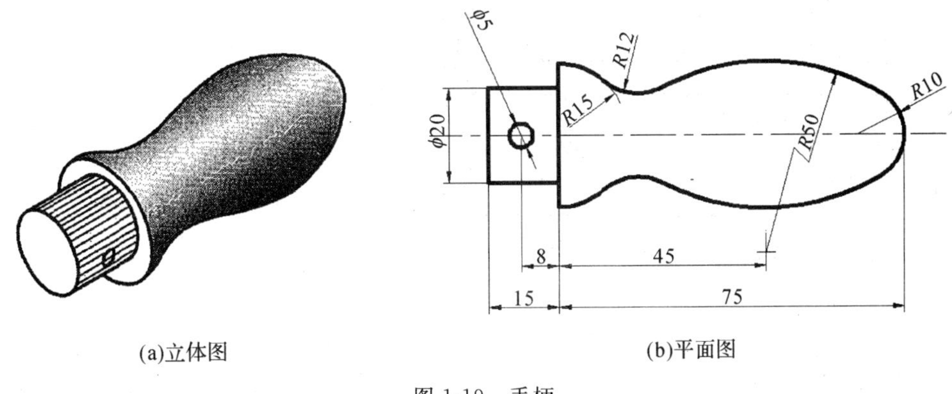

(a)立体图　(b)平面图

图 1-19　手柄

任务分析

绘制平面图形首先要确定正确的作图方法及作图顺序，还要学会正确地使用绘图工具和仪器。任何机械图样都由尺寸和线段等构成要素组成。要想绘制如图 1-19 所示手柄的平面图，必须对它的尺寸和线段进行分析，依据尺寸在图样中起的作用，确定定形尺寸、定位尺寸。从手柄平面图可见其中有多段圆弧，在圆弧连接的作图中，按已知条件可以直接作图的线段称为已知线段，需要根据与已知线段的连接关系才能作出的圆弧称为连接圆弧。圆弧连接的主要问题是要求出连接圆弧的圆心位置，以及为保证连接光滑而必须确定的连接点，即切点。为了准确、快速地绘制出图形，还必须掌握三角板、圆规和铅笔等常用绘图工具的使用方法。

相关知识

1. 绘图工具及其使用方法

常用的绘图工具有图板、丁字尺、三角板、圆规、曲线板等。熟练使用绘图工具，掌握正确的绘图方法，既能保证绘图质量，又能提高绘图速度。常用绘图工具及其使用见表 1-7。

表 1-7　常用绘图工具及其使用

名称	图　例	说　明
图板和丁字尺	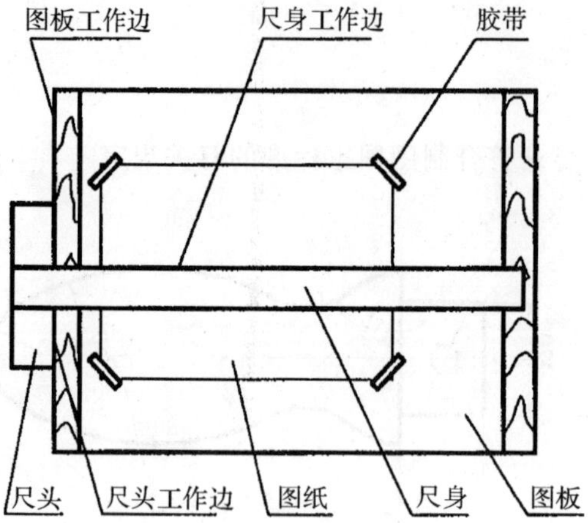 图板工作边　尺身工作边　胶带　尺头　尺头工作边　图纸　尺身　图板 (a)图板、丁字尺及图纸的固定 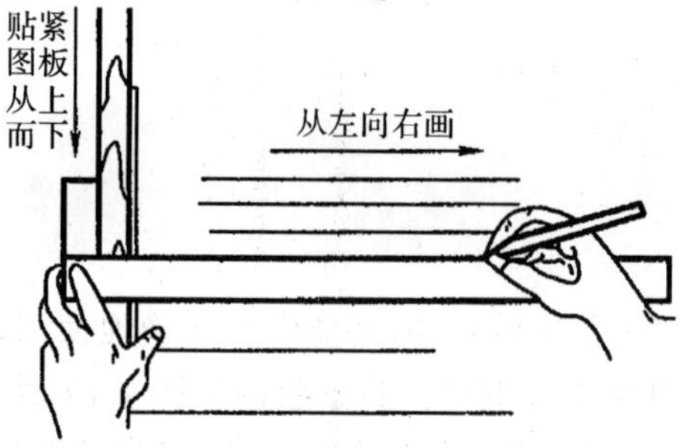 贴紧图板从上而下　从左向右画 (b)画水平线	图板是用来固定图纸进行绘图的。图板板面要平整光洁，工作边要平直光滑。绘图时用胶带把图纸固定在图板左下方的适当位置。 丁字尺由尺头和尺身两部分构成，尺身的工作边一侧有刻度。丁字尺主要用来画平行线。使用时，尺头内侧必须紧靠图板的工作边，用左手推动丁字尺上、下移动

续表

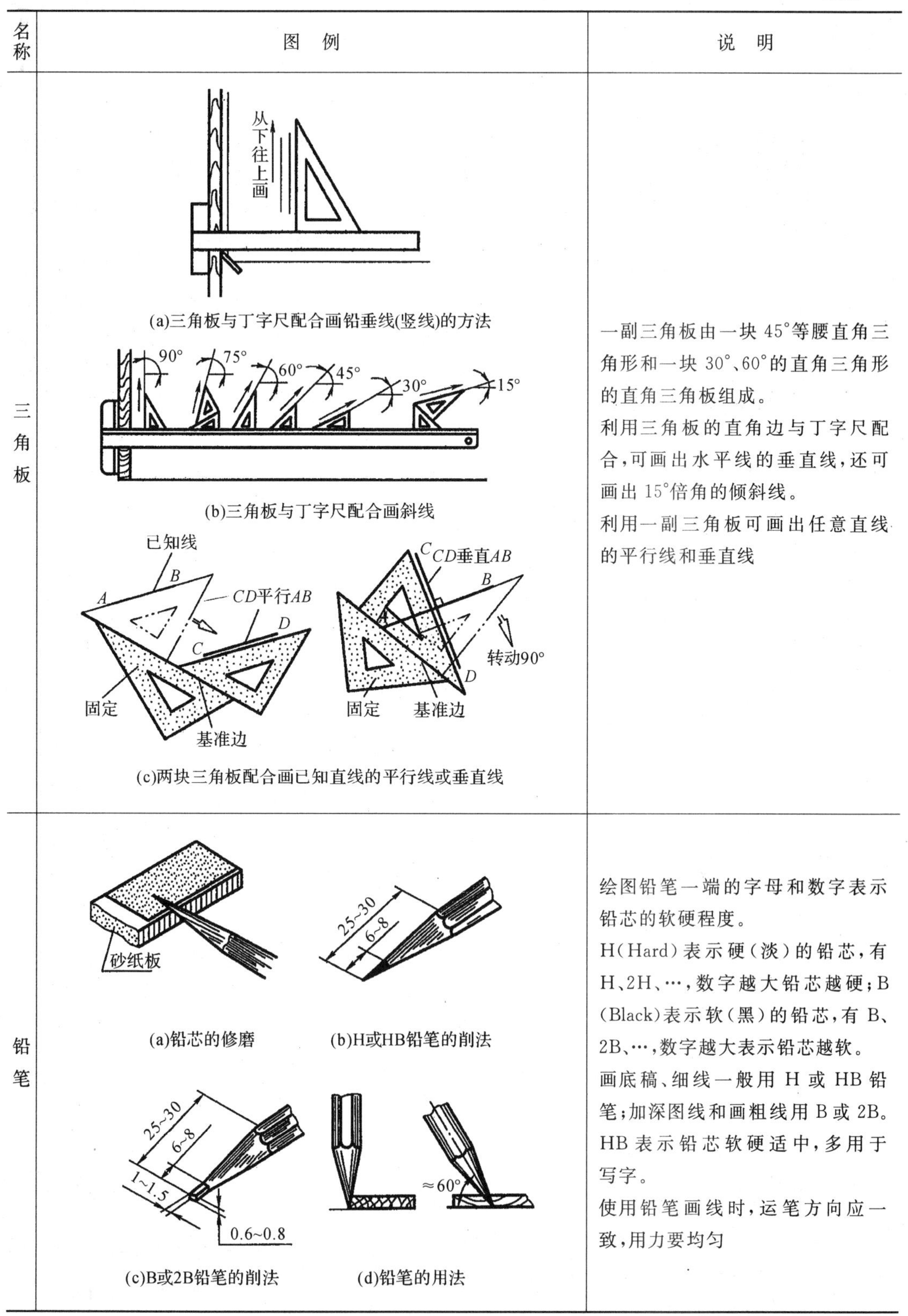

名称	图例	说明
三角板	(a)三角板与丁字尺配合画铅垂线(竖线)的方法 (b)三角板与丁字尺配合画斜线 (c)两块三角板配合画已知直线的平行线或垂直线	一副三角板由一块45°等腰直角三角形和一块30°、60°的直角三角形的直角三角板组成。 利用三角板的直角边与丁字尺配合,可画出水平线的垂直线,还可画出15°倍角的倾斜线。 利用一副三角板可画出任意直线的平行线和垂直线
铅笔	(a)铅芯的修磨 (b)H或HB铅笔的削法 (c)B或2B铅笔的削法 (d)铅笔的用法	绘图铅笔一端的字母和数字表示铅芯的软硬程度。 H(Hard)表示硬(淡)的铅芯,有H、2H、…,数字越大铅芯越硬;B(Black)表示软(黑)的铅芯,有B、2B、…,数字越大表示铅芯越软。 画底稿、细线一般用H或HB铅笔;加深图线和画粗线用B或2B。HB表示铅芯软硬适中,多用于写字。 使用铅笔画线时,运笔方向应一致,用力要均匀

续表

名称	图例	说明
圆规	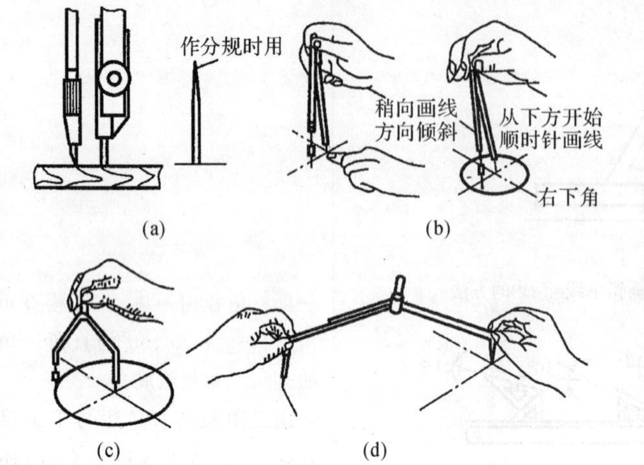 (a) (b) (c) (d)	圆规主要用来画圆和圆弧。画圆时,圆规的钢针应使用带有台阶的一端,并应调整好铅芯尖与钢针肩台平齐,如图(a)所示。铅芯的粗细要符合所画图线的要求。 画圆时,圆规的钢针应对准圆心,扎入图板,按顺时针方向画圆,并向前方稍微倾斜,如图(b)所示;画较大圆时,应保持圆规的两腿与纸面垂直,如图(c)所示;画大圆时应接上延长杆,如图(d)所示

2. 常用等分作图

机械制图中常用的等分作图方法见表 1-8。

表 1-8　机械制图中常用的等分作图方法

名称	已知条件和作图要求	作图步骤		
等分已知线段	已知线段 AB,对它进行三等分或 n 等分	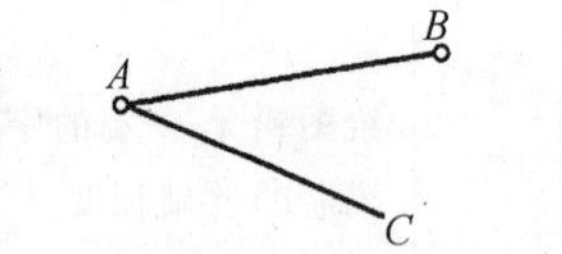 1. 过端点 A,作任意直线 AC	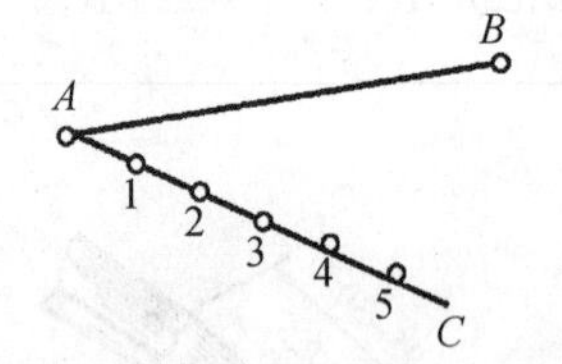 2. 用分规以相等的距离在 AC 上截得 1、2、3、4、5 各个等分点	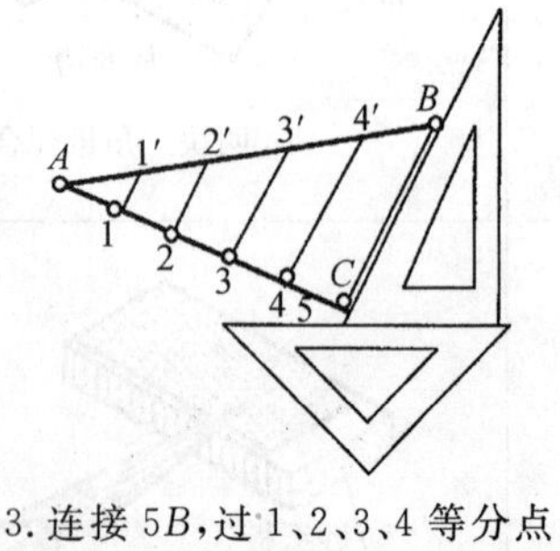 3. 连接 $5B$,过 1、2、3、4 等分点作 $5B$ 的平行线与 AB 相交,即得等分点 $1'$、$2'$、$3'$、$4'$ 4)同理,可作出已知定长线段的 n 等分
二等分已知角度	已知$\angle AOB$,二等分已知角度	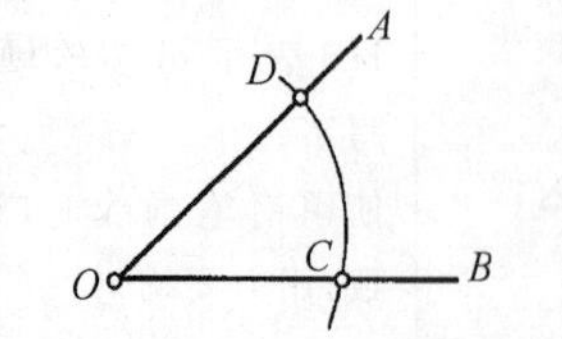 1. 以 O 为圆心,任意长为半径作弧,交 OB 于 C,交 OA 于 D	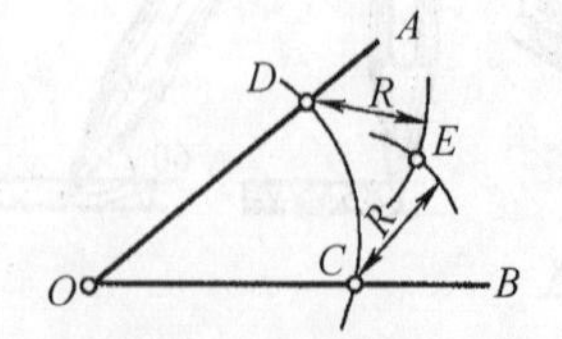 2. 分别以点 C、D 为圆心,以相同半径 R 作弧,两弧交于点 E	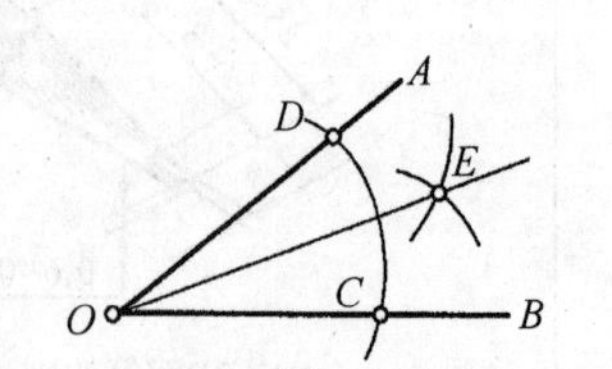 3. 连接 OE,即为角平分线

续表

名称	已知条件和作图要求	作图步骤		
等分圆周及作正多边形	已知圆的半径为 R，等分圆周及作正多边形	用圆规三等分圆周步骤： 1. 以 1 点为圆心，$O1$ 为半径画弧交圆周于 3、4 点 2. 连接 2、3、4 点并加深即为圆的内接正三角形	用圆规六等分圆周步骤： 1. 分别以 1、2 点为圆心，以 R 为半径画弧，交圆周于 3、4、5、6 点 2. 连接 1、2、3、4、5、6 点并加深即为圆的内接正六角形	用圆规十二等分圆周步骤： 分别以 A、B、C、D 为圆心，R 为半径画弧，交圆周于 1、2、3、4、5、6、7、8 点，将圆周十二等分
等分圆周及作正多边形	已知圆的半径为 R，等分圆周及作正多边形	用丁字尺和三角板三等分圆周	用丁字尺和三角板六等分圆周	
		用圆规作正五边形 1. 作 OB 的中点 M	2. 以 M 为圆心，MC 长为半径画弧交直径于 N 点	3. CN 弦长即为五边形的边长，等分圆周得五等分点 4. 连接各等分点，即成正五边形

3.圆弧连接

用一段圆弧光滑地连接相邻两线段的作图方法，称为圆弧连接。圆弧连接在机件轮廓图中经常可见。圆弧连接作图要点：先求出圆心，再求切点（连接起止点），后画圆弧。圆弧连接中求圆心轨迹见表1-9。圆弧连接作图举例见表1-10。

表1-9 圆弧连接的圆心轨迹

类别	与定直线相切的圆心轨迹	与定圆外切的圆心轨迹	与定圆内切的圆心轨迹
图例	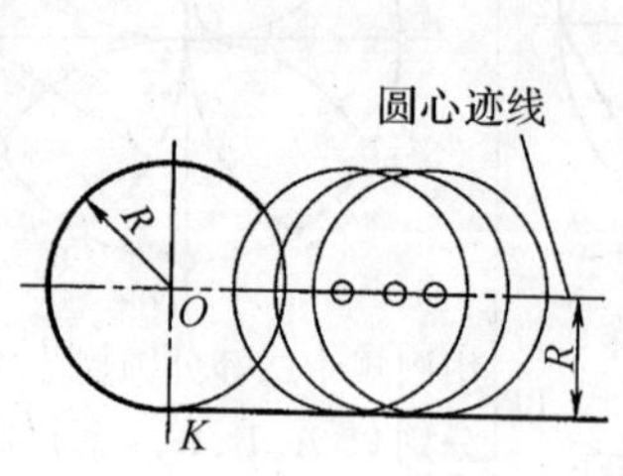	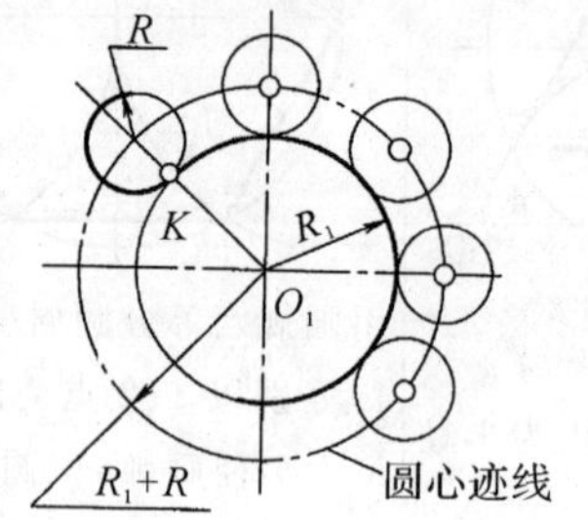	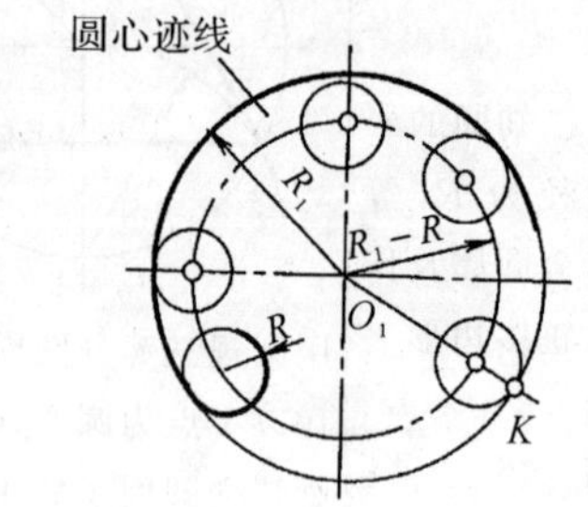
连接圆心的轨迹	当一个半径为 R 的连接圆弧与已知直线连接（相切）时，则连接弧圆心 O 的轨迹是与定直线相距为 R 且平行于定直线的直线；切点即为连接弧圆心向已知直线所作垂线的垂足 K	当一个半径为 R 的连接圆弧与已知圆弧（半径为 R_1）外切时，则连接弧圆心的轨迹是已知圆弧的同心圆弧，其半径为 R_1+R；切点即为两圆心连线与已知圆的交点 K	当一个半径为 R 的连接圆弧与一已知圆弧（半径为 R_1）内切时，则连接弧圆心的轨迹是已知圆弧的同心圆弧，其半径为 R_1-R；切点即为两圆心连线与已知圆的交点 K

表1-10 圆弧连接作图举例

	已知条件	作图方法和步骤		
		1.求连接弧圆心 O	2.求连接点（切点）A、B	3.画连接弧并描深
圆弧连接两已知直线	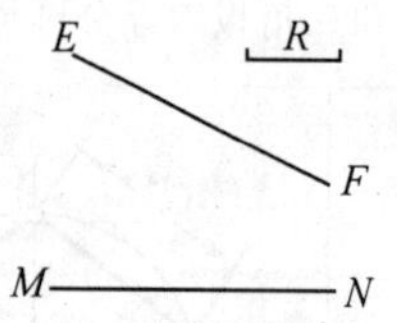	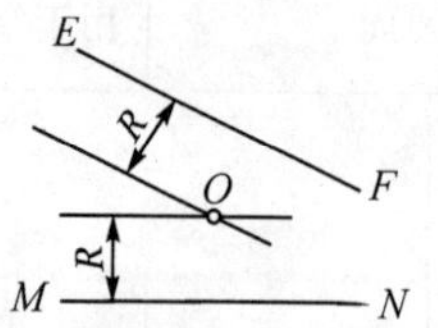	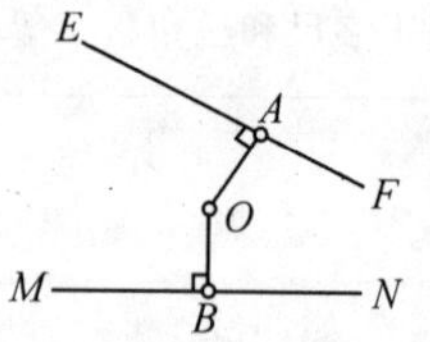	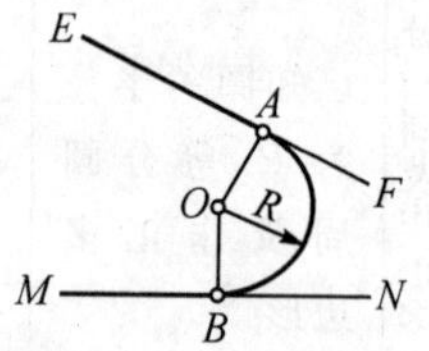
圆弧连接已知直线和圆弧	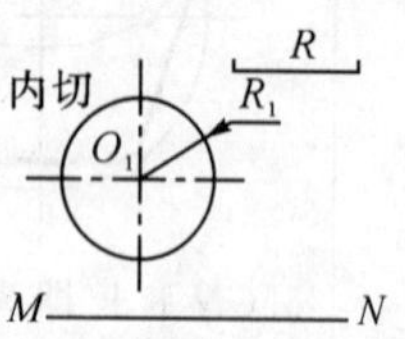 内切	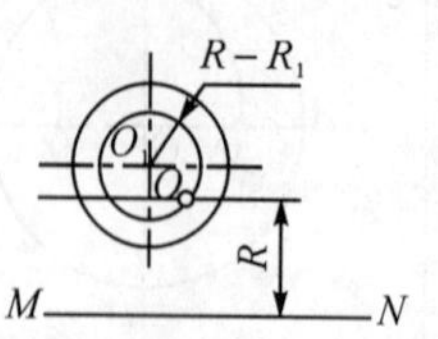	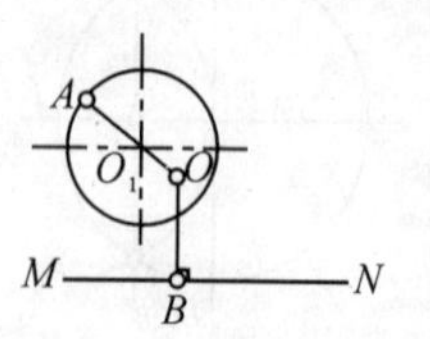	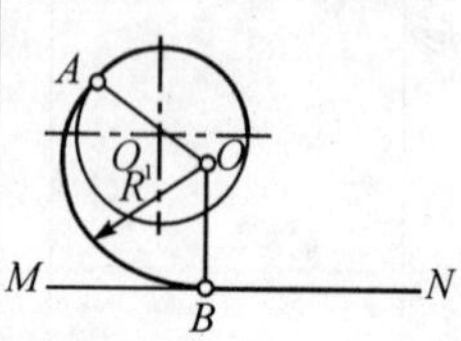
圆弧外切连接两已知圆弧	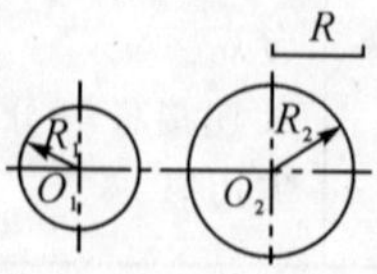	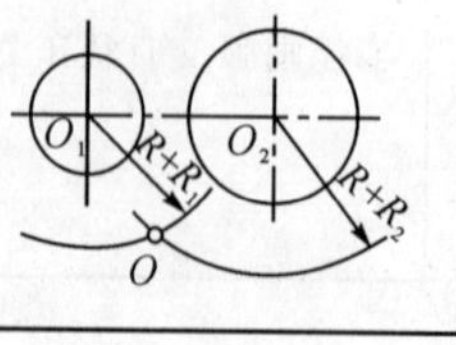	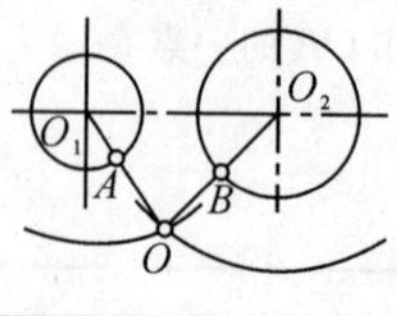	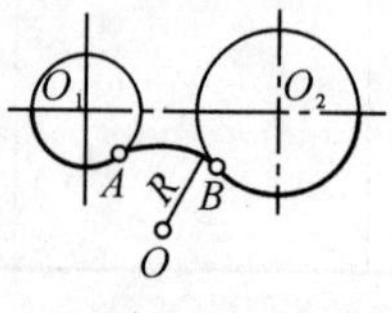

续表

	已知条件	作图方法和步骤		
		1. 求连接弧圆心 O	2. 求连接点(切点)A、B	3. 画连接弧并描深
圆弧内切连接两已知圆弧				
圆弧分别内外切连接两已知圆弧				

4. 平面图形分析

平面图形上的尺寸,按作用可分为定形尺寸和定位尺寸两类。

(1)定形尺寸

定形尺寸是指确定平面图形上几何元素形状大小的尺寸,如图 1-20 中的 $\phi15$、$\phi30$、$R18$、$R30$、$R50$、80 和 10。一般情况下,确定几何图形所需定形尺寸的个数是一定的,如直线的定形尺寸是长度、圆的定形尺寸是直径、圆弧的定形尺寸是半径、正多边形的定形尺寸是边长、矩形的定形尺寸是长和宽两个尺寸等。

(2)定位尺寸

定位尺寸是指确定各几何元素相对位置的尺寸,如图 1-20 中的 70、50、80。确定平面图形位置需要两个方向的定位尺寸,即水平方向和垂直方向,也可以以极坐标的形式定位,即半径加角度。

注意:有时一个尺寸可以兼有定形和定位两种作用。如图 1-20 中的 80,既是矩形的长,也是 $R50$ 圆弧的横向定位尺寸。

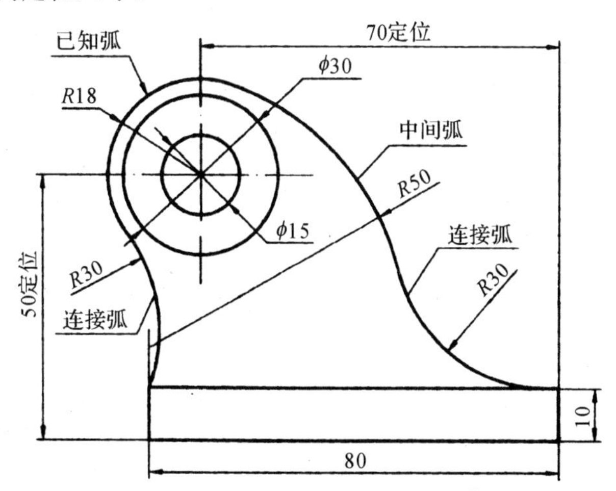

图 1-20 平面图形的尺寸分析与线段分析

(3)尺寸基准

标注尺寸的起点叫作尺寸基准,平面图形中尺寸基准是点或线,常用的点基准有圆心、球心、多边形中心点、角点等,常用的线基准往往是图形的对称中心线或图形中的边线。图 1-1中就是以底边和右侧边为基准的。

5. 平面图形的画图步骤

(1)准备工作。分析图形,选定比例、图幅,并固定图纸,备齐绘图工具和仪器。

(2)画底稿。先画图框、标题栏;布置图形,画出基准线、轴线、对称中心线;画图形,先画出图形主体,再画细部。

(3)描深底稿。描深前必须先全面检查底稿,把错线、多余线和作图辅助线擦去;描深时要按“先粗后细,先曲后直,先水平后垂直”的原则进行。

任务实施

分析手柄的平面图形,可见它是由若干直线段和圆弧连接而成的图形。绘制平面图形时,首先要对图形上的尺寸和连接关系进行分析,以确定正确的作图方法及作图顺序。下面结合图例进行尺寸和线段分析。

1. 尺寸分析

(1)定形尺寸。图 1-21 中的 15、ϕ20 以及 R10、R15 等为定形尺寸。

(2)定位尺寸。图 1-21 中的 8 确定了 ϕ5 的圆心位置,75 间接地确定了 R10 的圆心位置。

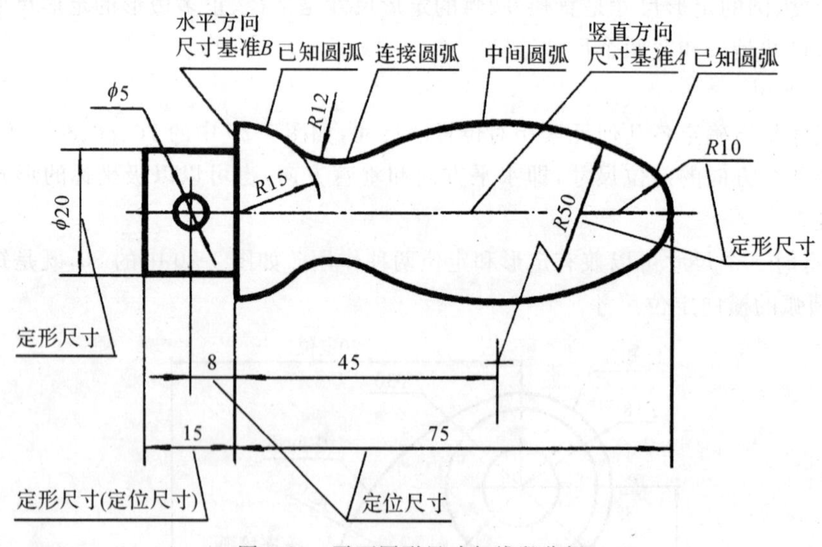

图 1-21　平面图形尺寸与线段分析

(3)尺寸基准。图 1-21 中,A、B 分别为竖直方向尺寸基准和水平方向尺寸基准。

有时某个尺寸既是定形尺寸,也是定位尺寸,具有双重作用。如图 1-21 中的 15。

2. 线段分析

(1)已知圆弧。R15、R10 为已知圆弧,具有两个定位尺寸。已知圆弧根据所给的尺寸能够直接作出。

(2)中间圆弧。$R50$ 为中间圆弧,是具有一个定位尺寸的圆弧。中间圆弧要在一端相邻线段作出后再根据相切条件作出。

(3)连接圆弧。$R12$ 为连接圆弧,是没有定位尺寸的圆弧。连接圆弧需要在两端相邻线段都画出后才能作出。

根据上述分析可知,画平面图形时,应先画已知线段,再画中间线段,最后画连接线段。

3.画平面图形的方法和步骤

(1)绘制底稿。一般将 2H 铅笔磨成圆锥形来绘制底稿,步骤如图 1-22 所示。

(2)铅笔描深底稿。将 B 铅笔磨成扁铲形来描深全部粗实线(先描深圆弧和圆,然后描深直线),再描深全部虚线、点画线及细实线等,最后画箭头、填写标题栏。

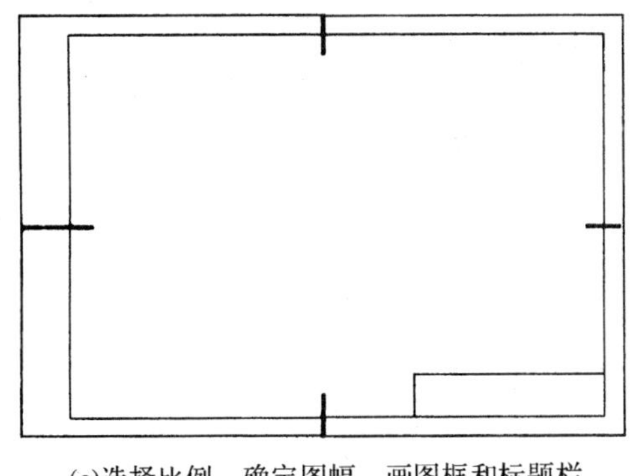

(a)选择比例,确定图幅、画图框和标题栏

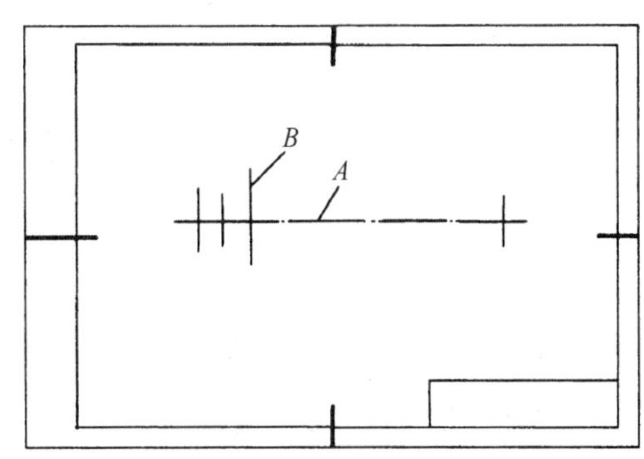

(b)合理、匀称地布图,画出基准线

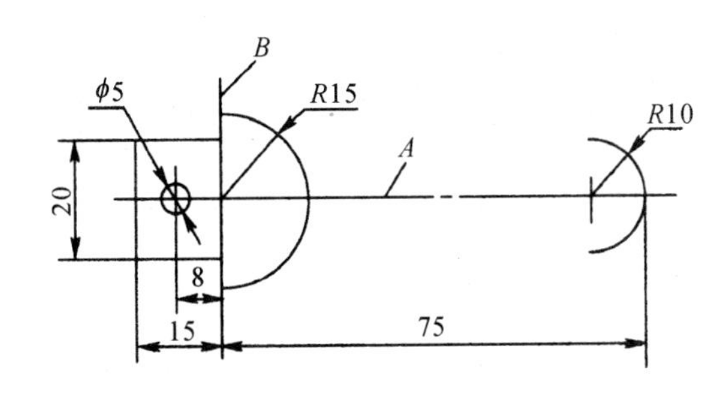

(c)画出已知线段

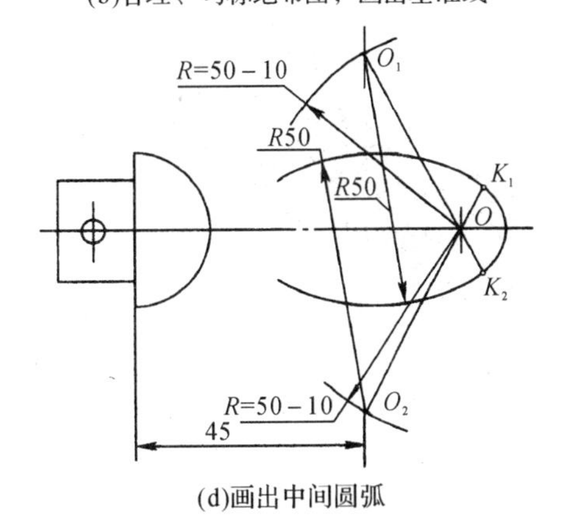

(d)画出中间圆弧

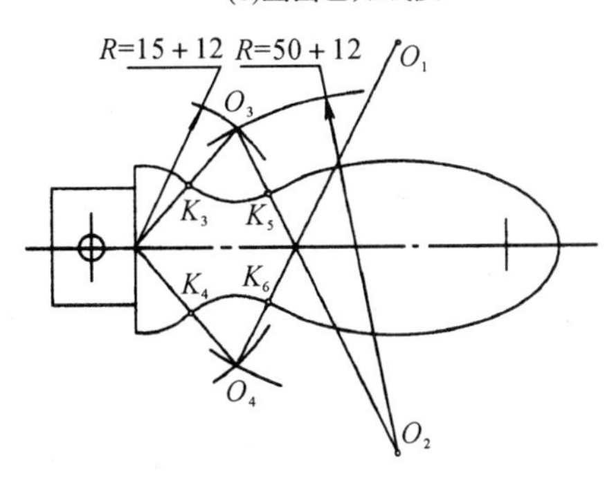

(e)画出连接圆弧

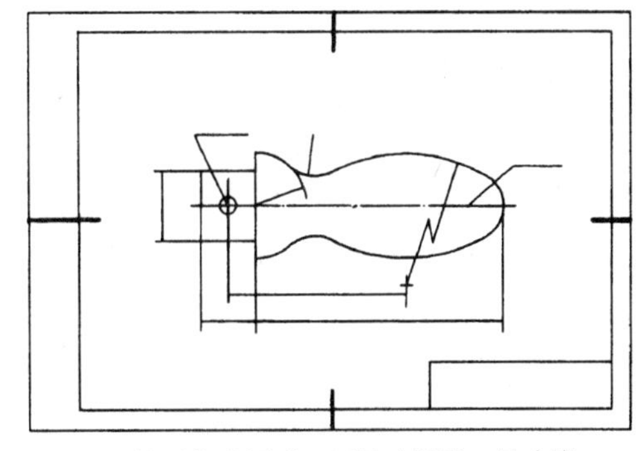

(f)校对修改图形,画尺寸界线、尺寸线

图 1-22 平面图形绘制底稿步骤

思考与实践

按 1∶1 的比例画出图 1-23 所示的图形。

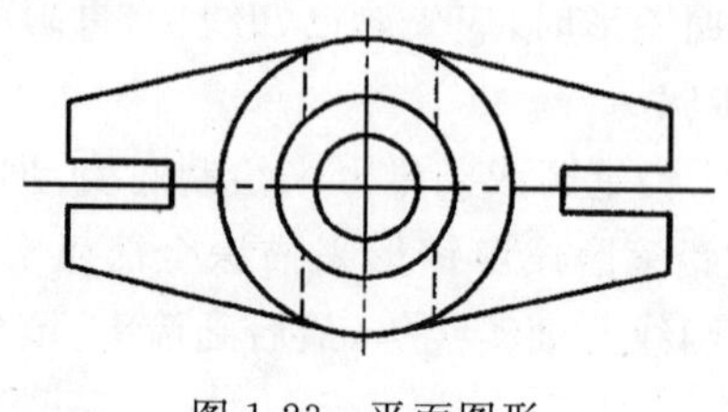

图 1-23 平面图形

任务三 绘制检测量具平面图

任务描述

绘制如图 1-24 所示检测量具平面图,要求符合制图国家标准的有关规定。

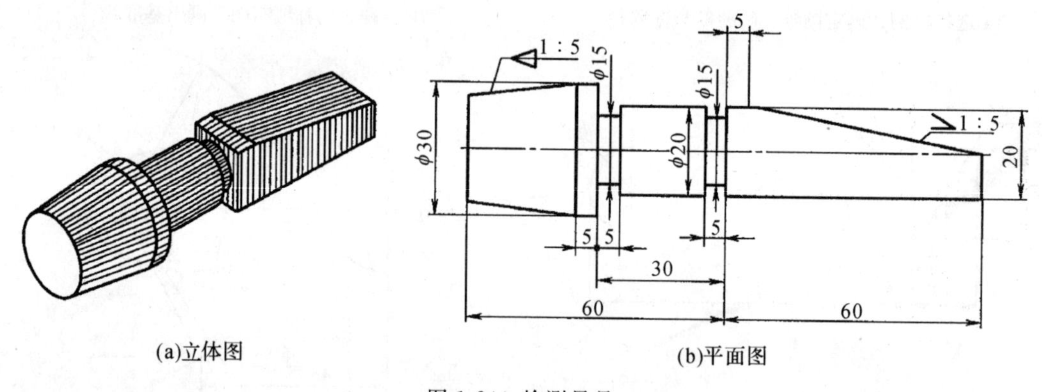

(a)立体图 (b)平面图

图 1-24 检测量具

任务分析

图 1-24 所示检测量具是检测定值斜度和锥度的专用量具。在机械加工中,经常会遇到这种带有斜度与锥度的工件。图 1-24(b)中的尺寸和线段、线与线之间都有不同程度的倾斜,需要我们在掌握国家标准中规定的斜度、锥度的概念、画法及标注方法的基础上进行绘制。

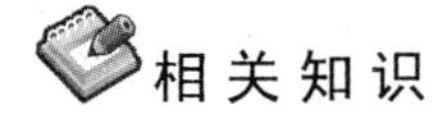

相关知识

1. 斜度

斜度是指一直线或平面对另一直线或平面的倾斜程度，其大小用两直线或平面间的夹角的正切来度量，常以直角三角形两直角边的比值表示，并将比例前项化为 1，而写成 1∶n 的形式。图 1-25 所示为斜度 1∶5 的画法及标注。

斜度在图样上用符号“∠”表示，符号高度为字高，线宽为 1/10 字高，由夹角为 30°的斜线与水平线组成，斜线方向与斜度的方向一致。

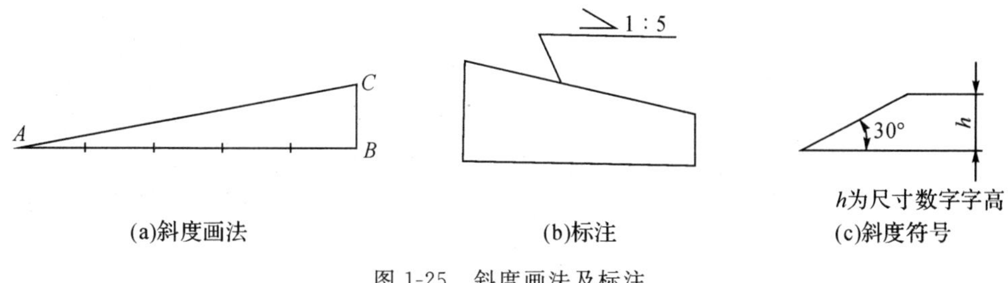

图 1-25 斜度画法及标注

2. 锥度

锥度是指正圆锥底圆直径与其高度之比，或圆锥台两底圆直径之差与其高度之比。在图样中以 1∶n 的形式标注。图 1-26 所示为锥度 1∶5 的画法及标注。在画锥度时，一般先将锥度转化为斜度，如锥度为 1∶5，则斜度为 1∶10。

锥度在图样上用符号“◁”表示。符号是顶角为 30°的等腰三角形，底边为 1.4 倍字高，标注时锥度符号的倾斜方向应与锥度方向一致。

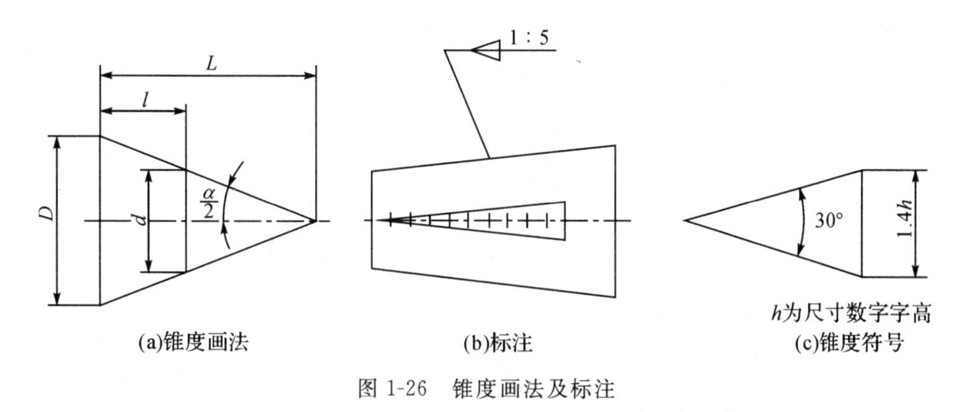

图 1-26 锥度画法及标注

3. 斜度和锥度的标注

斜度和锥度的标注方法见表 1-11。

表 1-11　斜度和锥度的标注方法

标注类型	示例		
斜度	∠1 : 100 ∠1 : 100 左右斜度标注	∠1 : 15 ∠1 : 15 上下斜度标注	∠1 : 100 内孔斜度标注
锥度	1 : 10 右锥度标注	1 : 15 $\alpha/2=1°54'33''$ 左锥度标注	1 : 5 内孔锥度标注

任务实施

绘制如图 1-24 所示检测量具平面图，首先要识读和分析图样，在分析尺寸和线段、斜度和锥度的基础上，按绘制平面图的方法进行绘图。绘制检测量具平面图的方法和步骤见表 1-12。

表 1-12　绘制检测量具平面图的方法和步骤

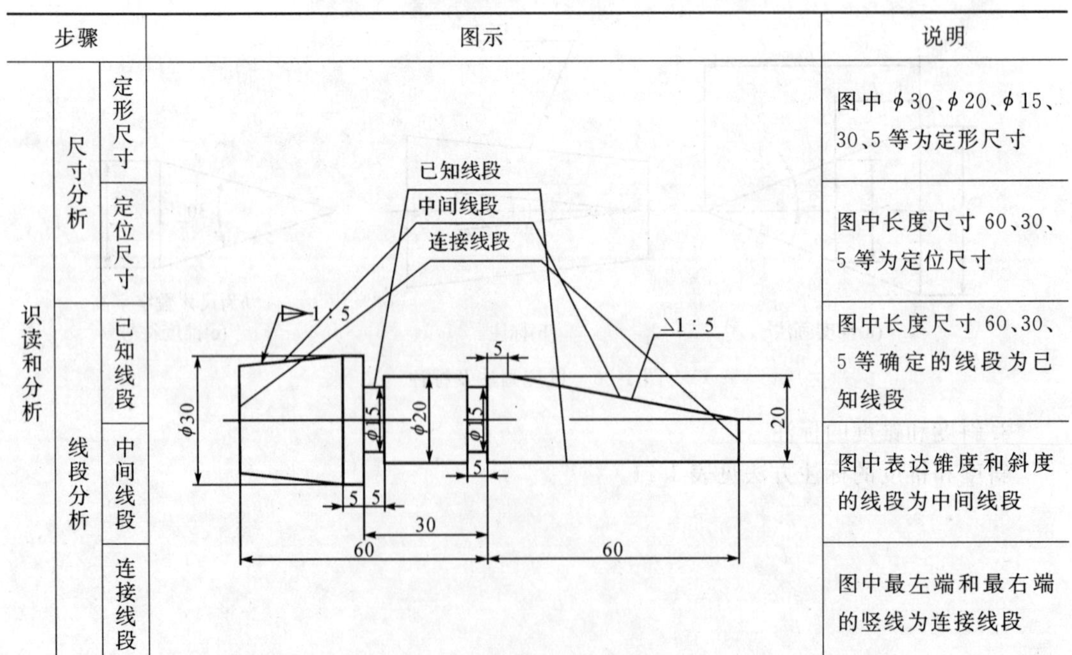

步骤			图示	说明
识读和分析	尺寸分析	定形尺寸		图中 φ30、φ20、φ15、30、5 等为定形尺寸
		定位尺寸		图中长度尺寸 60、30、5 等为定位尺寸
	线段分析	已知线段		图中长度尺寸 60、30、5 等确定的线段为已知线段
		中间线段		图中表达锥度和斜度的线段为中间线段
		连接线段		图中最左端和最右端的竖线为连接线段

续表

步骤		图示	说明
绘制平面图形	作出尺寸基准线	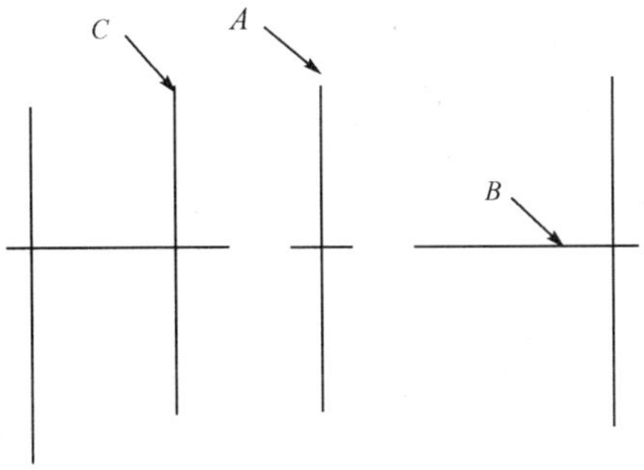 C A B	作出尺寸基准线 A、B,以及距基准线 A 为 30mm、60mm、60mm 的三条垂直于基准线 B 的直线(其中一条为 C)
	作垂直线	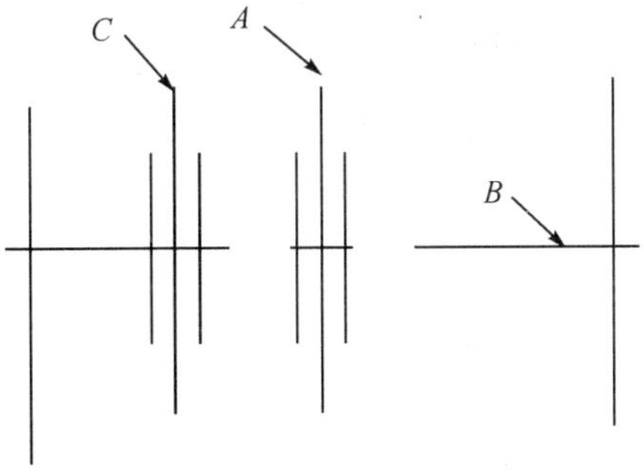 C A B	画出四条距线 A、C 为 5mm 的垂直于基准线 B 的直线
	作各已知线段	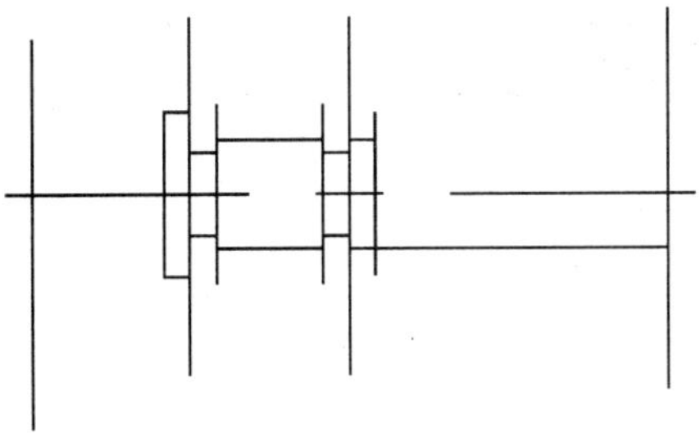	画出各已知线段

续表

步骤		图示	说明
绘制平面图形	作近似三角形画斜线	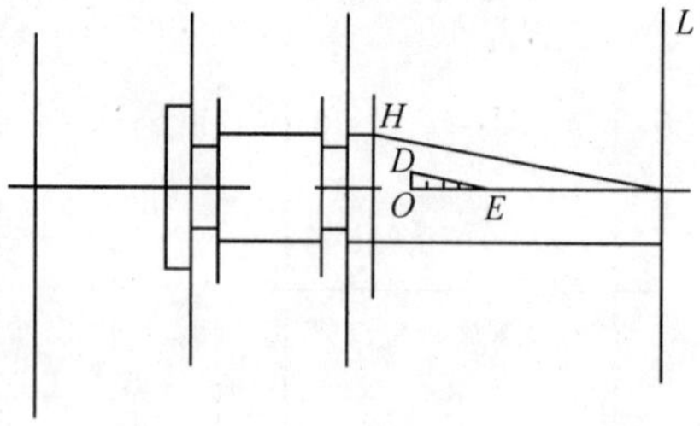	画一个直角三角形 EOD,先画 OD 边(为任意长短线),再画 OE 边(长度等于 $5OD$),最后连接 DE。过点 H 作 DE 的平行线至线 L
	作近似三角形画锥体	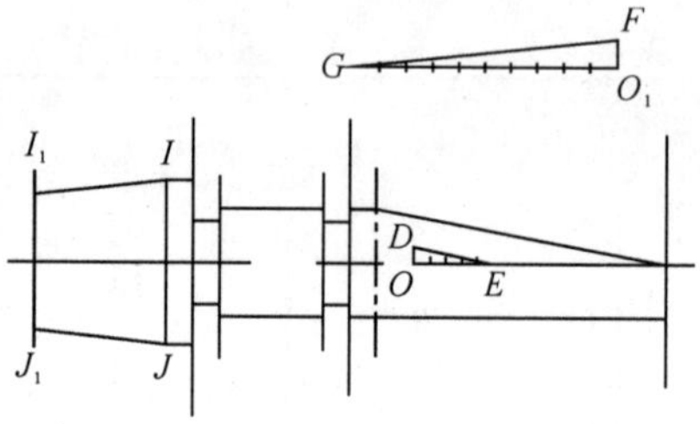	画一个直角三角形 GO_1F,先画 O_1F 边(为任意长短线),再画 O_1G 边(长度等于 $10O_1F$),最后连接 FG。过点 I 作斜线 FG 的平行线至线 I_1;同理,画出斜线 JJ_1
	描深并检查	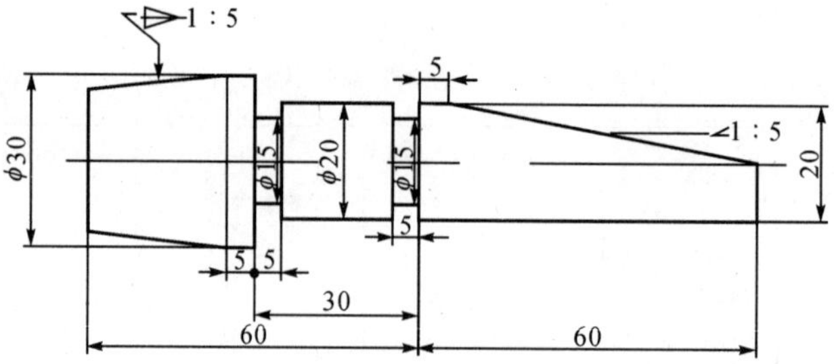	检查底稿,擦去作图线,标注尺寸,按标准加深图线,完成检测量具平面图

思考与实践

1. 锥度画法与斜度画法有什么联系和区别?
2. 分别画出斜度和锥度为 1∶6 的图形。

任务四　分析平面图形并标注尺寸

任务描述

分析前述任务二的手柄平面图形,标注相关尺寸,要求符合制图国家标准的有关规定。

任务分析

前述任务二的手柄平面图形,在尺寸标注时,应分析图形各部分的构成,确定尺寸基准,先注定形尺寸,再注定位尺寸。正确、齐全、清晰地标注尺寸,能恰当地反映设计、工艺及检测要求。

相关知识

1.标注原则

标注平面图形的尺寸应做到正确、齐全、清晰。

2.平面图形的尺寸标注步骤

(1)分析图形各部分的组成,确定长、宽方向的尺寸基准。

(2)标注定形尺寸。

(3)标注定位尺寸。

3.标注平面图形尺寸的注意事项

(1)尺寸标注应符合国家标准的有关规定。

(2)为方便看图,尺寸数字应注写清晰且排列要整齐。

(3)图形中通过计算可确定的尺寸不需标注。

(4)尺寸标注完后应认真检查,做到既不重复也不遗漏。可以按画图过程进行检查,画图过程中没有用到的尺寸是重复尺寸,应该去掉,如果按所注尺寸无法完成作图,说明尺寸不足,应补足尺寸。

4.平面图形的尺寸标注示例

见图 1-27。

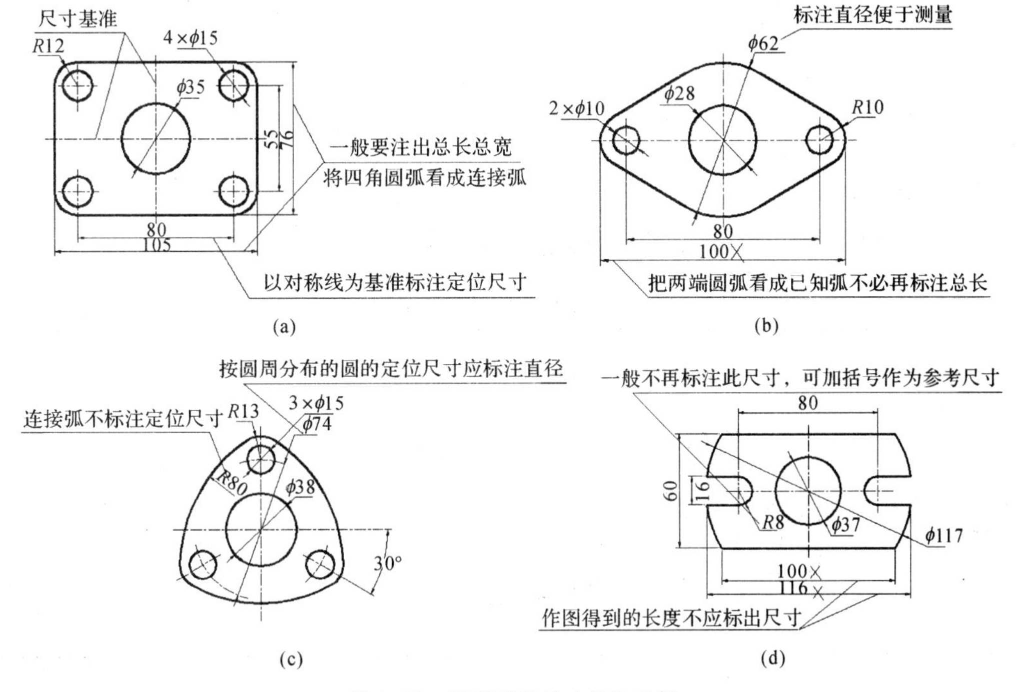

图 1-27　平面图形尺寸标注示例

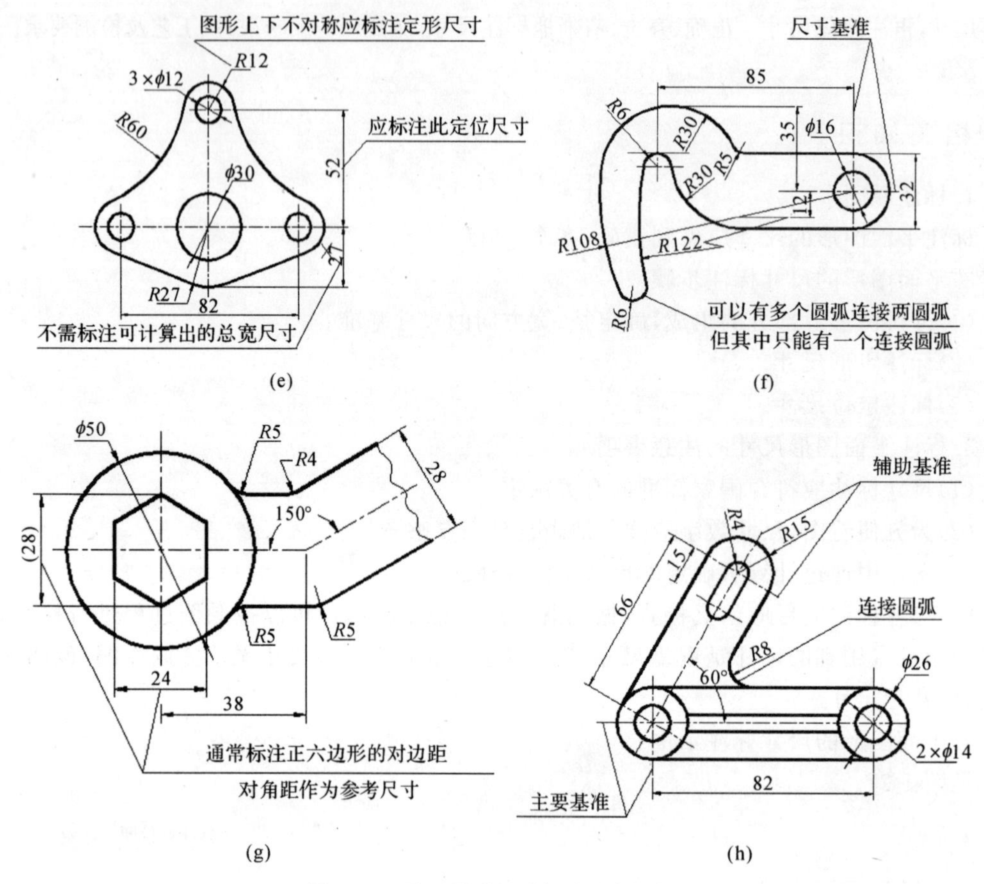

图 1-27 平面图形尺寸标注示例(续)

任务实施

手柄平面图形各部分尺寸标注的方法和步骤见表 1-13。

表 1-13 手柄平面图形尺寸标注

步骤	图示	说明
绘制手柄图形并分析尺寸		分析图形各部分的组成

续表

步骤	图示	说明
确定水平、竖直方向的尺寸基准	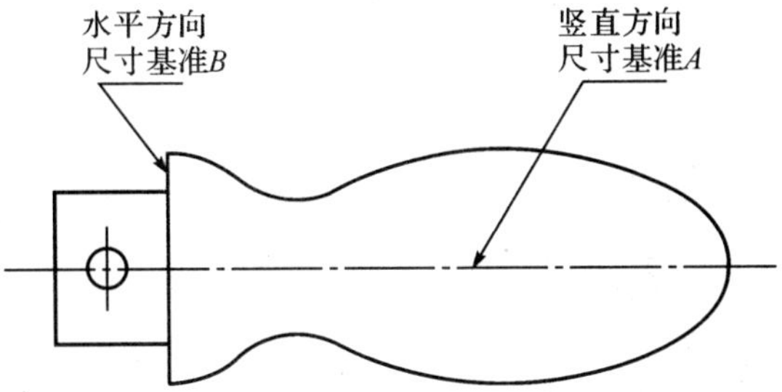 水平方向尺寸基准B 竖直方向尺寸基准A	中心线作为竖直方向尺寸基准 A、手柄端面作为水平方向尺寸基准 B
标注定形尺寸	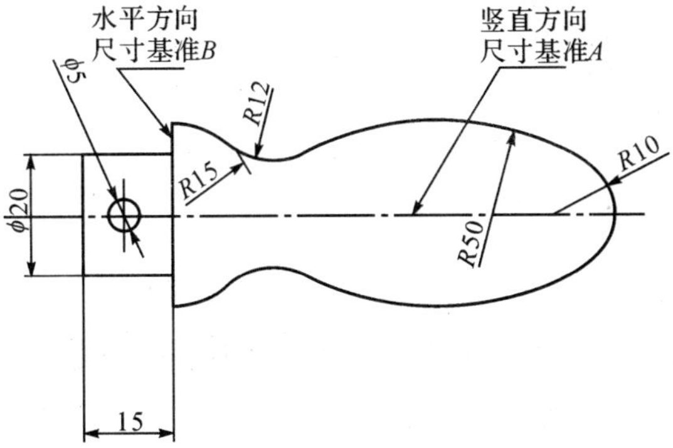 水平方向尺寸基准B 竖直方向尺寸基准A $\phi5$ $R12$ $R15$ $R10$ $\phi20$ $R50$ 15	15、$\phi20$、$R10$、$R15$、$R12$、ϕ 5、$R50$ 为定形尺寸
标注定位尺寸	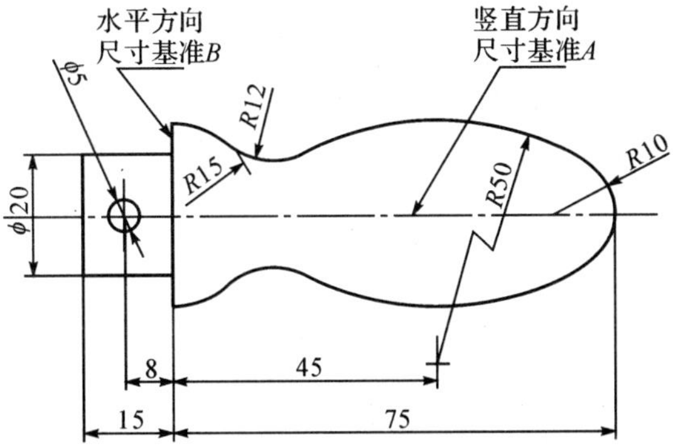 水平方向尺寸基准B 竖直方向尺寸基准A $\phi5$ $R12$ $R15$ $R50$ $R10$ $\phi20$ 8 45 15 75	8 确定了 $\phi5$ 的圆心位置，75 间接地确定了 $R10$ 的圆心位置，45 确定了 $\phi50$ 圆心的一个方向的定位尺寸，15 既作为定形尺寸，又作为定位尺寸

思考与实践

按 1∶2 的比例画出图 1-28 所示的图形，并标注尺寸。

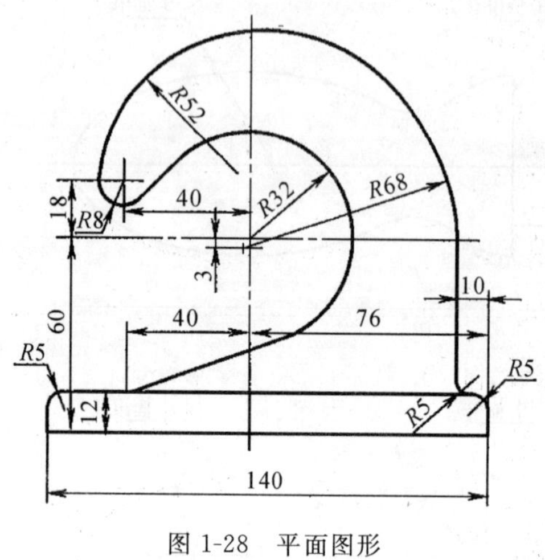

图 1-28 平面图形

课题二 徒手绘制起盖器平面草图

引言

徒手图也称草图，是用目测来估计物体的大小，不借助绘图工具，徒手绘制的图样。工程技术人员不仅要会用仪器作图，也应具备徒手绘图的能力，以便针对不同的条件，用不同的方式记录产品的图样或表达设计思想。徒手绘图在生产一线使用起来快捷、实用、方便。草图与计算机绘图结合取代了传统的手工仪器制图，在现场测绘、创意设计与交流方面很有优势。

知识目标

了解草图的概念。

技能目标

掌握常见的直线、角度、圆、圆弧及椭圆的徒手画法，能绘制简单机件的平面草图。

任务描述

绘制如图 1-29 所示起盖器的平面图，要求符合制图国家标准的有关规定。

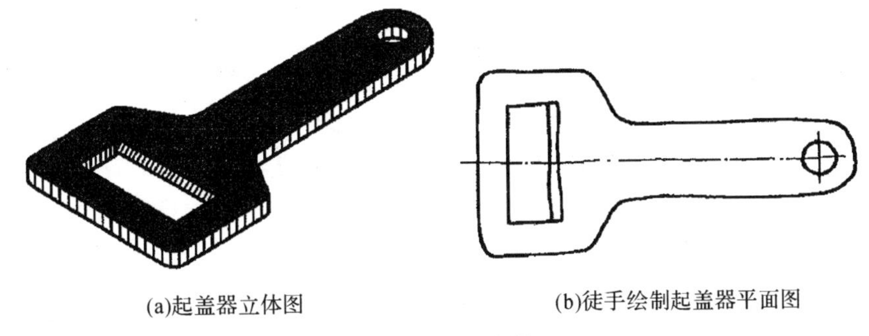

(a)起盖器立体图　　(b)徒手绘制起盖器平面图

图 1-29　起盖器

任务分析

图 1-29(b)所示的起盖器平面图中有直线、角度、圆、圆弧及两直线间的圆弧连接，如果用绘图工具在图纸上绘制它们并不难，但耗费的时间比较多。为了节省时间，在机械制造生产实践中，经常靠目测物体大小并徒手绘制图形，这样的图称为草图。这种绘图方法就叫作徒手绘图。

相关知识

掌握徒手绘制各种线型的方法是画好草图的基础，徒手绘图方法见表 1-14。

表 1-14　徒手绘图方法

项目	要点	图示
直线的画法	手腕应靠着纸面，沿着画线方向移动，保证图线画得直。眼要注意终点方向，便于控制图线	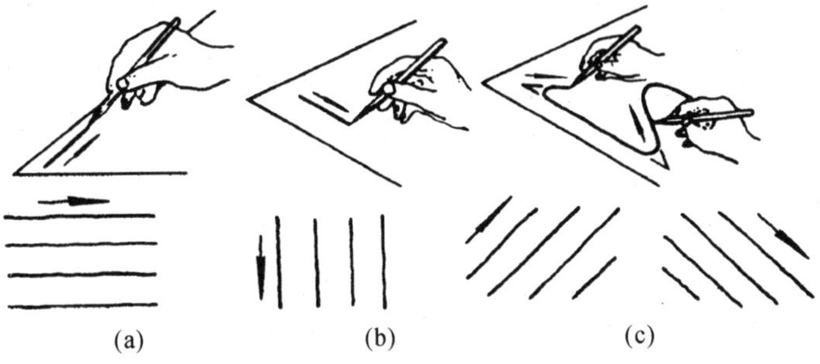 (a)　(b)　(c)

续表

项目	要点	图示
常用角度的画法	45°、30°、60°等常见角度，可根据两直角边的比例关系，在两直角边上定出几点，然后连线而成	1 45° 1 (a) 3 30° 5 (b) 5 60° 3 (c)
圆的画法	先在中心线上按半径目测定出四点，然后徒手将各点连接成圆。直径较大时，可过圆心加画一对十字线，定出八点	
圆弧的画法	直角弧可根据圆弧与正方形相切的特点画出。锐角弧、钝角弧先在分角线上定出圆心，从圆心向两边引垂线得两连接点，后作圆弧	(a) (b) (c)
椭圆的画法	先画出椭圆的长、短轴，作一矩形，然后作椭圆与矩形相切；或利用其与菱形相切的特点画椭圆	(a) (b)

徒手绘图的能力是建立在用仪器绘图的基础之上的。用仪器绘图度量线段长度，比如用直尺量取或用分规截取，能更好地体会到制图标准制定的意义，图形美观、整洁、易懂。徒手绘图度量线段长度是用方格纸或靠目测，需具备较强的目测能力。在实际应用中，现场测绘、构思时徒手绘图是非常重要的。

绘制草图时应做到图形清晰、线型分明、比例匀称，并应尽可能使图线光滑、整齐，绘图速度要快，标注尺寸准确、齐全、字体工整。

任务实施

表 1-15 徒手绘制起盖器平面草图的方法和步骤

图 示	步骤说明
	1. 准备 A4 纸一张和 H、2B 铅笔各一支 2. 先观察图 1-29 所示的图形，分析图形各部分的线型特征（如直线、圆弧、斜线等），目测物体的大小 3. 在 A4 纸的适当位置，目测起盖器的结构特征，用 HB 铅笔画出其中心线
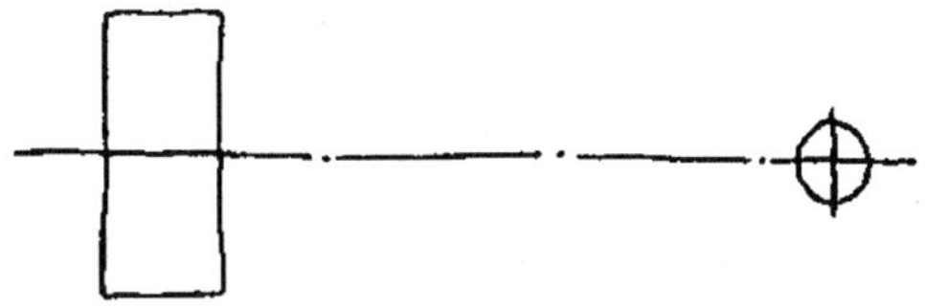	4. 在目测相距长度、确定相对位置的基础上，分别画出圆孔和方孔
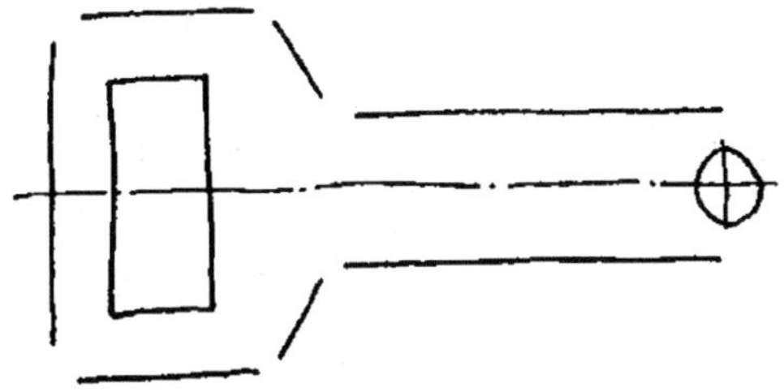	5. 画出外轮廓的各直线段
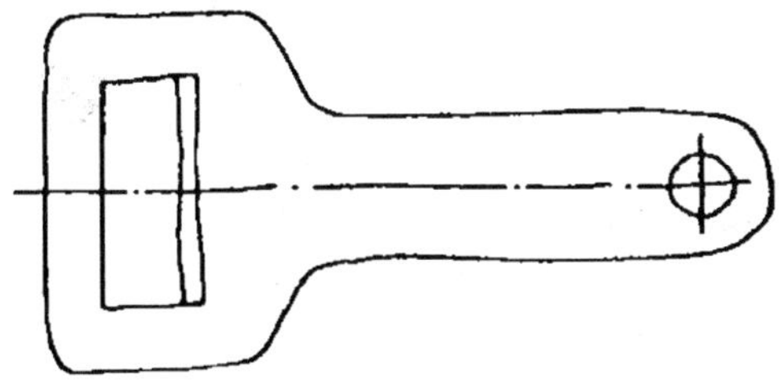	6. 画出柄部右侧半圆，连接各直线段间的圆弧，完善方孔的细部图形，审图并擦去多余图线，用 2B 铅笔加深轮廓成粗实线

思考与实践

1. 徒手绘图与用绘图工具绘图相比，量取线段长度的区别是什么？
2. 画出圆心距为 100mm，半径分别为 30mm 和 20mm 的两圆的公切线草图。

模块二　基本体的绘制

课题一　绘制点线面的三视图

引 言

机器上的零件，由于其作用不同而具有各种各样的结构形状，不管它们的形状如何复杂，都可以看成是由一些简单的基本几何体组合起来的。如图 2-1(a)所示，顶尖可看成是由圆锥、圆柱和圆台的组合；图 2-1(b)所示的螺栓可看成是圆柱和六棱柱的组合；图 2-1(c)所示的手柄可看成是球体、圆柱和圆锥台的组合等。

构成基本体的几何元素是点、线、面，只有理解了几何元素的投影规律和特征，才能透彻理解机械图样所表示物体的具体结构和形状。通过完成本课题具体的识图和绘图实践任务，理解三视图的形成过程，掌握三视图的投影规律，运用线面投影分析法分析立体上各种位置点、直线、平面的投影特性，并在完成学习任务的过程中养成良好的学习习惯。

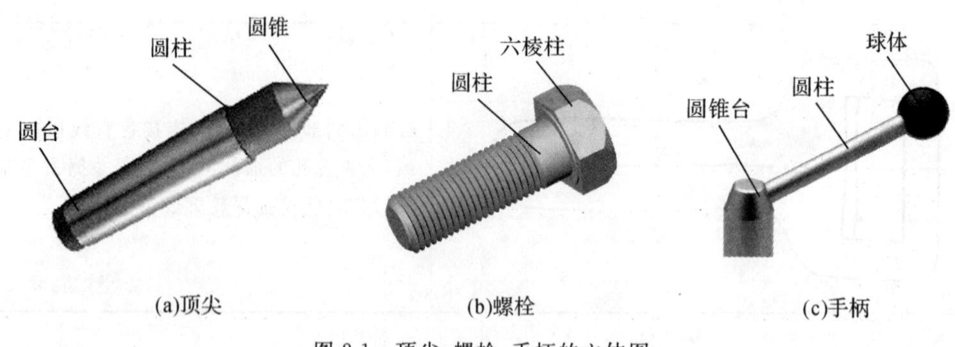

图 2-1　顶尖、螺栓、手柄的立体图

知 识 目 标

1. 了解投影的概念及分类，理解线、面的三面投影特性；
2. 理解三视图的形成及投影规律(位置关系、投影关系、方位关系)；
3. 掌握物体表面上点、线、面的投影，能在立体三视图中标出立体上点、线、面的投影。

技能目标

1. 能运用线面投影分析法分析立体上各种位置点、直线、平面的投影特性，判断直线和平面的空间位置；

2. 培养空间想象能力和空间思维能力。

任务一　绘制点的投影

任务描述

识读图 2-2 所示车刀模型三视图，标出各空间点在三视图中的投影。

任务分析

车刀是机电类专业常用的加工工具，刃磨车刀是车工的基本技能，为此必须对车刀的表面和交线(刀刃)有一个清楚的认识。点是构成物体形状几何元素中最基本、最简单的几何元素，研究点的投影，才能透彻理解机械图样所表达物体的具体结构形状。

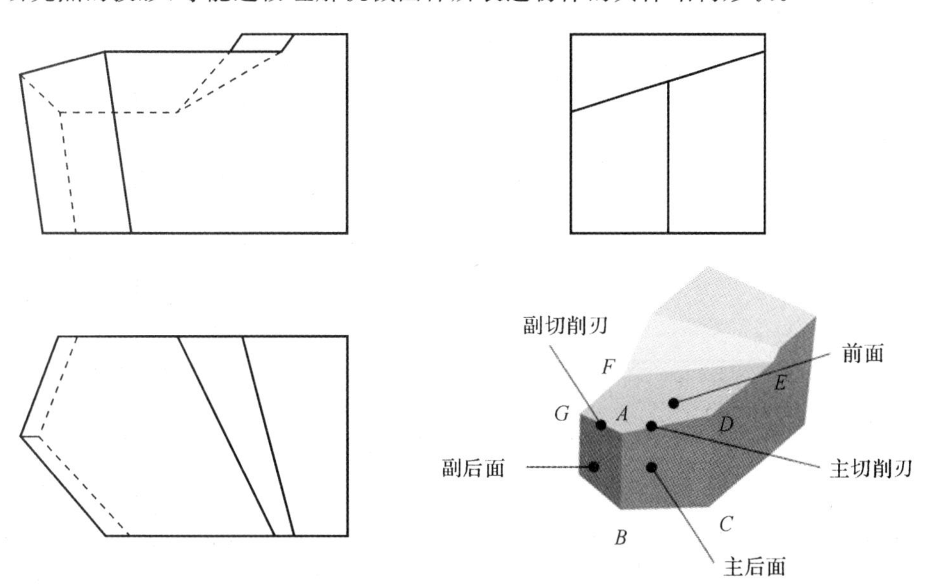

图 2-2　车刀模型三视图

相关知识

机械图样中表达物体形状的图形是按正投影法绘制的，正投影法是绘制和阅读机械图样的理论基础，因此掌握正投影法理论，是提高看图和绘图能力的关键。研究点的投影，掌握其投影规律，能为正确理解和表达物体的形状打下扎实的基础。

1.投影法

(1)投影法的概念。在日常生活中，人们看到太阳光或灯光照射物体时，在地面或墙壁上出现物体的影子，这就是一种投影现象。人类通过科学地总结影子与物体的几何关系，逐步形成了把空间物体表示在平面上的基本方法，这种方法就是投影法。

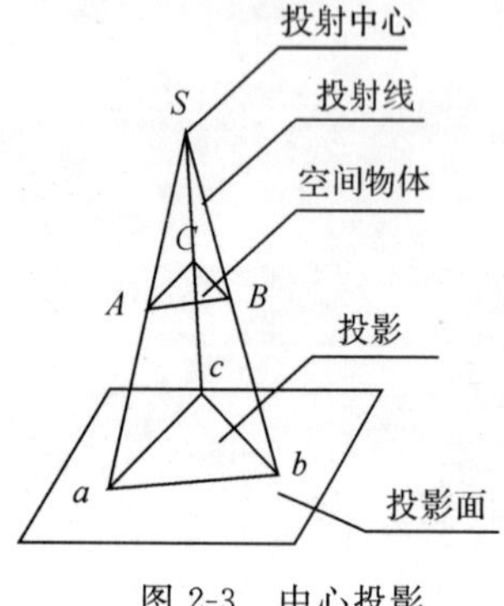

图 2-3 中心投影

(2)投影法的种类及应用。投影法一般分为中心投影法和平行投影法两类。

①中心投影法。投射线从投射中心出发，在投影面上获得物体投影的方法，称为中心投影法，所得的投影称为中心投影，如图 2-3 所示。工程上常用中心投影法画建筑透视图，有立体感，可用于反映物体的立体形状。由于中心投影不能真实地反映物体的形状和大小，因此不适用于绘制机械图样。

②平行投影法。用相互平行的投射线在投影面上获得物体投影的方法，称为平行投影法。根据投射线与投影面是否垂直，平行投影法又分为斜投影法和正投影法。

斜投影法——投射线与投影面相倾斜的平行投影法，如图 2-4(a)所示。

正投影法——投射线与投影面相垂直的平行投影法，如图 2-4(b)所示。

由于正投影法度量性好，能正确地反映物体的形状和大小，作图方便，所以工程图样多用正投影法绘制。如无特殊说明，投影均指正投影。

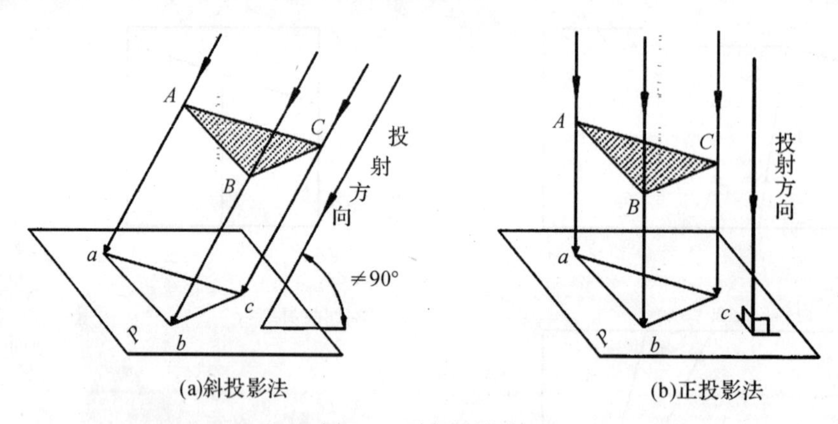

图 2-4 平行投影法

2.三视图的形成与投影规律

在机械制图中，通常假设人的视线为一组平行且垂直于投影面的投射线，这样在投影面上所得到的正投影称为视图。一般情况下，一个视图不能确定物体的形状。如图 2-5 所示，不同形状的物体在同一投影面上可以得到相同的投影。因此，要反映物体的完整形状，必须增加由不同投射方向所得到的几个视图，互相补充，才能将物体表达清楚。工程上常用的是三视图。

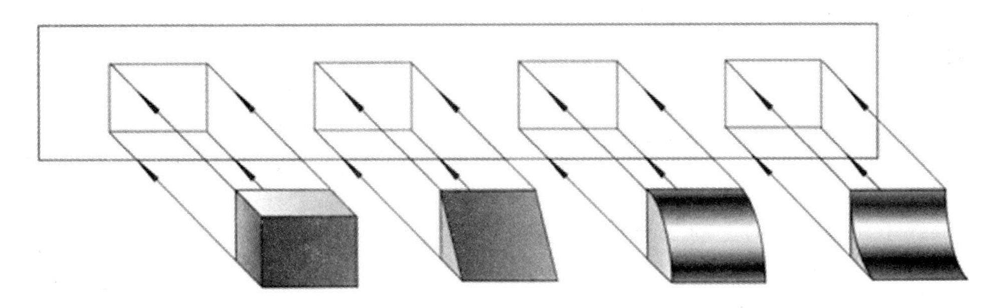

图 2-5 不同物体的相同投影

(1)三面投影体系。三面投影体系由三个互相垂直的投影面所组成,如图 2-6 所示。

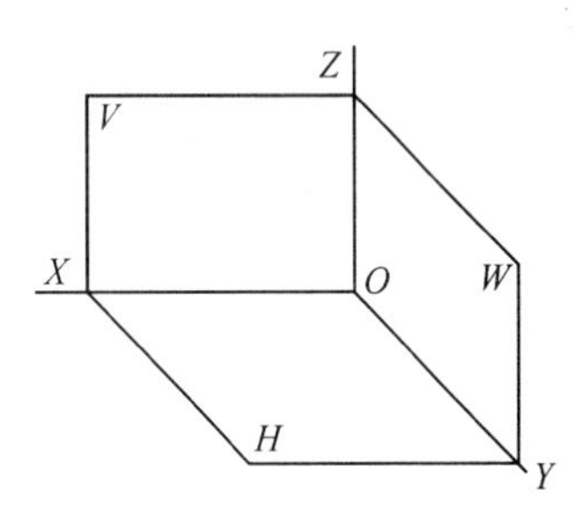

图 2-6 三面投影体系

在三面投影体系中,三个投影面分别为:

正立投影面,简称为正面,用 V 表示;

水平投影面,用 H 表示;

侧立投影面,简称为侧面,用 W 表示。

三个投影面的相互交线,称为投影轴。它们分别是:

OX 轴,是 V 面和 H 面的交线,它代表长度方向;

OY 轴,是 H 面和 W 面的交线,它代表宽度方向;

OZ 轴,是 V 面和 W 面的交线,它代表高度方向。

想一想

教室中哪个角像三投影面体系,找出这个角的三个投影面、三个投影轴和原点。

(2)三视图的形成。将物体放在三投影面体系中,物体的位置处在人与投影面之间,然后将物体分别向三个投影面进行投射,得到三个视图,这样才能把物体的长、宽、高三个方向,上、下、左、右、前、后六个方位的形状表达出来,如图 2-7(a)所示。三个视图分别为:

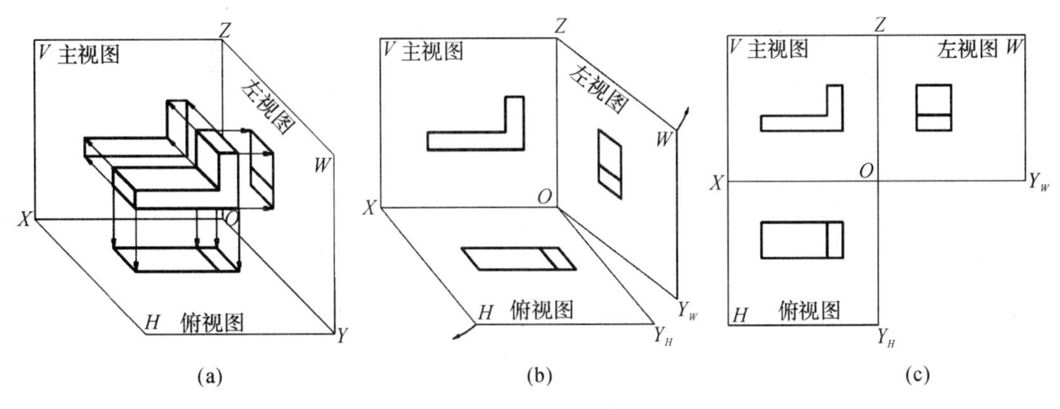

图 2-7 三视图的形成过程

主视图，从前向后投射，在正立投影面（V 面）上所得到的视图。

俯视图，从上向下投射，在水平投影面（H 面）上所得到的视图。

左视图，从左向右投影，在侧立投影面（W 面）上所得到的视图。

在实际作图中，为了画图方便，需要将三个互相垂直的空间投影面在一个平面（纸面）上表达出来，展开方法是：V 面不动，H 面绕 OX 轴向下旋转 90°，W 面绕 OZ 轴向右旋转 90°，这样就得到了在同一平面上的三视图，如图 2-7(b)、2-7(c)所示。为了作图简便，投影图中不必画出投影面的边框，实际画图时三视图投影轴也可以省略。

图 2-7 所示的三视图的形成过程就是将空间物体用平面图形表示出来的过程，尽管以后画图只要求画出如图 2-7(c)所示那样的平面的三视图，但从图 2-7(a)到图 2-7(c)的整个“思维过程”对正确画图起着十分重要的作用。因此，初学者务必结合此图例，将“空间物体到平面图形”的转化过程记入脑海中！

(3)三视图的投影规律。从图 2-7 所示的三视图的形成过程中，可以总结出三视图的画图和识图规律。

①三视图之间的位置关系。以主视图为准，俯视图在主视图的正下方，左视图在主视图的正右方。

②三视图之间的三等关系。物体有长、宽、高三个方向的尺寸。从图 2-8 可以看出，一个视图只能反映两个方向的尺寸，主视图反映物体的长度和高度，俯视图反映物体的长度和宽度，左视图反映物体的宽度和高度。因此可以归纳出三视图的投影规律（三等关系）：

主、俯视图“长对正”（即等长）；

主、左视图“高平齐”（即等高）；

俯、左视图“宽相等”（即等宽）。

三视图的投影规律反映了三视图的重要特性，是画图和读图的依据。无论是整个物体还是物体的局部，其三视图都必须符合这一规律。

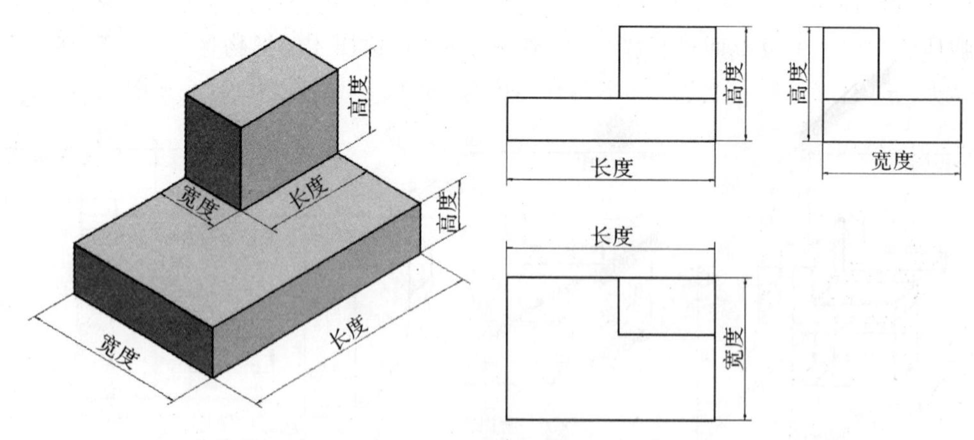

图 2-8　三视图的投影规律

想一想

绘图时，主、俯视图“长对正”和主、左视图“高平齐”比较容易做到，但是俯、左视图“宽相等”是如何保证的呢？

③三视图与空间物体对应的方位关系。物体有上、下、左、右、前、后六个方位，如图 2-9(a)所示。六个方位在三视图中的对应关系如图 2-9(b)所示。

主视图反映了物体的上、下、左、右四个方位关系；

俯视图反映了物体的前、后、左、右四个方位关系；

左视图反映了物体的上、下、前、后四个方位关系。

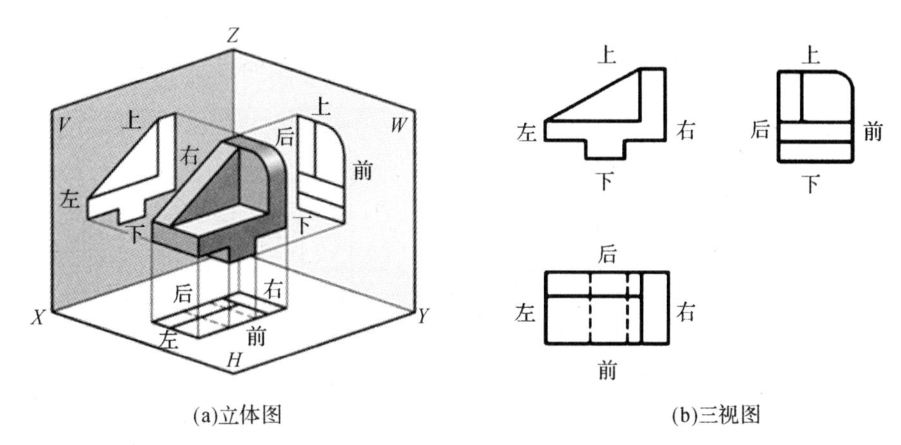

图 2-9　三视图的方位关系

3. 点的投影

(1)点的三面投影。点的投影永远是点，如图 2-10(a)所示。空间点规定用大写字母(如 A、B 等)表示，它的水平投影用小写字母 a、b 等表示，正面投影用小写字母加一撇 a'、b'等表示，侧面投影用小写字母加两撇 a''、b''等表示。

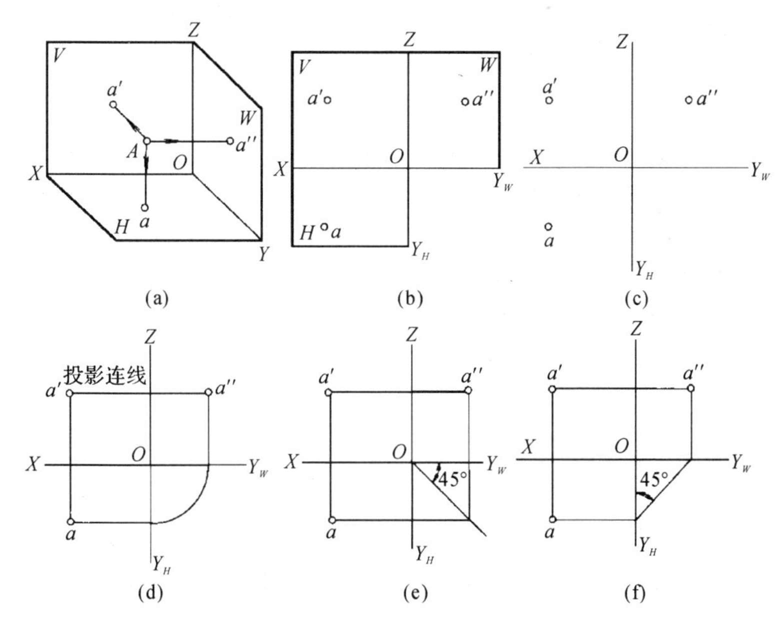

图 2-10　点的三面投影

将图 2-10(a)按投影面展开(图 2-10(b))，并将投影面的边框线去掉，便得到如图 2-10(c)所示点的三面投影图。为了便于进行投影分析，用细实线将点的相邻两投影连起来，如图 2-10(d)

所示，用如图 2-10(e)、2-10(f)所示的辅助线法实现俯视图与左视图的联系。

(2)点的坐标。点的空间位置可用其直角坐标值来确定。如图 2-11 所示，如果把三投影面体系看作是直角坐标系，则投影面 H、V、W 面和投影轴 X、Y、Z 轴可分别看作是坐标面和坐标轴，三轴的交点 O 可看作是坐标原点。直角坐标系的书写形式，通常采用 $A(x,y,z)$ 表示。如 $A(20,15,30)$，即表示 A 点 x 坐标为 20mm，y 坐标为 15mm，z 坐标为 30mm。点到三个投影面的距离可以用直角坐标系的三个坐标 x、y、z 表示。点的坐标值的意义：x 为空间点 A 到 W 面的距离；y 为空间点 A 到 V 面的距离；z 为空间点 A 到 H 面的距离。

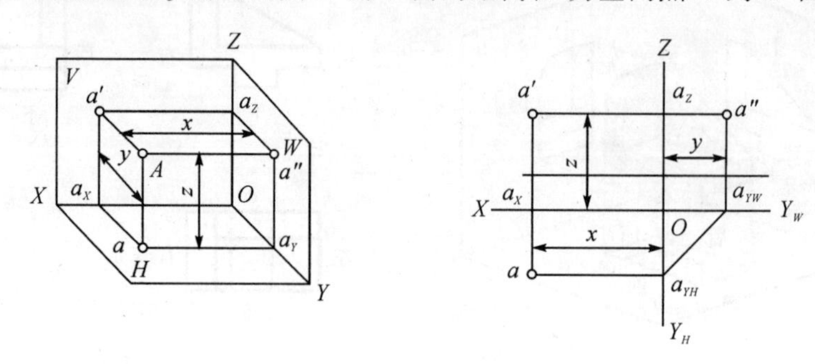

图 2-11 点的坐标

例 2-1 如图 2-12(a)所示，已知点 A 的空间坐标为(20,10,18)，求作它的三面投影。

解：根据点的空间投影可知：$x=20$mm；$y=10$mm；$z=18$mm。作图步骤如图 2-12 所示。

①画出投影轴，定出原点 O，在 X 轴的正向是取 $x=20$，如图 2-12(b)；

②作 X 轴的垂线，在垂线上沿 OZ 方向取 $z=18$mm，沿 OY_H 方向量取 $y=10$mm，分别得 a'、a；

③过 a' 作 Z 轴的垂线，在垂线上取 $y=10$mm，定出 a''。

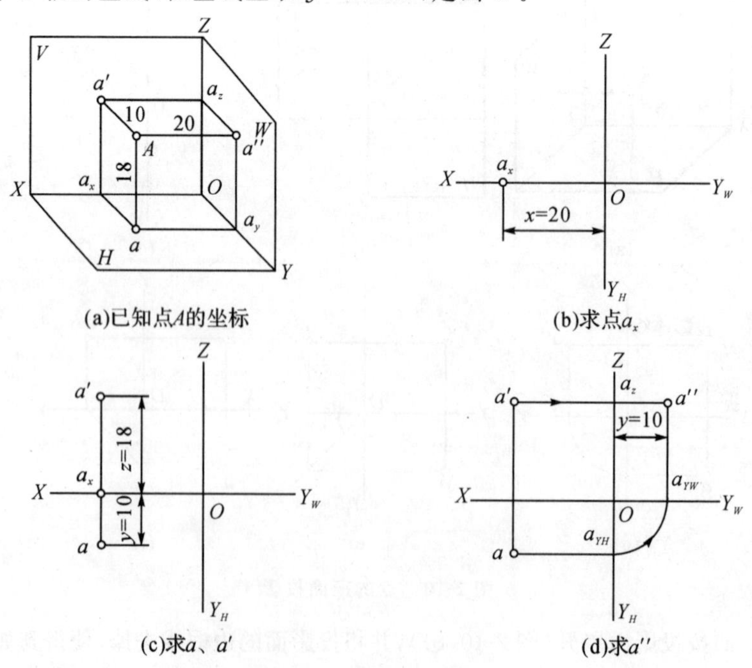

图 2-12 求点的三面投影

(3)确定两点间的相对位置。两点的相对位置是以一点为基础,判别其他点相对于这一点的左右、高低、前后位置关系。在三投影面体系中,两点的相对位置是由两点的坐标差决定的。如图 2-13 所示,就是 B 点在 A 点的右、前、上方。

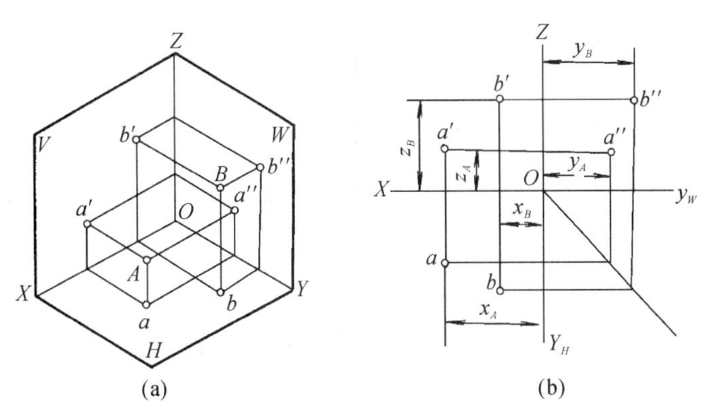

图 2-13 两点的相对位置

(4)重投影点的投影。当空间两点的某两个值相同时,该两点处于某一投影面的同一投射线上,则这两点对该投影面的投影重合于一点,称为对该投影面的重影点。

在投影图上,如果两个点的同面投影重合,则对重合投影所在投影面的距离较大的那个点是可见的,而另一点是不可见的,用加圆括号表示,如(a'')、(b)、(c')等。如图 2-14 所示,E、F 两点的正面投影 e' 和 f' 重影成一点;但 e 在 f 的前面,这说明点 E 在点 F 的正前方。所以对 V 面来说,E 是可见的,用 e' 表示,F 是不可见的,用(f')表示。

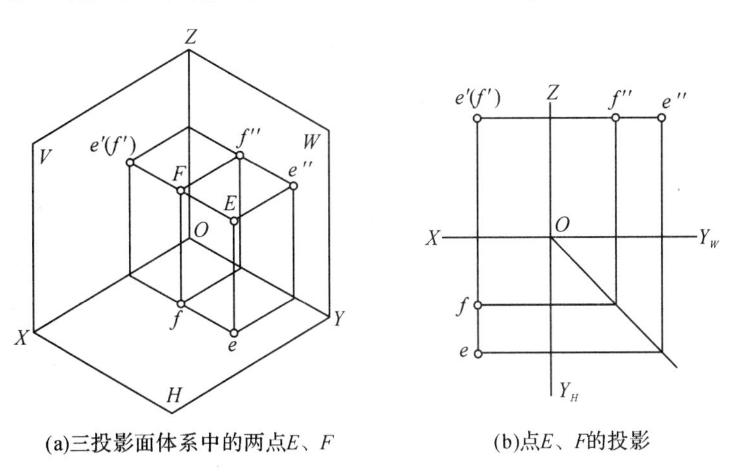

图 2-14 重投影点的投影

任务实施

根据图 2-2 所示的车刀的立体图,分析得知其共有 7 个顶点。

在图 2-2 所示的三视图中,各顶点在俯视图和左视图中的投影见图 2-15。

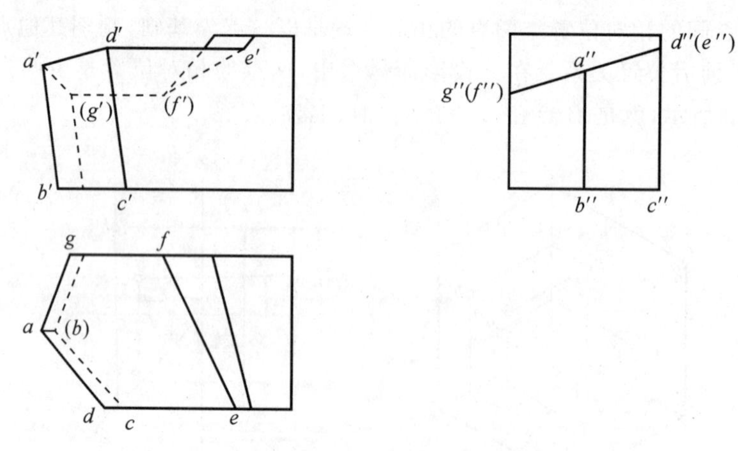

图 2-15　车刀各点的投影

任务二　绘制并识读直线的投影

任务描述

在图 2-16 所示的车刀模型三视图中，各顶点的正面投影已经标出，分析各直线的投影特性，并判别它们的空间位置。

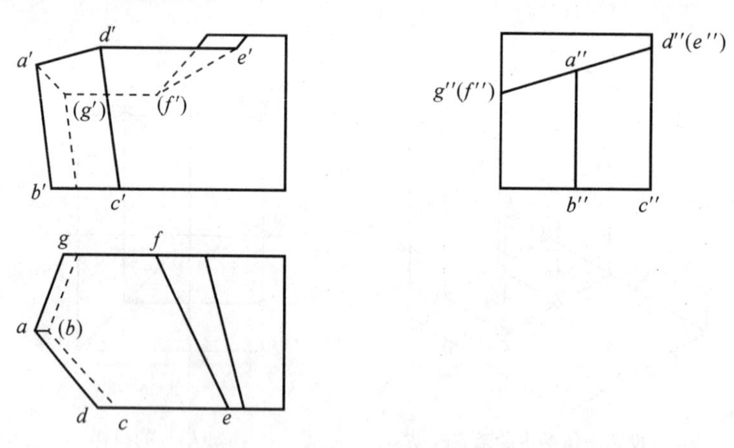

图 2-16　车刀模型三视图

任务分析

任何物体都是由点、线、面等几何元素构成，在生产实践中加工零件实质上就是加工零件的表面，所以只有理解了几何元素(特别是立体表面)的投影规律和特征，才能透彻理解机械图样所表示物体的具体结构形状。

根据“两点决定一直线”的几何定理，在绘制直线的投影图时，只要画出直线上任意两点的投影，再将两点的同面投影连接起来，即得到直线的三面投影，如图 2-17 所示。

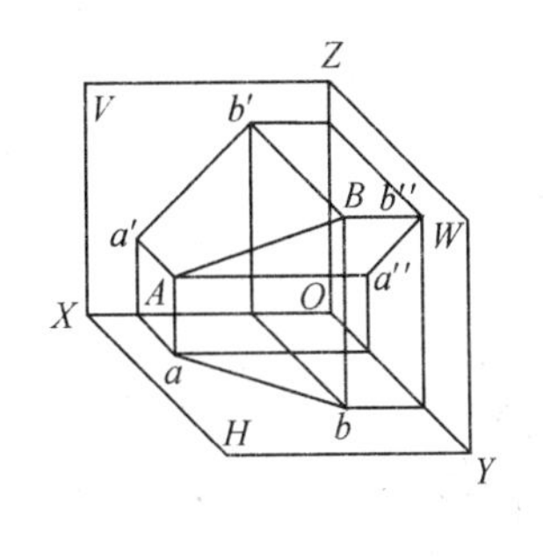

(a)任意直线AB

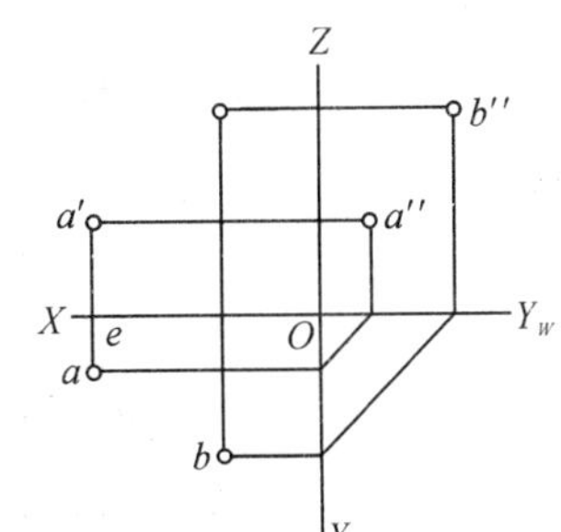

(b)先求点A、B的投影

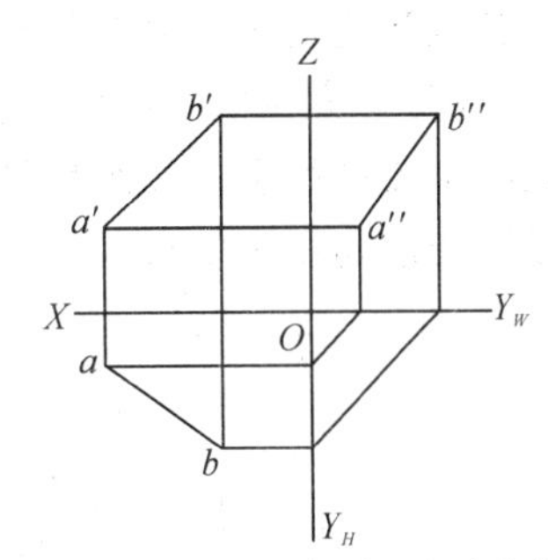

(c)连接A、B点的同面投影，得直线的投影

图 2-17 直线的三面投影

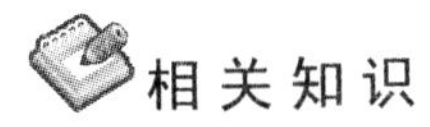

相关知识

1. 直线的投影特性

直线相对投影面的位置，有以下三种情况。

(1)直线倾斜于投影面。如图 2-18(a)所示，直线 AB 在水平投影面上的投影长度一定比 AB 长度要短，这种性质叫作收缩性。

(2)直线平行于投影面。如图 2-18(b)所示，直线 AB 在水平投影面上的投影长度一定等于 AB 的实长，这种性质叫作真实性。

(3)直线垂直于投影面。如图 2-18(c)所示，直线 AB 在水平投影面上的投影一定重合成一点，这种性质叫作积聚性。

根据上述三种情况，将直线的投影特性简单归纳为：

直线倾斜于投影面，投影变短线；

直线平行于投影面，投影实长线；

直线垂直于投影面，投影聚一点。

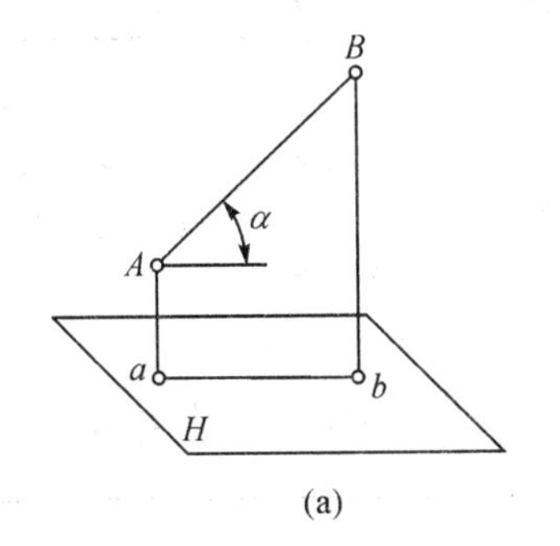

(a)

A B a b H

(b)

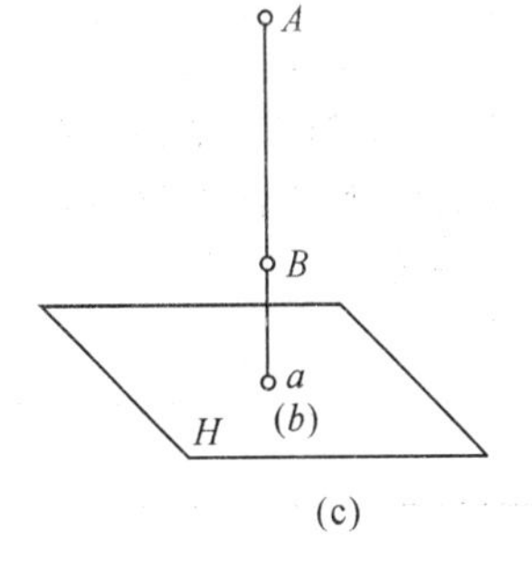

(c)

图 2-18 直线的三面投影

2. 直线在三投影面体系中的投影特性

在三投影面体系中，直线相对于投影面的位置可分为以下三类：

一般位置直线，这类直线对三个投影面均处于倾斜位置；

投影面平行线，这类直线平行于一个投影面，而与另外两个投影面倾斜；

投影面垂直线，这类直线垂直于一个投影面，而平行于另外两个投影面。

下面分别讨论这三类直线的投影特性。

(1)一般位置直线。一般位置直线(见图 2-19)的投影特性是：

①在三个投影面上的投影均是倾斜直线；

②投影长度均小于实长。

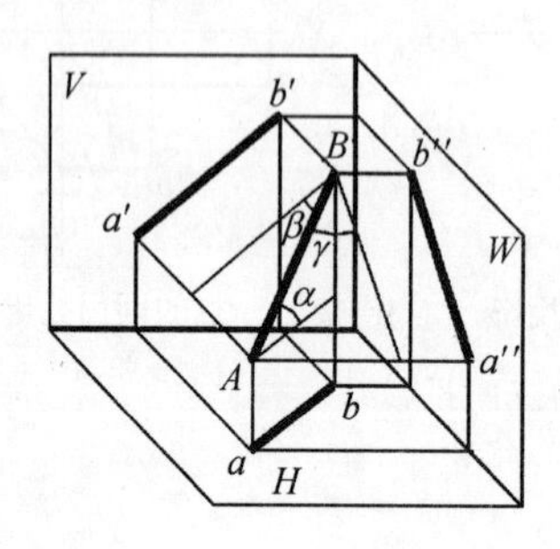

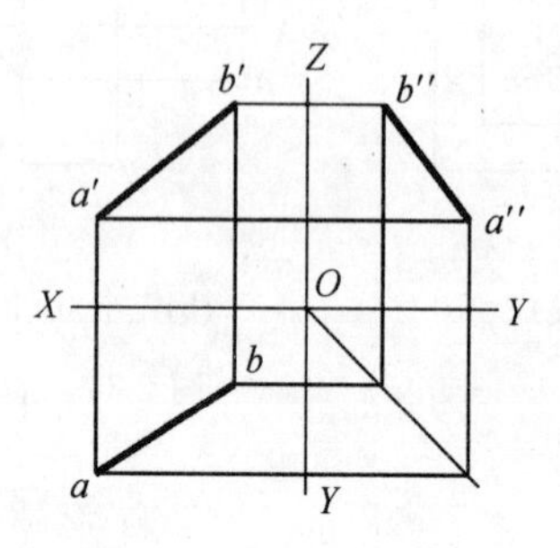

图 2-19　一般位置直线

(2)投影面平行线。由于投影面平行线只平行于一个投影面，而倾斜于其他两个投影面，所以在三投影面体系中，投影面平行线有三种位置，如表 2-1 所示。

①水平线：平行于 H 面，倾斜于 V、W 面的直线；

②正平线：平行于 V 面，倾斜于 H、W 面的直线；

③侧平线：平行于 W 面，倾斜于 V、H 面的直线。

表 2-1　投影面平行线

名称	水平线	正平线	侧平线
投影图	a′ b′ a″ b″ a b	a′ a″ b′ b″ b a	a′ a″ b′ b″ a b
投影特性	水平投影为一斜线反映实长，另两个投影为缩短的两条平线	正面投影为一斜线反映实长，另两个投影为缩短的两条平线	侧面投影为一斜线反映实长，另两个投影为缩短的两条平线
辨认方法	若直线的投影为两平一斜线，则一定是投影面平行线，且必平行于斜线所在的投影面		

(3)投影面垂直线。投影面垂直线垂直于一个投影面，与另外两个投影面平行，它在三投影体系中，也有三种位置，如表 2-2 所示。

①铅垂线：垂直于 H 面，平行于 V、W 面的直线；

②正垂线：垂直于 V 面，平行于 H、W 面的直线；

③侧垂线：垂直于 W 面，平行于 V、H 面的直线。

表 2-2 投影面垂直线

名称	铅垂线	正垂线	侧垂线
投影图	a' a'' b' b'' $a(b)$	$c'(d')$ d'' c'' d c	e' f' $e''(f'')$ e f
投影特性	水平投影积聚为一点,另两个投影反映实长	正面投影积聚为一点,另两个投影反映实长	侧面投影积聚为一点,另两个投影反映实长
辨认方法	若直线的投影为一点两线,则一定是投影面的垂直线,且必垂直于点所在的投影面		

想一想

①当直线的三个投影是“一点两线”,且一点在正立投影面(主视图)上,该直线叫什么直线?

②当直线的三个投影是“两平一斜线”,且斜线在正立投影面(主视图)上,该直线叫什么直线?

③如果直线的三面投影中有两个投影都是倾斜线段,能否判定该直线为一般位置直线?

任务实施

车刀模型上各直线的投影特性及空间位置判别如表 2-3 所示。

表 2-3 各直线投影特性及位置判别

直线	投影特性	空间位置	与投影面的关系
直线 AB	正面投影 $a'b'$ 反映实长,另两个投影 ab、$a''b''$ 均为缩短的两条平线	正平线	$/\!/V,\angle H,\angle W$
直线 AD	三个投影均为缩短的倾斜线	一般位置线	$\angle V,\angle H,\angle W$
直线 DC	正面投影 $d'c'$ 反映实长,另两个投影 dc、$d''c''$ 均为缩短的两条平线	正平线	$/\!/V,\angle H,\angle W$
直线 DE	侧面投影积聚为一点 $d''(e'')$,另两个投影 $d'e'$、de 为缩短的平线	侧垂线	$/\!/V,/\!/H,\perp W$

续表

直线	投影特性	空间位置	与投影面的关系
直线 BC	水平投影 $b'c'$ 反映实长，另两个投影 bc、$b''c''$ 均为缩短的两条平线	水平线	$\angle V$，$/\!/ H$，$\angle W$
直线 AG	三个投影均为缩短的倾斜线	一般位置线	$\angle V$，$\angle H$，$\angle W$
直线 GF	侧面投影积聚为一点 $g''(f'')$，另两个投影 $g'f'$、gf 为缩短的平线	侧垂线	$/\!/ V$，$/\!/ H$，$\perp W$

任务三　绘制并识读平面的投影

任务描述

在图 2-20 所示的车刀模型三视图中，各投影点已经标出，分析各平面的投影特性，并判别它们的空间位置。

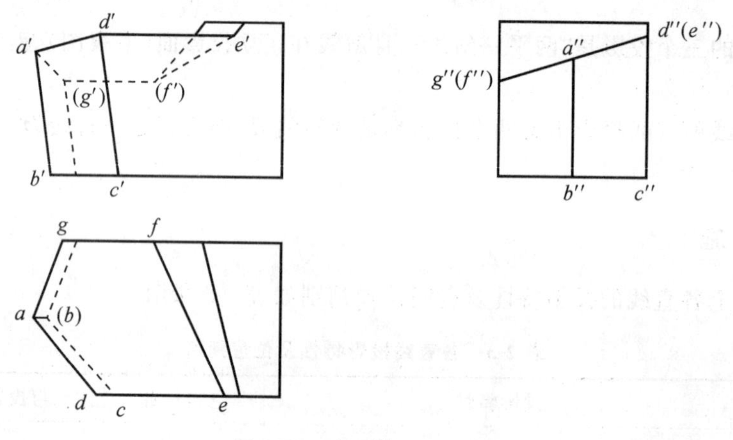

图 2-20　车刀模型三视图

任务分析

平面的投影是由其轮廓线投影所组成的图形。因此，求作平面的投影时，可根据平面的几何形状特点及其对投影面的相对位置，找出能够决定平面的形状、大小和位置的一系列点来，然后画出这些点的三面投影并连接这些点的同面投影，即得到平面的三面投影。

在求作多边形平面的投影时，可先求出它的各直线端点的投影；然后连接各直线端点的同面投影，即可得到多边形平面的三面投影，如图 2-21 所示。作平面图形的投影，实质上仍是以点的投影为基础而得的投影。

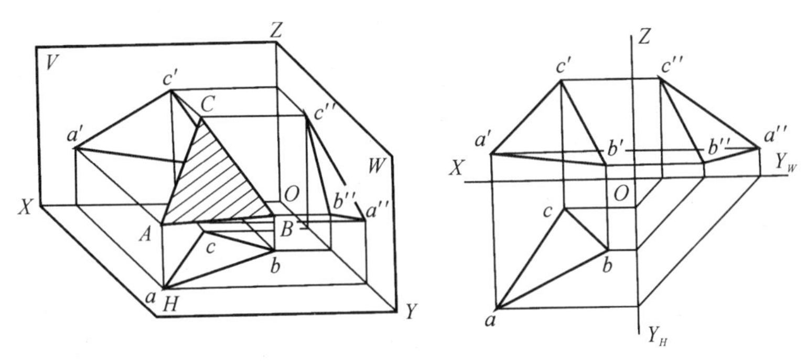

图 2-21　多边形平面的三面投影

相关知识

1. 平面的投影特性

平面相对投影面的位置，有以下三种情况。

(1)平面平行于投影面。如图 2-22(a)所示，投影与原平面的形状、大小相同，这种性质叫作真实性。

(2)平面垂直于投影面。如图 2-22(b)所示，平面投影积聚成一条直线，这种性质叫作积聚性。

(3)平面倾斜于投影面。如图 2-22(c)所示，投影与原平面形状相类似且比原平面形状缩小，这种性质叫作收缩性。

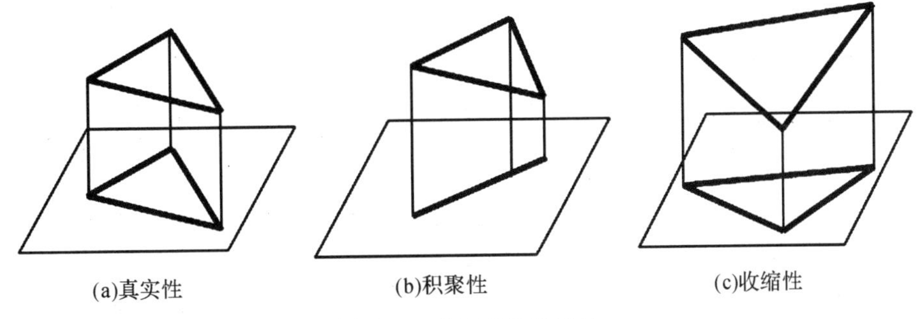

图 2-22　平面的投影特性

根据上述三种情况，将平面的投影特性简单归纳为：

平面平行于投影面，投影原形现。

平面倾斜于投影面，投影面积变。

平面垂直于投影面，投影聚成线。

2. 平面在三投影面体系中的投影特性

在三投影面体系中，平面相对于投影面的位置可分为以下三类：

一般位置平面，这类平面对三个投影面均处于倾斜位置；

投影面平行面，这类平面平行于一个投影面，而与另外两个投影面倾斜；

投影面垂直面，这类平面垂直于一个投影面，而平行于另外两个投影面。

下面分别讨论这三类平面的投影特性。

(1)一般位置平面。一般位置平面(见图 2-23)的投影特性是:

①在三个投影面上的投影均为原平面的类似图形;

②投影面积缩小,不反映真实形状。

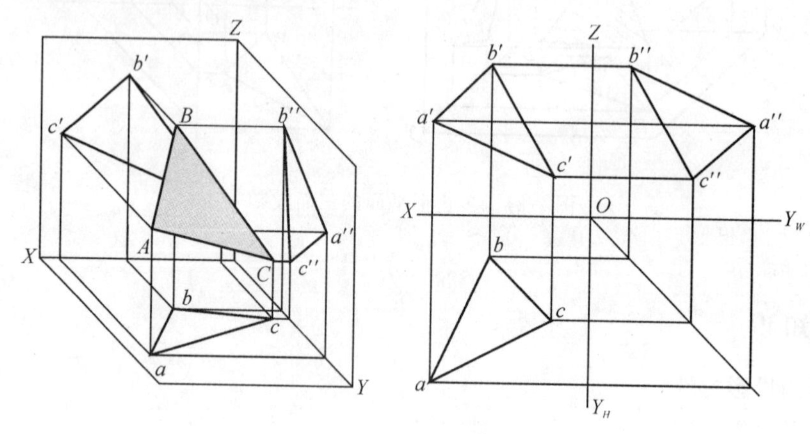

图 2-23　一般位置平面

(2)投影面平行面。投影面平行面平行于一个投影面,而垂直于其他两个投影面,在三投影面体系中,投影面平行面可分为三种位置,如表 2-4 所示。

①水平面:平行于 H 面,垂直于 V、W 面的平面;

②正平面:平行于 V 面,垂直于 H、W 面的平面;

③侧平面:平行于 W 面,垂直于 V、H 面的平面;

表 2-4　投影面平行面

名称	水平面	正平面	侧平面
投影图			
投影特性	水平投影反映原形,另两个投影积聚成直线	正面投影反映原形,另两个投影积聚成直线	侧面投影反映原形,另两个投影积聚成直线
辨认方法	若平面的投影为两线一框,则一定是投影面平行面,且必平行于框所在的投影面		

(3)投影面垂直面。投影面垂直面垂直于一个投影面,而倾斜于其他两个投影面的平面,它在三投影体系中,有三种位置,如表 2-5 所示。

①铅垂面:垂直于 H 面,倾斜于 V、W 面的平面;

②正垂面:垂直于 V 面,倾斜于 H、W 面的平面;

③侧垂面:垂直于 W 面,倾斜于 V、H 面的平面。

表 2-5　投影面垂直面

名称	铅垂面	正垂面	侧垂面
投影图			
投影特性	水平投影积聚为一斜线，另两个投影为缩小的图形	正面投影积聚为一斜线，另两个投影为缩小的图形	侧面投影积聚为一斜线，另两个投影为缩小的图形
辨认方法	若平面的投影为一斜线两框，则一定是投影面的垂直面，且必垂直于斜线所在的投影面		

想一想

如果平面的三面投影中有两个投影是类似的几何图形，能否判定该平面为一般位置平面？

任务实施

车刀模型上各平面的投影特性及空间位置判别如表 2-6 所示。

表 2-6　各平面投影特性及空间位置判别

平面	投影特性	空间位置	与投影面的关系
平面 $ADEFG$	侧面投影积聚为一斜线，正面投影和水平投影是类似的五边形，即一斜线两类似图形	侧垂面	$\angle V, \angle H, \perp W$
平面 $ABCD$	三个投影均为类似的四边形	一般位置面	$\angle V, \angle H, \angle W$

课题二　绘制基本体三视图

知识目标

1. 掌握基本体三视图的画法及其三视图特征；
2. 能根据基本体的特征视图正确快速识读基本体。

技能目标

1. 能根据简单形体的模型或立体图画三视图；
2. 培养空间想象能力和空间思维能力。

任务一　绘制正三棱柱三视图

任务描述

根据图 2-24 所示的正三棱柱的轴测图画出其三视图，并标注尺寸。

任务分析

棱柱是一种常见的基本体，棱柱的棱线互相平行，顶面和底面是互相平行的正多边形。常见的棱柱有三棱柱、四棱柱、五棱柱、六棱柱等。正三棱柱的上、下底面是全等的两正三角形，侧面是矩形，上、下底面与侧面垂直。根据三视图的投影特性，掌握其作图的方法与步骤。

相关知识

1. 正三棱柱空间分析

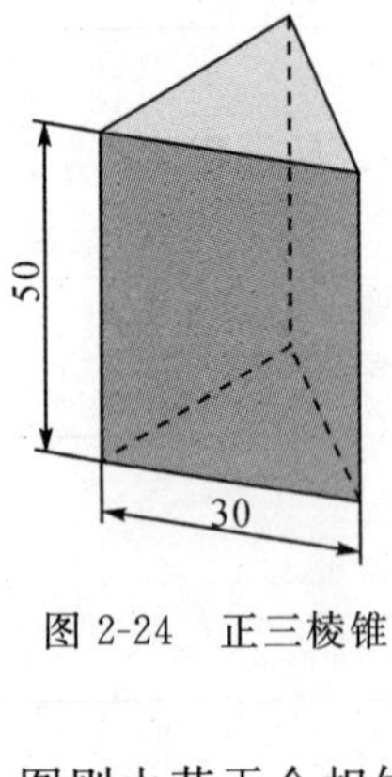

图 2-24 所示为一正三棱柱，由上、下两个底面（正三边形）和三个棱面（长方形）组成，共有 9 条棱线。

50

30

图 2-24　正三棱锥

2. 正三棱柱投影分析

设将其放置成上、下底面与水平投影面平行，上、下两底面均为水平面，它们的水平投影重合并反映实形。正面投影由两个长方形线框组成，这两个长方形线框是正三棱柱左右两个侧面的投影，由于左右平面与 V 面倾斜，因此投影不反映实形。侧面投影由一个长方形线框组成，这个长方形线框是正三棱柱左右平面的投影，由于与 W 面倾斜，因此投影不反映实形。

3. 正三棱柱三视图特征

正三棱柱一个视图为全等的正三边形（形状特征视图），而另两个视图则由若干个相仿的矩形线框所组成。

任务实施

正三棱柱三视图画图步骤见表 2-7。

表 2-7 正三棱柱三视图画图步骤

实施步骤	图示及技巧
1.作对称中心线和底面位置线，画出俯视图——正三边形(反映形状特征)，边长 30mm	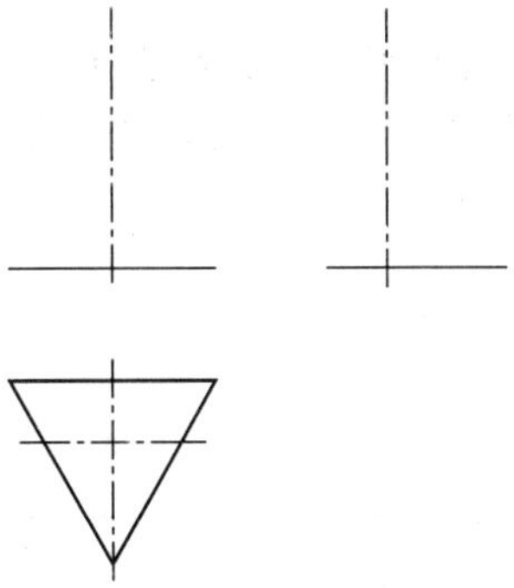
2.按长对正的投影关系，并量取高度 50mm，画出主视图	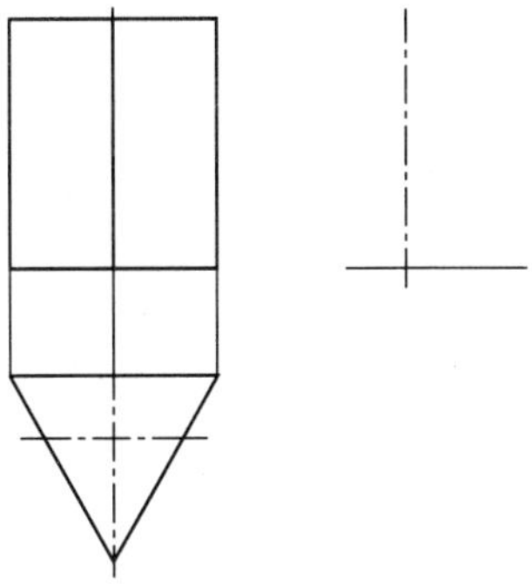
3.按高平齐、宽相等的投影关系，画出左视图。擦去多余的图线	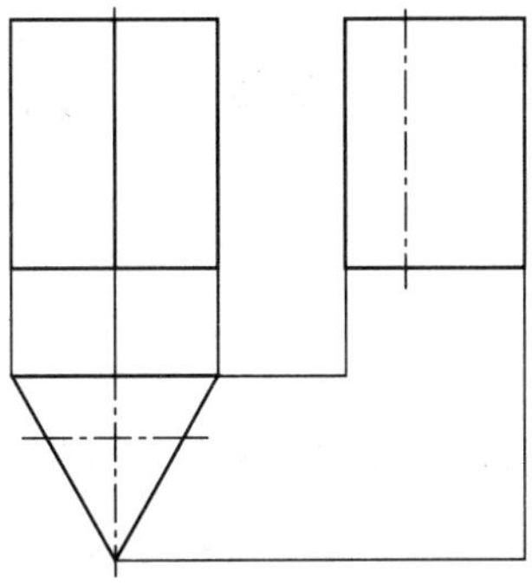
4.标注尺寸	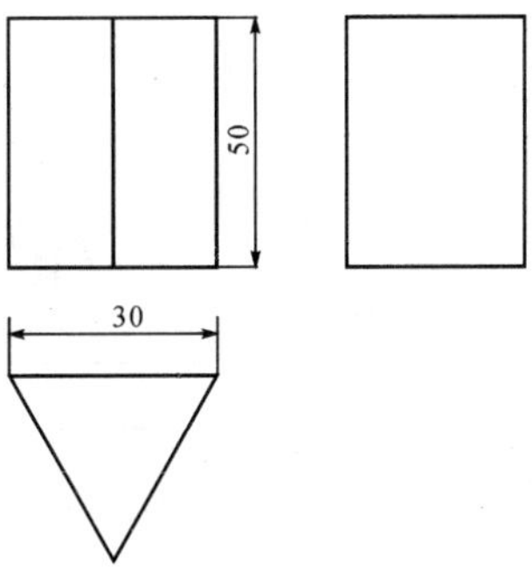 50 30

思考与实践

1. 用身边现有的材料(如硬纸)制作正三棱柱的模型,并画出其三视图,标上尺寸。

2. 在图 2-25 上画出水平放置的正六棱柱的主、俯视图,并标注尺寸(尺寸数值按 1∶1 从图中量取,取整数)。

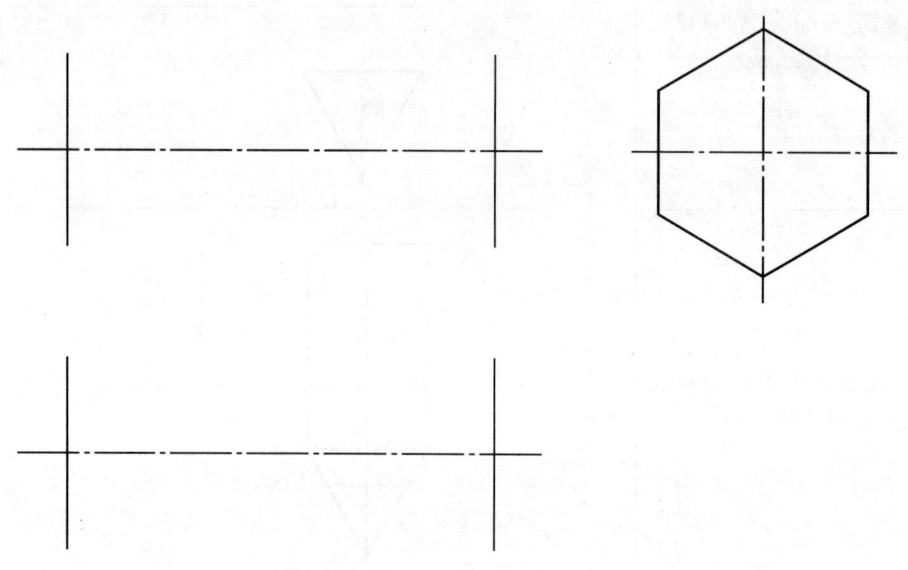

图 2-25　补画正六棱柱的主、俯视图

任务二　绘制正三棱锥三视图

任务描述

根据图 2-26 所示的正三棱锥的立体图画出其三视图,并标注尺寸。

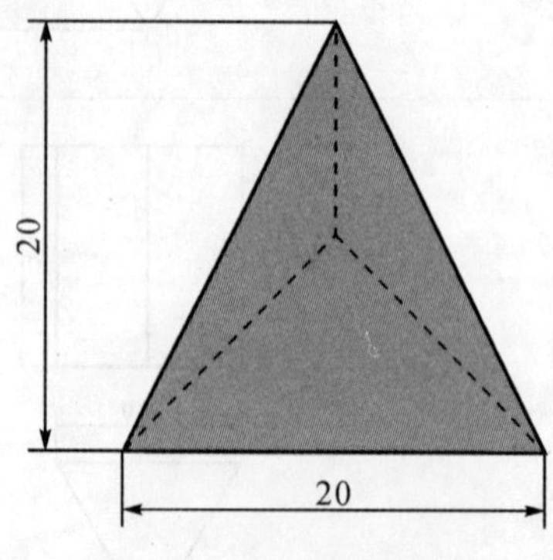

图 2-26　正三棱锥轴测图

任务分析

常见的基本体除了棱柱，还有一类是棱锥。棱锥的棱线交于一点，常见的棱锥有三棱锥、四棱锥、五棱锥、六棱锥等。正三棱锥的锥体中底面是等边三角形，三个侧面是全等的等腰三角形。根据三视图的投影特性，掌握其作图的方法与步骤。

相关知识

1. 正三棱锥空间分析

图 2-26 所示为一正三棱锥，由一个底面（等边三角形）和三个侧面（等腰三角形）组成，共有 6 条边线。

2. 正三棱锥投影分析

设将正三棱锥放置成底面与水平投影面平行，则其水平投影为正三角形（图形内由三个三角形组成），其他两个视图均为具有公共顶点的三角形。正面投影由两个三角形组成，这两个三角形是正三棱锥左右两个侧面的投影，由于左右平面与 V 面倾斜，因此投影不反映实形。侧面投影由一个三角形组成，这个三角形是正三棱锥左平面的投影，由于与 W 面倾斜，因此投影不反映实形。

3. 正三棱锥三视图特征

正三棱锥一个视图为正三角形（图形内由多个三角形组成），其他两个视图均为具有公共顶点的三角形线框。

任务实施

正三棱锥三视图画图步骤见表 2-8。

表 2-8 正三棱锥三视图画图步骤

实施步骤	图示及技巧
1. 作对称中心线和底面位置线，画出俯视图——正三边形（反映形状特征），边长 20mm	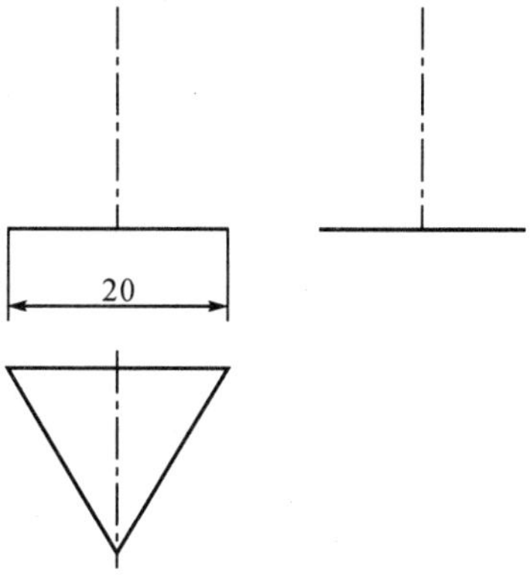 20

续表

实施步骤	图示及技巧
2. 作正三边形各顶点的垂直平分线，使交点到各顶点的距离相等	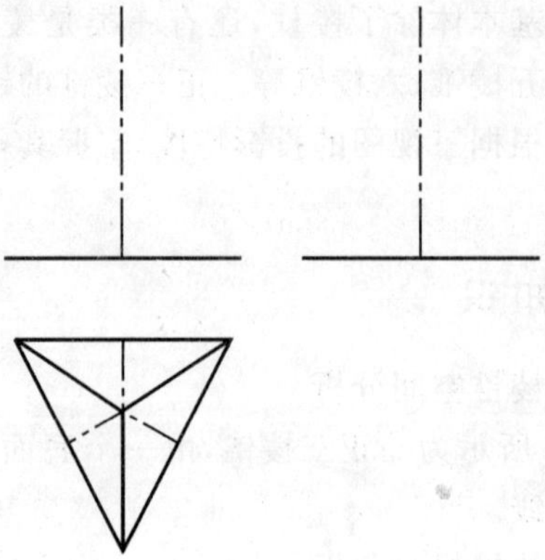
3. 按长对正的投影关系，并量取高度20mm，画出主视图	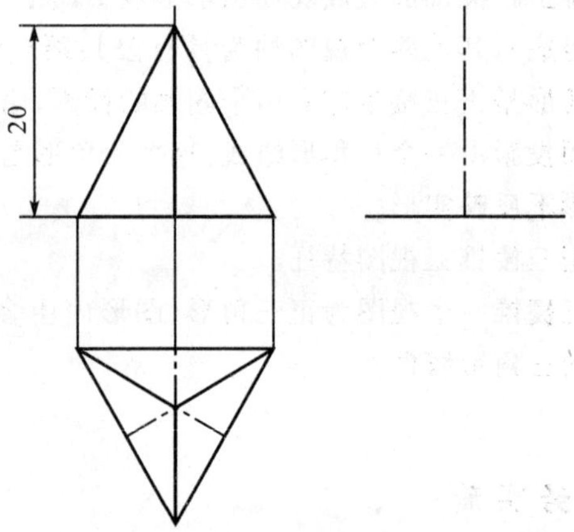 20
4. 按“高平齐、宽相等”的投影关系，画出左视图	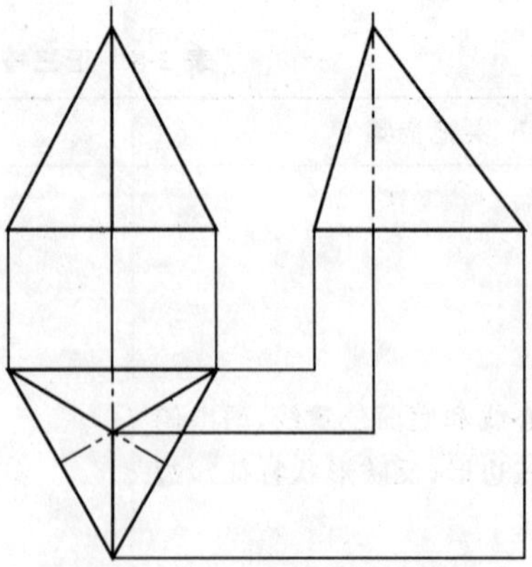

续表

实施步骤	图示及技巧
5.擦去多余的图线,标注尺寸	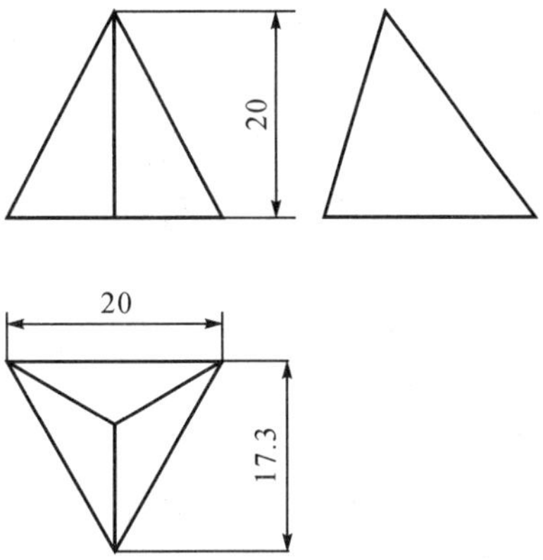

思考与实践

1.观察并收集生产和生活中的各种棱锥实物。

2.在图 2-27 上画出水平放置的正四棱锥的主、左视图,高 30mm,并标注尺寸(尺寸数值按 1∶1 从图中量取,取整数)。

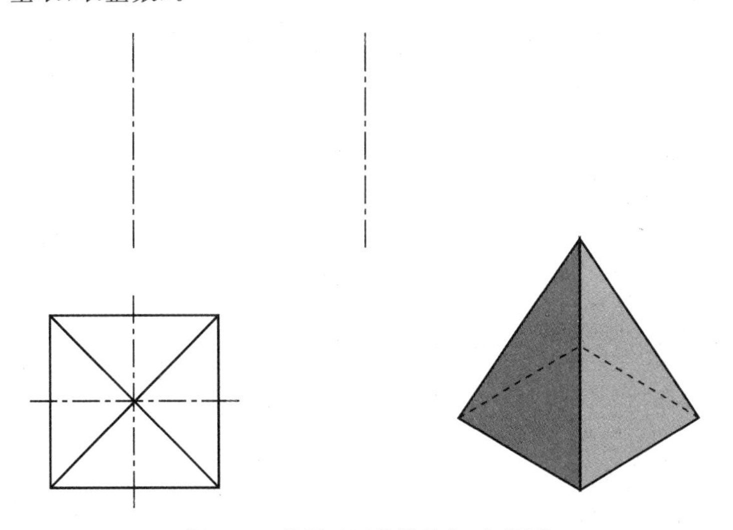

图 2-27　补画正四棱锥的主、左视图

任务三　绘制圆柱体三视图

任务描述

根据图 2-28 所示的圆柱轴测图画出其三视图，并标注尺寸。

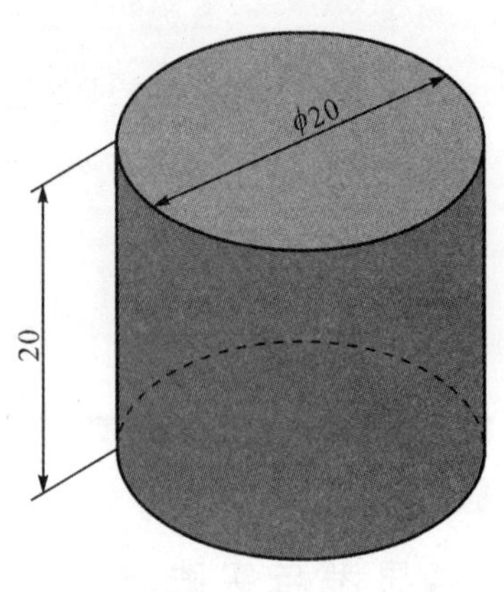

图 2-28　圆柱

任务分析

圆柱在日常生活和生产中十分常见。车床上加工的绝大多数零件都是由不同大小的圆柱组合而成的，因此掌握圆柱的表达方法显得十分重要。圆柱体表面是由圆柱面和上、下底平面(圆形)围成的，而圆柱面可以看作是一条与轴线平行的直母线绕轴线旋转而成。

相关知识

1. 圆柱的空间分析

如图 2-29 所示为一圆柱，圆柱体是由圆柱面与上、下两端面围成，圆柱面上任意一条平行于轴线的直线，称为圆柱面的素线。

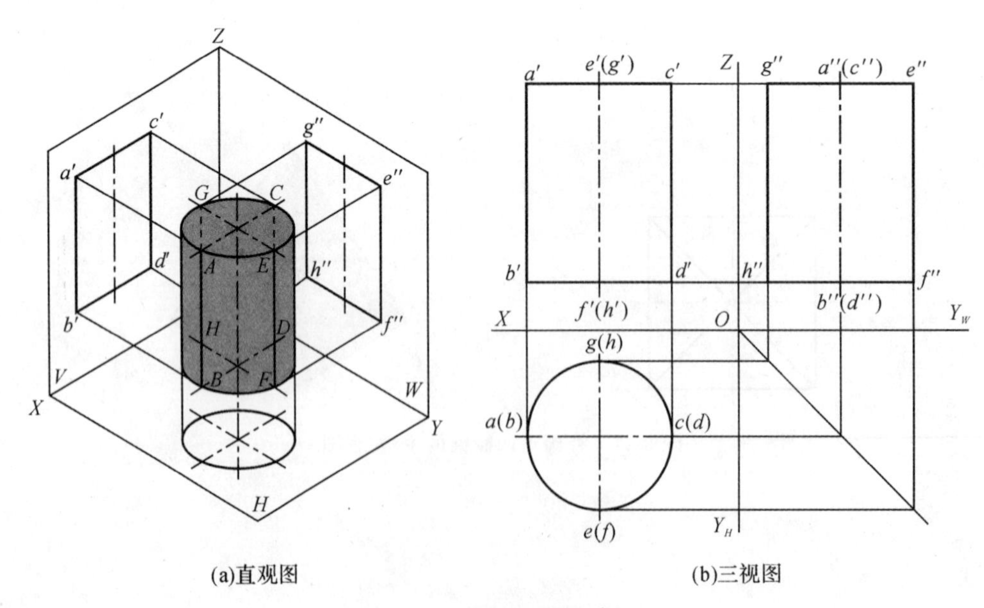

(a)直观图　(b)三视图

图 2-29　圆柱体的投影分析

2. 圆柱体的投影分析

图 2-29(a)所示为一圆柱体，轴线与 H 面垂直放置。圆柱体的顶面、底面是水平面，水平投影为圆且反映实形，正面和侧面投影积聚为直线；圆柱面的所有素线都垂直于水平面，其水平投影积聚为一圆周，圆柱面的正面投影和侧面投影为矩形。

在圆柱的正面投影(主视图)中，矩形的两条竖线分别是圆柱的最左 AB、最右 CD 素线的投影，它们把圆柱面分为前、后两半，其投影前半部可见，后半部不可见，这两条素线是可见与不可见的分界线。矩形的两条水平线分别是圆柱顶面和底面的积聚性投影。

在圆柱的侧面投影(左视图)中，矩形的两条竖线分别是圆柱的最前 EF、最后 GH 素线的投影，它们把圆柱面分为左、右两半，其投影左半部可见，右半部不可见，这两条素线是可见与不可见的分界线。矩形的两条水平线分别是圆柱顶面和底面的积聚性投影。

最左 AB、最右 CD 素线为铅垂线，其侧面投影与轴线重合；最前 EF、最后 GH 素线也是铅垂线，其正面投影与轴线重合。

3. 圆柱三视图特征

圆柱的一个视图为圆(形状特征视图，有中心线)，而另外两个视图都为全等的矩形(有轴心线)。

任务实施

圆柱三视图画图步骤见表 2-9。

表 2-9　圆柱三视图画图步骤

实施步骤	图示及技巧
1. 作对称中心线、轴心线和底面位置线，画出俯视图——直径为 20mm 的圆(反映形状特征)	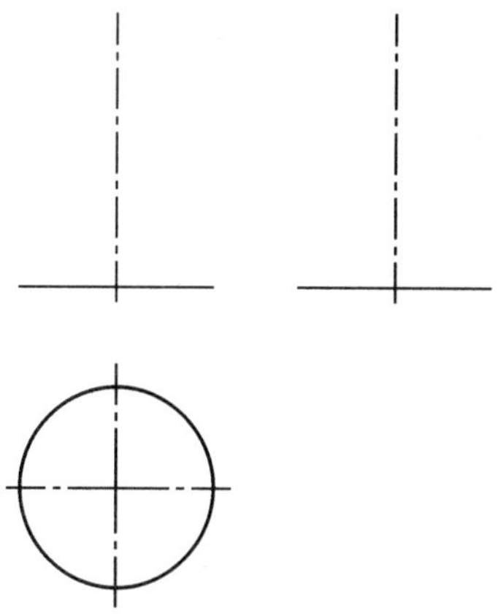

续表

实施步骤	图示及技巧
2. 作长对正的投影关系，并取量高度20mm，画出主视图	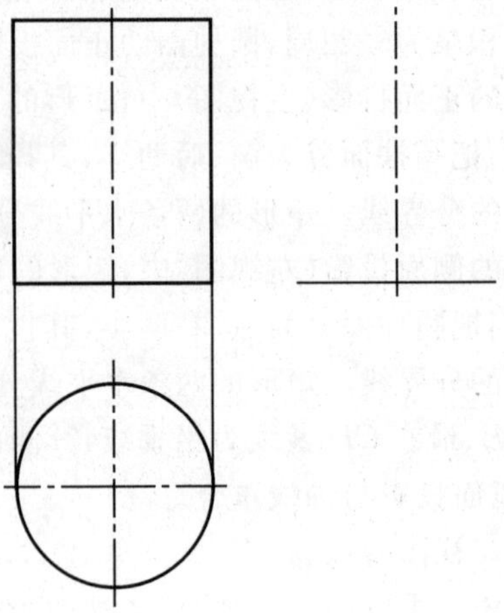
3. 按高平齐、宽相等的投影关系，画出左视图。擦去多余的图线	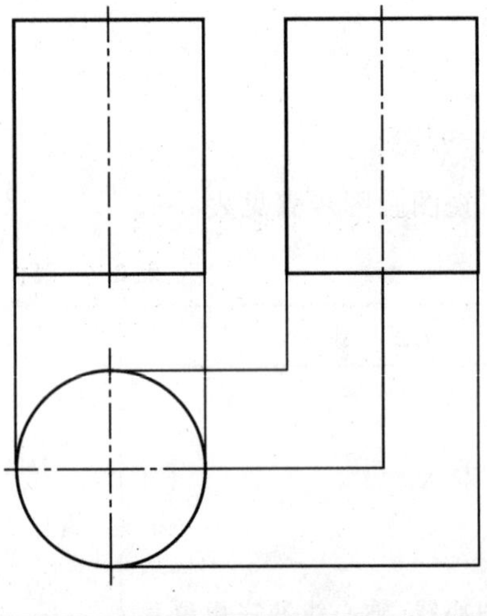
4. 标注尺寸(圆的直径和高度)	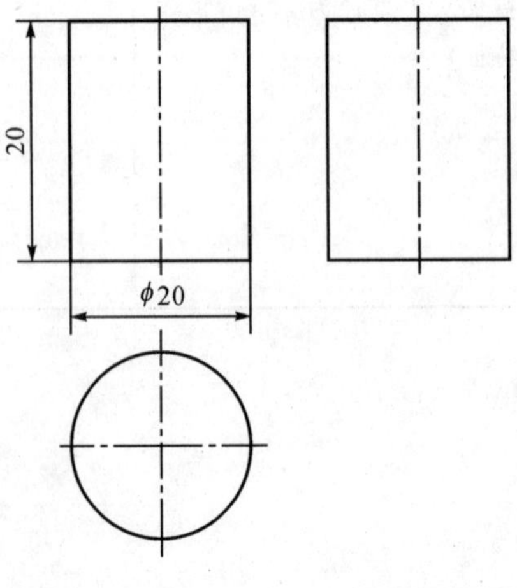 20 $\phi 20$

思考与实践

如图 2-30(a)所示，已知圆柱面上点 A 的正面投影 a'，求作点 A 的其余两个投影。

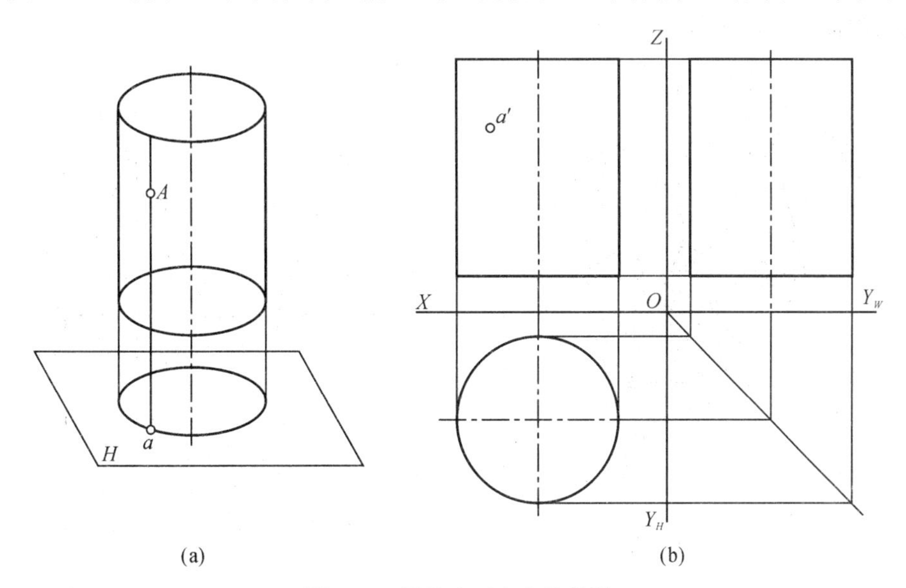

图 2-30 圆柱表面上点的投影

任务四 绘制圆锥体三视图

任务描述

根据图 2-31 所示的圆锥体轴测图画出其三视图，并标注尺寸。

任务分析

圆锥体在生产中十分常见，比如车床的顶尖等，因此掌握圆锥体的表达方法显得十分重要。圆锥体的表面由圆锥面和圆形底面围成，可看作是由直母线绕与它斜交的轴线旋转而成。

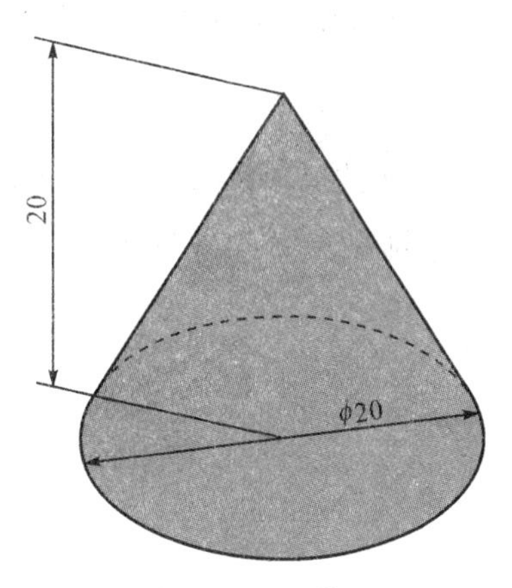

图 2-31 圆锥体

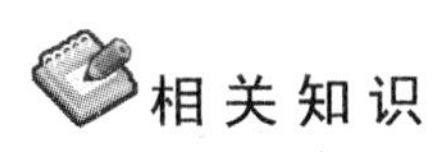

相关知识

1. 圆锥体的空间分析

如图 2-31 所示为一圆锥体，圆锥表面由圆锥面和底面所围成，在圆锥面上通过锥顶的任一直线称为圆锥面的素线。

2. 圆锥体的投影分析

图 2-32(a)所示为一圆锥体，轴线与水平投影面垂直放置。圆锥的底面是水平面，水平投影为一个圆，反映底面的实形，同时也表示圆锥面的投影，正面和侧面投影积聚为直线；圆锥的正面、侧面投影均为等腰三角形。

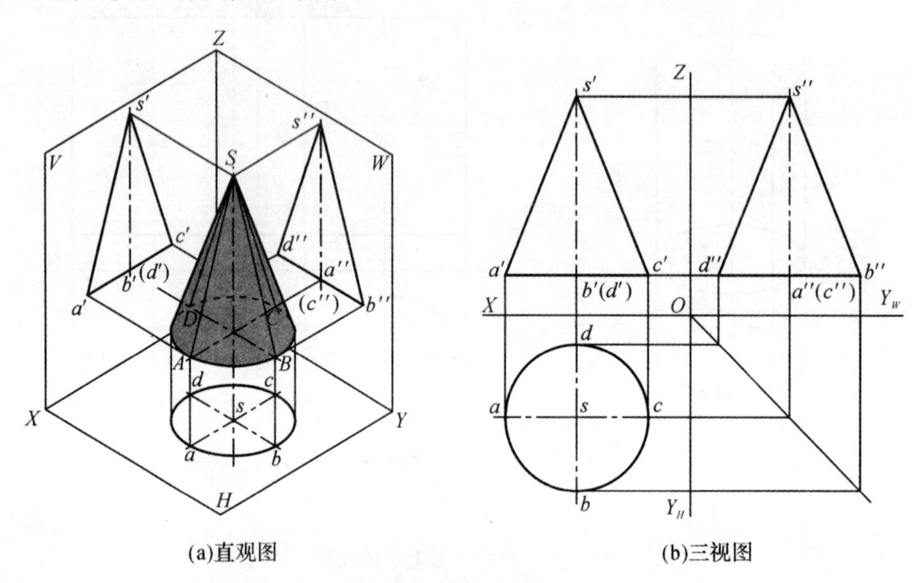

(a)直观图　　(b)三视图

图 2-32　圆锥体的投影

如图 2-32(b)所示，圆锥面最左、最右轮廓素线 *SA*、*SC* 把圆锥面分为前、后两半，其投影前半部分可见，后半部分不可见，这两条素线是可见与不可见的分界线。其底边为圆锥底面的积聚投影。

同理可以对侧面投影中三角形的两腰和底边进行类似的分析。

3. 圆锥三视图特征

圆锥的一个视图为圆(有中心线)，而另外两个视图都为全等的等腰三角形(有轴心线)。

任务实施

圆锥三视图画图步骤见表 2-10。

表 2-10　圆锥三视图画图步骤

实施步骤	图示及技巧
1. 作对称中心线、轴心线和底面位置线，画出俯视图——直径为 20mm 的圆（反映形状特征）	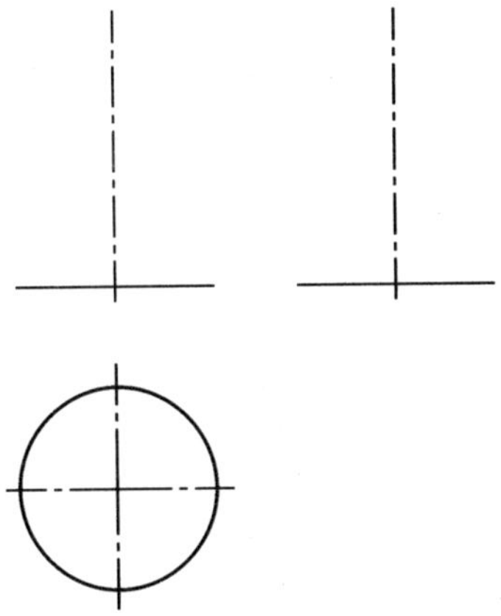
2. 作长对正的投影关系，并取量高度 20mm，画出主视图	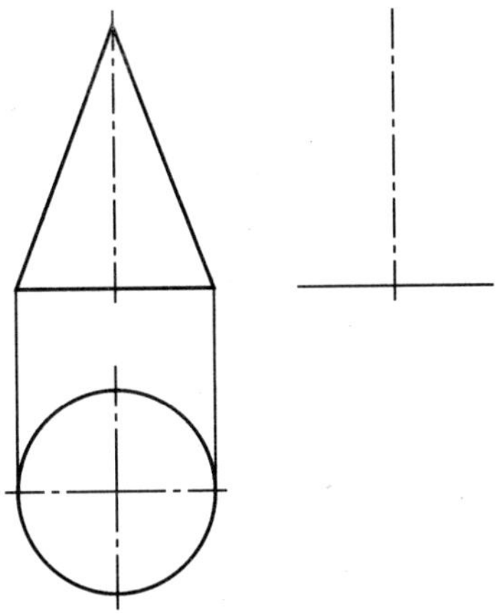
3. 按“高平齐、宽相等”的投影关系，画出左视图。擦去多余的图线	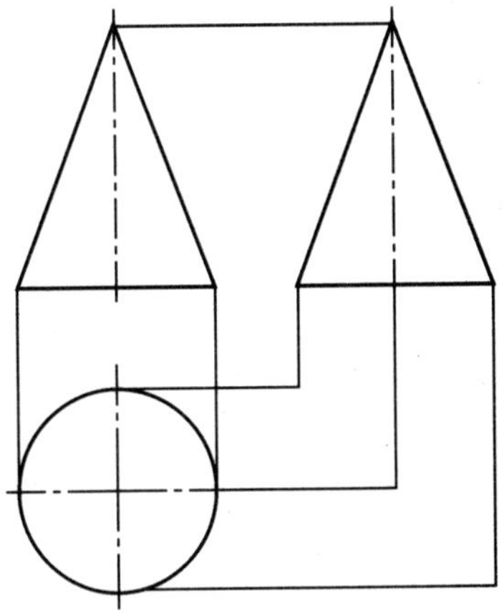

续表

实施步骤	图示及技巧
4.标注尺寸(圆的直径和高度)	

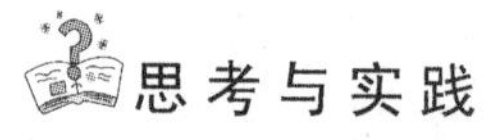

思考与实践

1.用纸和透明胶制作一个圆锥,直径为30mm,高度为50mm,画出其三视图,标注尺寸。

2.观察圆锥在生产生活中的应用,收集各种带圆锥的零件。

任务五 绘制球体三视图

任务描述

根据图2-33所示的球体轴测图画出其三视图,并标注尺寸。

任务分析

球体在生产、生活中十分常见,比如轴承中的滚动体,因此掌握球体的表达方法显得十分重要。球的表面,可看作是以一个圆为母线,绕其自身的直径(即轴线)旋转而成。

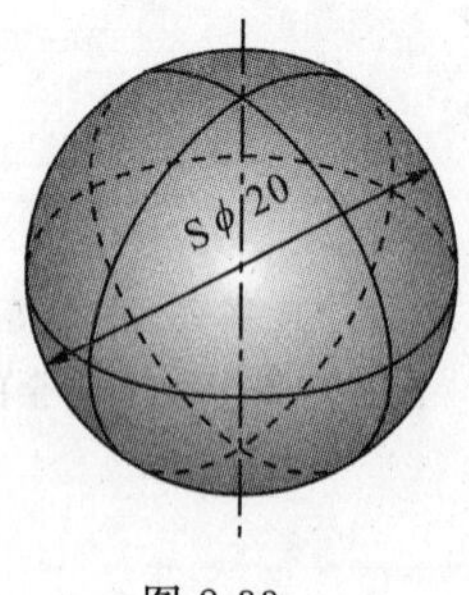

图2-33

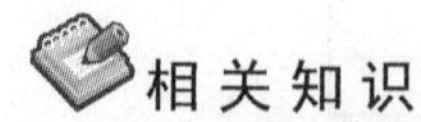

相关知识

1.球的空间分析

如图2-33所示为一球体,球由球面转成,球面可看作是一条圆母线绕其直径回转而成。

2. 球的投影分析

球向任何方向投影所得到的图形都是与球直径相等的圆，因此其三面投影都为等径的圆，它们分别是圆球三个方向轮廓线圆的投影。

3. 球的三视图特征

球的三个视图都为圆(有中心线)。

任务实施

球的三视图画图步骤见表 2-11。

表 2-11 球的三视图画

实施步骤	图示及技巧
1. 作各视图圆的中心线	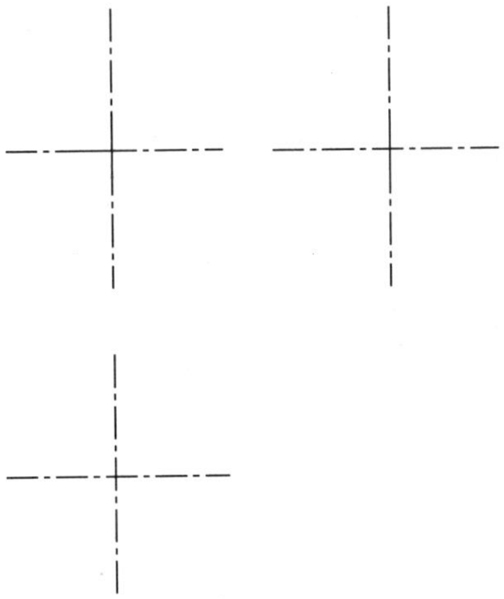
2. 画出三个直径为 20mm 的圆	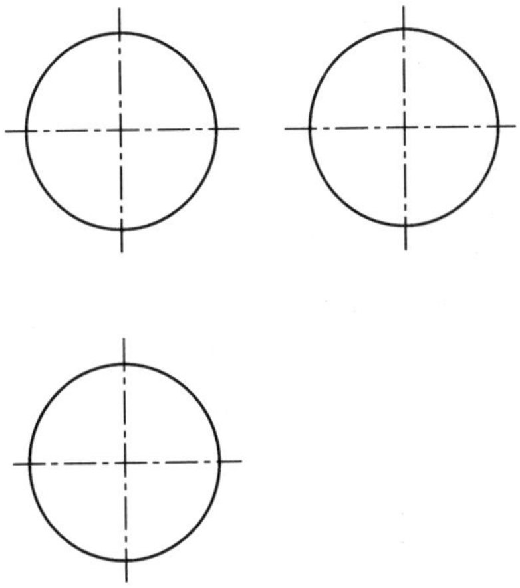

续表

实施步骤	图示及技巧
3.标注尺寸	$S\phi20$

思考与实践

补画 2-34 所示圆台的俯视图，并标注尺寸（尺寸从图中量取，取整数）。

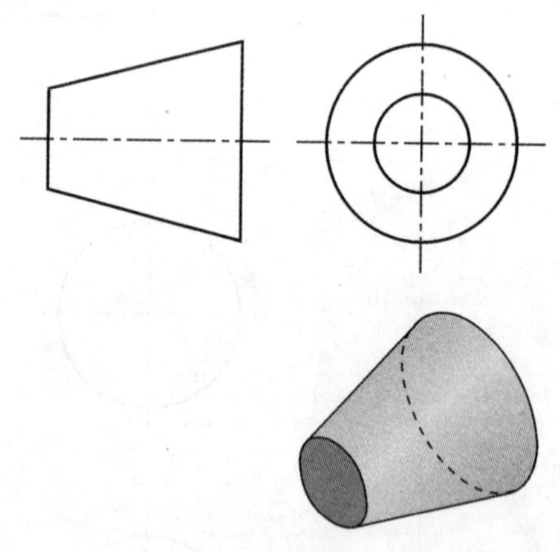

图 2-34　圆台

模块三　立体表面交线的绘制

课题一　绘制截交线的投影

引 言

我们学习了基本几何体的投影及三视图的绘制，而在实际应用中，机器中的零件往往不是基本几何体，而是基本几何体经过不同方式的切割或组合而成的，如图 3-1 所示，因此我们应该学习并掌握它们的画法。

(a)十字接头

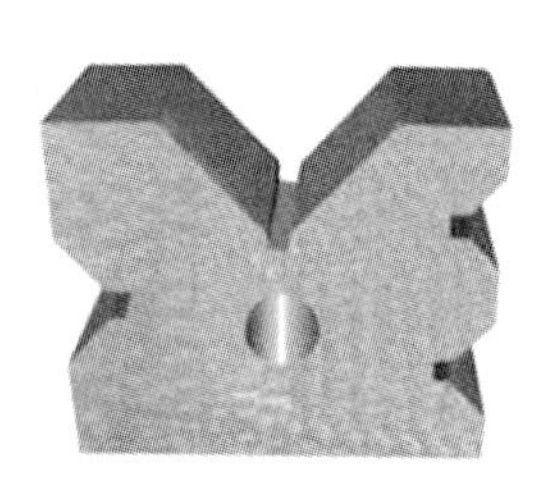

(b)V形顶块

图 3-1　机器中的零件示例

知 识 目 标

1. 认识基本体切割体，理解切割体截交线的投影特征；
2. 能绘制基本体切割体的三视图；
3. 会标注切割体的尺寸。

技 能 目 标

1. 掌握基本体截交线的求法，即利用在立体表面上取点、取线的方法绘制截交线；
2. 培养空间想象能力和空间思维能力。

任务一 绘制棱柱切割体三视图

任务描述

根据图 3-2 所示的被切去一角的六棱柱的轴测图，画出其三视图。

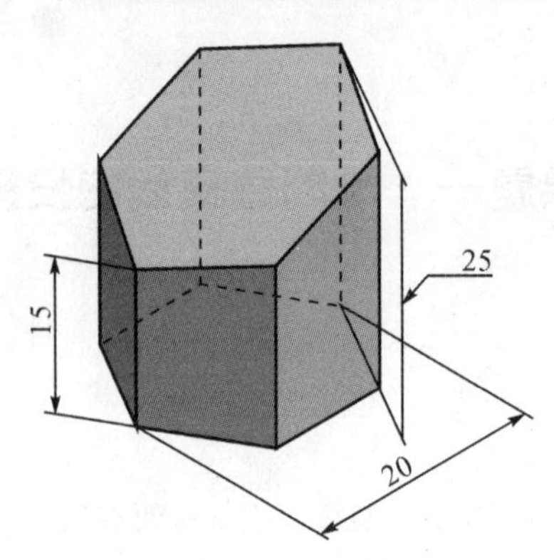

图 3-2 六棱柱切割体轴测图

任务分析

截平面与六棱柱的六条棱线相交，可判定截交线是六边形，其六个顶点分别是六棱柱与截平面的交点。因此，只要求出截交线的六个顶点在各投影面上的投影，然后依次连接顶点的同面投影，即得截交线的投影。

截平面倾斜于轴线，与 V 面垂直，其在主视图中的投影积聚成一直线，在左视图和俯视图中的投影为缩小的六边形。

相关知识

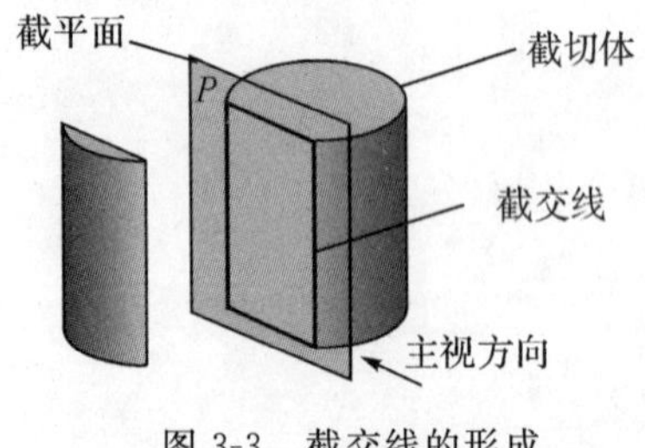

图 3-3 截交线的形成

平面与立体表面相交，可以认为是立体被平面截切，此平面通常称为截平面，截平面与立体表面的交线称为截交线，如图 3-3 所示。为了正确分析和表达机件的结构形状，我们需要了解截交线的性质和画法。立体的形状、截平面与立体的相对位置不同，截交线的形状也各不相同。任何截交线都具有下列两个基本性质：

(1)截交线一定是一个封闭的平面图形。

(2)截交线既在截平面上，又在立体表面上，截交线是截平面和立体表面的共有线。

截交线上的点都是截平面与立体表面上的共有点。因为截交线是截平面与立体表面的共有线，所以求作截交线的实质就是求出截平面与立体表面的共有点。

任务实施

六棱柱切割体三视图画图步骤见表 3-1。

表 3-1 六棱柱切割体三视图画图步骤

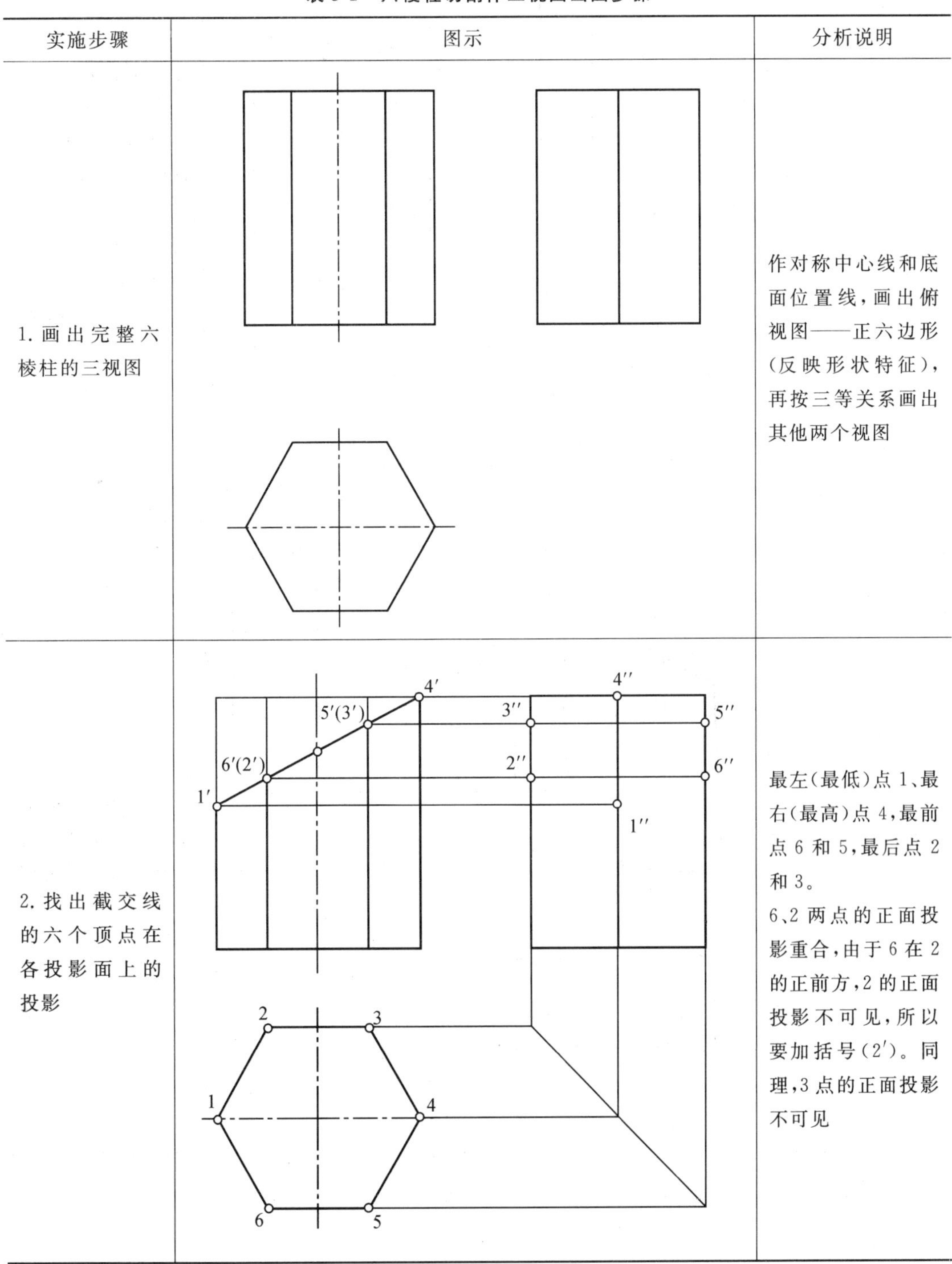

实施步骤	图示	分析说明
1. 画出完整六棱柱的三视图		作对称中心线和底面位置线，画出俯视图——正六边形(反映形状特征)，再按三等关系画出其他两个视图
2. 找出截交线的六个顶点在各投影面上的投影		最左(最低)点 1、最右(最高)点 4，最前点 6 和 5，最后点 2 和 3。 6、2 两点的正面投影重合，由于 6 在 2 的正前方，2 的正面投影不可见，所以要加括号(2′)。同理，3 点的正面投影不可见

续表

实施步骤	图示	分析说明
3. 依次连接各顶点的投影	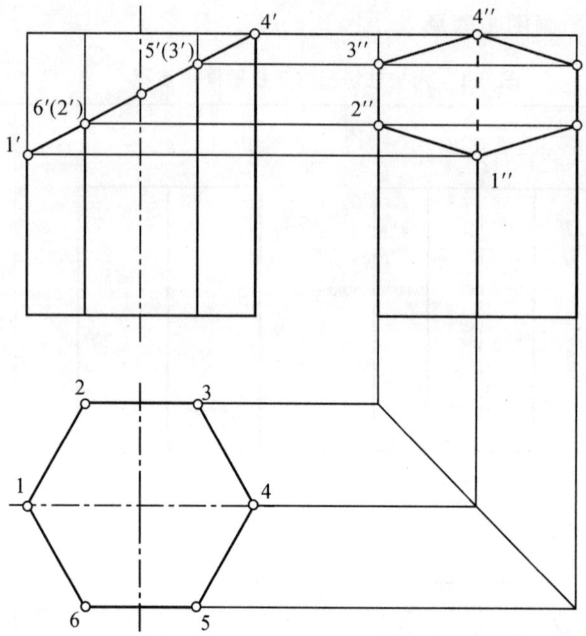 4′ 5′(3′) 6′(2′) 1′ 4″ 3″ 5″ 2″ 6″ 1″ 2 3 1 4 6 5	要及时擦去多余的图线。 前面、后面的最高点被切去，所以无线条。 侧面投影中，由于右边最高点线条不可见，所以出现虚线
4. 标注尺寸	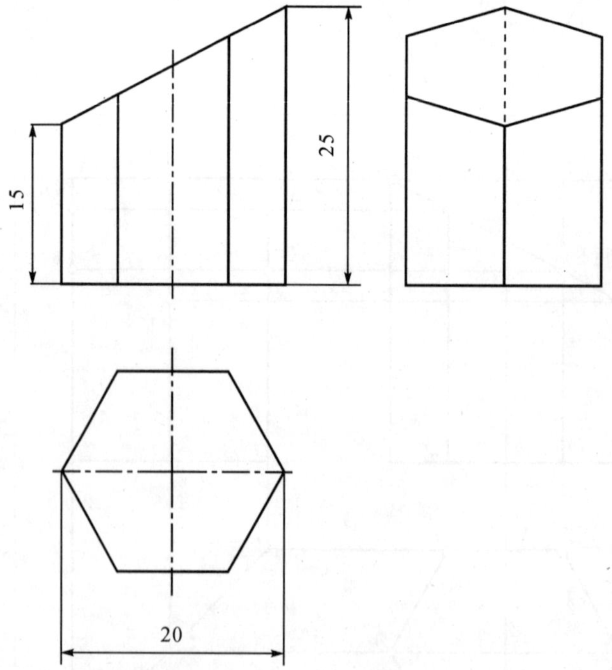 25 15 20	要标出切割面的位置尺寸15、25。 左视图中，六边形是六棱柱被切割后自然形成的截交线，截交线上不能标注尺寸

思考与实践

完成图 3-4 所示的被截切正三棱柱的左视图。

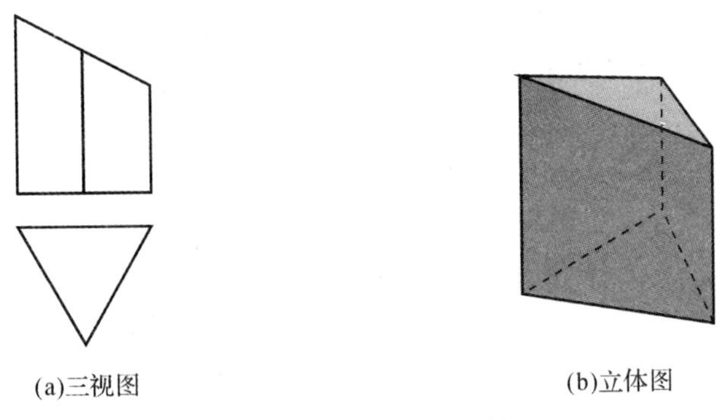

图 3-4 正三棱柱切割体

任务二 绘制棱锥切割体三视图

任务描述

根据图 3-5 所示的被切去一角的四棱锥的轴测图，画出其三视图。

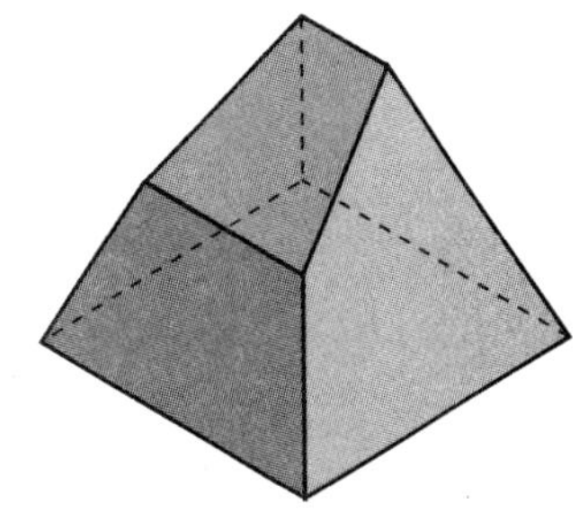

图 3-5 四棱锥切割体轴测图

任务分析

截平面与棱锥的四条棱线相交，可判定截交线是四边形，其四个顶点分别是四条棱线与截平面的交点。因此，只要求出截交线的四个顶点在各投影面上的投影，然后依次连接顶点的同面投影，即得截交线的投影。

截平面倾斜于轴线，与 V 面垂直，其在主视图中的投影积聚成一直线，在左视图和俯视图中的投影为缩小的四边形。

相关知识

1. 平面体表面截交线的特性

(1)截交线是一个由直线组成的封闭的平面多边形。

(2)截交线的每条边是截平面与棱面的交线。

2. 求平面体表面截交线的步骤

(1)空间及投影分析。确定截平面与投影面的相对位置。

(2)画出截交线的投影。分别求出截平面与棱面的交线,并依次连接成多边形。

任务实施

四棱锥切割体三视图画图步骤见表 3-2。

表 3-2 四棱锥切割体三视图画图步骤

实施步骤	图示	分析说明
1. 画出完整四棱锥三视图	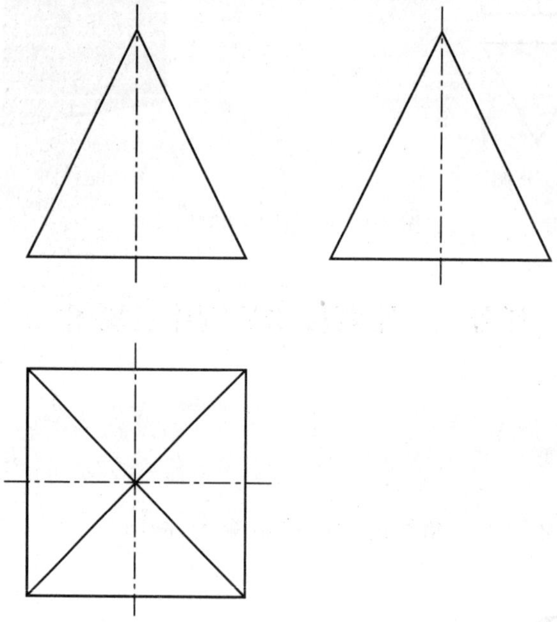	作对称中心线和底面位置线,画出俯视图——正四边形(反映形状特征),再按三等关系画出另两个视图
2. 找出截交线的四个顶点在各投影面上的投影	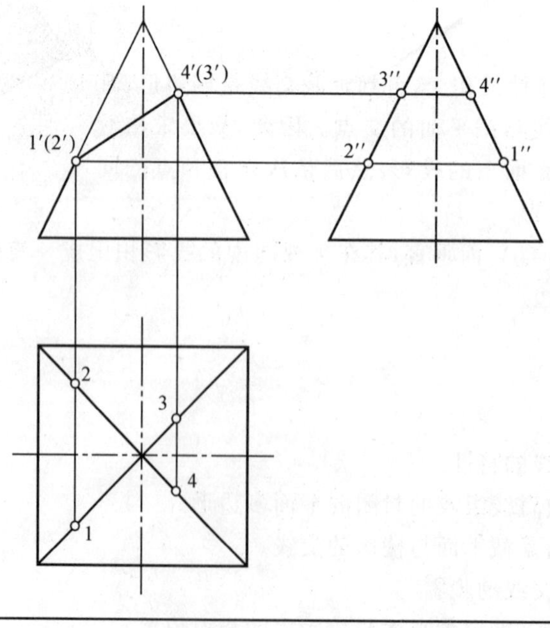	最左(最低)点 1 和 2,最右(最高)点 3 和 4,最前点 1,最后点 2。 1、2 两点的正面投影重合,由于 1 在 2 的正前方,2 的正面投影不可见,所以要加括号(2′)。同理,3 点的正面投影不可见

续表

实施步骤	图示	分析说明
3. 依次连接各顶点的投影	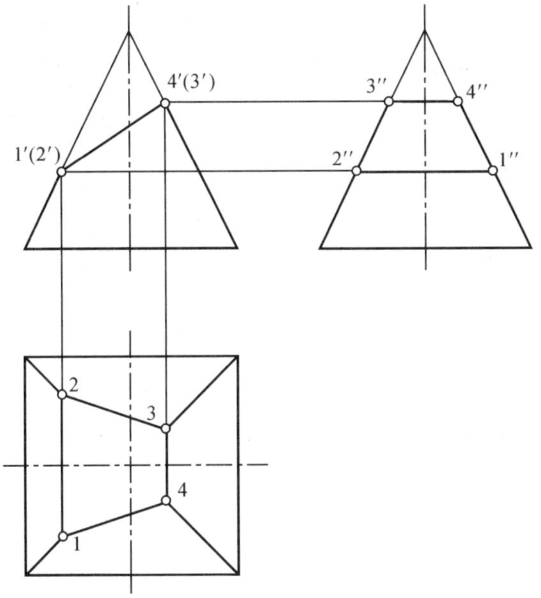 4′(3′) 3″ 4″ 1′(2′) 2″ 1″ 2 3 4 1	侧面投影中，由于棱锥最高点被切去，所以线条不可见
4. 完成视图	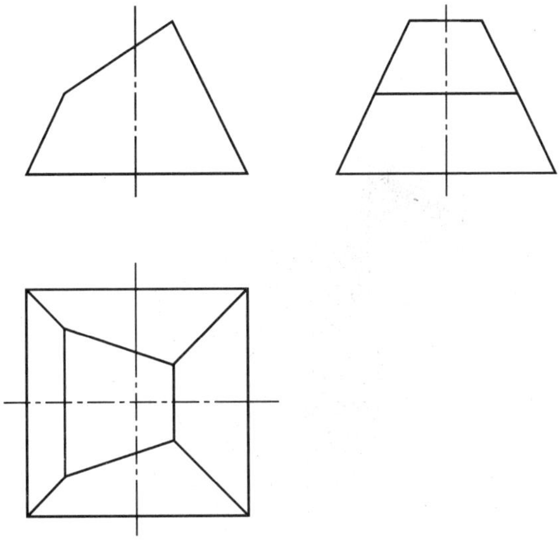	及时擦去多余的图线

思考与实践

完成图 3-6 所示的被截切正三棱锥的俯视图和左视图。

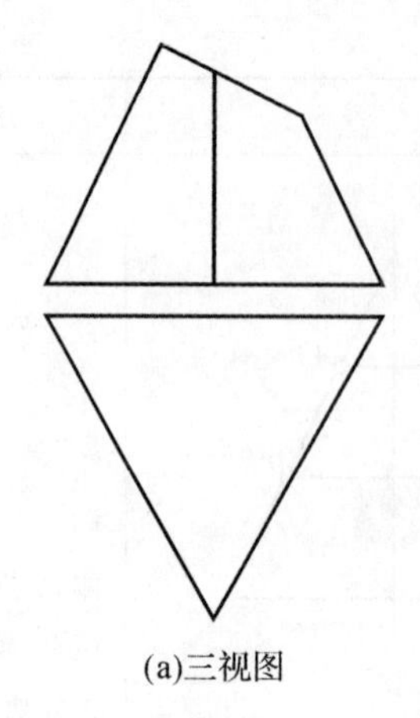

(a)三视图

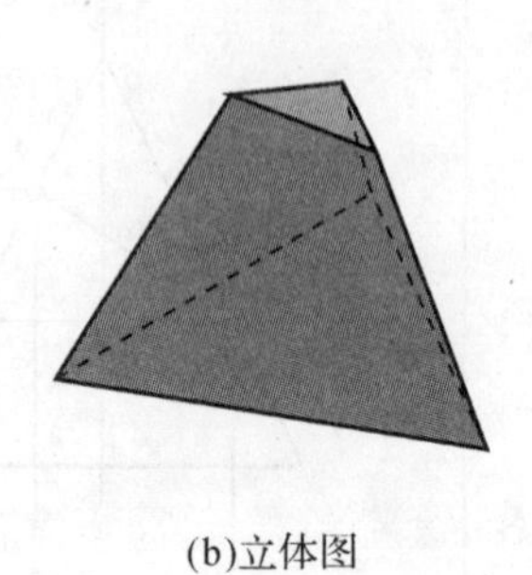

(b)立体图

图 3-6　正三棱锥切割体

任务三　绘制圆柱切割体三视图

任务描述

根据图 3-7 所示的被正垂面截切的圆柱的轴测图，画出其三视图。

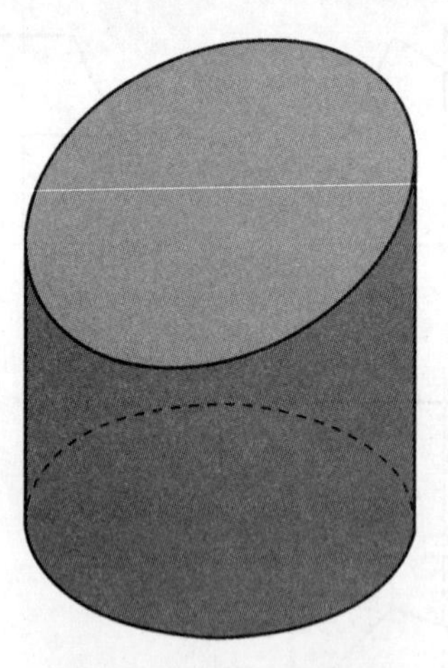

图 3-7　圆柱切割体轴测图

任务分析

由图 3-7 可知，截平面与圆柱的轴线倾斜，故截交线为椭圆。此椭圆的正面投影积聚为一直线。由于圆柱面的水平投影积聚为圆，而截交线椭圆位于圆柱面上，故截交线椭圆的水平投影与圆柱面水平投影重合。截交线椭圆的侧面投影是它的类似形，仍为椭圆。可根据投影规律由正面投影和水平投影求出侧面投影。

相关知识

圆柱截交线

平面截切圆柱时，根据截平面与圆柱轴线的相对位置不同，其截交线有矩形、圆和椭圆三种不同的形状，如表 3-3 所示。

表 3-3 圆柱体的截交线

截平面的位置	平行于轴线	垂直于轴线	倾斜于轴线
截交线的形状	矩形	圆	椭圆
立体图	P 主视方向	P 主视方向	P 主视方向
投影图			

例 3-1 如图 3-8 所示，补画圆柱切割体的俯视图和左视图。

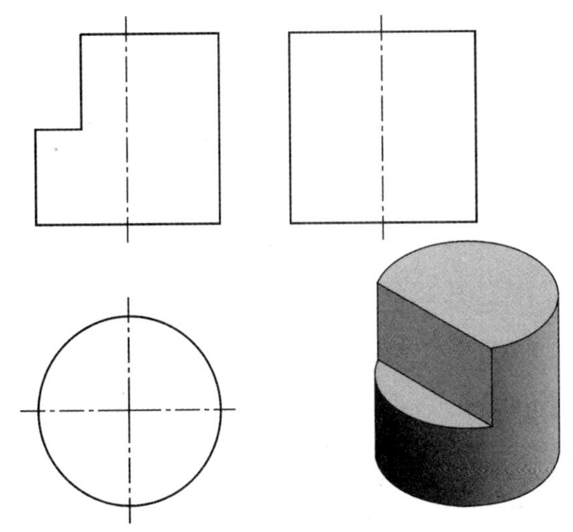

图 3-8 圆柱切割体

解:圆柱被平行于轴线的侧平面和垂直于轴线的水平面切去左上角。侧平面与圆柱面的截交线为两条平行的铅垂线,水平面与圆柱的交线为一段圆弧。

作图步骤如表 3-4 所示。

表 3-4 圆柱切割体俯视图和左视图画图步骤

实施步骤	图示	分析说明
1. 补画俯视图	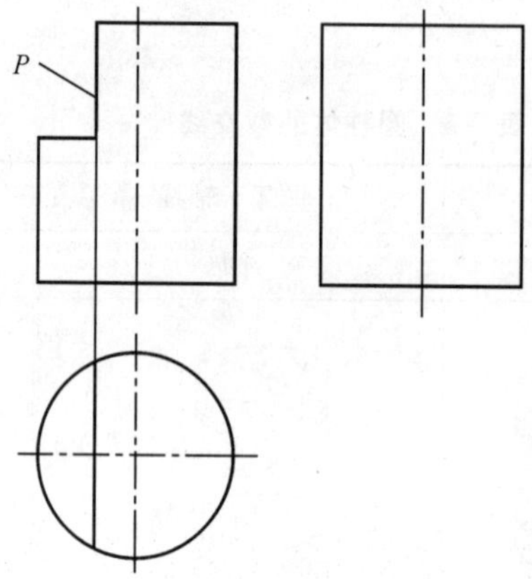 P	平面 P 平行于轴线,与 V 面垂直,即水平投影积聚为一直线
2. 补画左视图	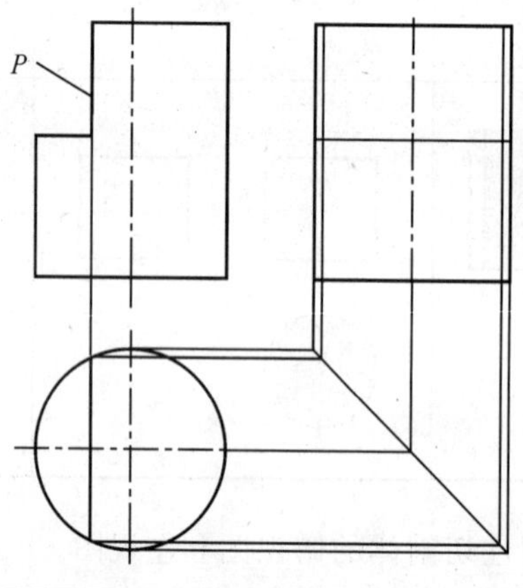 P	根据"高平齐、宽相等"画出切口的左视图
3. 完成图形	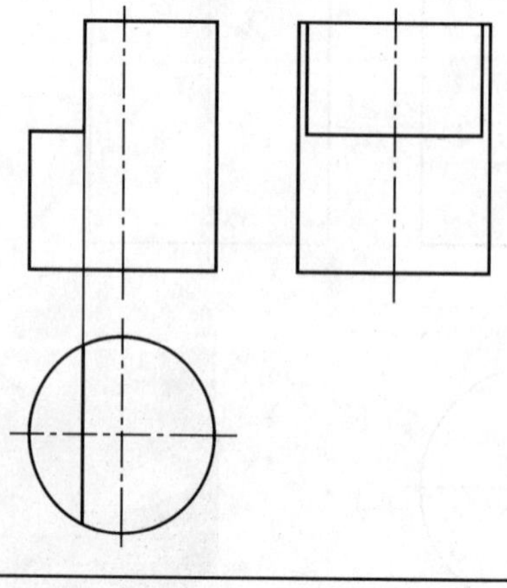	擦去多余线条,由于切割面没有切到圆柱体最前与最后端,所以左视图中间的水平线不可以画到两端

任务实施

圆柱截交线三视图画图步骤见表 3-5。

表 3-5　圆柱截交线三视图画图步骤

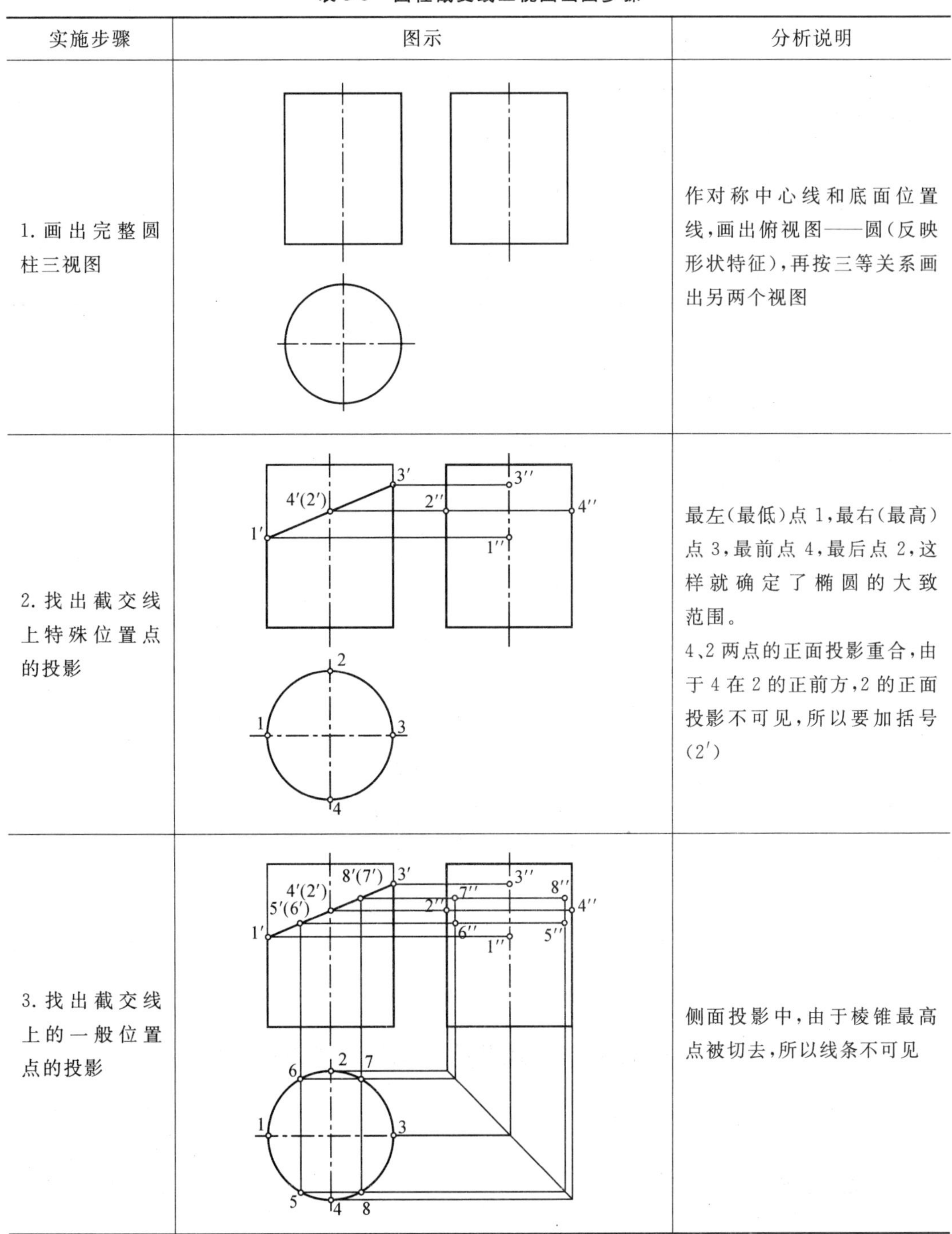

实施步骤	图示	分析说明
1. 画出完整圆柱三视图		作对称中心线和底面位置线，画出俯视图——圆(反映形状特征)，再按三等关系画出另两个视图
2. 找出截交线上特殊位置点的投影		最左(最低)点 1，最右(最高)点 3，最前点 4，最后点 2，这样就确定了椭圆的大致范围。 4、2 两点的正面投影重合，由于 4 在 2 的正前方，2 的正面投影不可见，所以要加括号(2′)
3. 找出截交线上的一般位置点的投影		侧面投影中，由于棱锥最高点被切去，所以线条不可见

续表

实施步骤	图示	分析说明
4. 光滑连接各点，完成视图		将所求各点的投影依次连成光滑曲线，及时擦去多余的图线

思考与实践

如图 3-9 所示，完成被截切圆柱（十字接头）的主视图和俯视图。

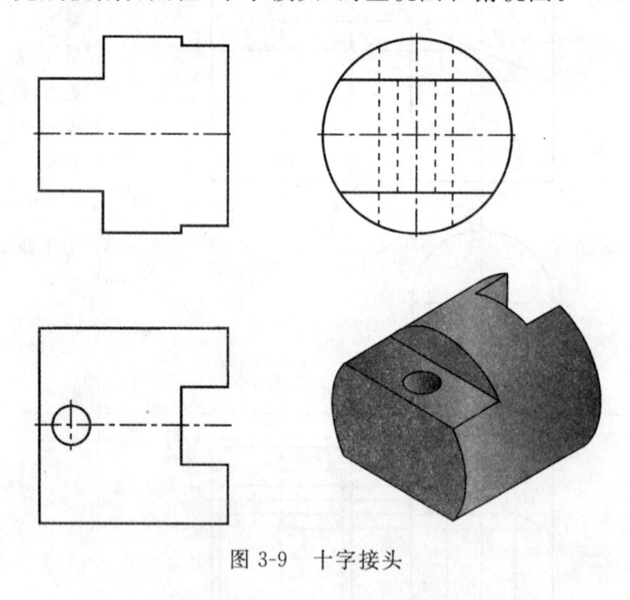

图 3-9　十字接头

任务四　绘制圆锥切割体三视图

任务描述

根据图 3-10 所示轴测图，画出被正平面截切后圆锥的三视图。

任务分析

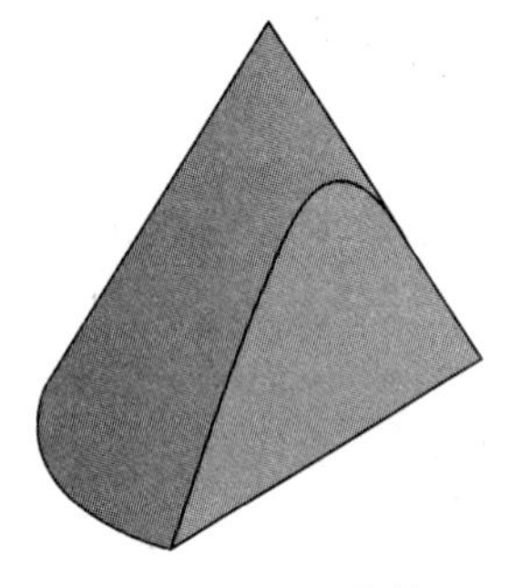

图 3-10　圆锥切割体轴测图

由图 3-10 可知，截平面平行于轴线，并与 V 面平行，故截交线为双曲线。在三视图中，截交线的水平投影与侧面投影积聚为一直线，可根据投影规律由侧面投影和水平投影求出正面投影。

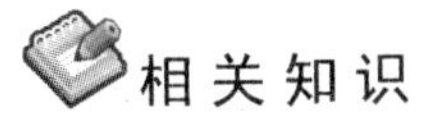

相关知识

圆锥的截交线

圆锥被截平面切割后的截交线随着截平面对圆锥轴线的位置不同而不同，各种截交线情况如表 3-6 所示。

表 3-6　圆锥的截交线

截平面的位置	过锥顶	垂直于轴线	倾斜于轴线（$\theta > a$）	倾斜于轴线（$\theta = a$）	平行于轴线
截交线的形状	三角形	圆	椭圆	抛物线	双曲线
立体图	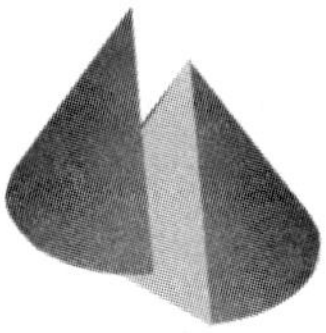	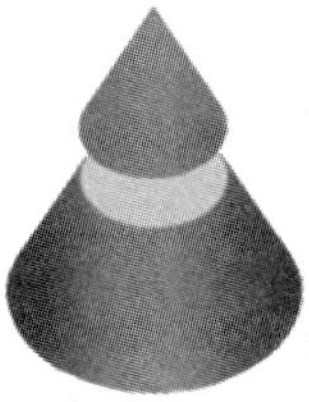			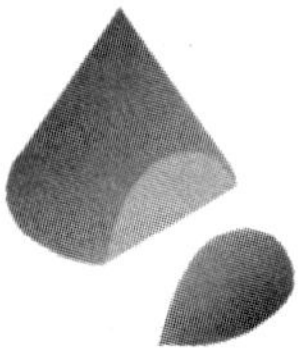
投影图	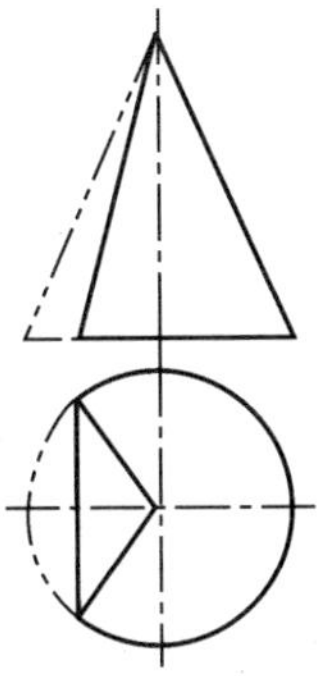	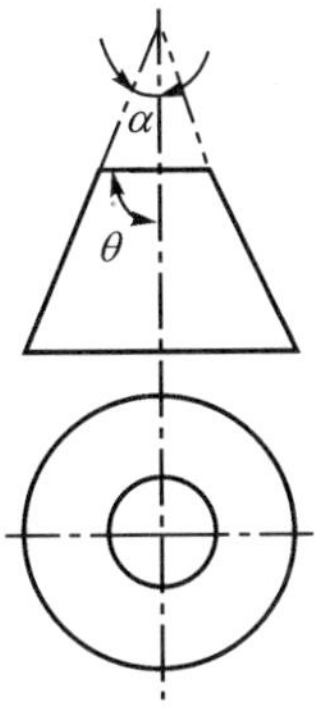	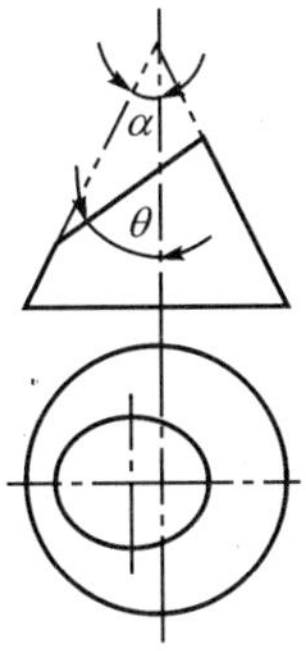	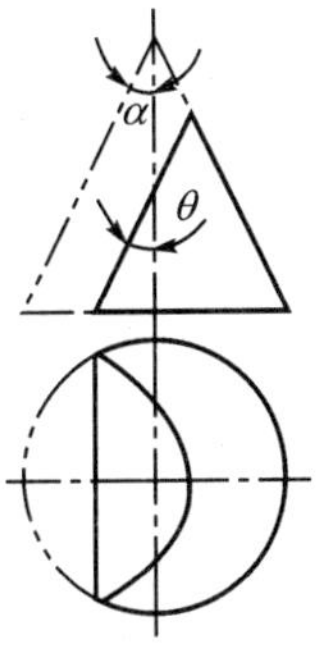	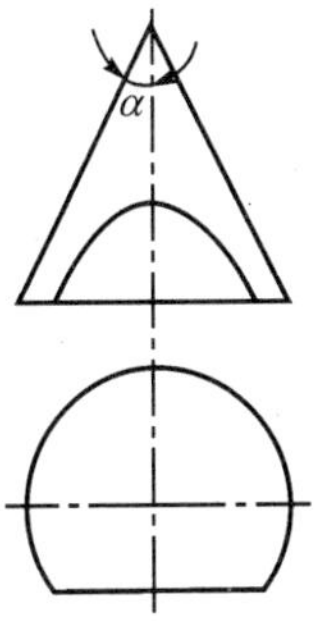

任务实施

圆锥截交线三视图画图步骤见表3-7。

表 3-7 圆锥截交线三视图画图步骤

实施步骤	图示	分析说明
1. 画出完整圆锥三视图	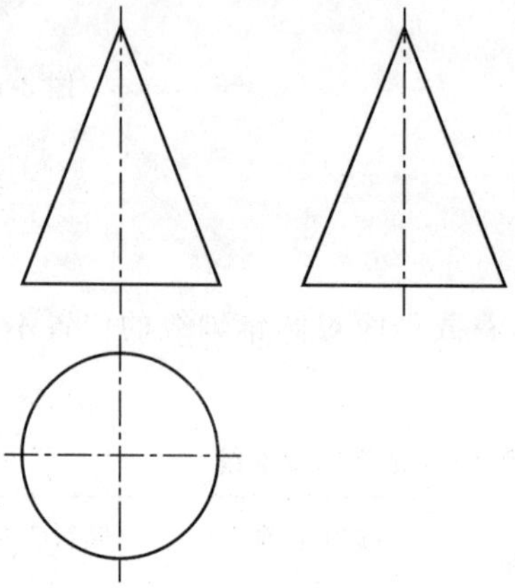	作对称中心线和底面位置线，画出俯视图——圆（反映形状特征），再按三等关系画出另两个视图
2. 画出圆锥切割体的俯、左视图	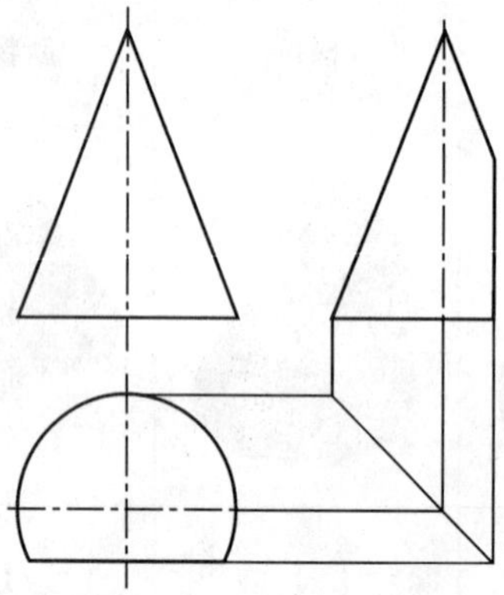	截平面平行于轴线，且与 V 面平行，因此在水平投影面与侧面投影面上都积聚成一条线。根据"宽相等"画出俯、左视图
3. 找出截交线上特殊位置点的投影	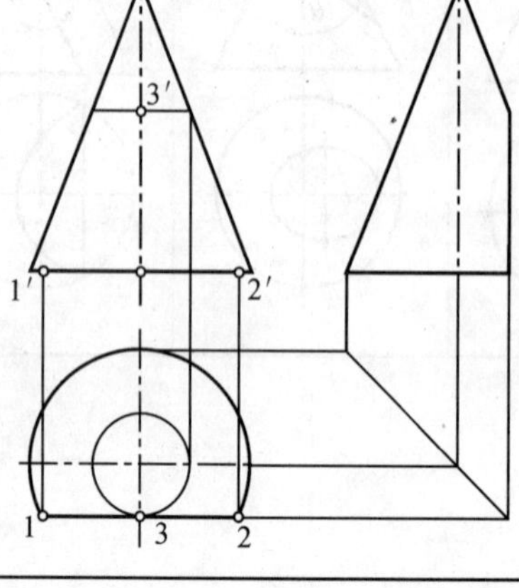 3′ 1′ 2′ 1 3 2	最左点 1，最右点 2，最上点 3，这样就确定了双曲线的大致范围。 当截平面的位置垂直于轴线，截交线的形状为圆。所以，根据水平投影点到 3，求得正面投影点 3′

续表

实施步骤	图示	分析说明
4. 找出截交线上一般位置点的投影		在水平面上作任意辅助圆 P，交水平投影于 4、5 点，根据“长对正”，求得正面投影 4′和 5′
5. 光滑连接各点，完成视图		将所求各点的投影依次连成光滑曲线，及时擦去多余的图线

思考与实践

画出圆锥被正垂面 P 斜切的截交线，如图 3-11 所示。

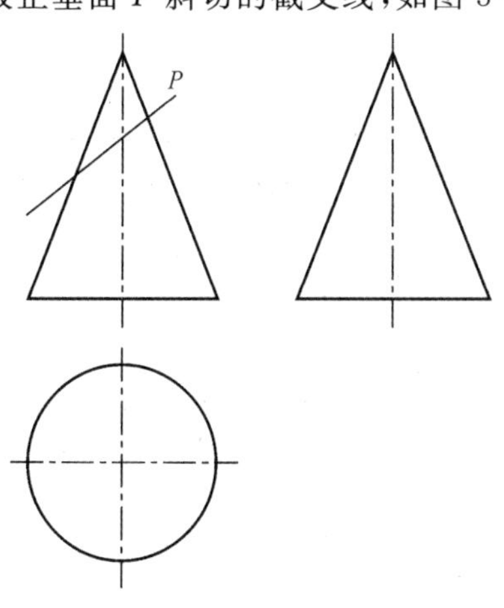

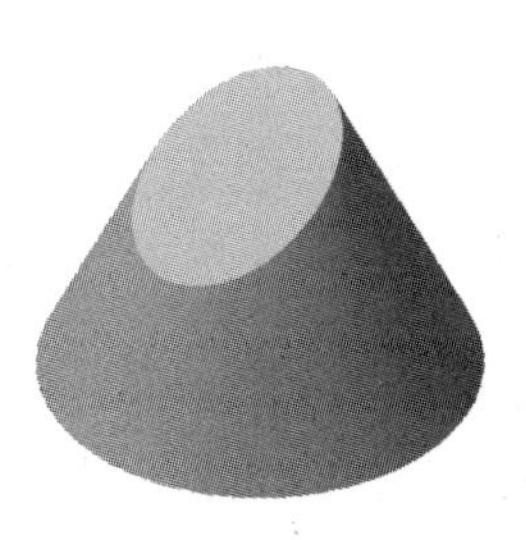

图 3-11 圆锥切割体

任务五　绘制球体切割体三视图

任务描述

根据图 3-12 所示，完成开槽半圆球的截交线。

任务分析

由图 3-12 可知，球表面的凹槽由两个侧平面和一个水平面切割而成，两个侧平面和球的交线为两段平行于侧面的圆弧，水平面与球的交线为前、后两段水平圆弧，截平面之间所得交线为正垂线。

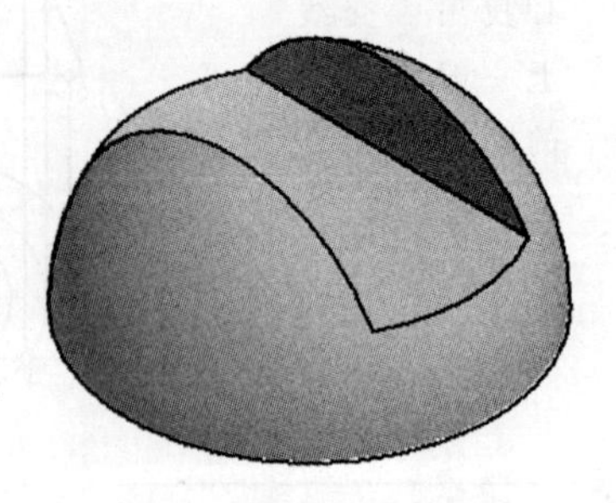

图 3-12　开槽半圆球轴测图

相关知识

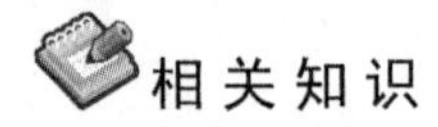

圆球截交线的基本性质

平面在任何位置截切圆球，截交线都是圆。当截平面平行于某一投影时，截交线在该投影面上的投影为圆的实形，而在其他两投影面上都积聚为直线，如图 3-13 所示。

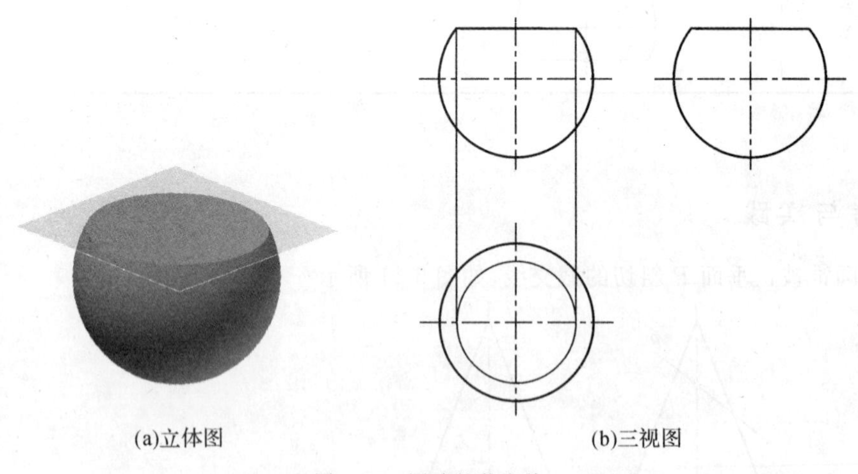

图 3-13　圆球的截交线

任务实施

开槽半圆球截交线画图步骤见表 3-8。

表 3-8　开槽半圆球截交线三视图画图步骤

实施步骤	图示	分析说明
1. 画出完整半圆球三视图	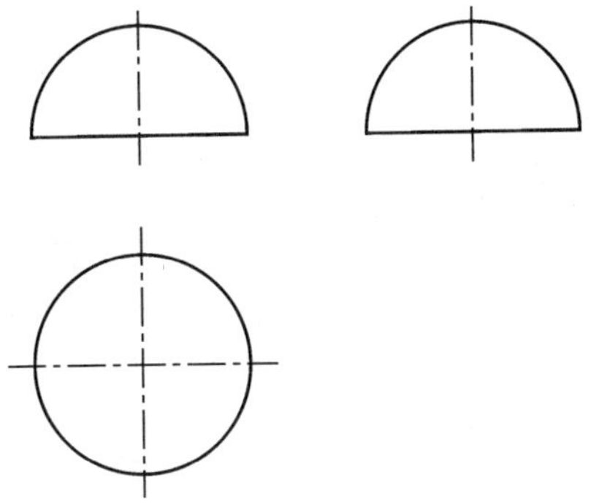	作对称中心线和底面位置线，画出俯视图——圆（反映形状特征），再按三等关系画出另两个视图
2. 画出半圆球水平面截交线的投影	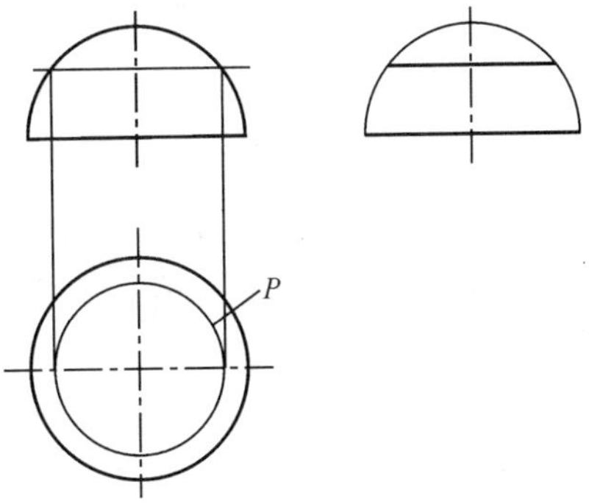	作水平面 P，水平投影为圆，而在其他两投影面上都积聚为直线。 水平面与球的交线为前、后两段水平圆弧
3. 画出半圆球两个侧面截交线的投影	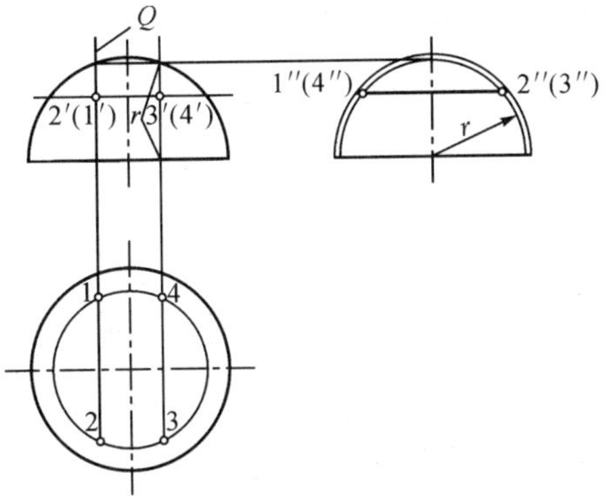	过 V 面，作侧平面 Q。取 V 面长度 r 为半径，作侧面半圆，交圆弧于各点。 两个侧平面和球的交线为两段平行于侧面的圆弧
4. 光滑连接各点，完成视图	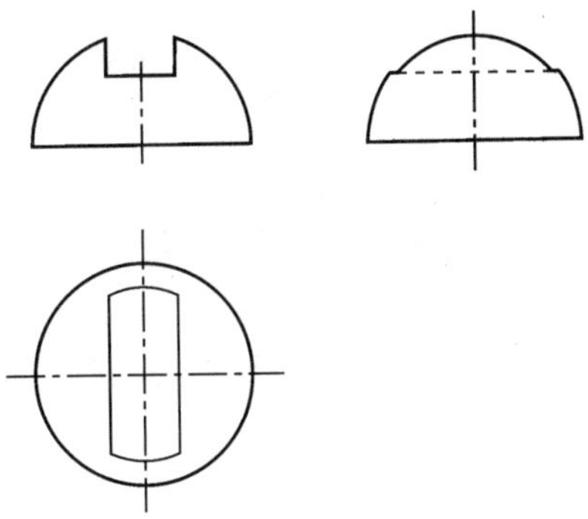	擦去多余线条，由于切割面没有切到半圆球最前与最后端，所以左视图中间的直线不可见

思考与实践

补画图 3-14 所示顶尖的俯视图。

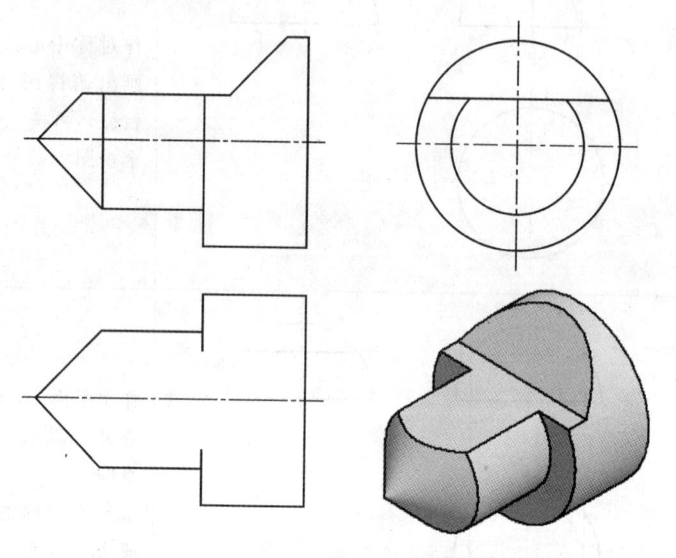

图 3-14　顶尖三视图

课题二　绘制相贯线的投影

引言

相贯线是机械零件的一种表面交线。与截交线不同的是，相贯线不是由平面切割几何体形成的，而是由两个几何体互相贯穿所产生的表面交线。零件表面的相贯线大都是圆柱、圆锥、球面等回转体表面相交而成的。相贯线在现代生活中很多见，例如化工石化管道安装、供水管道、网架结构等，如图 3-15 所示。

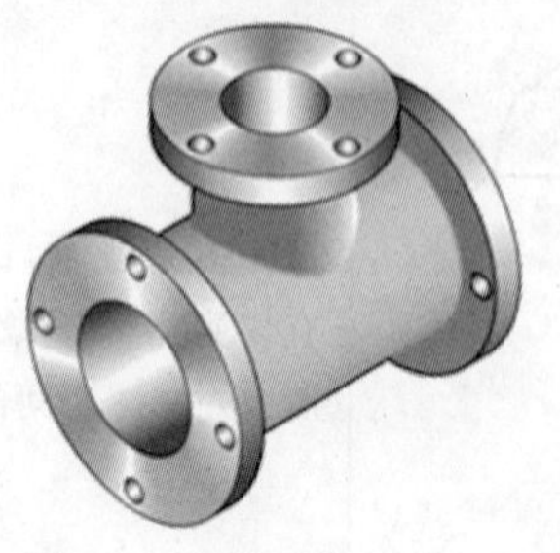

(a)三通接头

(b)管道接口

图 3-15　相贯线的应用

知识目标

1. 认识两正交圆柱实物或模型，直观感知两正交圆柱的相贯线，了解相贯线的概念和特性；

2. 理解积聚法求作正交圆柱相贯线的画法，掌握两正交圆柱相贯线的简化画法。

技能目标

1. 能绘制两正交圆柱的三视图；

2. 培养空间想象能力和空间思维能力。

任务一　绘制圆柱与圆柱正交的相贯线投影

任务描述

画出图 3-16 所示的两正交圆柱相贯体的三视图。

任务分析

两几何体相交时表面所产生的交线称为相贯线。相贯线的形状取决于两立体的形状、大小和相对位置。相贯线的投影并不能直接画出，通常采用辅助平面法或其他方法先求出相贯线上若干点的投影，然后将它们连接成相贯线，所以相贯线的作图比较烦琐。如果对相贯线的准确性无特殊要求，当两圆柱垂直正交且直径相差较大时，相贯线的投影可采用简化画法。

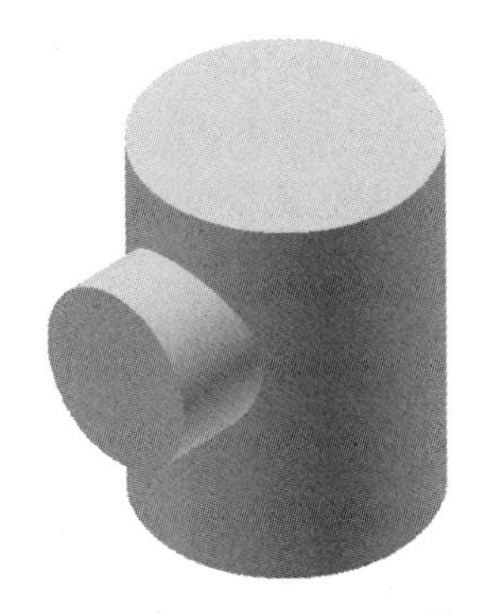

图 3-16　两正交圆柱相贯体

相关知识

1. 相贯线的性质

(1)相贯线的概念

两个基本体相交(或称相贯)时表面产生的交线称为相贯线。

(2)相贯线的性质

①相贯线是两个立体表面的共有线，也是两个立体表面的分界线。相贯线上的点是两个立体表面的共有点。

②两个立体的相贯线一般为封闭的空间曲线，特殊情况下可能是平面曲线或直线。

求两个立体相贯线的实质就是求它们表面的共有点。作图时，依次求出特殊点和一般点，判别其可见性，然后将各点光滑连接起来，便得到相贯线。

2. 相贯线的画法

在两个相交的立体中，如果其中一个是圆柱面，且其轴线垂直于某投影面时，相贯线在该投影面上的投影一定积聚在圆柱面的投影上，相贯线的其余投影可用表面取点法求出。

(1)正交两圆柱体的相贯线的投影分析

如图 3-17 所示，两圆柱体的轴线正交，且分别垂直于水平投影面和侧面。相贯线在水平投影面上的投影积聚在小圆柱水平投影的圆周上，在侧面上的投影积聚在大圆柱侧面投影的圆周上，相贯线的正面投影按圆柱表面取点的方法可以求出。

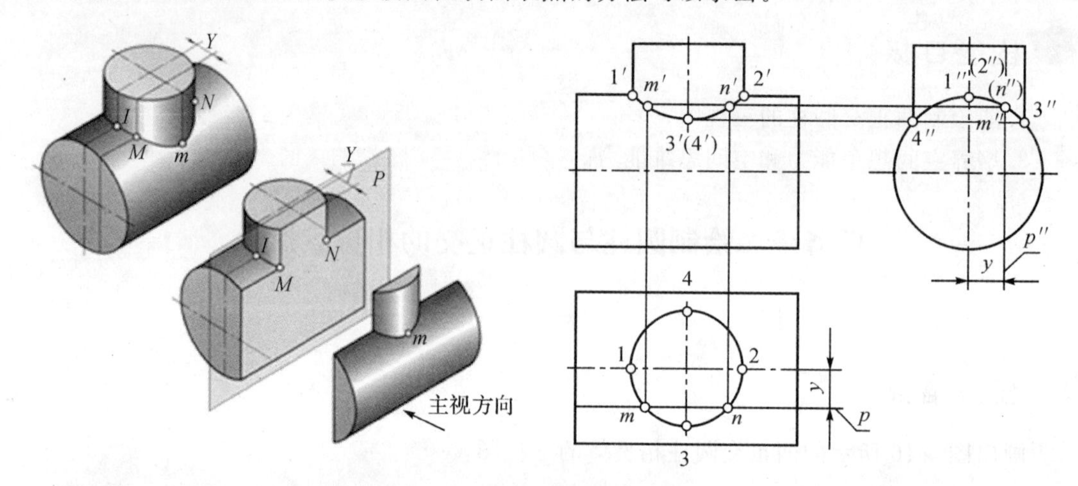

图 3-17　正交两圆柱的相贯线

(2)相贯线的近似画法

相贯线的作图比较烦琐，如果对相贯线的准确性无特殊要求，当两圆柱垂直正交且直径相关较大时，相贯线的正面投影可采用简化画法，如图 3-18 所示，垂直正交两圆柱的相贯线可用大圆柱直径的一半($D/2$)为半径作圆弧来代替。圆弧的弯曲方向指向大圆柱的轴线(形象理解为“小”吃“大”)。

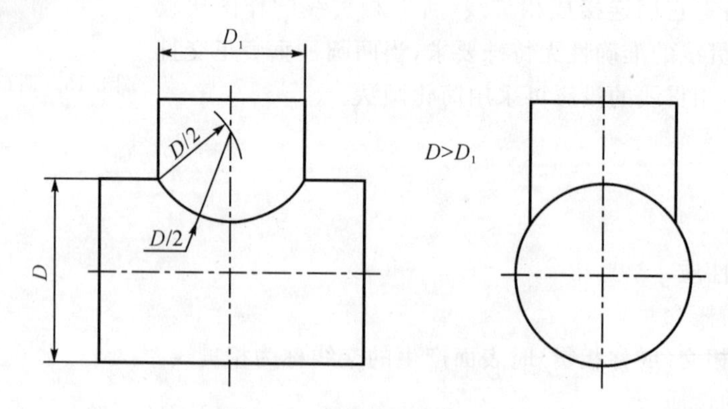

图 3-18　相贯线的近似画法

3. 相贯线的特殊情况

(1)两圆柱正交相贯线的类型

两圆柱正交有三种情况，如表 3-9 所示，这三种情况的相交形式虽然不同，但相贯线的性质和形状一样，求法也是一样的。

表 3-9 两圆柱正交相贯线的三视图及相贯线

相交形式	图　　示
1. 两外圆柱面正交	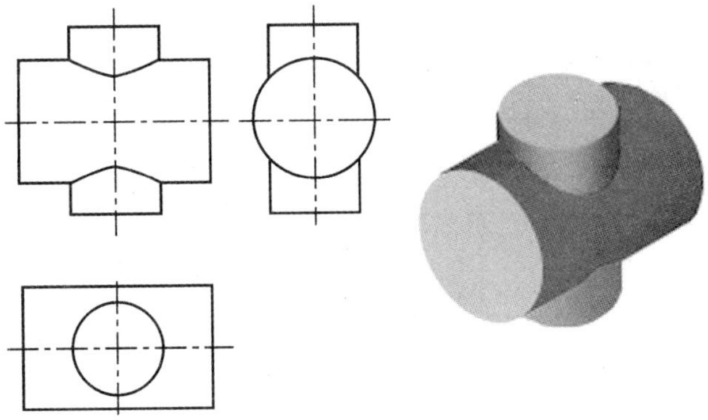
2. 外圆柱面与内圆柱面正交	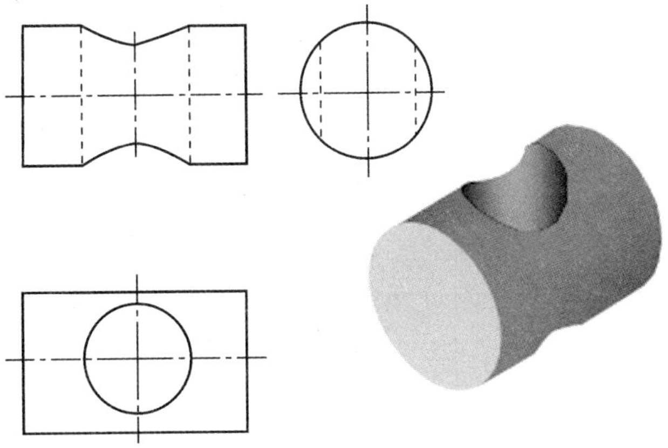
3. 两内圆柱面正交	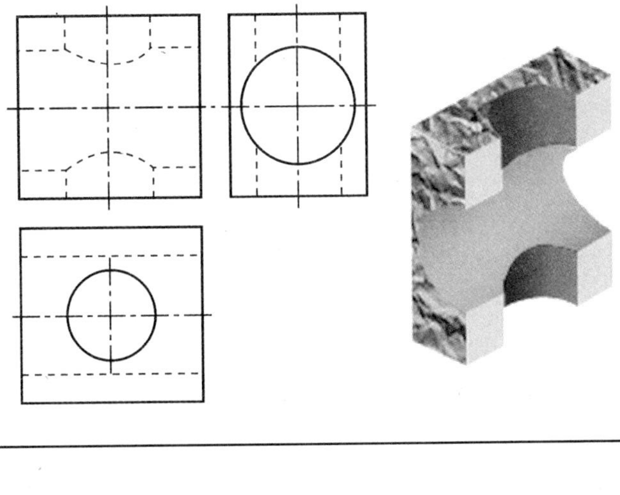

(2)两正交圆柱相贯线弯曲变化趋势

两圆柱直径的相对大小是影响正交圆柱相贯线空间形状的主要因素。设水平圆柱直径为 D,两圆柱的相贯线的正面投影发生相应变化,如表 3-10 所示。

表 3-10　两正交圆柱直径的相对大小对相贯线形状和位置的影响

直径关系	图示
$D_1<D$	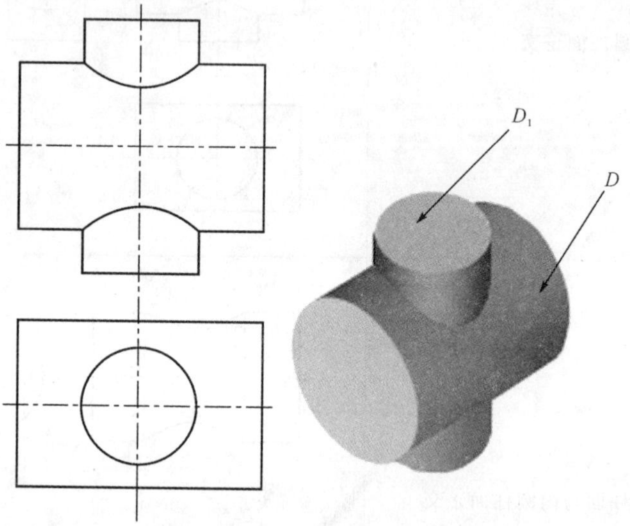
$D_1=D$	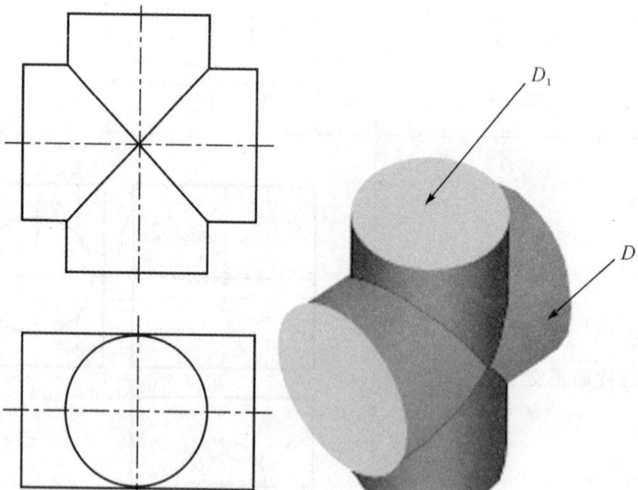

续表

直径关系	图示
$D_1 > D$	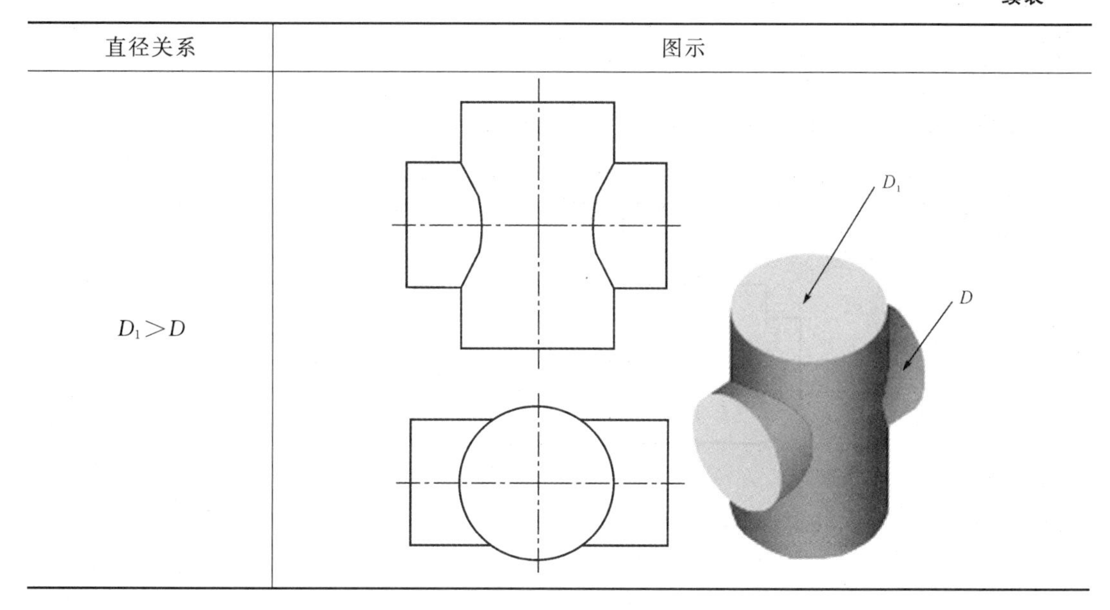

从表 3-10 可以看出两正交圆柱的相贯线弯曲变化规律：

①在非圆柱视图上，相贯线的投影曲线始终由小圆柱向大圆柱轴线弯曲凸进，形象理解为“小霸王”——小吃大。

②当两圆柱直径相等时，相贯线空间形状为两个相交的椭圆，在与圆柱轴线平行的投影面上的投影为过两轴线交点的相交直线。

(3)相贯线的特殊情况

两曲面立体相交，其相贯线一般为空间曲线，但在特殊情况下也可能是平面曲线或直线。如两个曲面立体具有公共轴线时，相贯线为与轴线垂直的圆，如图 3-19 所示。

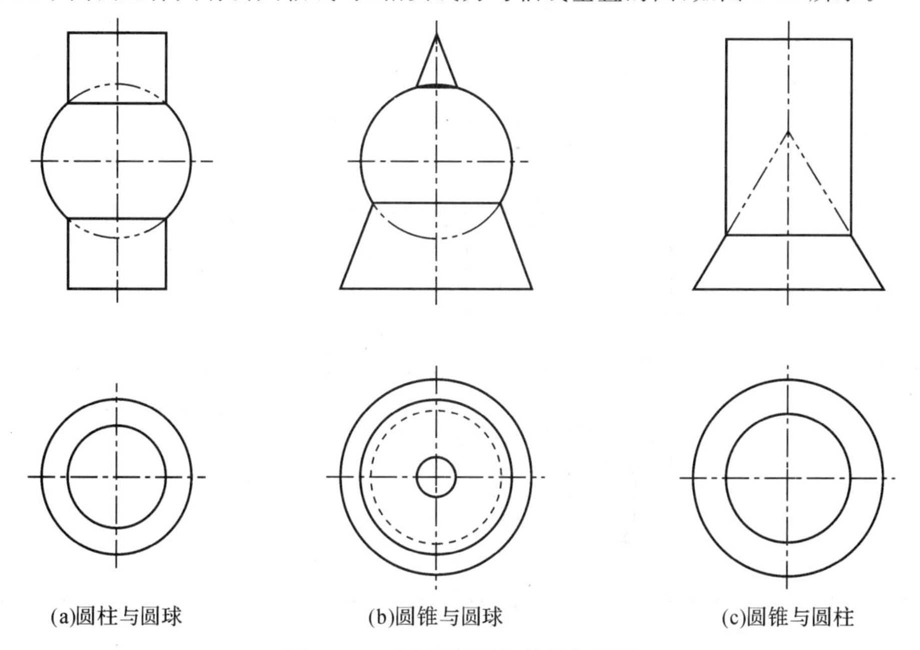

图 3-19　两个同轴回转体的相贯线

任务实施

两正交圆柱相贯体的三视图及相贯线求作过程见表 3-11。

表 3-11　两正交圆柱相贯体的三视图及相贯线求作过程

实施步骤	图示	分析说明
1. 画出两圆柱的俯视图和左视图以及主视图的外轮廓线		先画出两圆柱各视图上的中心线和轴心线，再按三等关系画出其余视图
2. 求相贯线的圆心	D b D/2 a	以交点 a 为圆心，以 $D/2$ 为半径作圆弧，交轴线于 b 点
3. 确定相贯线的半径	b a	以 b 为圆心，ba 为半径作圆弧

续表

实施步骤	图示	分析说明
4. 完成视图		及时擦去多余线条

思考与实践

补全图 3-20 所示相贯体的主视图。

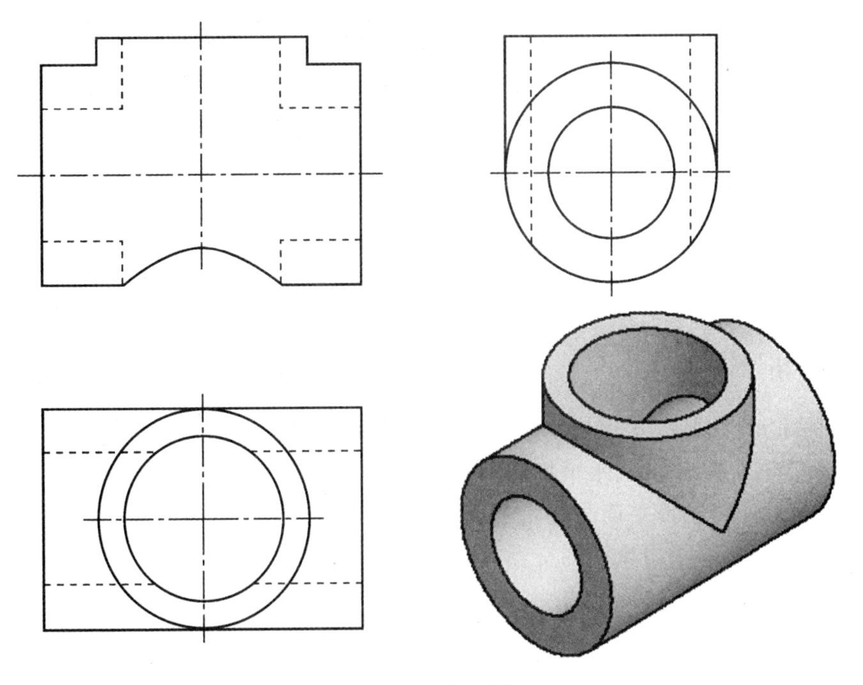

图 3-20　相贯体

任务二　识读圆锥与圆柱正交的相贯线投影

任务描述

识读图 3-21 所示的圆柱与圆锥相贯三视图，理解相贯线投影画法。

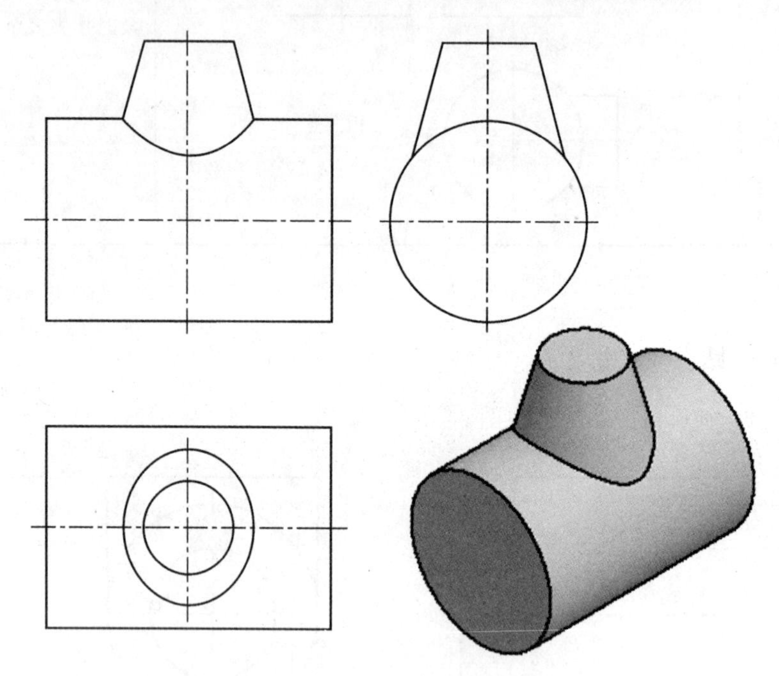

图 3-21　圆柱与圆锥相贯三视图

任务分析

圆柱与圆锥相贯，通过空间及投影分析可知，相贯线为一光滑的封闭的空间曲线。它的侧面投影有积聚性，正面投影、水平投影没有积聚性，应分别求出。因此，画图的方式是采用辅助平面法。首先，作辅助平面与相贯的两立体相交；然后，分别求出辅助平面与相贯的两立体表面的交线；最后，求出交线的交点（即相贯线上的点）。

相关知识

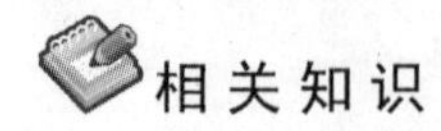

辅助平面法

根据三面共点的原理，利用辅助平面求出两回转体表面上的若干共有点，从而画出相贯线的投影。简单地讲，就是用一个截平面依次截切两个相贯的物体，所得的截交线必有几点处于三面共点的位置。如图 3-22 所示，两圆柱和截平面三面共有Ⅰ、Ⅱ两点。把这两点投射到各个投影面上；然后再作一个辅助平面来截取，又得两点的投影，通过截取数次，可得到一系列的共有点。这些点的同面投影依次圆滑连接，便可求得相贯线的投影。

从辅助平面法求相贯线的原理来说，辅助平面可以是任意位置。但为了作图方便，在实际选择辅助平面时，应使其平面与两形体的截交线投影均为最简单的几何图形（直线或圆）。因此，通常多选用与投影面平行的平面作为辅助平面。

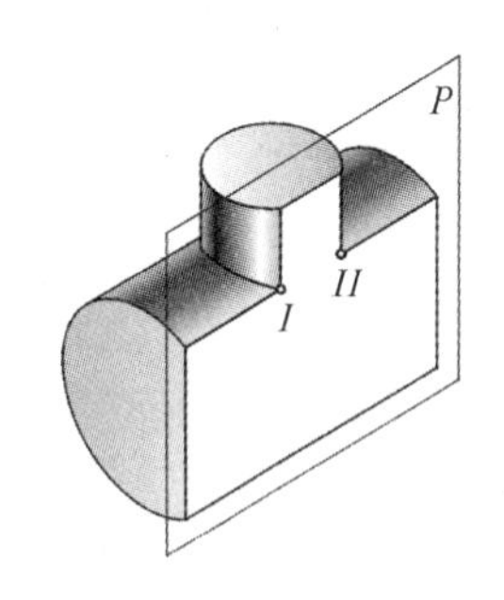

图 3-22 用辅助平面法求相贯线

任务实施

圆柱与圆锥相贯三视图画法步骤见表 3-12。

表 3-12 圆柱与圆锥相贯三视图画法

方法与步骤	图示
1. 整体分析。假想用水平面 P 截切立体，P 面与圆柱面的交线为两条直线，与圆锥面的交线为圆，圆与两直线的交点即为相贯线上的点	P
2. 求出特殊位置点。首先确定最左、最右、最前、最后四个点	
3. 用辅助平面法求一般位置点	

续表

方法与步骤	图示
4. 光滑连接各点，画出相贯线	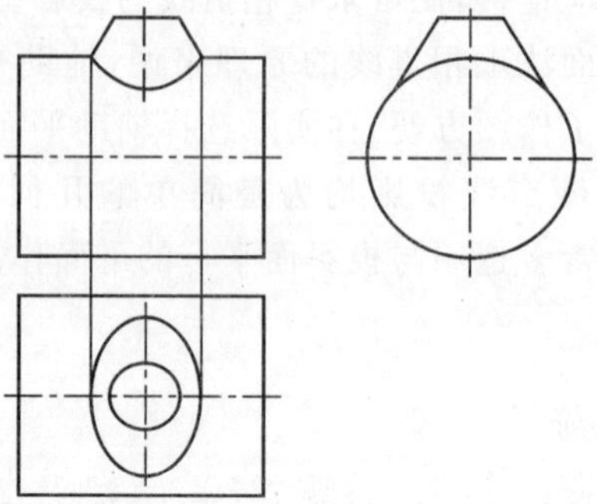

任务三　识读半球与圆柱偏交的相贯线投影

任务描述

识读图 3-23 所示的半球与圆柱偏交的三视图，理解相贯线投影画法。

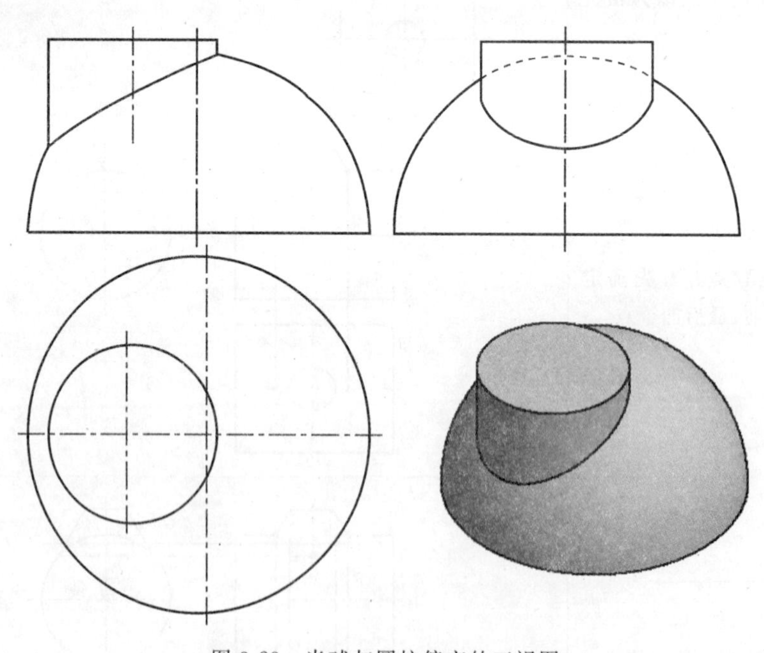

图 3-23　半球与圆柱偏交的三视图

任务分析

圆柱与半球相交，其相贯线为空间曲线，圆柱的轴线垂直水平面，其相贯线的水平投影重合为圆。故只求作相贯线的正面投影和侧面投影。由于圆柱水平 X 轴线与半球 X 轴线重合,故相贯线的正面投影具有积聚性,侧面投影为完整的封闭的相贯线的投影。

因此,画图的方式是先求特殊点,然后求一般点,最后将各点的同面投影依次光滑地连接起来,即得相贯线。

相关知识

回转体与回转体相贯,按照回转体轴线之间的关系可分为三种:正交、斜交、偏交,如表 3-13所示。

表 3-13 相对位置不同对相贯线形状的影响

轴线正交	轴线斜交	轴线偏交
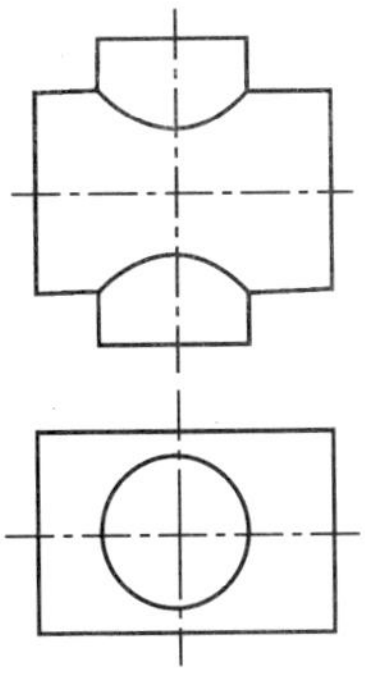	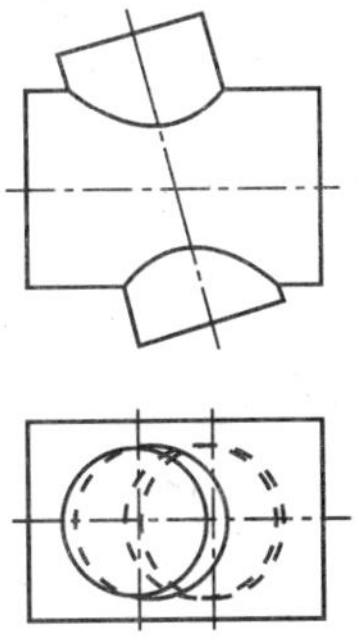	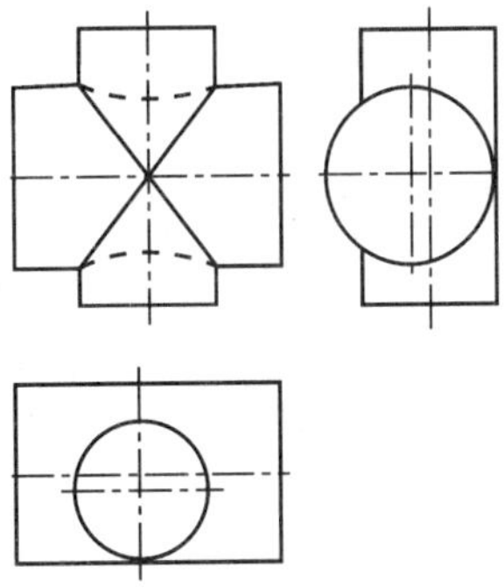

任务实施

半球与圆柱偏交相贯线三视图画法步骤见表 3-14。

表 3-14 半球与圆柱偏交相贯线三视图画法

方法与步骤	图示
1. 画出半球与圆柱的俯视图和主视图以及左视图的外轮廓线。先画出半球与圆柱各视图上的中心线和轴心线,作俯视图,再按三等关系画出其余视图	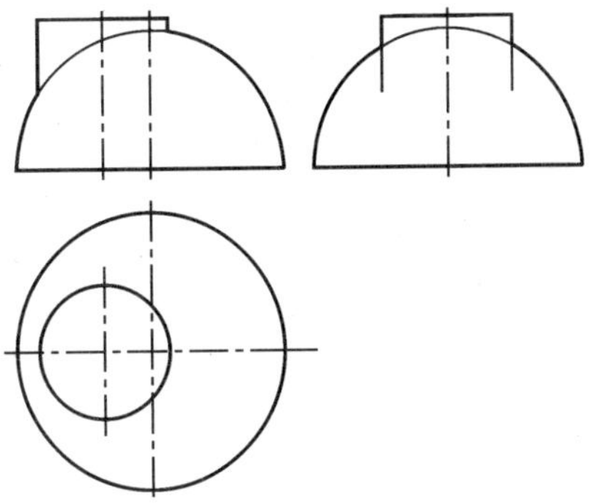

续表

方法与步骤	图示
2. 求出特殊位置点。先作圆柱上的外形轮廓线上的点 1、2、3、4	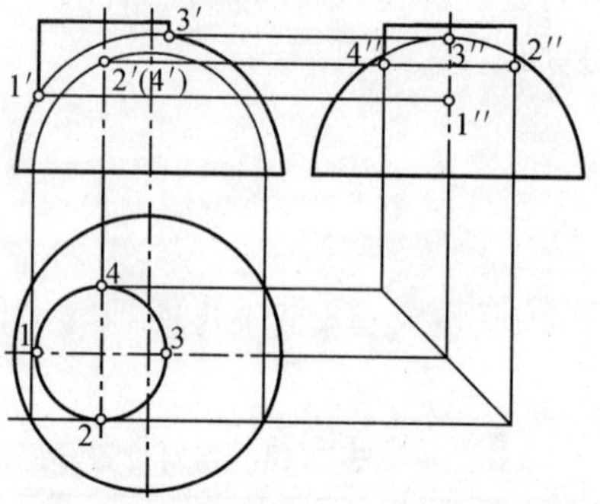
3. 用辅助平面法求一般位置点 5、6	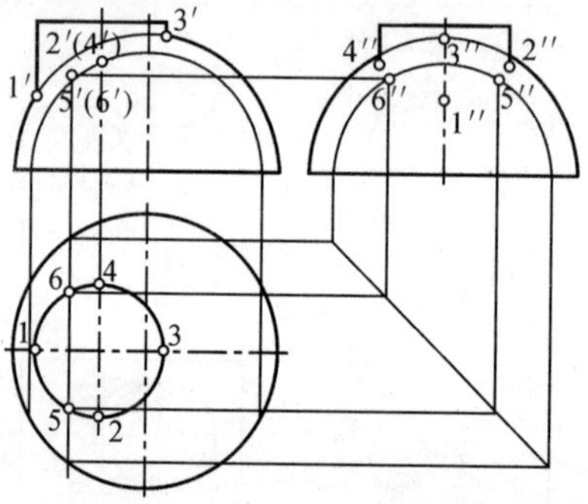
4. 用辅助平面法求一般位置点 7、8	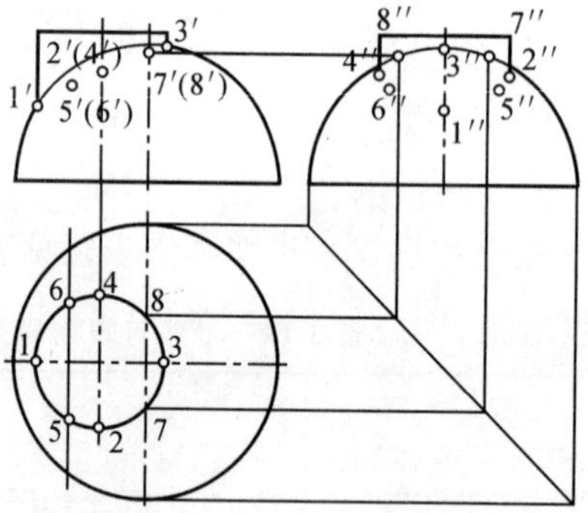
5. 光滑连接各点，画出相贯线	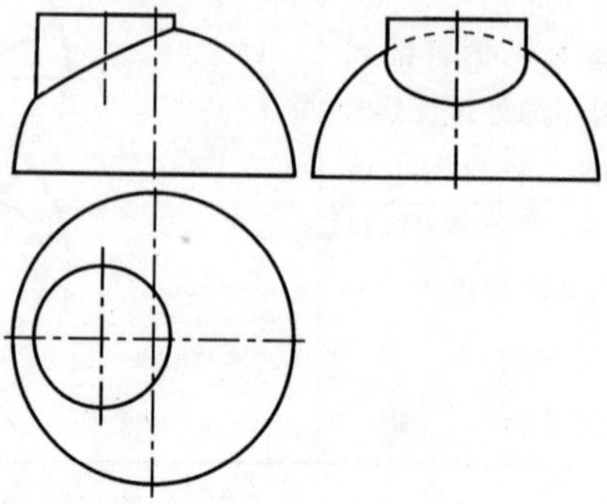

思考与实践

补全图 3-24 所示相贯体的主视图。

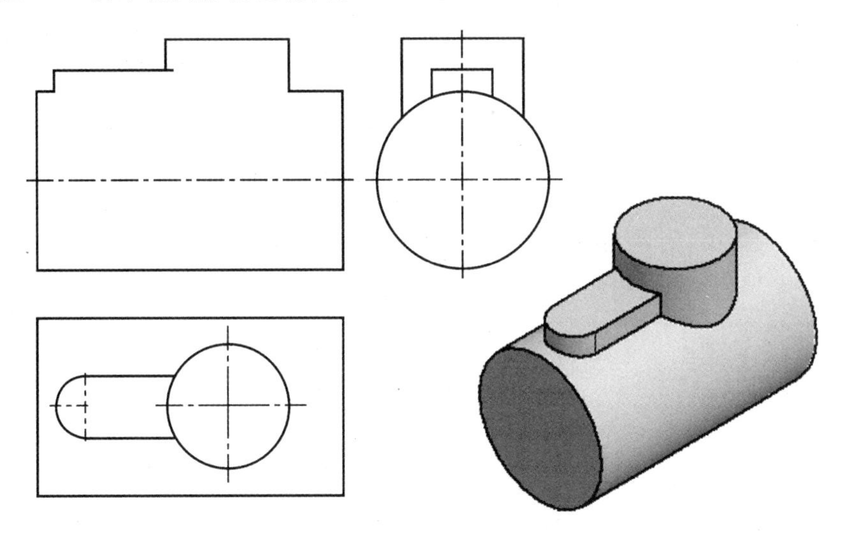

图 3-24　相贯体

模块四　轴测图的绘制

课题一　绘制正等轴测图

引言

正投影图能够准确、完整地表达物体的形状，且作图方便，但是缺乏立体感。因此，在工程上常采用直观性较强、富有立体感的轴测图作为辅助图样，用以说明机器及零部件的外观、内部结构或工作原理。

在制图课程的教学过程中，学习轴测图画法，可以帮助初学者提高理解形体的空间想象能力，为读懂正投影图提供形体分析与构思的思路和方法。

应用正投影法绘制的多面视图(图 4-1(a))能够准确表达物体的形状，但直观性差。正等轴测图(图 4-1(b))是在一个投影面上得到的能够反映物体长、宽、高三个方向上尺寸的轴测图，其立体感强，容易看懂，但不能反映物体的真实形状和尺寸，工程上常作为辅助图样，用以说明机器的外观、内部结构或工作原理。

正等轴测图作图比较方便，形象逼真，所以在工程上应用最为广泛。

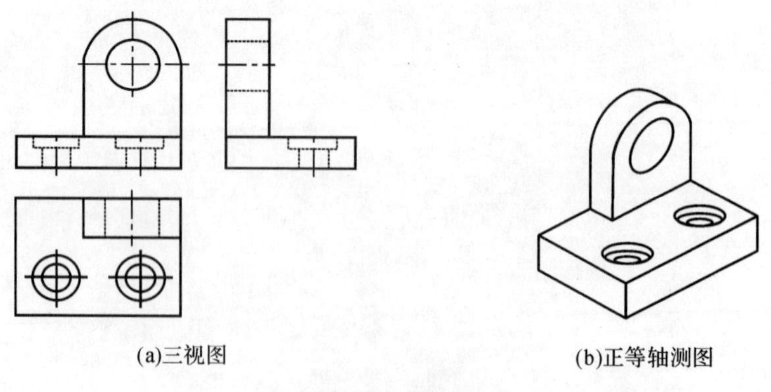

(a)三视图　　(b)正等轴测图

图 4-1　支座

知识目标

1. 了解轴测投影的基本知识；
2. 能绘制各种简单平面体正等轴测图；
3. 理解简单轴测图的尺寸标注方法；
4. 能绘制各种简单平面体轴测草图。

技能目标

1. 能根据三视图画出正等轴测图；
2. 培养空间想象能力和空间思维能力。

任务一　绘制正六棱柱正等轴测图

任务描述

绘制如图 4-2 所示正六棱柱正等轴测图，要求符合制图国家标准的有关规定。

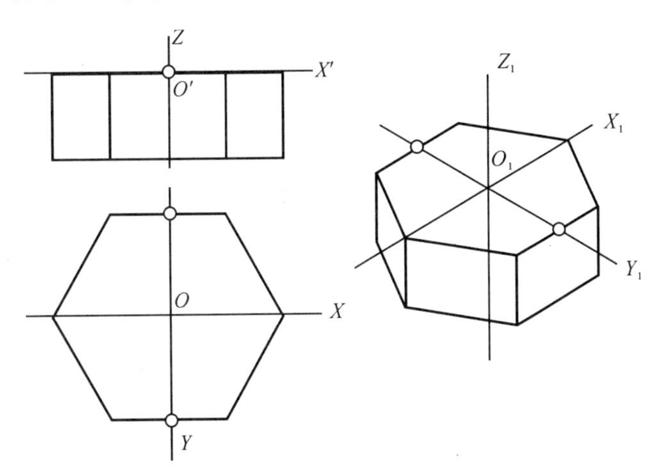

图 4-2　正六棱柱

任务分析

由于正六棱柱前后、左右对称，为了减少不必要的作图线，从顶面开始作图比较方便。故选择顶面的中点作为空间直角坐标系的原点，棱柱的轴线作为 OZ 轴，顶面的两条对称线作为 OX、OY 轴，然后用各顶点的坐标分别定出正六棱柱的各个顶点的轴测投影，依次连接各顶点即可。

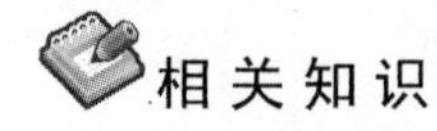

相关知识

1.轴测图的形成和分类

轴测图是将物体连同其直角坐标系，沿不平行于任一坐标面的方向，用平行投影法投射在单一投影面上所得到的具有立体感的图形，如图 4-2 所示。轴测图又称为轴测投影。该单一投影面称为轴测投影面。直角坐标轴 O_0X_0、O_0Y_0、O_0Z_0 在轴测投影面上的投影 OX、OY、OZ 称为轴测轴(如图 4-3 所示)。轴测轴之间的夹角 $\angle XOY$、$\angle YOZ$、$\angle ZOX$ 称为轴间角，三根轴测轴的交点 O 称为原点，轴测轴的单位长度与相应直角坐标轴的单位长度的比值称为轴向伸缩系数。X 向、Y 向和 Z 向的轴向伸缩系数分别用 p_1、q_1 和 r_1 表示，简化伸缩系数分别用 p、q 和 r 表示。

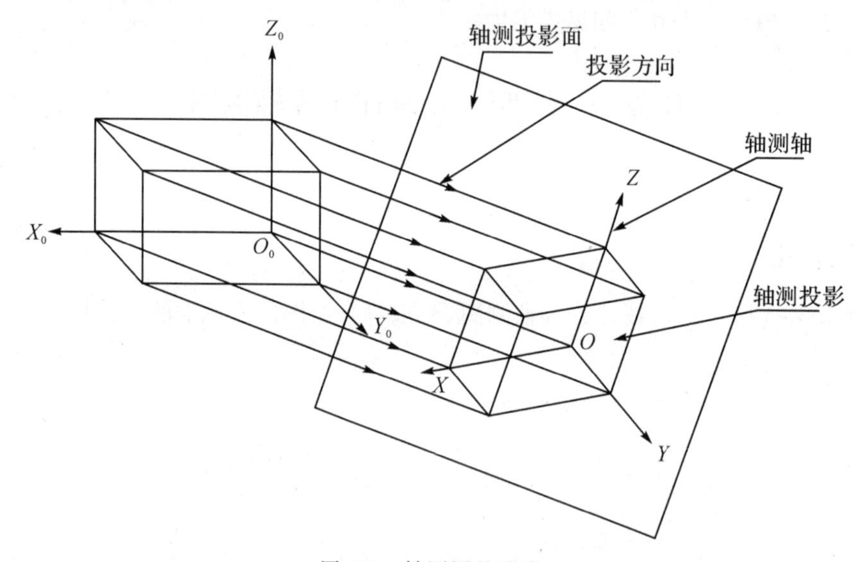

图 4-3 轴测图的形成

根据投射方向与轴测投影面的相对位置，轴测图分为两类：投射方向与轴测投影面垂直所得的轴测图称为正轴测图；投射方向与轴测投影面倾斜所得的轴测图称为斜轴测图。

轴间角与轴向伸缩系数是绘制轴测图的两个主要参数。正(斜)轴测图按轴向伸缩系数是否相等又分为等测、二等测和不等测三种。

表 4-1 所列为常用轴测图的分类。在 GB/T 4458.3—2008 和 GB/T 14692—2008 中均推荐了三种轴测图——正等测、正二测和斜二测。由于正二测作图比较烦琐，本章仅介绍最常用的正等轴测图和斜二轴测图的画法。

表 4-1　常用轴测图的分类(GB/T 14692—2008)

<table>
<tr><td colspan="2"></td><td colspan="3">正轴测投影</td><td colspan="3">斜轴测投影</td></tr>
<tr><td colspan="2">特性</td><td colspan="3">投影线与轴测投影面垂直</td><td colspan="3">投影线与轴测投影面倾斜</td></tr>
<tr><td colspan="2">轴测类型</td><td>等测投影</td><td>二测投影</td><td>三测投影</td><td>等测投影</td><td>二测投影</td><td>三测投影</td></tr>
<tr><td colspan="2">简称</td><td>正等测</td><td>正二测</td><td>正三测</td><td>斜等测</td><td>斜二测</td><td>斜三测</td></tr>
<tr><td rowspan="4">应用举例</td><td>伸缩系数</td><td>$p_1=q_1=r_1=0.82$</td><td>$p_1=r_1=0.94$
$q_1=\frac{p_1}{2}=0.47$</td><td rowspan="4">视具体要求选用</td><td rowspan="4">视具体要求选用</td><td>$p_1=r_1=1$
$q_1=0.5$</td><td rowspan="4">视具体要求选用</td></tr>
<tr><td>简化系数</td><td>$p=q=r=1$</td><td>$p=r=1$
$q=0.5$</td><td>无</td></tr>
<tr><td>轴间角</td><td>Z 120° 120° X 120° Y</td><td>Z ≈97° 131° X 132° Y</td><td>Z 90° 135° X 135° Y</td></tr>
<tr><td>图例</td><td>1 1 1</td><td>1 $\frac{1}{2}$ 1</td><td>1 $\frac{1}{2}$ 1</td></tr>
</table>

2. 轴测投影的基本性质

(1)平行性

物体上互相平行的线段,轴测投影仍互相平行。平行于坐标轴的线段,轴测投影仍平行于相应的轴测轴,且同一轴向所有线段的轴向伸缩系数相同。

(2)度量性

凡物体上与轴测轴平行的线段的尺寸方可沿轴向直接量取。所谓"轴测",就是指沿轴向才能进行测量的意思,这一点也是画图的关键。物体上不平行于轴测投影面的平面图形,在轴测图上变成原形的类似形。如正方形的轴测投影为菱形,圆的轴测投影为椭圆等。

画轴测图时,要充分理解和灵活运用这两点性质。

3. 轴间角和轴向伸缩系数

当物体上三根坐标轴与轴测投影面的倾角均相等时,用正投影法得到的投影称为正等轴测图,简称正等测,如图 4-4(a)所示。投影后,轴间角$\angle XOY=\angle YOZ=\angle ZOX=120°$。作图时,将 OZ 轴画成铅垂线,OX、OY 轴分别与水平线成 30°角,如图 4-4(b)所示。

正等轴测图各轴向伸缩系数均相等,即 $p_1=q_1=r_1=0.82$(证明略)。画图时,物体长、宽、高三个方向的尺寸均要缩小为原来的 82%。为了作图方便,通常采用简化的轴向伸缩系数,即 $p=q=r=1$。作图时,凡平行于轴测轴的线段,可直接按物体上相应线段的实际长度量取,不需换算。这样画出的正等测图,沿各轴向长度是原长的 1/0.82≈1.22 倍,但形状没有改变。

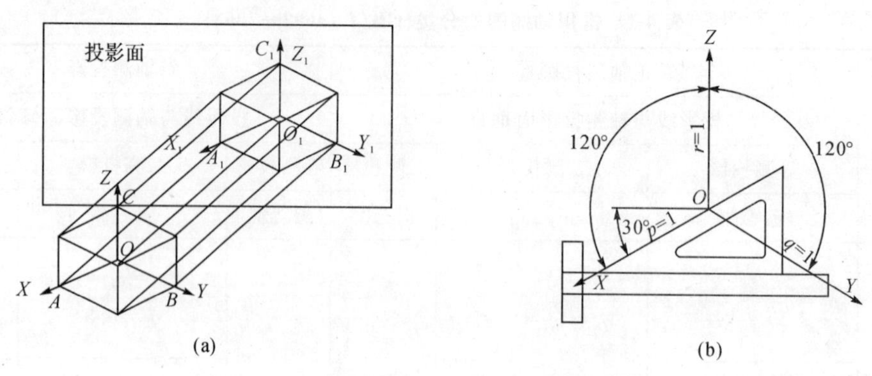

图 4-4 正等轴测图的轴间角和轴向伸缩系数

任务实施

正六棱柱正等轴测图作图方法与步骤见表 4-2。

表 4-2 正六棱柱正等轴测图的作图方法与步骤

步骤	图示
1. 选定直角坐标系，以正六棱柱顶面的中点为原点，棱柱的轴线作为 OZ 轴，顶面的两条对称线作为 OX、OY 轴	
2. 画出轴测轴 O_1X_1、O_1Y_1、O_1Z_1	

续表

步骤	图示
3.在 O_1X_1 轴上量取 O_1M、O_1N，使 $O_1M=Om$、$O_1N=On$ 在 O_1Y_1 轴上以尺寸 b 来确定 A、B、C、D 各点，依次连接 6 点即得顶面正六边形的轴测投影	
4.过顶面正六边形各点向下作 O_1Z_1 的平行线，在各线上量取高度 h，得到底面上各点并依次连接，得底面正六边形的轴测投影	
5.擦去多余的图线并描深，即得到正六棱柱体正等轴测图	

思考与实践

根据图 4-5 给出的三棱锥三视图画出其正等轴测图。

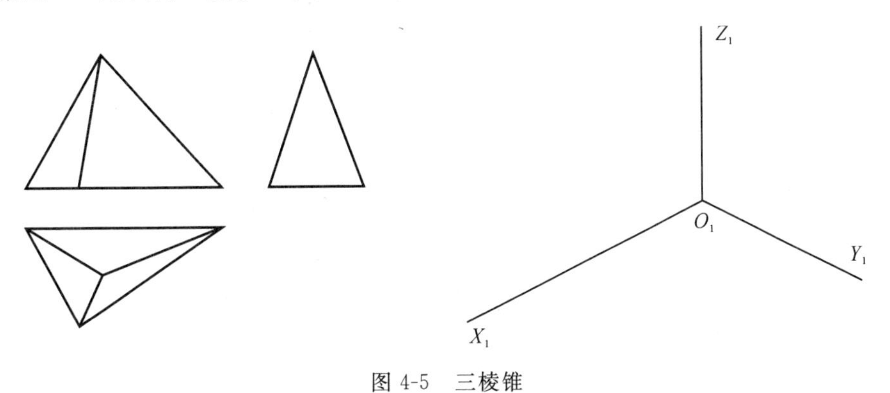

图 4-5　三棱锥

任务二 绘制垫块正等轴测图

任务描述

绘制如图 4-6 所示切角长方体垫块的正等轴测图，要求符合制图国家标准的有关规定。

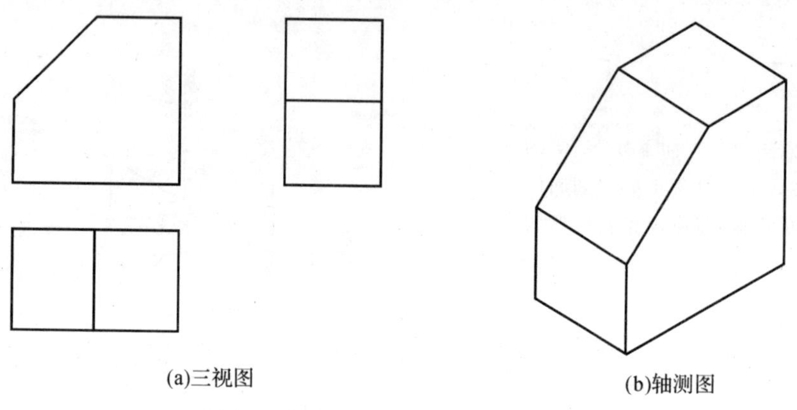

图 4-6 切角长方体的三视图和轴测图

任务分析

根据切角长方体的特点，选择右侧前下方的一个顶点作为空间直角坐标系原点，并以过该顶点的三条棱线为坐标轴。先画出轴测轴，然后用各顶点的坐标分别定出切角长方体的 10 个顶点的轴测投影，依次连接各顶点即可。

相关知识

1. 平面立体正等轴测图的画法

画轴测图的一般步骤：

(1)根据形体的结构特点，确定坐标原点位置(一般放在顶面或底面处)。

(2)根据轴间角 120°画轴测轴。注意：Z 轴必须竖直向上。

(3)按点的坐标值作点的轴测图。根据轴测投影的基本性质，依次作图、连线(不可见棱线通常不画出)。

(4)检查，擦去多余图线并加深。

2. 长方体的正等轴测图

分析：根据长方体的特点，选择其中一个顶点作为空间直角坐标系原点，并以过该顶点的三条棱线为坐标轴。先画出轴测轴，然后用各顶点的坐标分别定出长方体的八个顶点的轴测投影，依次连接各顶点即可。

作图方法与步骤如图 4-7 所示。

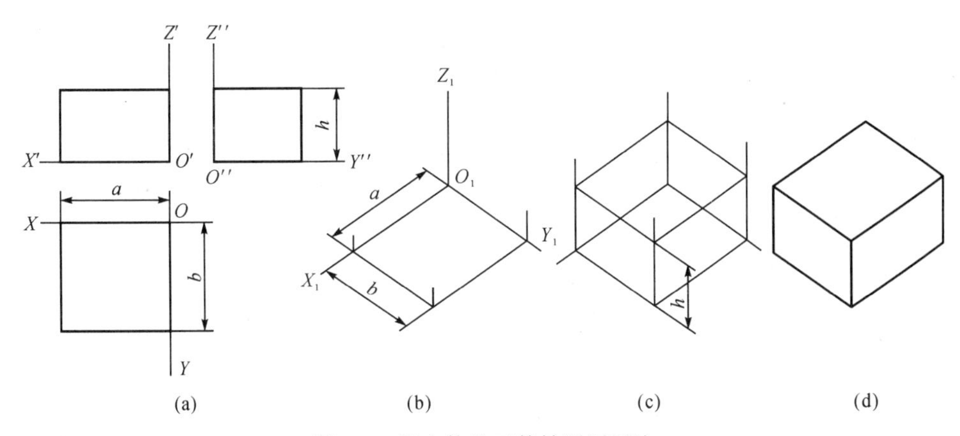

图 4-7 长方体的正等轴测图画法

(1)先在正投影图上定出原点和坐标轴的位置。选定右侧后下方的顶点为原点，经过原点的三条棱线为 OX、OY、OZ 轴，如图 4-7(a)所示。

(2)画出轴测轴 O_1X_1、O_1Y_1、O_1Z_1，如图 4-7(b)所示。

(3)在 O_1X_1 轴上量取长方体的长度 a，在 O_1Y_1 轴上量取长方体的宽度 b，画出长方体底面的轴测投影，如图 4-7(b)所示。

(4)过底面各顶点向上作 O_1Z_1 的平行线，在各线上量取长方体的高度 h，得到顶面上各点并依次连接，得长方体顶面的轴测投影，如图 4-7(c)所示。

(5)擦去多余的图线并描深，即得到长方体的正等轴测图，如图 4-7(d)所示。

任务实施

切角长方体正等轴测图的作图方法与步骤见表 4-3。

表 4-3 切角长方体正等轴测图的作图方法与步骤

步骤	图示	说明
1. 在三视图上定出原点和坐标轴的位置	Z' Z'' X' O' O'' Y'' X O Y Z O Y X	选定右侧前下方的顶点为原点，经过原点的三条棱线为 OX、OY、OZ 轴

续表

步骤	图示	说明
2. 画出轴测轴 O_1X_1、O_1Y_1、O_1Z_1	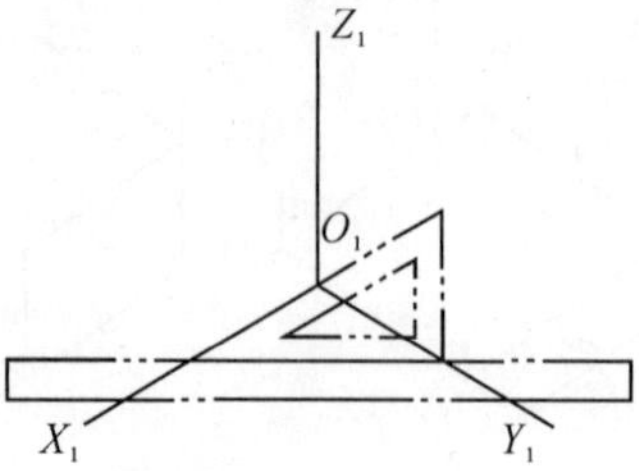	先画竖直向上的 O_1Z_1 轴，再根据轴间角 120°画出轴测轴 O_1X_1、O_1Y_1
3. 画出切角长方体前面的五个顶点	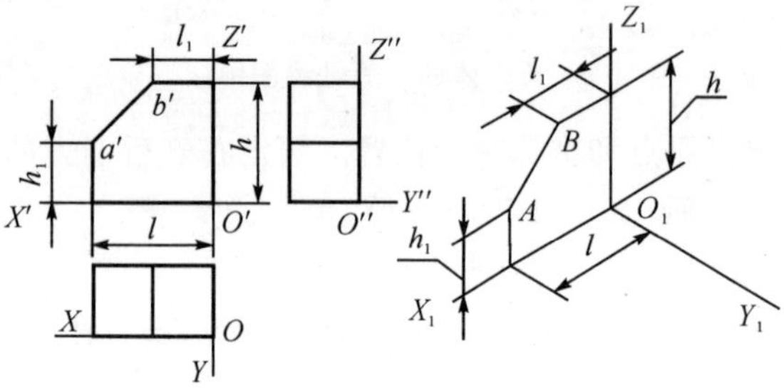	要沿轴测轴方向量取尺寸来画顶点。注意：AB 不与轴测轴平行，不能直接量取。要分别沿轴向量取画出端点 A 和 B，再连成线
4. 由前面各端点作 Y 轴的平行线，分别量取宽度 b，得到长方体后面的 4 个可见顶点并依次连接	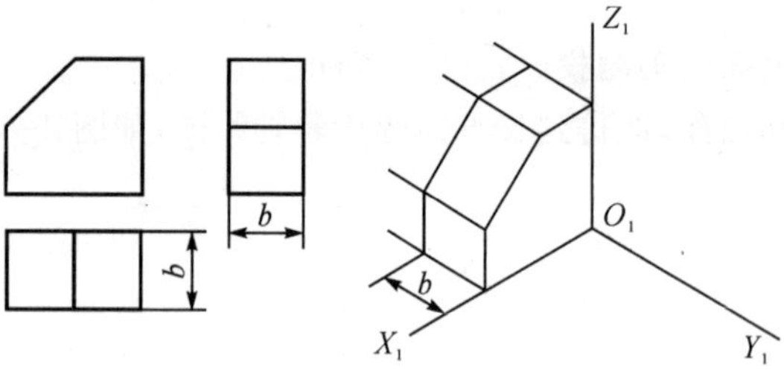	要充分利用平行性作图。不可见的顶点可以省略不画
5. 检查，擦去多余线条，描深轮廓线	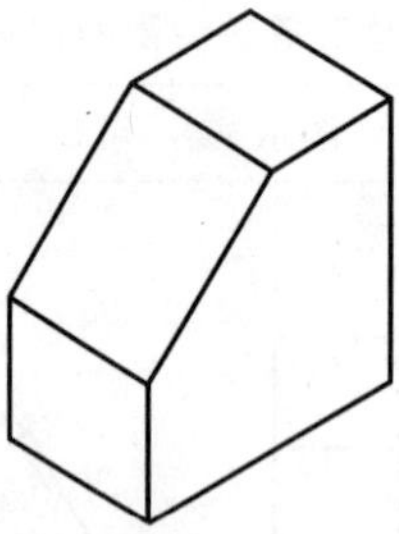	不可见棱线通常不画出

思考与实践

已知三视图(见图 4-8)，画出正等轴测图。

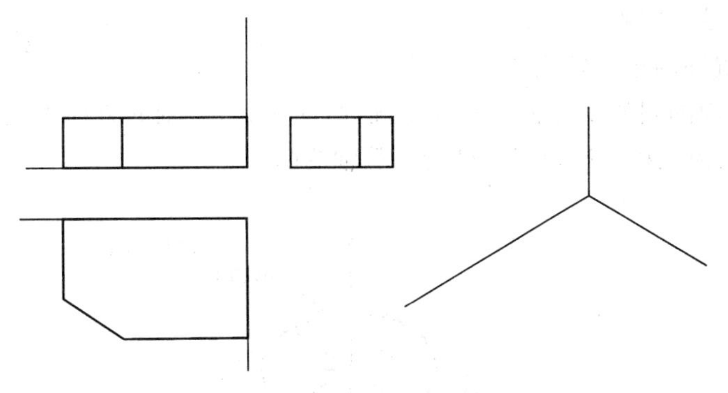

图 4-8 三视图与正等轴测图

任务三 绘制圆柱正等轴测图

任务描述

绘制如图 4-9 所示圆柱体的正等轴测图,要求符合制图国家标准的有关规定。

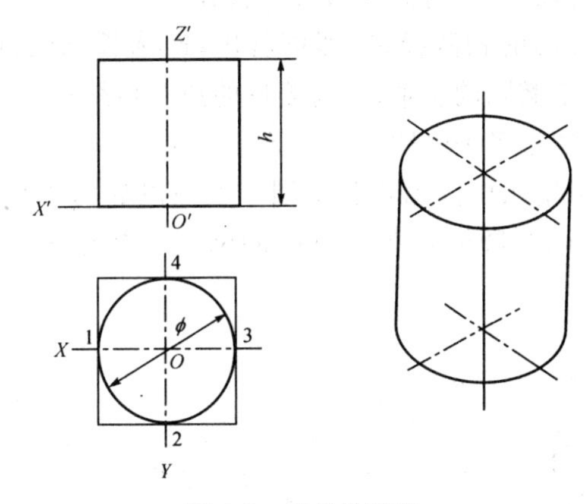

图 4-9 圆柱轴测图

任务分析

根据圆柱体的特点,在顶面选定坐标原点及坐标轴。先画出轴测轴,然后用四心法画出上、下底面的轴测图。

相关知识

1. 圆柱

圆柱在日常生活和生产中十分常见。车床上加工的绝大多数零件都是由不同大小的圆柱组合而成的,因此掌握圆柱的表达方法显得十分重要。

2. 圆的正等轴测图画法

(1)不同位置圆的正等轴测图

平行于坐标面的圆的正等轴测图都是椭圆，除了长、短轴的方向不同外，画法都是一样的。图 4-10 所示为三种不同位置的圆的正等轴测图。

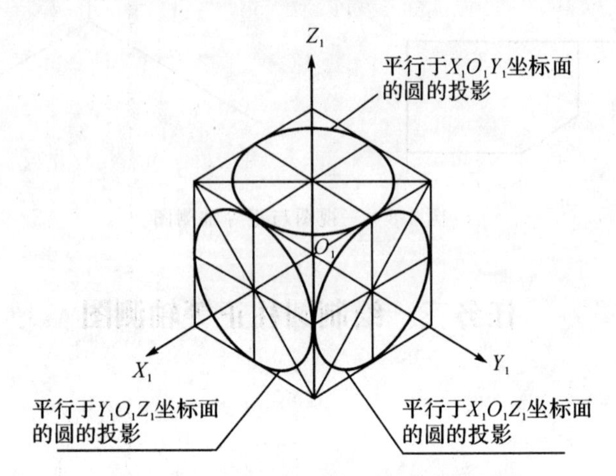

图 4-10　平行于坐标面上圆的正等轴测图

作圆的正等轴测图时，必须弄清椭圆的长、短轴的方向。分析图 4-10 所示的图形(图中的菱形为与圆外切的正方形的轴测投影)即可看出，椭圆长轴的方向与菱形的长对角线重合，椭圆短轴的方向垂直于椭圆的长轴，即与菱形的短对角线重合。

(2)用"四心法"作圆的正等轴测图

"四心法"画椭圆就是用四段圆弧代替椭圆。下面以如图 4-11(a)所示平行于 H 面(即 XOY 坐标面)的圆为例，说明圆的正等轴测图的画法。其作图方法与步骤如图 4-11(b)、(c)、(d)、(e)所示。

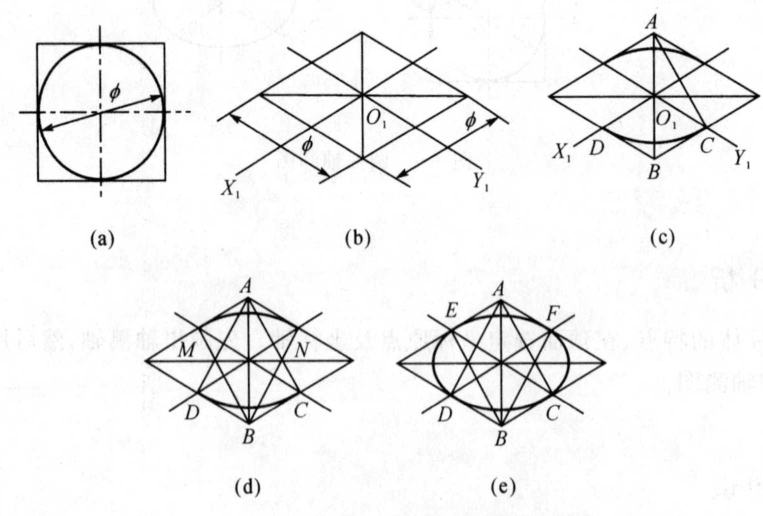

图 4-11　用四心法作圆的正等轴测图

①作出轴测轴，画出直径为 d 的圆的外切正方形的轴测图(菱形)，如图 4-11(b)所示。

②分别以 A、B 为圆心，AC 为半径画两大弧，如图 4-11(c)所示。

③连 AC 和 AD，分别交长轴于 M、N 两点，如图 4-11(d)所示。

④分别以 M、N 为圆心，MD 为半径画两小弧，在 C、D、E、F 处与大弧光滑连接，如图4-11(e)所示。

提示：平行于 V 面(即 XOZ 坐标面)的圆、平行于 W 面(即 YOZ 坐标面)的圆的正等轴测图的画法与上述画法类似，请自己分析练习。

任务实施

画圆柱轴测图的方法和步骤见表 4-4。

表 4-4 画圆柱轴测图的方法和步骤

方法步骤	图示
1. 在顶面选定坐标原点及坐标轴。作圆柱上底圆的外切正方形，得切点 a、b、c、d	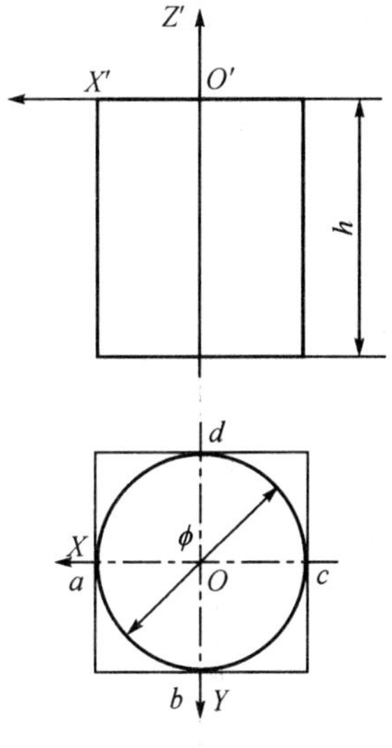
2. 画轴测轴 O_1X_1、O_1Y_1，定出 4 个切点 A、B、C、D，并过此 4 点分别作 O_1X_1、O_1Y_1 轴的平行线，得外切正方形的轴测图(菱形)。沿 Z_1 轴量取圆柱高度 h，用同样方法作出下底菱形	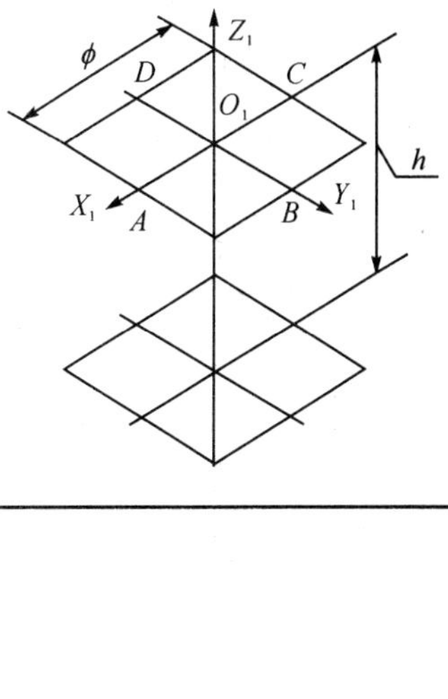

续表

方法步骤	图示
3. 连 $1C$、$2B$ 得交点 3，连 $1D$、$2A$ 得交点 4。1、2、3、4 即为形成近似椭圆的四段圆弧的圆心。分别以 1、2 为圆心，$1C$ 为半径作圆弧 CD 和圆弧 AB；分别以 3、4 为圆心，$3B$ 为半径作圆弧 BC 和圆弧 AD，得圆柱上底面圆的轴测图。同理作出下底面圆的轴测图 【提示】下底面圆的轴测图后面不可见的圆弧可以省略不画	
4. 作两椭圆的公切线，对轴测图进行整理，擦去不可见及多余线，描深，完成圆柱的正等轴测图	

思考与实践

已知圆台两视图（见图 4-12），画出圆台的正等轴测图。

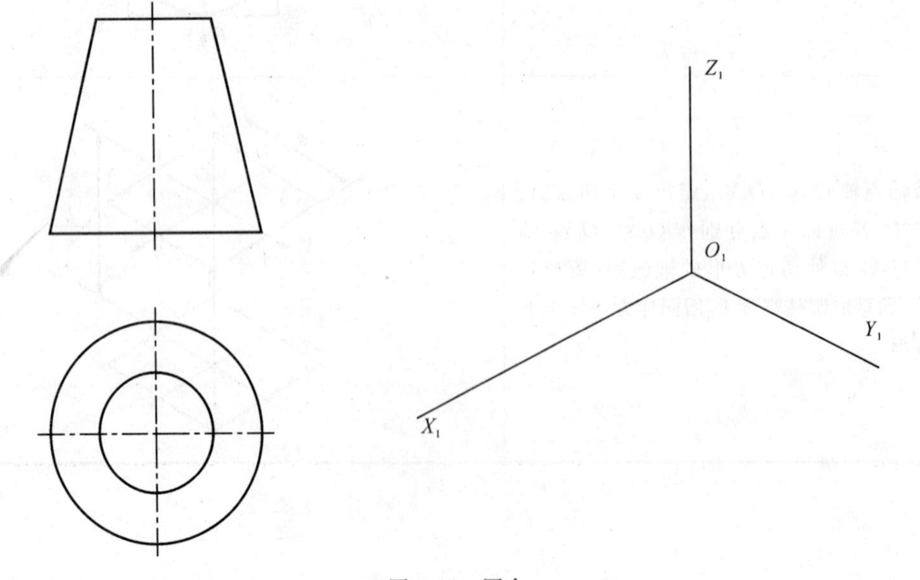

图 4-12　圆台

任务四　绘制支座正等轴测图

任务描述

根据图 4-13 所示支座的两视图，画出它的正等轴测图。

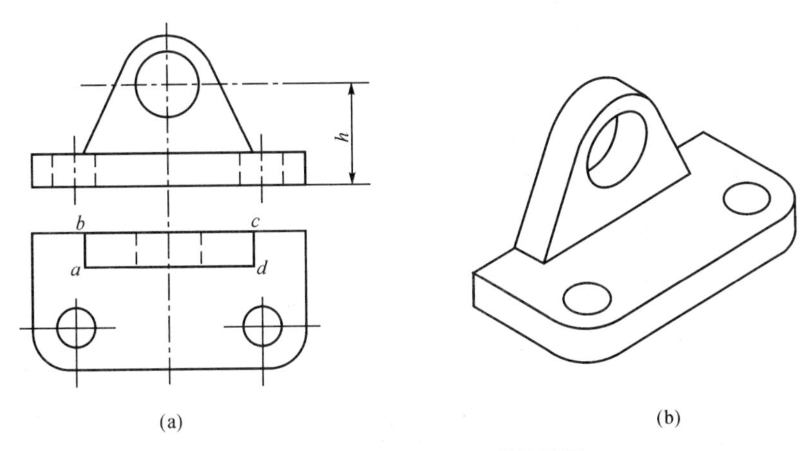

图 4-13　支座两视图及正等轴测图

任务分析

根据两视图可以看出支座的形体特点，可用综合法作图，一般先作堆叠型的形体，后作挖切型的形体。

相关知识

1. 平面体正等测图的画法

画轴测图常用的方法有坐标法、特征面法、叠加法和切割法。其中坐标法是最基本的画法，而其他方法都是根据物体的形体特点对坐标法的灵活运用。

(1)坐标法

按坐标值确定平面体各特征点的轴测投影，然后连线成物体的轴测图，这种作图方法称为坐标法。坐标法是画轴测图的基本方法，其他作图方法都是以坐标法为基础。其作图方式在前面任务一中已讲解。

(2)切割法

对于切割而成的形体画轴测图，宜先画出被切割物体的原体，然后依次画出被切割的部分，这种方法称为切割法，用切割法作图时要注意切割位置的确定。

如图 4-14(a)所示，已知切割体的两面投影，作这个形体的正等轴测图。

【分析】该形体是由一个四棱柱切割掉两个小四棱柱而成。应先画出原体再画被切割掉的形体。

【作图步骤】

①在视图上确定各坐标轴，如图 4-14(a)所示。

②画原体。建立 X、Y、Z 轴测轴，然后从 O 点沿着 Y 轴向后量取 y_3 宽度尺寸，沿着 X 轴向左量取 x_3 长度尺寸，沿着 Z 轴向上量取 z_2 高度尺寸，绘制出四棱柱原体，如图 4-14(b)所示。

③画被切割的前上方部分。从 O 点沿着 Y 轴向后量取 y_2 宽度尺寸找到切割的位置，切割体的长度与原体一样长，沿着 Z 轴向上量取 z_1 高度尺寸找到切割位置，绘出要被切割掉的第一个四棱柱，如图 4-14(c)所示。

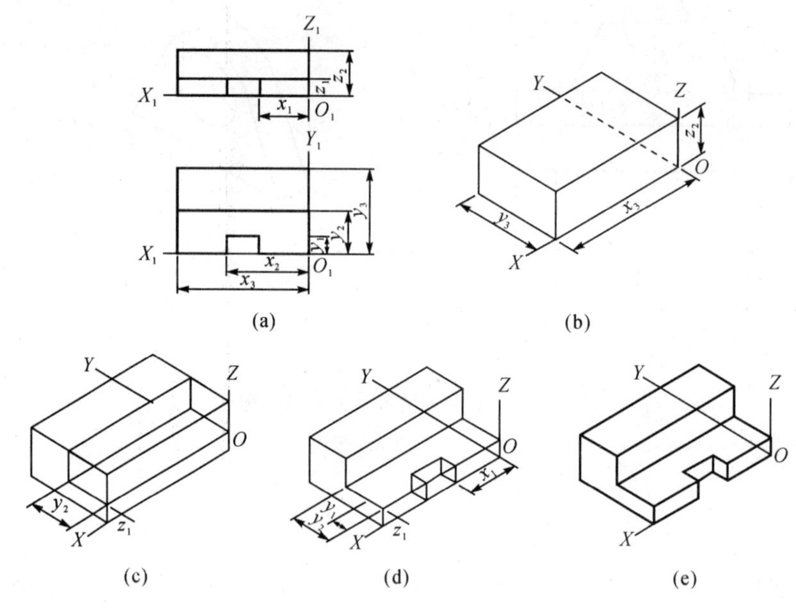

图 4-14 作切割体的正等测图

④画前上方被切割的四棱柱。从 O 点沿着 Y 轴向后量取 y_1 长度找到切割位置，沿着 X 轴向左量取 x_1 长度和 x_2 长度找到切割位置，切割体高度与原体高度相同，绘出被切割的第二个四棱柱，如图 4-14(d)所示，擦掉作图辅助线，加粗图线，完成作图如图 4-14(e)所示。

(3)叠加法

适用于画组合体的轴测图，先将组合体分解成几个基本体，据基本体组合的相对位置关系，按照先下后上、先后再前的方法叠加画出轴测图。这种方法称为叠加法。

如图 4-15 所示，已知其基础的三面投影，作其正等轴测图。

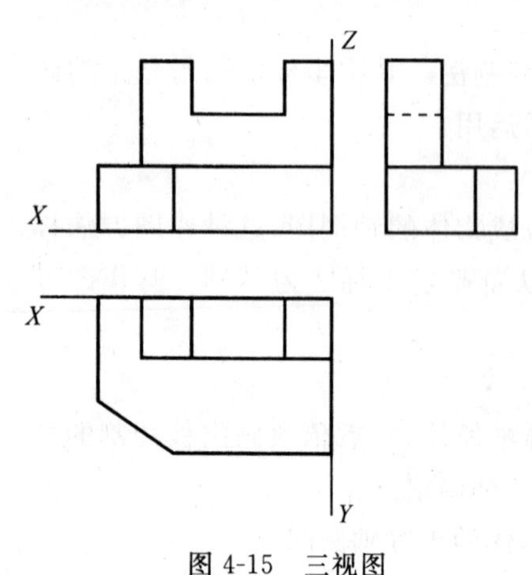

图 4-15 三视图

【分析】从三视图可知其为两个长方体棱柱叠加而成，符合叠加法作图特点，可以先下后上来绘制轴测图，注意绘制时两棱柱的定位。

【作图步骤】

①在视图上确定各坐标轴，绘制最下面的切角长

方体四棱柱。建立 X_1、Y_1、Z_1 轴测轴，如图 4-16(a)所示。

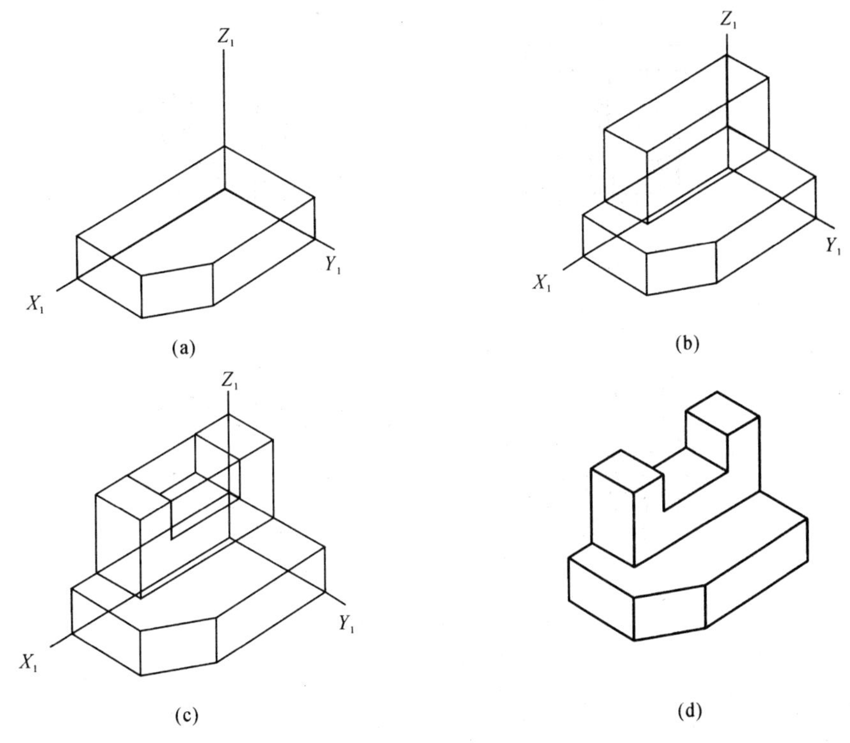

图 4-16　作正等轴测图

②绘制上面的四棱柱，并且将最下面的四棱柱被遮住的轮廓线擦掉，如图 4-16(b)所示。

③绘制上面四棱柱所要切除的部分，如图 4-16(c)所示。

④擦掉不可见的棱线和作图辅助线，加粗图线，完成作图，如图 4-16(d)所示。

2. 圆角的正等测图

在工程中常常会出现板结构或柱结构进行倒圆角的情况，一般都是 1/4 圆角，圆角的轴测图画法和前面所讲的过程是一致的，只是画近似椭圆的时候，不需要将 4 段圆弧都画出来，每个圆角部位只需选择某一段圆弧就可以，下面举例讲解。

如图 4-17(a)所示，已知组合柱的两面投影，作正等测图。

【分析】组合柱的原体是一个比较矮的四棱柱，其左右两个角倒了圆角，每个圆角都是 1/4圆柱体。在绘制的时候，四棱柱的正等测图比较好画，关键是绘制两个角上的 1/4 圆弧。

【作图步骤】

①在视图上确定各坐标轴，如图 4-17(a)所示。

②画下底面。建立 X、Y、Z 轴测轴，画出四棱柱底面的轴测图，再画菱形，找到切点 A、B、C、D 的位置和圆心 1、4 的位置，如图 4-17(b)所示。

③画上底面。从需要定位的各点(如圆心和切点等)沿 Z 轴向上画出板厚的高度，以便找到另外一个底面上的圆心、切点和顶点等位置，如图 4-17(c)所示。画下底面直线和圆弧，作两个底面圆弧的公切素线，擦掉作图辅助线和不可见棱线和底面边线，加粗图线，完成作图，如图 4-17(d)所示。

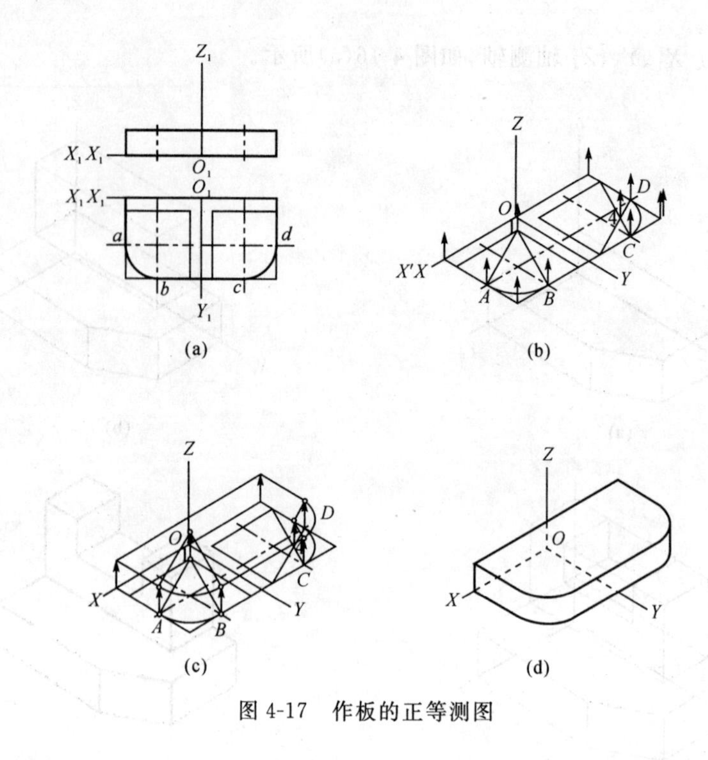

图 4-17 作板的正等测图

任务实施

支座正等轴测图的作图步骤见表 4-5。

表 4-5 支座正等轴测图的作图步骤

方法步骤	图示
1. 画长方体底板和圆角	
2. 底板两侧的圆孔，定位画立板顶部的圆弧，定下角点 A、B、C、D 并作圆的切线	

续表

方法步骤	图示
3.画立板中间的圆孔	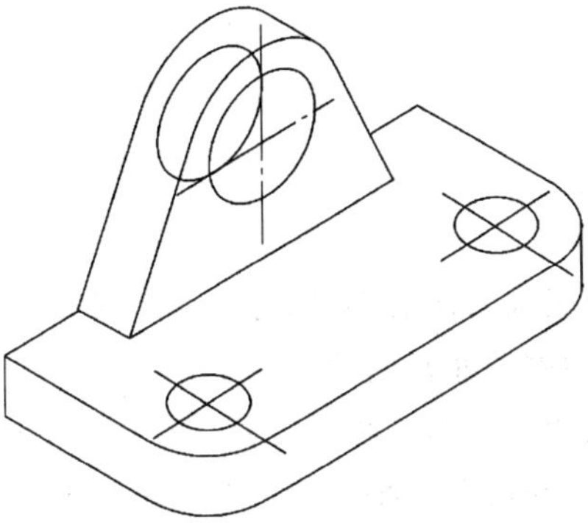
4.检查图线,描深可见轮廓线,完成轴测图	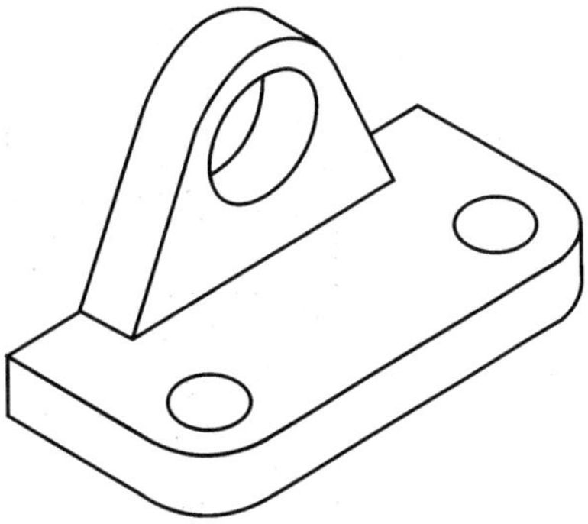

思考与实践

已知三视图(见图 4-18),画出其正等轴测图。

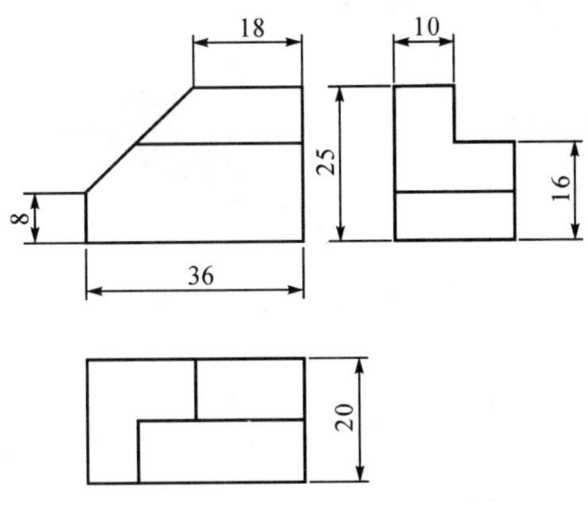

图 4-18　根据已知三视图画正等轴测图

课题二　绘制支架斜二轴测图

引言

画轴测图的方法有多种，除了正等轴测图以外，常用的还有斜二轴测图。在某种特定条件下，斜二轴测图非常简单易画。

斜二轴测图是由斜投影方式获得的，当选定的轴测投影面平行于 V 面，投射方向倾斜于轴测投影面，并使 OX 轴与 OY 轴夹角为 135°，沿 OY 轴的轴向伸缩系数为 0.5 时，所得的轴测图就是斜二轴测图，简称斜二测图（见图 4-19）。

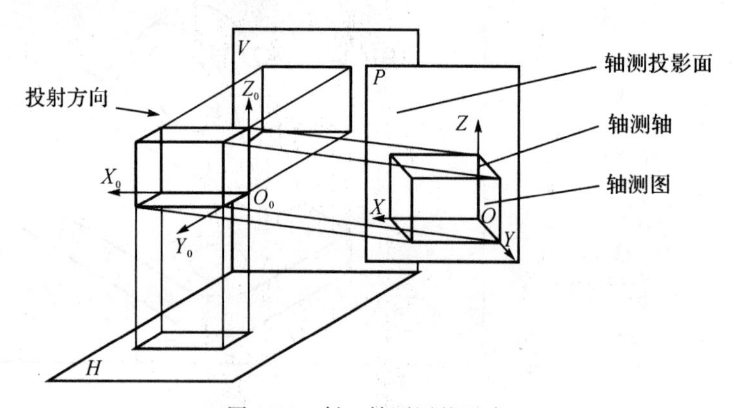

图 4-19　斜二轴测图的形成

以下为我们现实生活中可见到的例子，如图 4-20 所示。

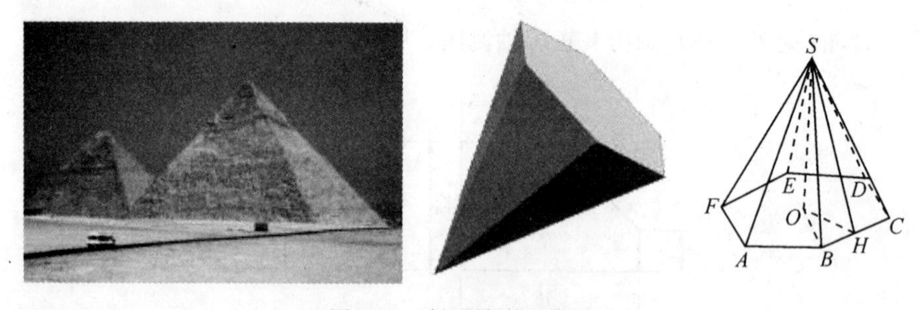

图 4-20　斜二轴测图实例

知识目标

了解什么是斜二轴测图。

技能目标

1. 掌握斜二轴测图的画法规定和画法步骤；
2. 能根据简单形体的三视图画出其轴测图。

任务描述

根据图 4-21 所示图形绘制其斜二轴测图，要求符合国家制图标准。

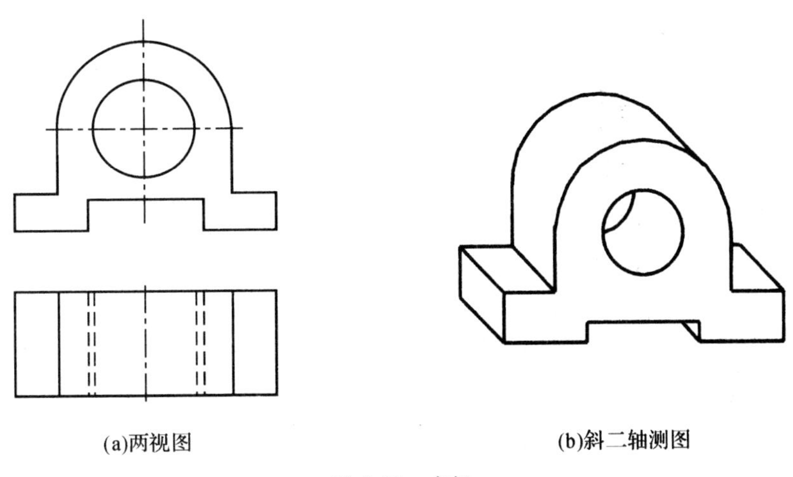

图 4-21 支架

任务分析

斜二轴测图能如实表达物体一个坐标面上的实形，因而宜用来表达某一方向的形状复杂或只有一个方向有圆的物体。图 4-21 所示支架符合所述要求，宜用斜二轴测图表达。

相关知识

1. 斜二轴测图的特点

由于斜二轴测图的 XOZ 面与物体参考坐标系的 $X_0O_0Z_0$ 面平行，所以物体上与正面平行的平面的轴测投影均反映实形。斜二测图的轴间角是：$\angle XOY = \angle YOZ = 135°$，$\angle ZOX = 90°$。在沿 OX、OZ 方向上，其轴向伸缩系数是 1，沿 OY 方向则为 0.5。图 4-22 所示为斜二测的轴间角和一个长方体的斜二轴测图。

由斜二测图的特点可知，立体上平行于正面的圆，经斜二测投影后保持不变，而平行于水平面和侧面的圆则无此特点，它们投影后变为椭圆，并且短轴不与相应的轴测轴平行，如图 4-23 所示，这些椭圆的作图过程也很烦琐，为作图方便起见，对于那些在相互平行的平面内有较多曲线（如圆或圆弧等），形状复杂的立体，常采用斜二轴测投影，并且作图时总把这

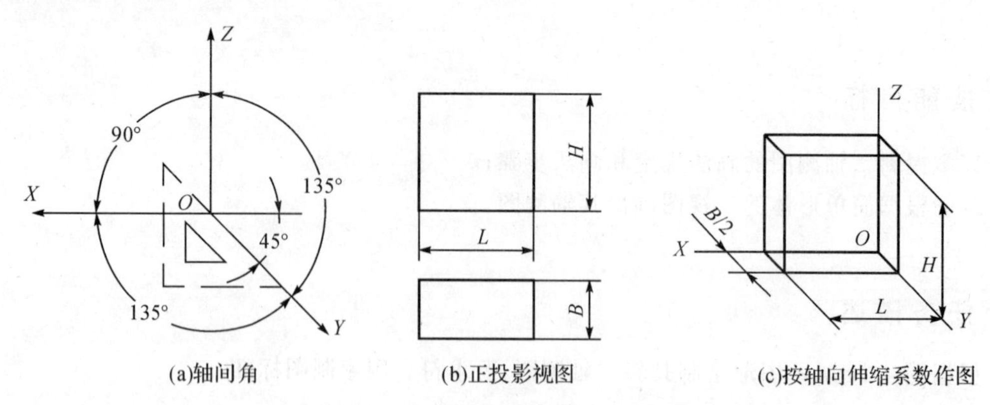

(a)轴间角　(b)正投影视图　(c)按轴向伸缩系数作图

图 4-22　斜二轴测图的轴间角和轴向伸缩系数

些平面定为正平面。

表 4-6 列出了平行于 *XOY* 面的圆的斜二轴测投影——椭圆的画法。平行于 *YOZ* 面的圆的斜二等轴测投影——椭圆的画法，只是长、短轴的方向不同而已。

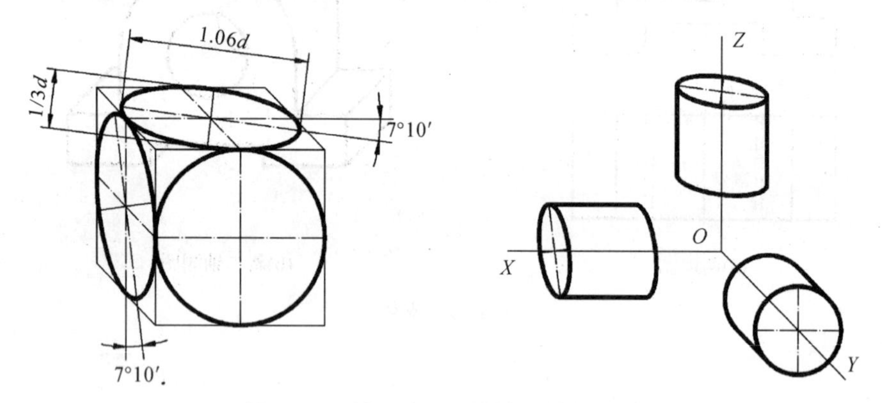

图 4-23　平行坐标面圆的斜二轴测投影

表 4-6　平行于 *XOY* 面的圆的斜二轴测投影的画法

步骤	①定长、短轴方向和椭圆上四点	②定四圆弧中心	③画大、小圆弧
作图			

续表

步骤	①定长、短轴方向和椭圆上四点	②定四圆弧中心	③画大、小圆弧
说明	1. 画圆的外切正方形斜二轴测投影，与 OX、OY 相交得中点 1、2、3、4 2. 作长轴 AB，使其与 OX 轴成 7° 3. 作短轴 $CD \perp AB$	1. 在 CD 的延长线上取 $O5 = O6 = d$，5、6 即大圆弧中心 2. 连 5、2 和 6、1，它们与长轴的交点 7、8 即小圆弧中心	1. 以 5、6 为中心，52 为半径，画大圆弧 2. 以 7、8 为中心，71 为半径，画小圆弧

下面以一个常见图(圆台的斜二测图)为例来说明斜二测画法。

分析：图 4-24(a)所示为一个具有同轴圆柱孔的圆台，圆台的前、后端面及孔口都是圆。因此，将前、后端面平行于正面放置，作图很方便。

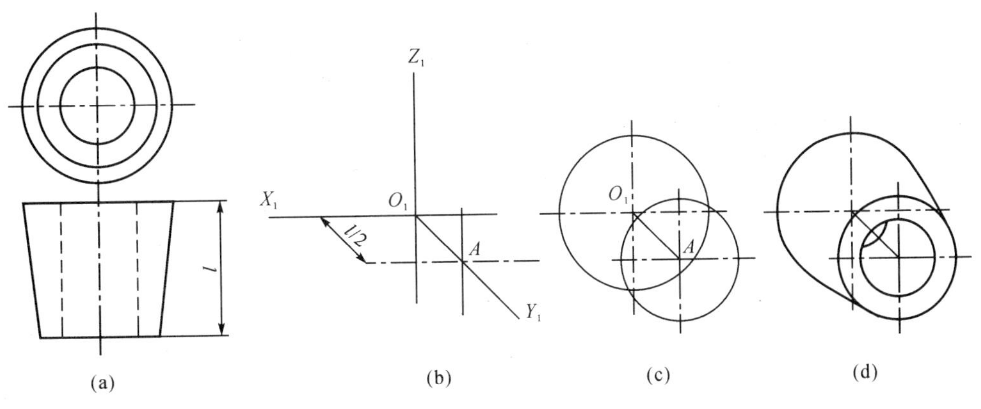

图 4-24 圆台的斜二测画法

作图：

①画出轴测轴 O_1X_1、O_1Y_1、O_1Z_1，在 O_1Y_1 轴上量取 $l/2$，定出前端面的圆心 A(见图 4-24(b))。

②作出前、后端面的轴测投影(见图 4-24(c))。

③作出两端面圆的公切线及前孔口和后孔口的可见部分。

④擦去多余的图线并描深，即得到圆台的斜二测图(见图 4-24(d))。

任务实施

支架斜二轴测图的画法见表 4-7。

表 4-7　支架斜二轴测图的画法

步骤	图示
1. 根据支架的两视图绘制斜二轴测图	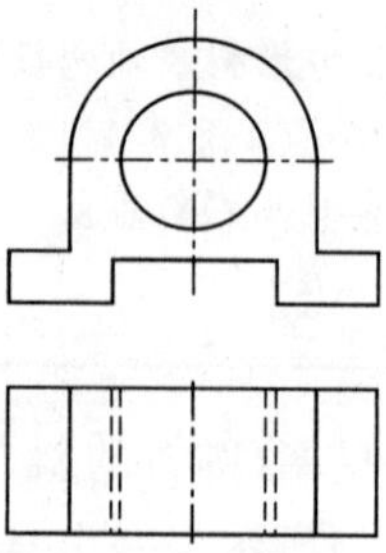
2. 定出坐标原点和轴测轴，作出轴测轴	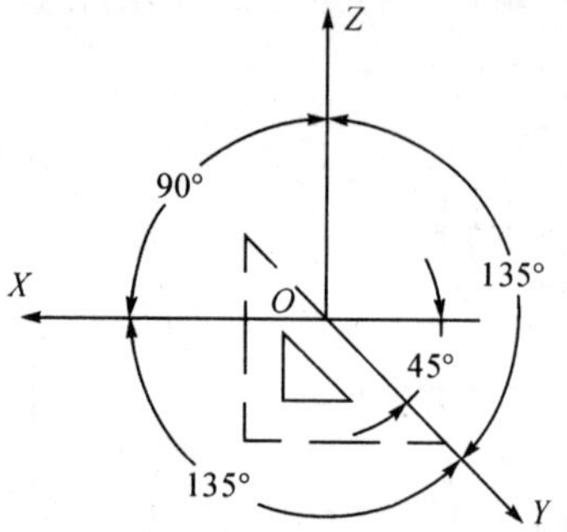 Z 90° X O 135° 45° 135° Y
3. 根据所给两视图，画出支架前端面形状	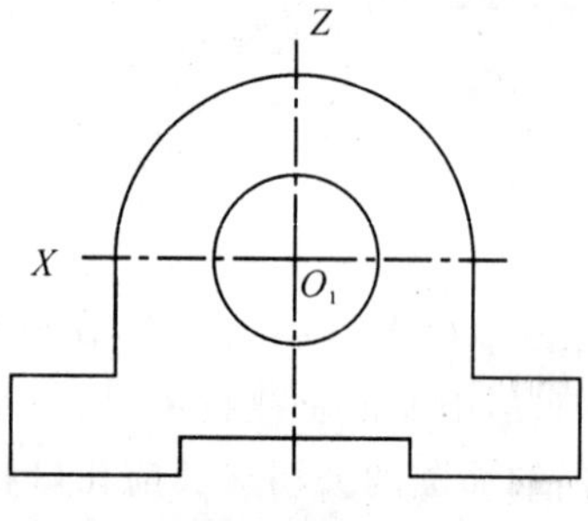 Z X O_1
4. 在 O_1Y 轴上量取二分之一宽，定出后端面的圆心 O_2，画出支架厚度	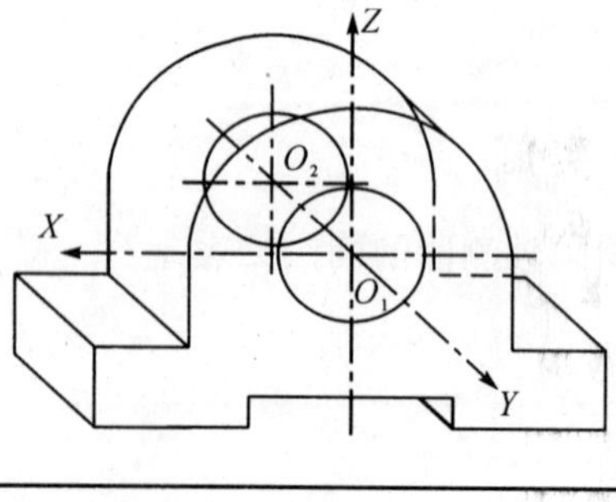 Z O_2 X O_1 Y

续表

步骤	图示
5. 检查，擦去多余线条，描深轮廓线	

注：支架尺寸用作图工具在图中量取。

思考与实践

已知三视图（见图 4-25），画斜二轴测图。

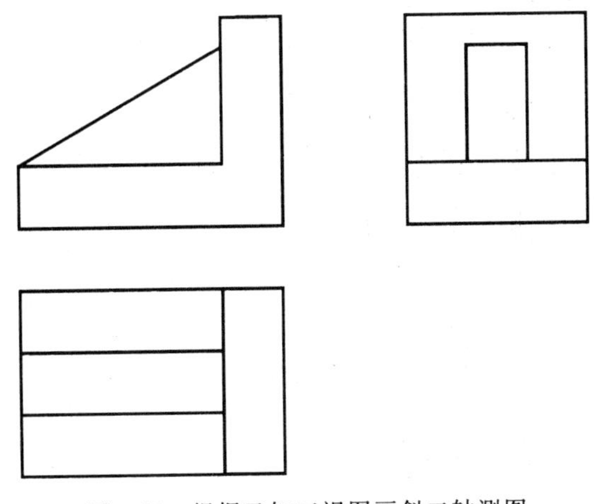

图 4-25　根据已知三视图画斜二轴测图

课题三　绘制接头正等轴测草图

引言

生产实际中，经常要在不使用仪器的时候绘制零件的一些结构或整个零件，这种通过目测零件的形状和大小，直接徒手绘制的图样就叫作零件草图。草图被广泛应用于创意构思、设计交流、零件测绘。所以，绘制草图是工程技术人员必须具备的一项技能。徒手绘制的轴测图就是轴测草图。

如果在识读三视图想象物体形状的过程中，能够一边思考、一边勾画轴测草图，把思维过程及时记录下来，就会不断提高空间想象能力。由于徒手绘图具有灵活快捷的特点，有很大的实用价值，特别是随着计算机绘图的普及，徒手绘制草图的应用将更加广泛。

知识目标

1. 了解轴测草图的重要作用。
2. 通过立体图形，激发学生的学习热情，培养学生的学习积极性。

技能目标

1. 掌握徒手绘图的基本技法和轴测草图的画法。
2. 训练逆向形象思维，同时，检验自己空间想象的正确性。

任务描述

绘制如图 4-26 所示图形的轴测草图，要求符合制作草图的有关规定。

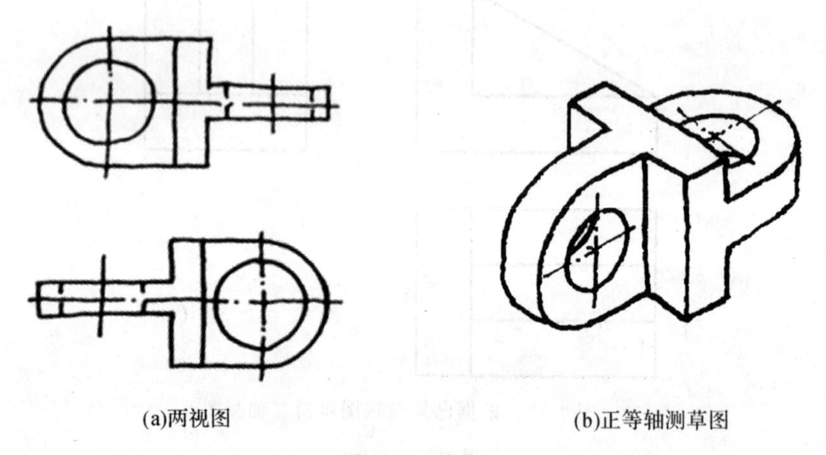

(a)两视图　　(b)正等轴测草图

图 4-26　接头

任务分析

不用绘图仪器和工具，通过目测形体各部分之间的相对比例，徒手画出的图样称为草图。草图是创意构思、技术交流、测绘机器常用的绘图方法，具有很大的实用价值。草图虽然是徒手绘制，但绝不是潦草的图，仍应做到图形正确、线型粗细分明、字迹工整、图面清洁。

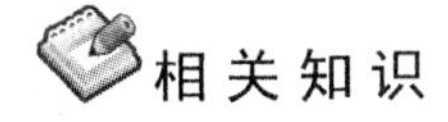相关知识

1.轴测草图的绘制阶段

(1)草图的性质和作用

草图不是用来向他人传递精确信息的,故也可以不完整,因此可自由绘制。但是,这样绘制的草图不能用来指导制造过程。如果使用草图来制造实物,很可能出现所制造出来的实物与自己想象不同的情况。这是因为草图中并没有包含对制造所需要的全部信息的缘故。

徒手绘制的图并非都是草图,徒手也能整洁地绘制零件图或装配图。整洁的徒手零件图也可用来指导零件的制造,而草图则不能用于此目的。

草图是对当时人们头脑中活跃状态的反映,因此具有极高的价值。因此,绘制草图后,一定要将标题、日期及自己的名字记录保存,这是因为现在进行的设计中还没有采用的想法,在其他设计中有时会变成有益的东西。此外,申请专利时,何时、何人、何内容都会成为重要的书面证明。

(2)绘制草图阶段应考虑及确定的内容

绘制草图的阶段往往伴随不断进行的反复试验、修改的过程,需要确定项目所涉及的机械知识。这些知识对于运动及动力机械装置的设计具有特别重要的作用。草图不是计划图,不必确定全部尺寸及进行精确的设计计算。但是若干假定及概算的设计计算是必要的,这一阶段进行的设计计算是以后各阶段的基础。

2.徒手绘图的方法

开始练习画徒手图时,可先在方格纸上进行,这样较容易控制图形的大小和比例,尽量让图形中的直线与分格线重合,以保证所画图线的平直。

徒手绘图的手法,执笔时力求自然,笔杆与纸面成45°～60°角。一般选用HB或B的铅笔,铅芯磨成圆锥形。

画徒手图的基本要求是:画图速度尽量要快,目测比例尽量要准,画面质量尽量要好。对于一个工程技术人员来说,除了熟练地使用仪器绘图以外,还必须具备徒手绘制草图的能力。

任务实施

根据接头的主、俯视图(见图4-26(a)),画出接头的正等测草图,步骤如表4-8所示。

分析:接头是由两个圆柱拱形体(带孔)中间通过一个长方体三部分组合而成;左端拱形面为正平面,右端拱形面为水平面,正平面和水平面中的圆或圆弧在正等测图中均为椭圆或椭圆弧。

表 4-8　接头的正等测草图画法步骤

步骤	图示
1.已知接头的两视图	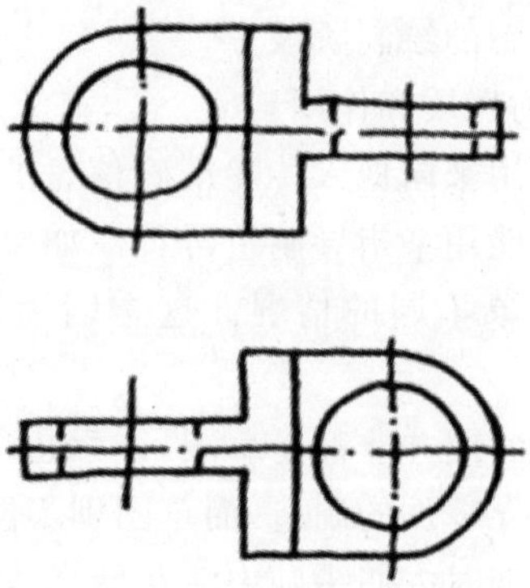
2.采用切割法画出三个四棱柱	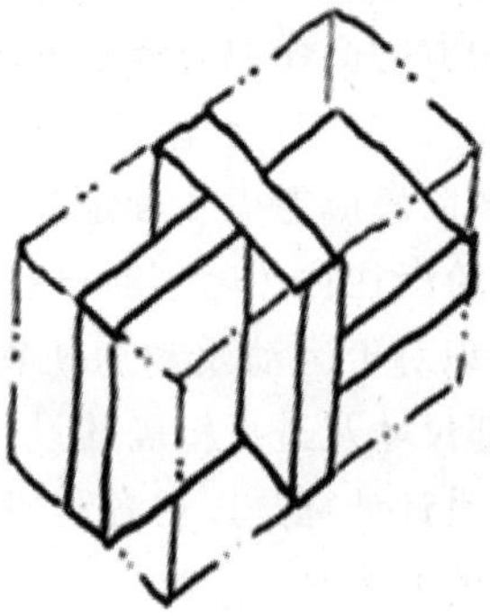
3.在正等测图中，平行于坐标面的圆均为椭圆，先画出椭圆的外切菱形，再作椭圆	
4.描深可见轮廓，擦去不必要的作图线，完成正等测草图	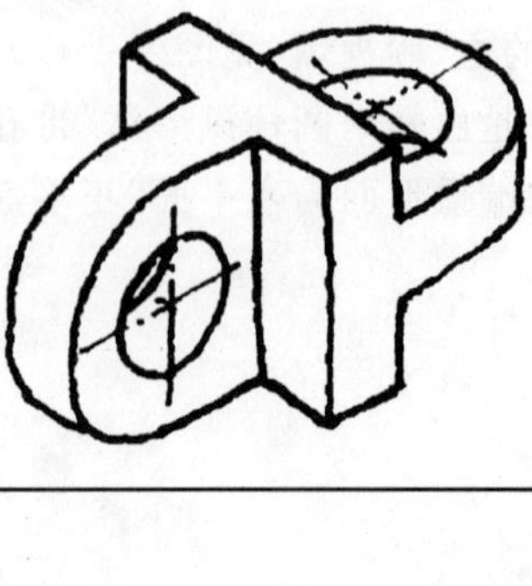

思考与实践

已知三视图(见图 4-27),徒手画出正等测草图。

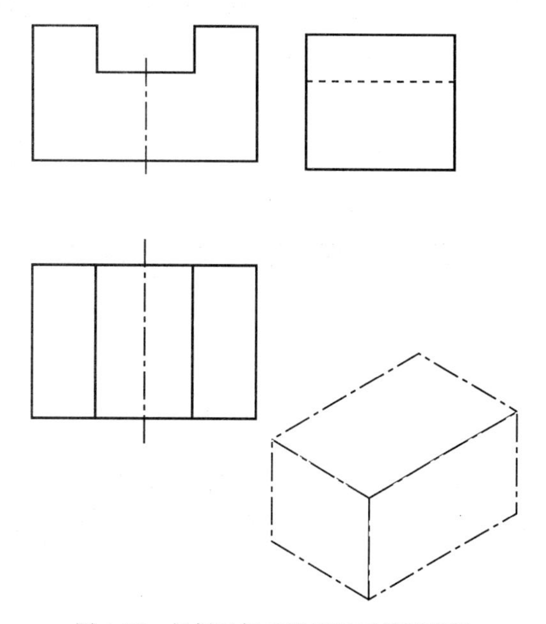

图 4-27 根据已知三视图画正等测草图

模块五　绘制与识读组合体三视图

课题一　绘制组合体三视图

引 言

任何复杂的机器零件，都可以看成是由若干个基本几何体所组成的，如图 5-1 所示。这些由两个或两个以上的基本几何体构成的物体称为组合体。换而言之，实际的零件大多数是各种各样的组合体。

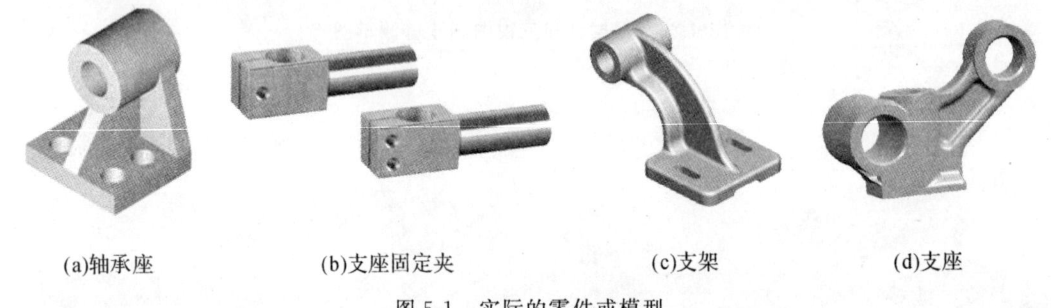

(a)轴承座　(b)支座固定夹　(c)支架　(d)支座

图 5-1　实际的零件或模型

本课题重点分析组合体由哪些基本体组成、这些基本体的形状和位置、基本体之间的组合形式等问题。重点建立合理选择视图方向、运用方法分别绘制各组成部分的三视图、根据各形体的组合形式综合绘出组合体等策略。

知 识 目 标

1. 熟悉组合体的组合形式，掌握各形体表面连接方式的相应画法；
2. 掌握绘制组合体三视图的方法与步骤，能绘制组合体的三视图。

技 能 目 标

1. 能根据组合体的形体合理分拆和组合；

2.具备运用形体分析法和线面分析法进行绘图的能力；

3.综合培养和提高空间想象能力、空间思维能力。

任务一　绘制支座三视图

任务描述

绘制如图5-2所示支座的三视图，合理表达形体结构。

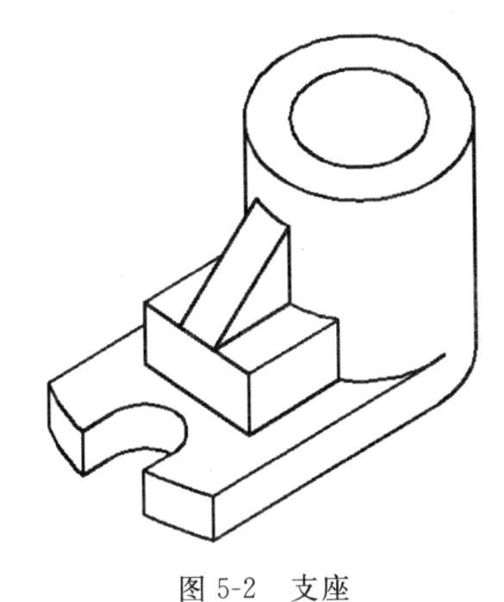

图5-2　支座

任务分析

1.形体分析

主要分析组合体由哪些基本体组成、这些基本体的形状和位置以及基本体之间的组合形式。

2.确定视图

在绘制三视图前，必须合理放置形体，首先需要确定主视图。通常要求主视图能较多地表达形体的形状和特征，即尽量将组成部分的形状和相互关系反映在主视图上，并使主要平面平行于投影面，以便投影表达。主视图确定后，俯视图和左视图也随之确定。

3.绘图方法

运用形体分析法绘制组合体的三视图，应遵循“总—分—总”的绘图步骤。首先选定形体总体的基准线的位置；然后按组成物体的基本形体逐一画出它们的三视图，一般遵循先绘制主要部分、后画次要部分，先画可见部分、后画不可见部分，先画主要的圆或圆弧、后画直线的原则；最后根据各形体的组合形式，画出表面间的相接、相交、相切等投影。

相关知识

1. 形体分析法

形体分析法就是根据组合体的形状，将其分解成若干部分，弄清各部分的形状和它们的相对位置及组合形式，分别画出各部分的投影。其指导思想是化难为易，各个击破。

如图 5-3 所示为某座体，它可分解成圆筒、底板和支承板三个部分，分别画出它们的三视图，最后综合绘制。

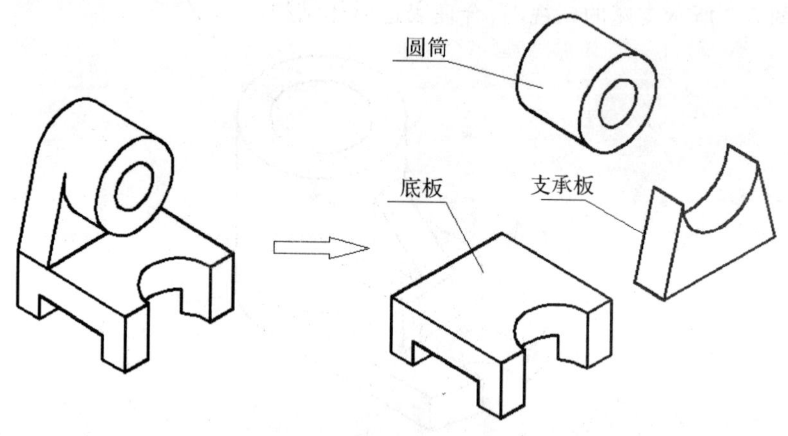

图 5-3　座体的形体分析

2. 组合体的组合形式

组合体的形状是多种多样、千变万化的，其组合方式可分为叠加式、切割式和综合式三种。

(1)叠加式

叠加式组合体是由基本几何体叠加而成。如图 5-4 所示螺钉毛坯零件图，它由六棱柱、圆柱和圆台叠加组成。在绘制三视图时，可分别先画出各组成基本几何体的三视图，再根据位置关系进行组合，综合检查。

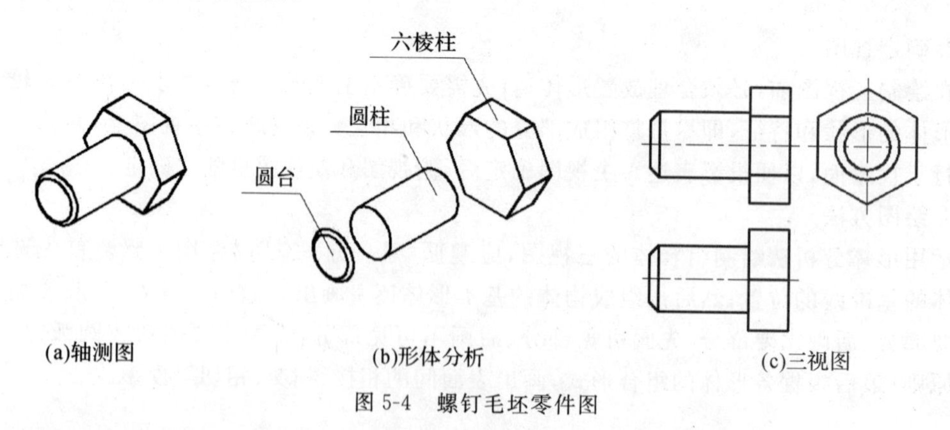

图 5-4　螺钉毛坯零件图

知识延伸：图 5-4(b)中的圆台，从机械的用途来说，我们称之为倒角。倒角是为了便于装配或去除毛刺，在机械图样中有专门的标注，如图 5-5 所示。

叠加式组合体按其表面连接关系，又可分为相接、相交和相切三种。

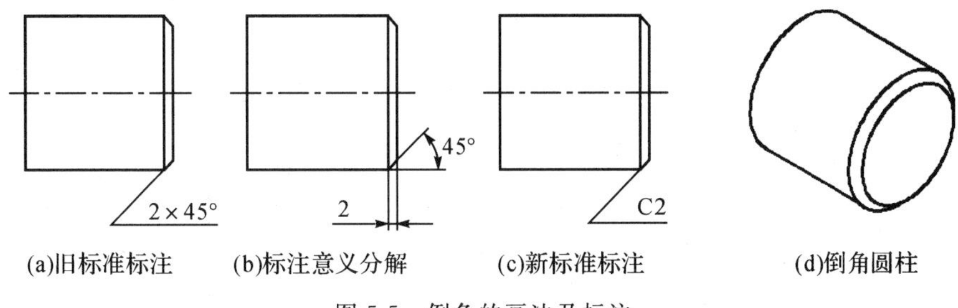

图 5-5　倒角的画法及标注

①相接

两形体以平面的方式相互接触称为相接。对于这种平面相接的组合体，在绘图时要注意两形体的结合表面是平齐还是不平齐。当结合表面平齐时，如图 5-6(a)所示，立板与底板的宽度相等，两者的接触面前后端都平齐，中间没有线隔开；当结合表面不平齐时，如图 5-6(b)所示，立板与底板的宽度不相等，两者的接触面前端不平齐，中间有线隔开。

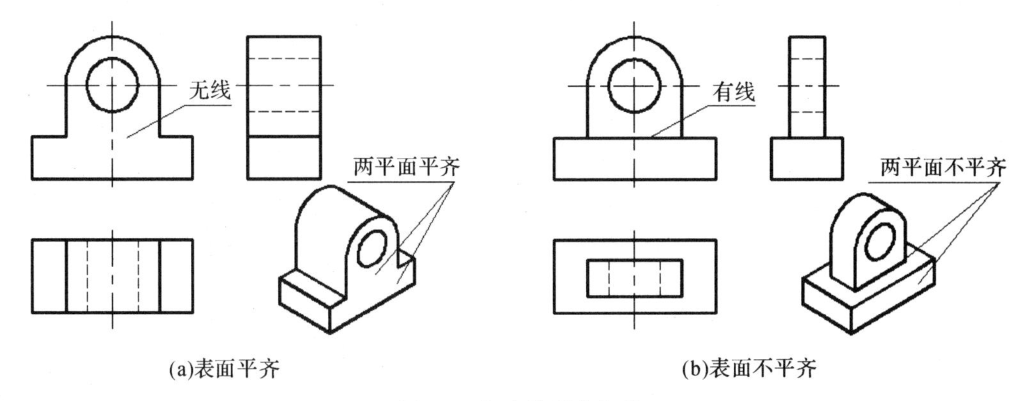

图 5-6　组合体形体相接

②相交

当两形体的表面相交时，它的交线称为相交线。相交线可以是曲线，如圆柱与圆柱的相贯线；也可以是直线，如图 5-7 所示，圆筒与耳板形成相交，在主视图中应画出相交线。

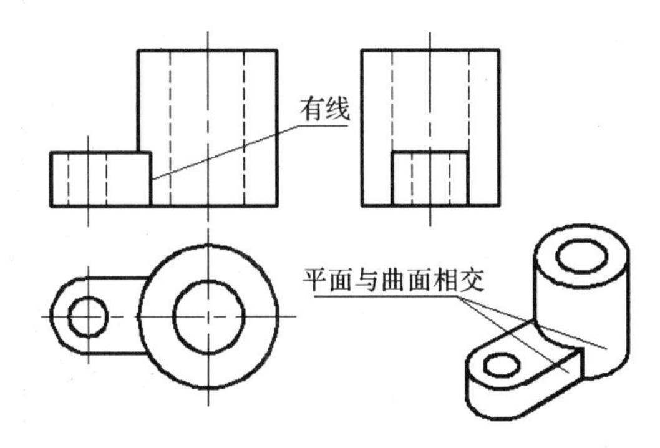

图 5-7　表面相交的画法

③相切

当两形体相切时，在相切处不画分界线，如图 5-8 所示，圆筒与耳板的相切处形成光滑过渡，在主、左视图中的相切处不应画线。

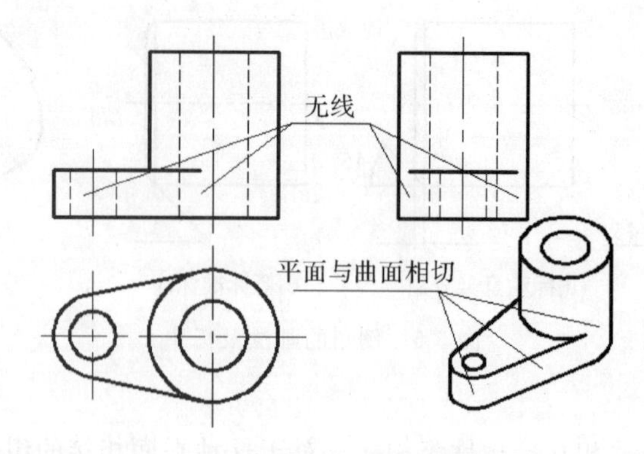

图 5-8　表面相切的画法

(2)切割式

切割式组合体可以看成是在基本几何体上进行切割、钻孔、挖槽等构成的形体。如图 5-9所示切割体,被切割后的轮廓线必须绘制出来。

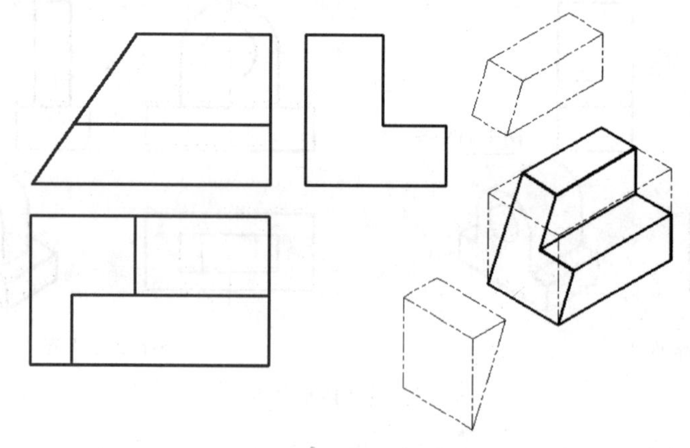

图 5-9　切割式组合体

(3)综合式

常见的组合体大都属于综合式,既有叠加又有切割,如图 5-10 所示。

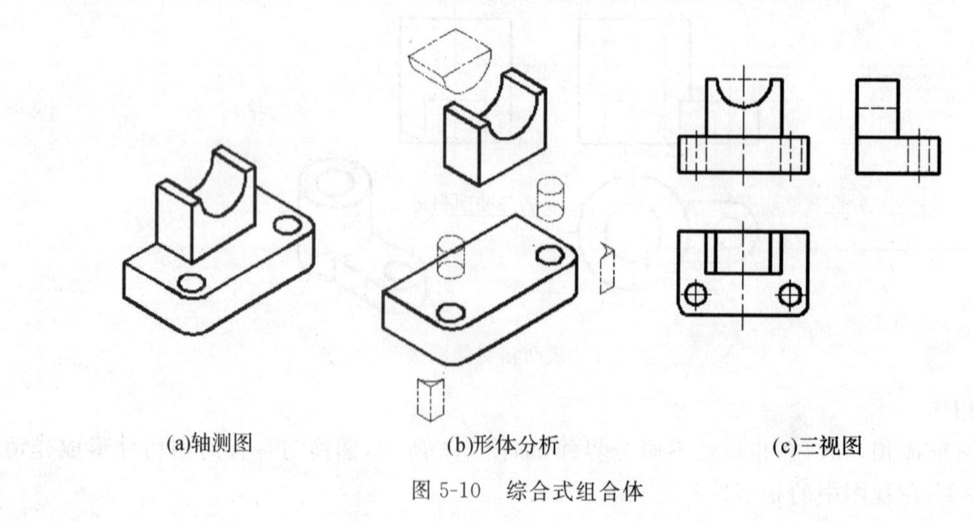

图 5-10　综合式组合体

3.组合体三视图的画法

组合体三视图的画法一般按“先主体,后细节;先叠加,后切割;先形状,后交线”的顺序逐个画出各基本体的三视图。在画图时,要把基本体的三个视图同时画出,这样既可以保证各基本体之间的相对位置和投影关系,又能提高绘图速度,防止漏线、少线。

(1)进行形体分析

了解组成组合体的各基本体的形状、组合形式、相对位置以及表面间的连接关系。

(2)选择视图,确定主视图

组合体摆放应将最明显地反映位置特征的方向选为主视图投影方向,并使其表面相对于投影面尽可能多地平行或垂直。在此前提下,俯、左视图上的不可见线尽可能少。

(3)选择比例,确定图幅

根据组合体的大小和图幅尺寸选择适当的作图比例。同时,要注意所选幅面的大小应留有余地,以便标注尺寸,画标题栏和写说明等。

(4)布置视图,画基准线

布置视图时,确定各视图的中心线、定位线等基准线,使三视图在图幅上布图美观匀称。

(5)打底稿,画出各形体的三视图

按形体分析法和投影规律逐一画出它们的三视图。

(6)检查,加深

检查底稿时,特别注意基本几何体两两间的表面连接关系,改正错误,然后按同类线型保持深浅和粗细一致的原则描深。

任务实施

1.分析形体

任务中的支座可以分解为由圆筒、底板、支承块和三棱柱等组成,如图5-11所示。

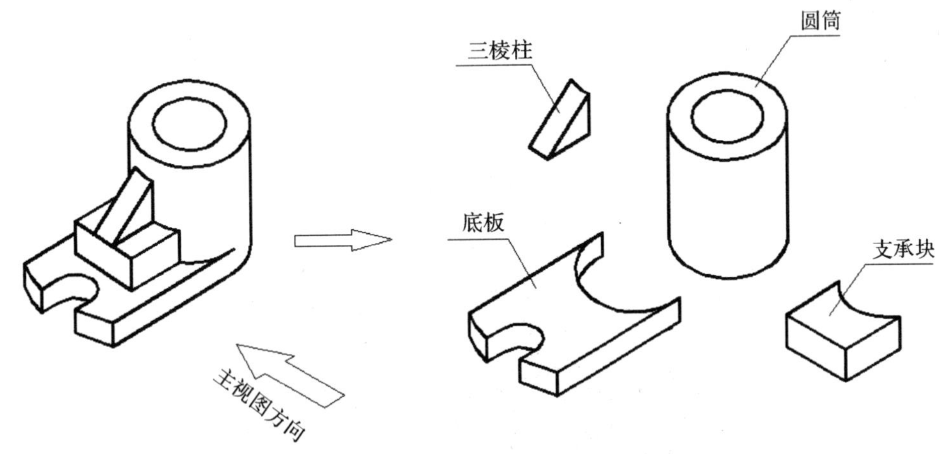

图5-11 支座的形体分析及主视图方向

2.确定主视图

依据最明显地反映位置特征的方向选为主视图投影方向的原则,确定图5-11所示方向为主视图方向。

3. 绘制三视图

运用形体分析法绘制支座组合三视图的步骤见表 5-1。

表 5-1　绘制支座组合三视图的步骤

步骤	1. 布置视图，画基准线	2. 绘制圆筒	3. 绘制底板
图示			无线 切点
说明	根据图幅，选定比例	先绘有圆视图，保持三等关系	注意切点位置，对应切点处无线
步骤	4. 绘制支承块	5. 绘制三棱柱	6. 检查，修改，加深
图示	交线 交点	交线 交点	
说明	注意交点位置，对应交点处需绘制交线	注意交点位置，对应交点处需绘制交线	根据形体位置及表面连接关系，逐一检查，按先曲后直原则加深

思考与实践

如图 5-12 所示，根据轴测图及所示尺寸，合理选择主视图，绘制支座的三视图。

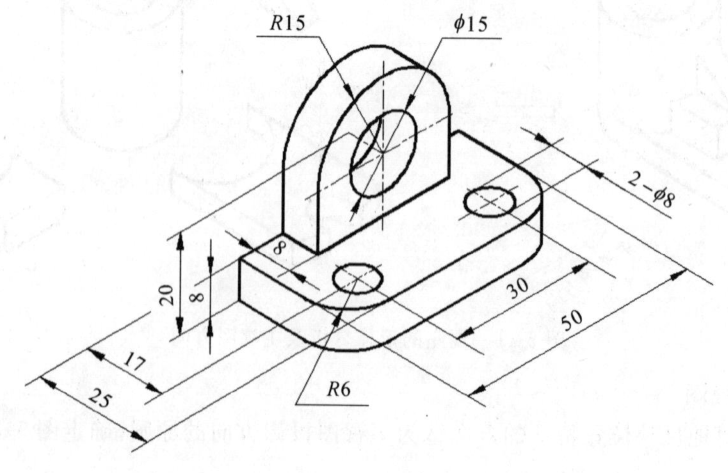

图 5-12　支座

任务二　绘制垫块三视图

任务描述

绘制如图 5-13 所示垫块的三视图，合理表达形体结构。

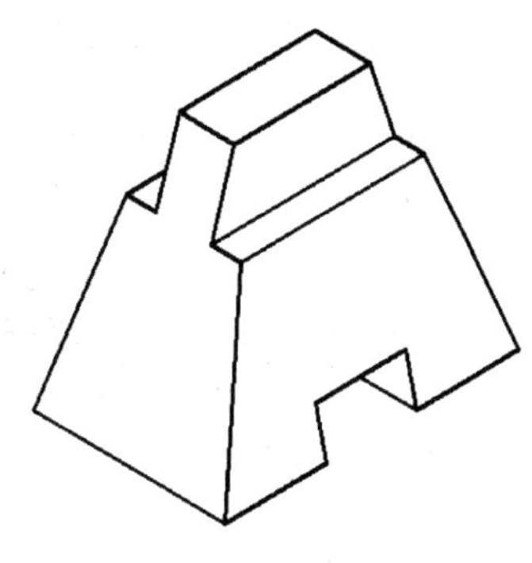

图 5-13　垫块

任务分析

在一般情况下，只用形体分析法识图或绘图就可以了，但是对于一些复杂的形体，尤其是切割类组合体，还要应用另一种分析方法——线面分析法来进行分析，集中解决识图或绘图的难点，步骤如下：

(1)应用形体分析法先做主要分析；

(2)应用线面分析法再做补充分析；

(3)综合起来，校对三视图并加深。

相关知识

1.线面分析法

线面分析法就是运用线、面的投影规律，分析视图中的线条、线框的含义和空间位置，从而构思出形体的整个形状的一种方法。换言之，线面分析法就是要求理解投影中的每一条线、每一个线框在空间代表的含义。

2.视图中线的空间含义

视图中的线可能是以下几种情况之一。

(1)面的积聚性投影

在图 5-14 中，正垂面 P 的正投影积聚为直线 p'。

(2)线段的投影

在图 5-14 中，正垂线 AB 的水平投影仍为线段 ab，它既为两面的交线，又为立块的轮廓线。

(3)轮廓转向线的投影

在图 5-14 中,CD 线为立块的最高轮廓线,在侧投影为线段 $c''d''$,但在主、俯视图因转向原因无须绘制。

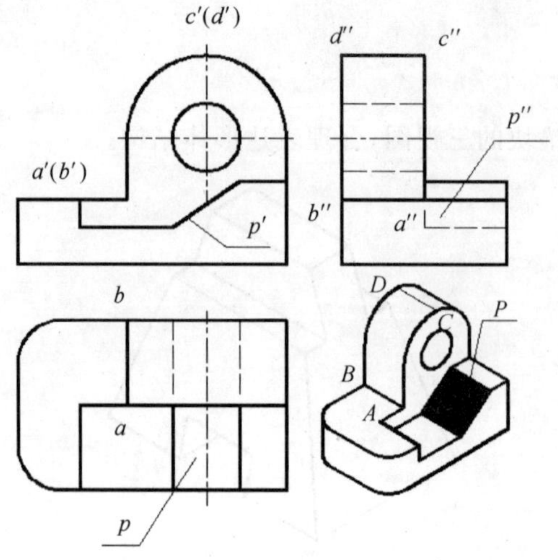

图 5-14 视图中线的空间含义

3.视图中线框的空间含义

视图中的线框可能是以下几种情况之一。

(1)平面的投影

在图 5-15 中,线框 k' 是肋板前侧面的正投影。

(2)曲面的投影

在图 5-15 中,线框 m 是立块圆柱面的水平投影。

(3)曲面及其切平面的投影

在图 5-15 中,线框 n'' 是立块圆柱面及其左侧面的侧投影。

(4)曲面与曲面相切的投影

在图 5-15 中,线框 p' 是底板前侧曲面相切的正投影。

(5)孔的投影

在图 5-15 中,线框 q 是立块孔的水平投影。

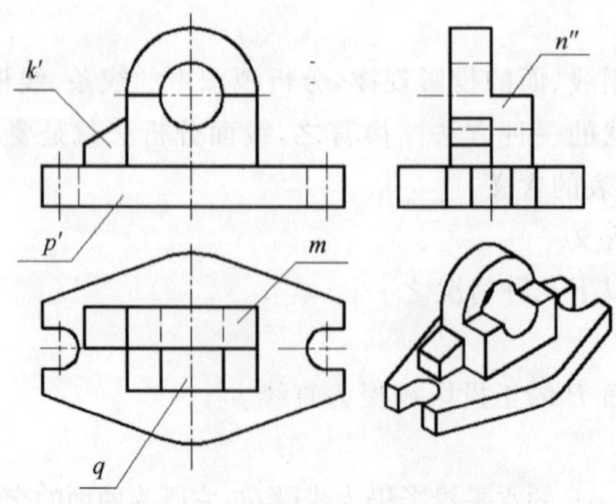

图 5-15 视图中线框的空间含义

任务实施

1.应用形体分析法先做主要分析

垫块由四棱台切割两楔形块和一通槽形成，如图 5-16 所示。

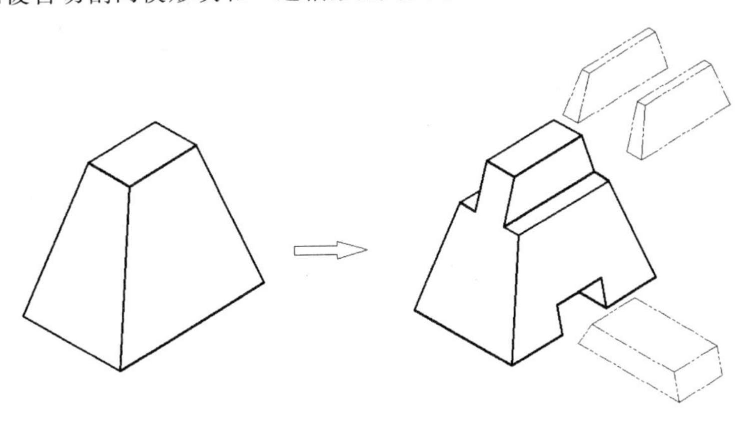

图 5-16　垫块的形体分析

作图步骤如表 5-2 所示。

表 5-2　垫块三视图底稿的作图步骤

步骤	1.绘制基准线	2.绘制四棱台
图示		
说明	要求主、俯、左视图保持一定间距	长对正、高平齐、宽相等
步骤	3.绘制切除两楔块后的形体	4.绘制切除通槽后的形体
图示		
说明	两水平面反映实形，注意擦线	水平面反映实形，注意可见性

2. 应用线面分析法再做补充分析

线面分析法主要解决作图中的难点，并验证三视图的线、线框的正确性，分析过程如表 5-3所示。

表 5-3　垫块三视图线面补充分析步骤

步骤	1. 绘制并检查切除两楔块后的投影	2. 绘制并检查切除通槽后的投影
图示	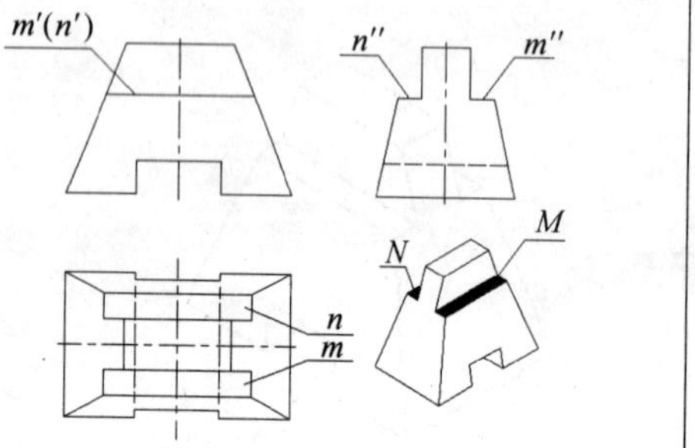	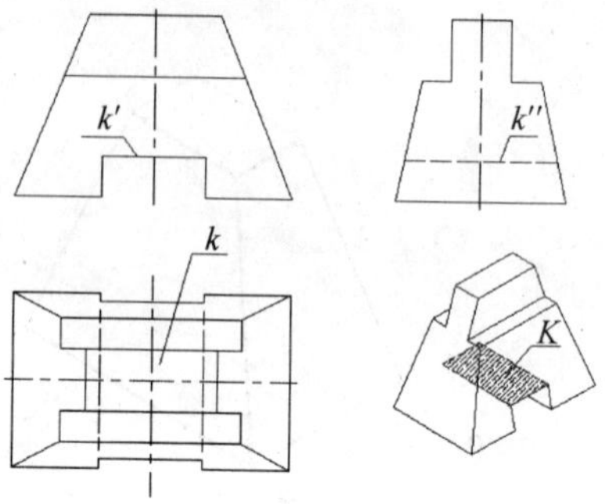
说明	切除两楔块后，水平面 M、N 的投影，水平投影为长方形，正投影 $m'(n')$ 和侧投影 m''、n'' 为线段	切除通槽后，水平面 K 的投影，水平投影为不可见的长方形 k，正投影 k' 为可见线段，侧投影 k'' 为不可见线段
步骤	3. 检查、验证左右正垂面的投影	4. 检查、验证前后侧垂面的投影
图示	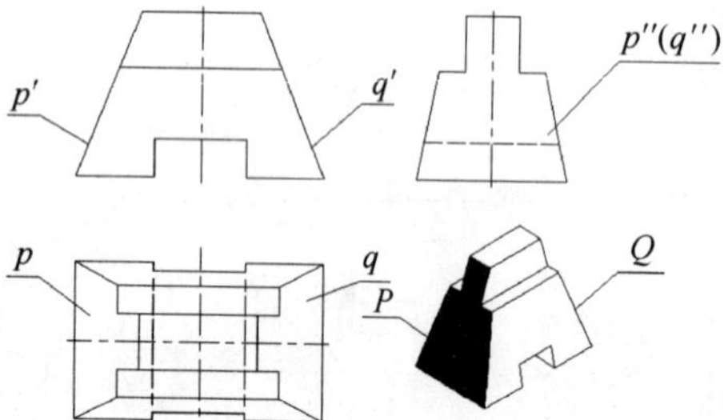	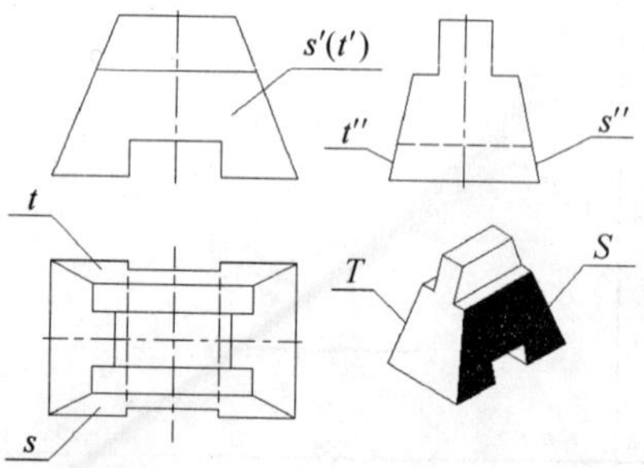
说明	验证左、右正垂面 P、Q。正投影 p'、q' 积聚为线段，水平投影 p、q 与侧投影 $p''(q'')$ 为类似形（凸字状八边形）	验证前、后侧垂面 S、T。侧投影 s''、t'' 积聚为线段，正投影 s'、t' 与水平投影 s、t 为类似形（凹字状八边形）

3.综合起来,校对三视图并加深

综合以上形体分析法和线面分析法,弄清各部分的形状和细节,并运用线面分析法校对三视图,最后加深,如图 5-15 所示。

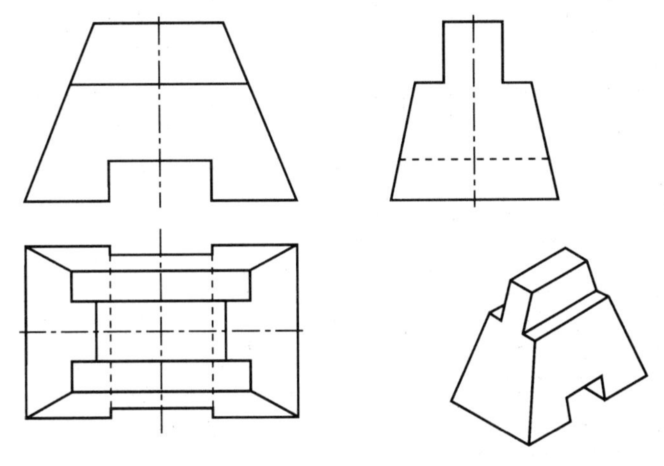

图 5-17 垫块的三视图

思考与实践

根据立体图分别按 1∶1 量取线段,主视图从箭头方向看,绘制三视图。

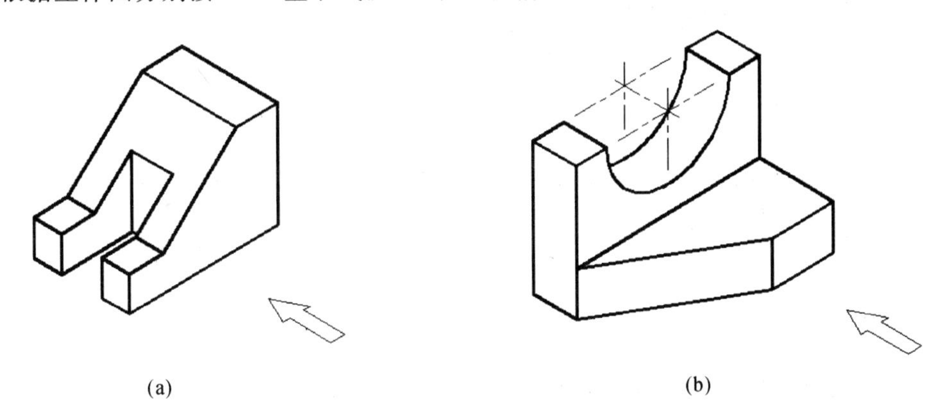

(a) (b)

图 5-18 绘制三视图

课题二 标注组合体尺寸

引言

绘制组合体的三视图,只是解决了形状问题,要表达形体的真实大小,还需要在视图上标注尺寸。如图 5-19 所示为某企业生产的滑块组合体。

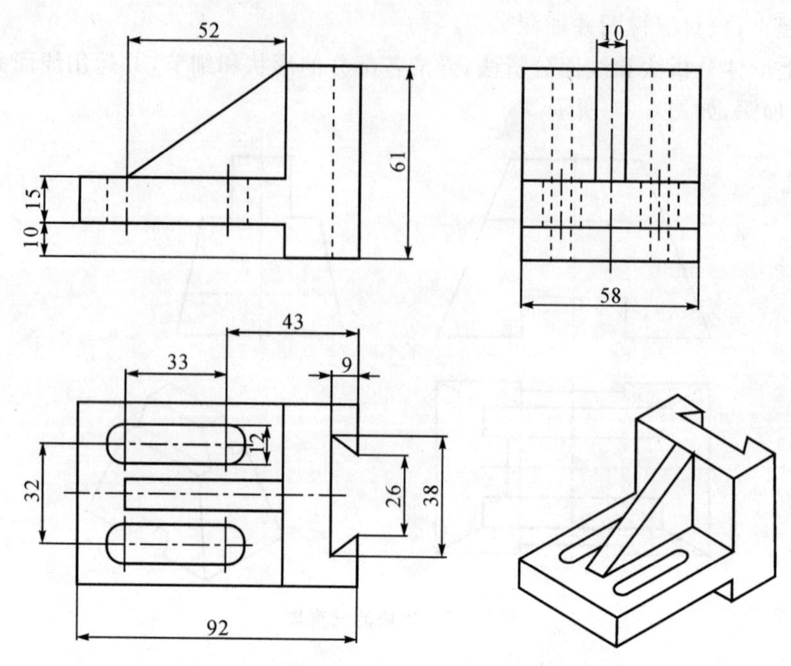

图 5-19　某企业生产的滑块

本课题重点分析组合体的各组成部分的定形定位尺寸，确定各基本几何体相对位置的定位尺寸，表示组合体整体的总体尺寸等问题。重点建立标注尺寸的规范性、完整性、清晰性，标注尺寸的方法与步骤等策略。

知识目标

1. 熟悉组合体尺寸标注的基本要求，知道尺寸种类及尺寸基准的概念；
2. 掌握标注组合体三视图的方法与步骤。

技能目标

1. 能运用形体分析法分拆和组合整体，并进行合理标注；
2. 合理选择基准标注尺寸，符合生产要求。

任务一　标注支架尺寸

任务描述

标注如图 5-20 所示支架的尺寸。

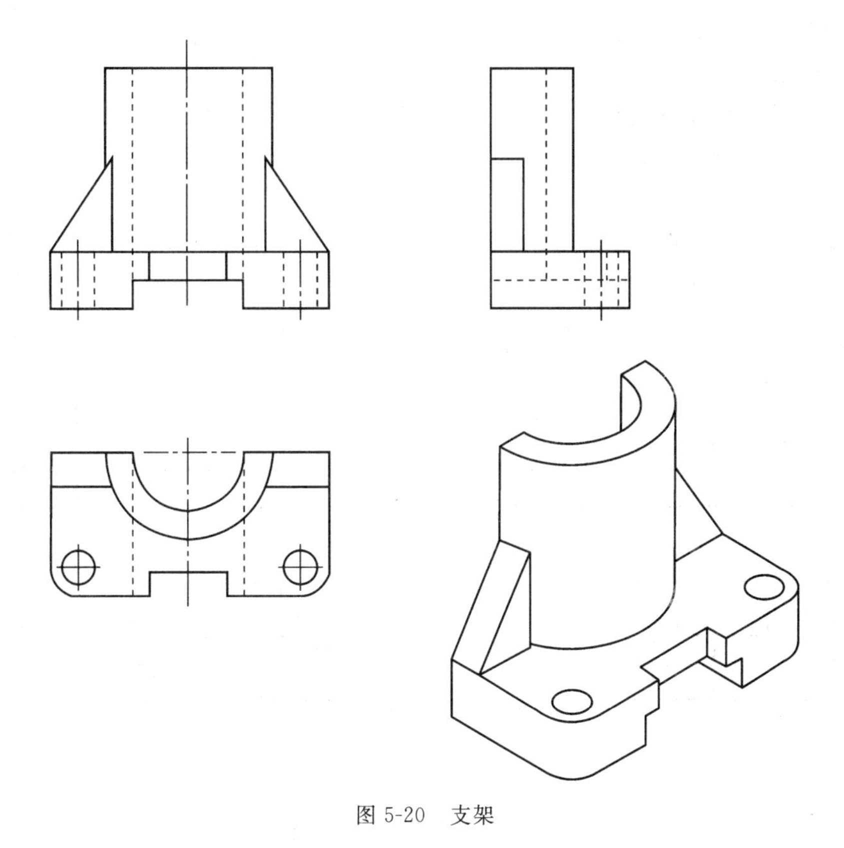

图 5-20　支架

任务分析

1. 对支架进行形体分析；
2. 选定尺寸基准；
3. 逐个标注各形体的定形尺寸、定位尺寸；
4. 标注各形体间的定位尺寸；
5. 调整并标注总体尺寸。

相关知识

组合体的视图只能表达其形状，而组合体的大小以及组合体上各部分的相对位置，则要由视图上的尺寸来确定。

1. 标注尺寸的基本要求

(1)正确。尺寸标注要符合国家标准的规定，即严格遵守国家标准《机械制图》的规定。

(2)完整。尺寸标注要完整，要能完全确定出物体的形状和大小，不遗漏，不重复。

(3)清晰。尺寸要布置合理，排列整齐，便于查找和阅读。

2. 组合体尺寸的分类

(1)定形尺寸

确定组合体各形体形状和大小的尺寸。如图 5-21(a)中，立块的长 42、高 36、宽 19 及通半圆槽 $R14$ 等都属于定形尺寸。

(2)定位尺寸

确定组合体各组成部分上下、左右、前后相对位置的尺寸。如图 5-21(b)中，确定底板两 $\phi12$ 孔的 60、30 等都属于定位尺寸。

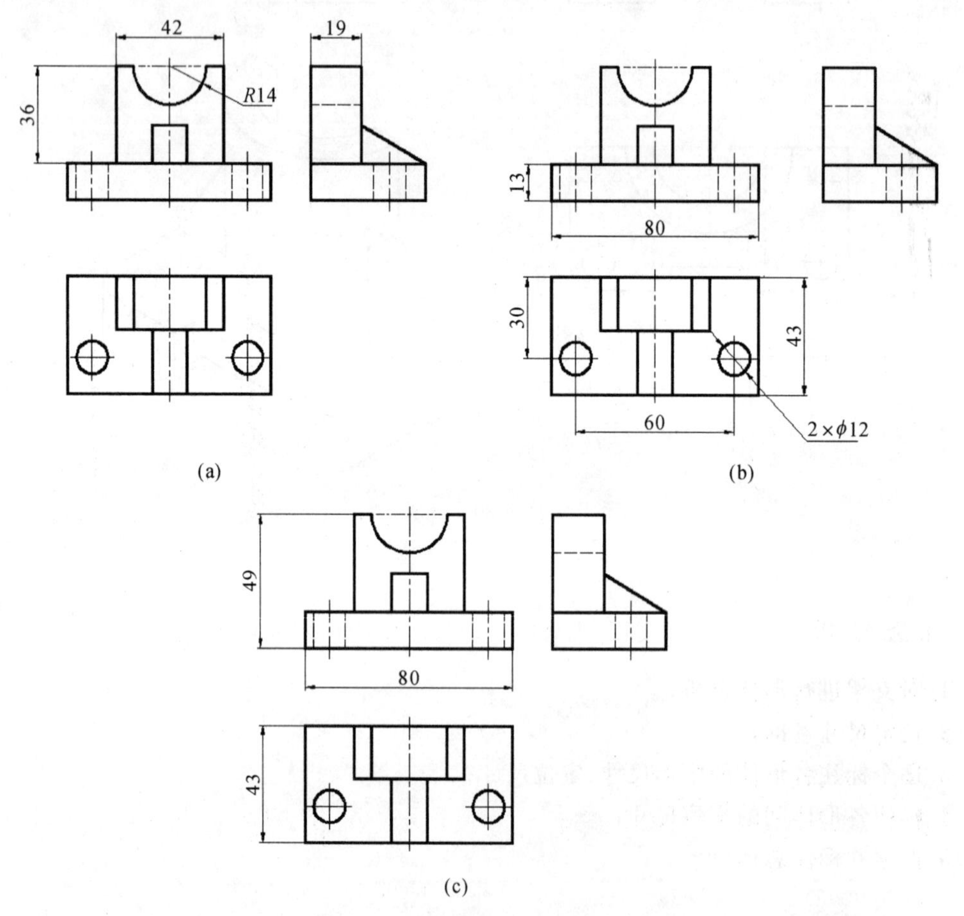

图 5-21　组合体尺寸的分类

(3)总体尺寸

确定组合体总长、总宽和总高的尺寸，用于包装、安装、运输的参考尺寸。如图 5-21(c)中，总长 80、总宽 43、总高 49 等都属于总体尺寸。需要注意的是，总体尺寸有时和定形尺寸是重复的，如 80、43 等。

3. 尺寸基准

尺寸基准是标注尺寸的起点。换言之，它是标注同一方向尺寸所依据的那些点、线、面。组合体一般需要长、宽、高三个方向的基准，但有时轴套类形体通常只需轴向和径向两个基准。

在确定基准时，通常需要结合加工，选择较大平面、对称平面、重要端面、装配平面或轴线、圆心线或中心作为基准，如图 5-22 所示。

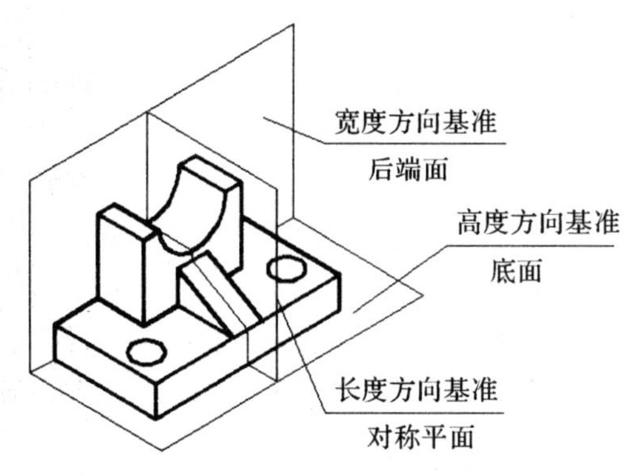

图 5-22 组合体尺寸基准

4.尺寸标注步骤

(1)形体分析

跟绘制组合体三视图一样,假想将组合体分解成若干简单形体,弄清各组成部分的形状、相对位置和组合方式,从而有步骤地进行尺寸标注。

(2)选择尺寸基准

组合体有长、宽、高三个方向(轴套类零件为轴向和径向)的尺寸,每个方向至少有一个基准,以确定各部分的相对位置。各方向的主要尺寸应从相应的基准出发进行标注。

(3)标注各形体的定形尺寸和定位尺寸

根据形体分析,按国家标准要求分别标注出它们的定形尺寸和孔等结构的定位尺寸。

(4)标注各形体间位置关系的定位尺寸

根据形体间的上下、左右、前后等位置关系,标注定位尺寸。

(5)标注组合体的总体尺寸

标注组合体的最大尺寸。

(6)检查、调整尺寸

对标注的尺寸进行检查、调整、整理,把多余或不合适的尺寸去除,如图 5-23 所示。

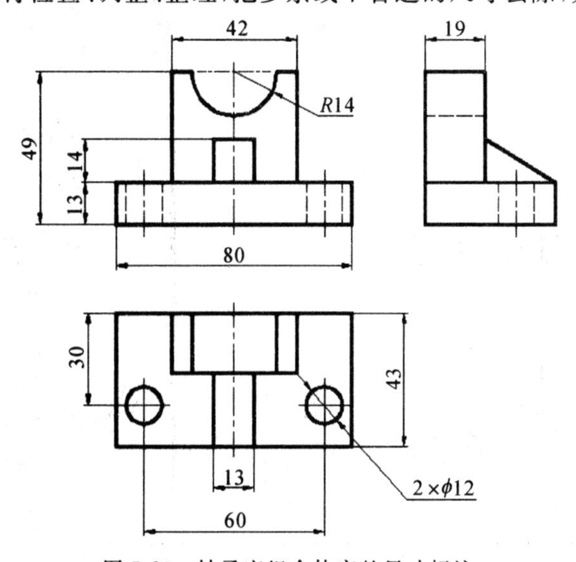

图 5-23 轴承座组合体完整尺寸标注

任务实施

1. 形体分析与基准选择

如图 5-24 所示，支座可分为立块、底座和肋板三部分，立块与底板后端靠齐，并对称地叠加在底板上，两块肋板对称地布置在立块两侧。

结合加工，根据基准选择原则，支座的尺寸基准选择为：长度方向的基准为支座左右对称平面；宽度方向的基准为底板与立块靠齐的后端面；高度方向的基准为底板的底面。

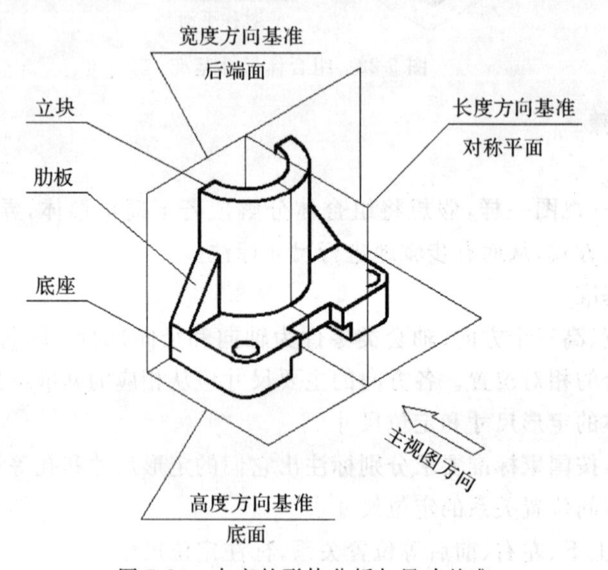

图 5-24　支座的形体分析与尺寸基准

2. 标注尺寸的步骤

标注尺寸的步骤如表 5-4 所示。

表 5-4　支架标注尺寸的步骤

步骤	1. 标注底板的定形、定位尺寸	2. 标注立块的定形、定位尺寸
图示	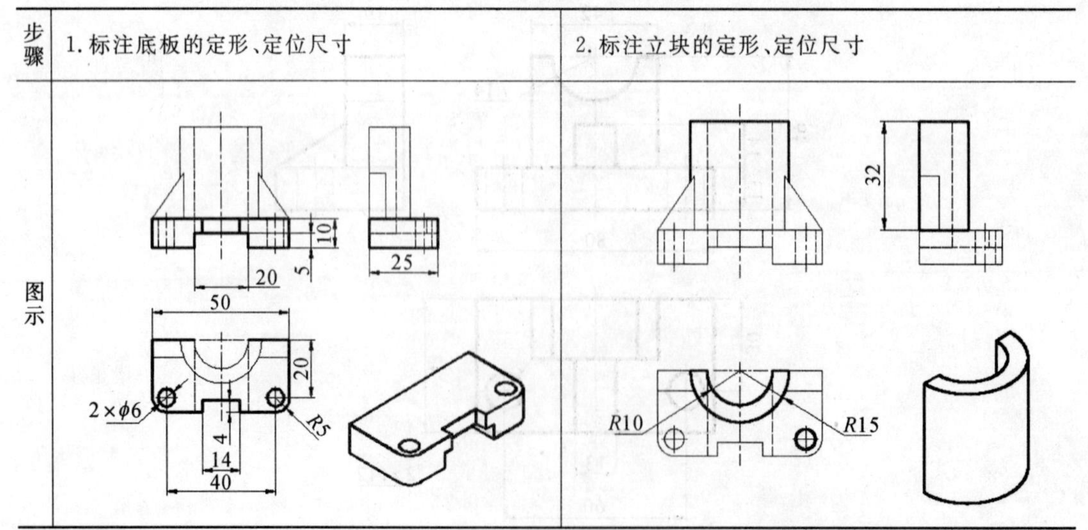	

续表

步骤	1.标注底板的定形、定位尺寸	2.标注立块的定形、定位尺寸
说明	尺寸 20、40 为定位尺寸，其余九个尺寸为定形尺寸。尺寸标注时尽可能要以基准为起始点进行标注，如长度尺寸 20、50、14、40 是以左右对称平面为基准；宽度尺寸 20、25 是以后端面为基准；高度尺寸 5、10 是以底面为基准	半径 $R10$、$R15$，高度 32，三个尺寸都为定形尺寸
步骤	3.标注肋板的定形尺寸、定位尺寸	4.适当调整，注出所需总体尺寸
图示	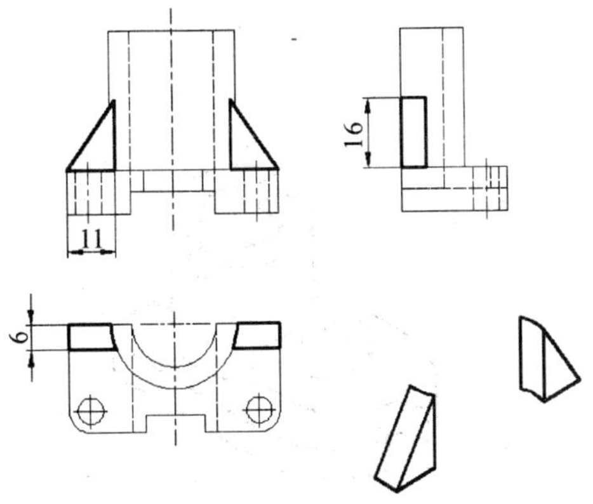	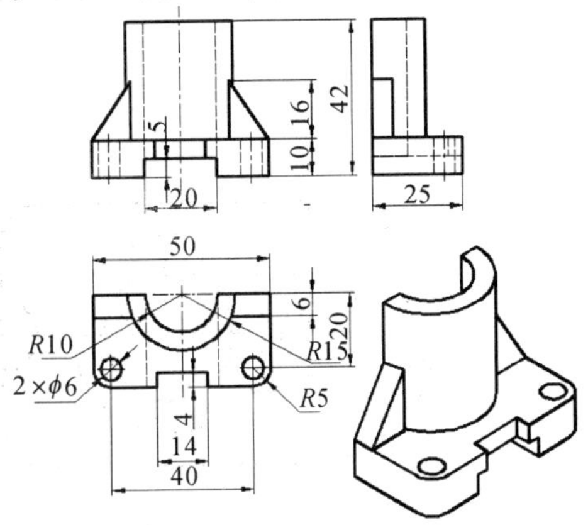
说明	长度 11，宽度 6，高度 16，三个尺寸都为定形尺寸	总长尺寸为底板的长度尺寸 50，省去肋板长 11；总宽尺寸为底板的宽度尺寸 40；总高尺寸则需要调整，原半圆筒立块高为 32，应将其调整为总高尺寸 42

【提示】

1. 相同的圆孔必须标注数量，如 $2\times\phi6$；相同的圆角不标注数量，如 $R5$。
2. 俯视图中的尺寸 40、50 和 $R5$ 并不是重复尺寸，因为圆角 $R5$ 的圆心并不一定是 $\phi6$ 的圆心。

最后，检查尺寸是否有重复或遗漏，完成全部标注。应按照形体分析法，逐个检查所标注各部分的定形尺寸、定位尺寸及总体尺寸，以达到完整的要求。

尺寸尽可能集中在主、俯视图，标注时尽量标在主、俯视图和主、左视图的间隔处，尺寸布置要整齐，尺寸与尺寸之间间隔应基本相等，以便于读图和查找并给人以赏心悦目的感受。

思考与实践

如图 5-25 所示，尺寸数值按 1∶1 从视图中量取并圆整，完成组合体三视图的尺寸标注。

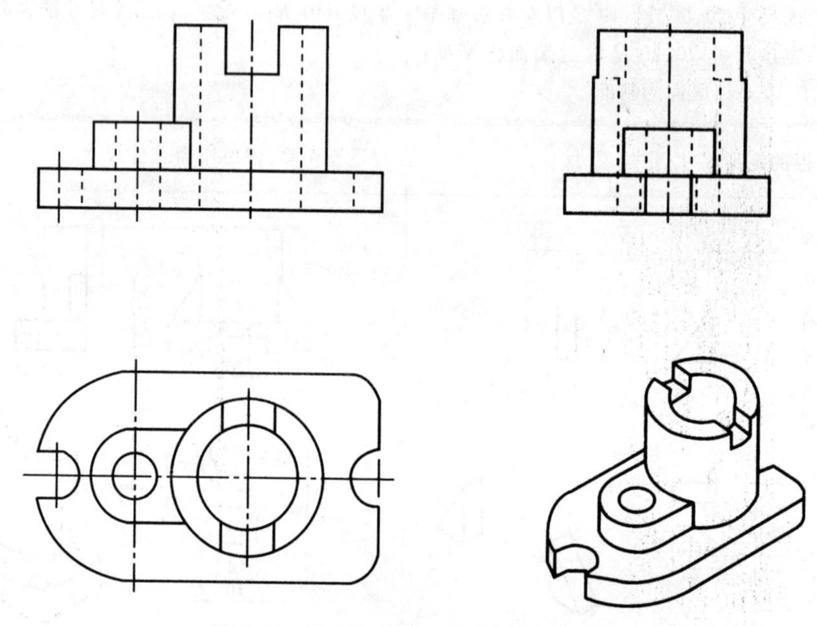

图 5-25　完成组合体三视图的尺寸标注

任务二　标注轴承盖尺寸

任务描述

标注如图 5-26 所示轴承盖的尺寸。

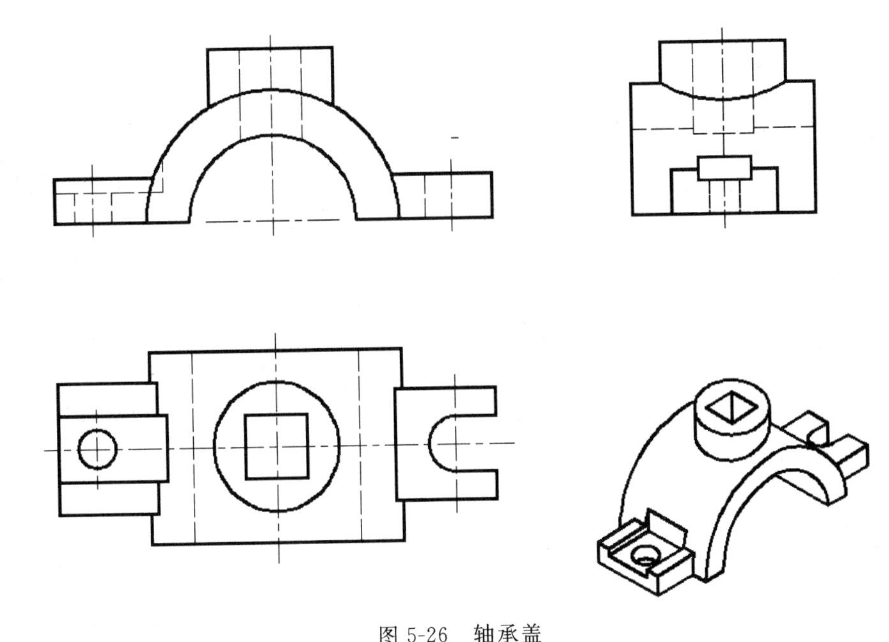

图 5-26 轴承盖

任务分析

1. 对轴承盖进行形体分析，选定长、宽、高尺寸基准；
2. 逐个标注各形体的定形尺寸、定位尺寸；
3. 调整各形体间的定位尺寸并标注总体尺寸。

相关知识

1. 叠加式组合体的尺寸标注

叠加式组合体在标注尺寸时，首先分别标注原组成形体的定形尺寸，再标注各形体间的定位尺寸，最后根据基准调整标注。

如图 5-27(a)所示简单支座，水平耳板定形尺寸为 $R25$、$\phi19$ 和高 13，定位尺寸为 44；竖立耳板定形尺寸为 $R15$、$R8$、20 和宽 13，定位尺寸为 35。需特别注意的是：因水平耳板 $R25$ 圆心与 $\phi19$ 圆心重叠，所以总长尺寸为定位尺寸 44 加 $R25$ 计算所得，无须再标，即“?”不能再标注；但竖立耳板 $R15$ 圆心与 $R8$ 圆心并不一定是重叠，因此仍需标注总高尺寸 50。

如图 5-27(b)所示相贯体，分别标注两圆筒定形尺寸 $\phi30$、$\phi46$ 和 $\phi15$、R13、13，并标注定位尺寸 35、30，相贯线自然形成，故不需要标注它的定位尺寸，如图中“?”所示。

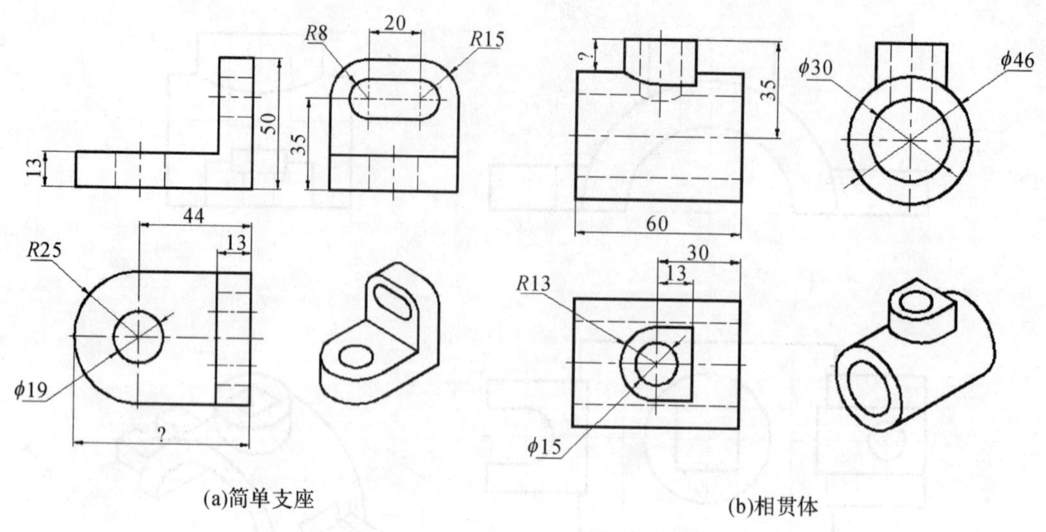

图 5-27 标注叠加式组合体的尺寸

2.切割式组合体的尺寸标注

切割式组合体在标注尺寸时，首先标注原形体的定形尺寸，再标注截平面的定位尺寸，最后根据基准调整标注。

如图 5-28(a)所示切割四棱台，原定形尺寸为长 60、高 50、底面宽 40、顶面宽 24，共四个定形尺寸，截交平面位置分别标注定位尺寸 30、25，切割后截交平面的宽度自然形成，不需再进行标注，如图中“?”所示。

如图 5-28(b)所示切割圆柱体，原定形尺寸为直径 ϕ50、高 50，共两个定形尺寸，截交平面位置分别标注定位尺寸高 25 和长 25，切割后截交平面的宽度也自然形成，不需再进行标注，如图中“?”所示。

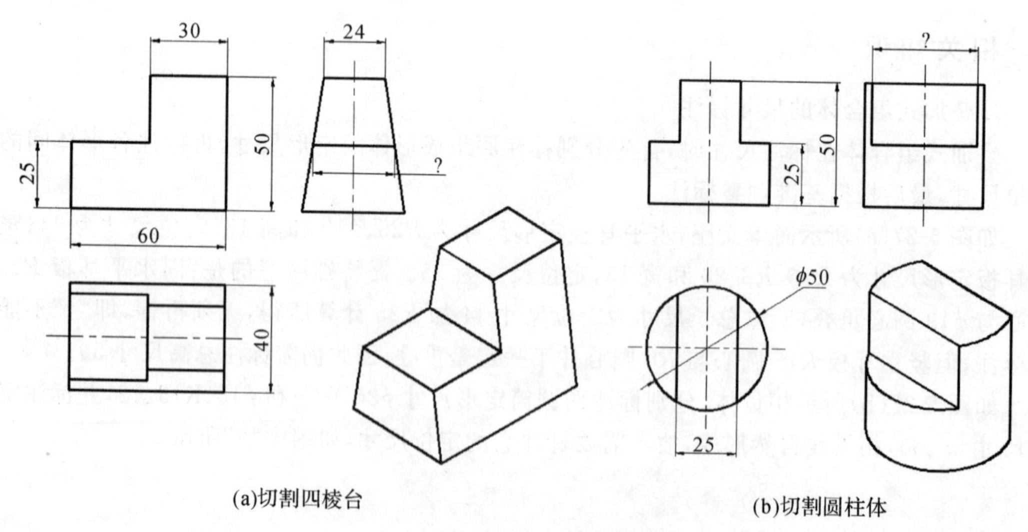

图 5-28 标注切割式组合体的尺寸

3. 常见结构的标注方法

图 5-29 列出了一些常见结构的尺寸标注方法，在标注时通常取对称中心线、圆中心线、圆心等作为基准，在标注定形尺寸、定位尺寸时常用对称标注法。

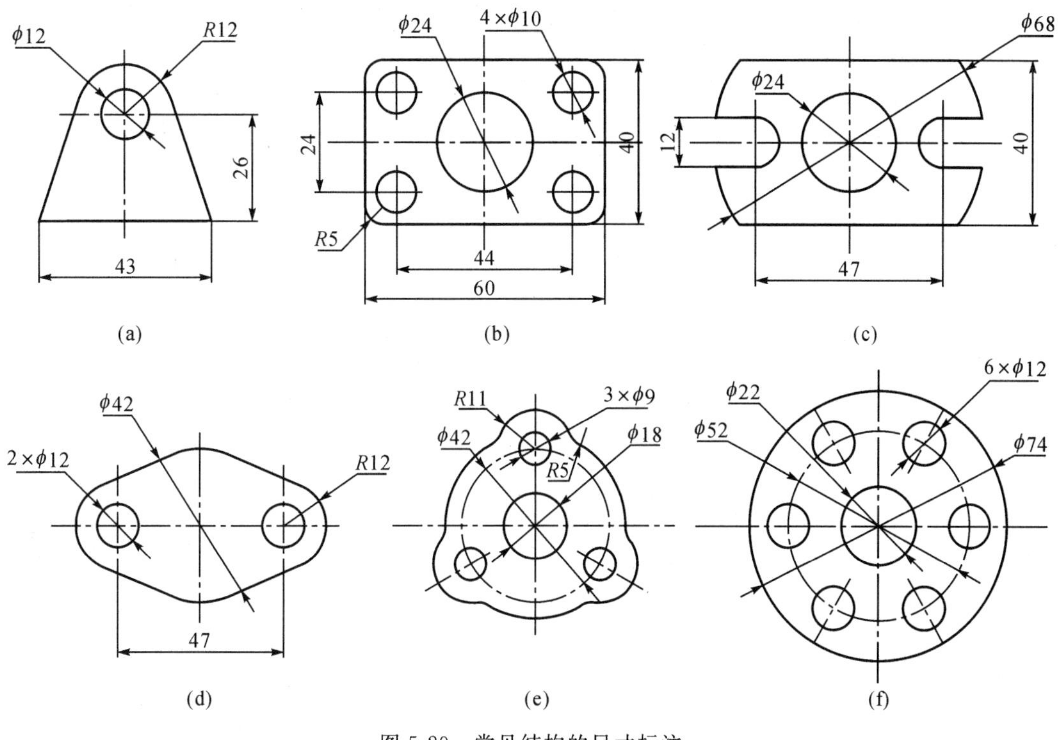

图 5-29 常见结构的尺寸标注

任务实施

如图 5-26 所示轴承盖，标注尺寸步骤如表 5-5 所示。

表 5-5 标注轴承盖尺寸的步骤

步　骤	图　　示	说　明
1. 形体分析与基准选择	圆筒 右耳板 左耳板 主体	该轴承盖由半圆筒形主体、左耳板、右耳板和圆筒四个部分组成。长度基准为左右对称中心平面，宽度基准为前后对称中心平面，高度基准为底面

续表

步　骤		图　示	说　明
2.标注各形体的定形尺寸与定位尺寸	半圆筒形主体	R23 R34 50	半径 R23、R34，宽度尺寸 50 共三个定形尺寸
	左耳板	12 8 30 35 17 φ10 11 27	长度尺寸 27、30，宽度尺寸 17、35，高度尺寸 8、12，直径尺寸 φ10 共七个定形尺寸，一个定位尺寸 11
	右耳板	27 12 17 35 11	长度尺寸 27，宽度尺寸 17、35，高度尺寸 12，共四个定形尺寸，一个定位尺寸 11
	圆筒	11 φ34 17×17	正方形尺寸 17×17，直径尺寸 φ34，高度尺寸 11，共三个定形尺寸

续表

步　骤	图　　示	说　明
3. 调整并标注总体尺寸	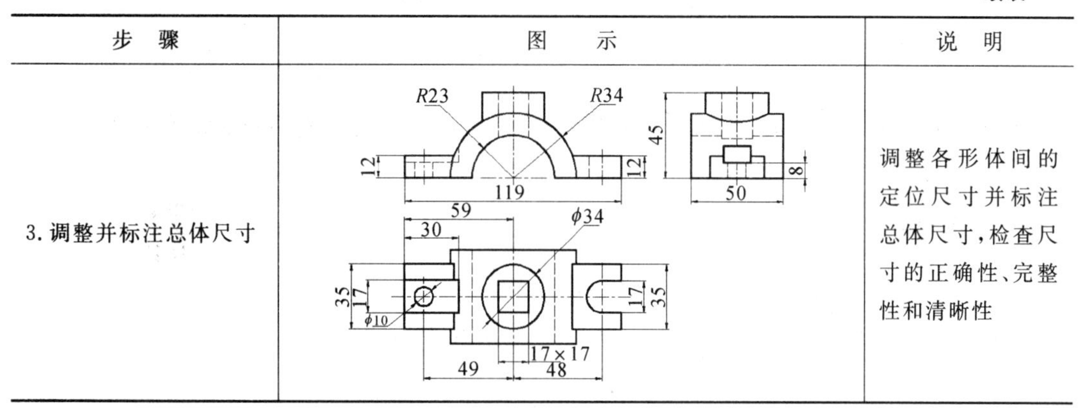	调整各形体间的定位尺寸并标注总体尺寸，检查尺寸的正确性、完整性和清晰性

思考与实践

标注如图 5-30 所示某定位套的尺寸，尺寸数值按 1∶1 从视图中量取并圆整。

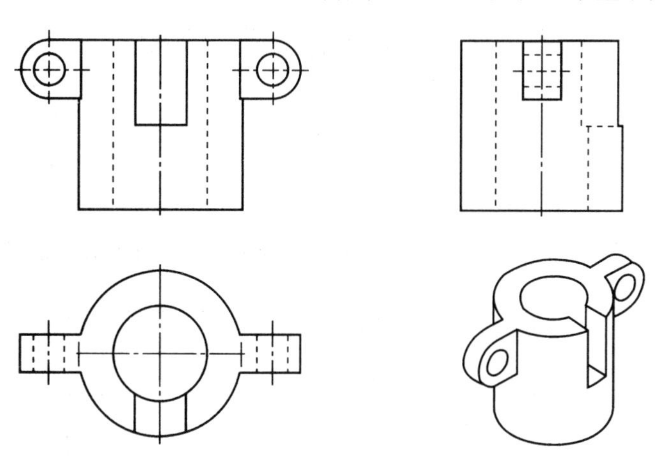

图 5-30　标注定位套的尺寸

课题三　识读组合体三视图与补视图、补缺线

引言

绘制三视图是将实物或想象设计的形体运用正投影法表达在图纸上，是一种从空间形体到平面图形的表达过程。识图，也就是我们常说的看图或读图，是上述过程的逆过程，是根据平面图形即三视图想象出形体的空间结构形状。

本课题重点分析基本形体的投影特点、视图中“图线”和“线框”的含义、如何将几个视图联系起来识图等问题。重点建立综合运用所学的投影知识，掌握看图要领和方法，灵活运用

绘图的两种基本方法，根据已知条件空间想象形体，补画第三视图或补画缺线等策略。

知识目标

1. 能综合运用形体分析法和线面分析法识图；
2. 能根据组合体的两个视图或三个视图，想象出其空间结构形状。

技能目标

1. 能补画第三视图或补画所缺的线；
2. 升华空间想象能力和空间思维能力。

任务一　识读组合体三视图

任务描述

识读如图 5-31 所示支承座三视图，想象出空间结构形状，并绘制轴测草图。

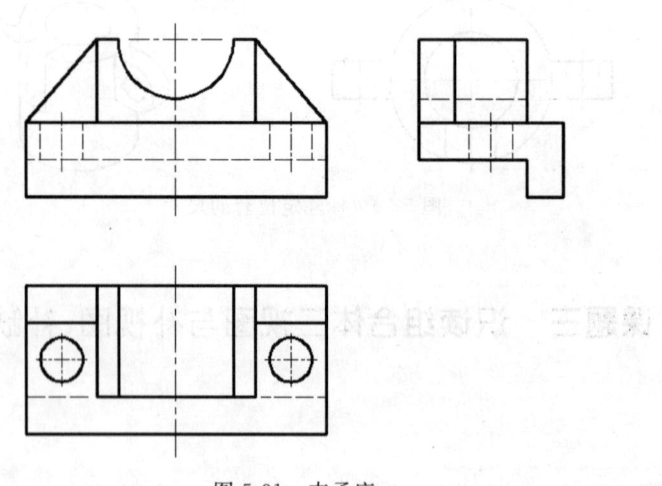

图 5-31　支承座

任务分析

1. 运用形体分析法从特征视图入手分析；
2. 运用线面分析法剖析线、线框含义；

3. 综合想象组合体的整体形状。

相关知识

识图只要掌握要领和方法，多读图，多想象，逐步进行由图到物的思维训练，就能不断提高读图能力。

1. 形体分析法注重特征视图

特征视图可分为形状特征视图和位置特征视图两类。

(1)形状特征视图

一个组合体通常需要几个视图才能表达清楚，每个视图只能反映一个方向的形状。因此，有时仅凭一个或两个视图往往不能唯一地确定形体的形状。如图 5-32 所示的四组视图，它们的主、俯视图完全相同，但由于左视图不同，故表示的是四个不同的物体。在图 5-32 中，左视图就是主要表达形状特征的视图，我们读图时以它为突破口展开形体分析。

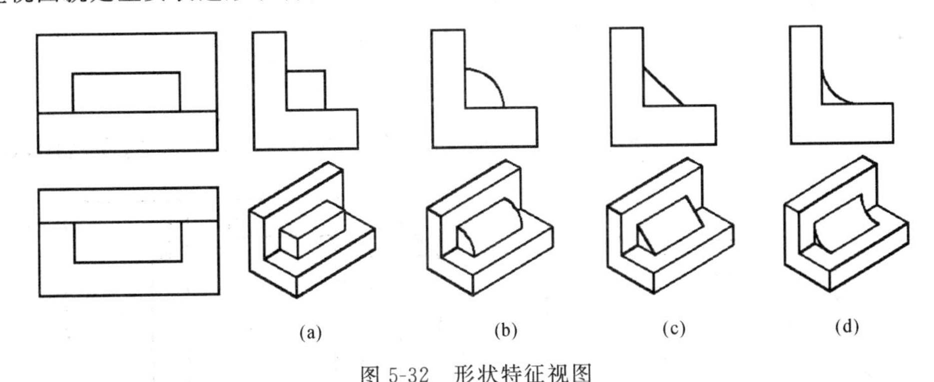

图 5-32　形状特征视图

(2)位置特征视图

最能反映物体位置特征的那个视图叫位置特征视图，如图 5-33 所示。左视图表达了圆和长方形所表达的结构和位置，读图时要注重左视图的分析。

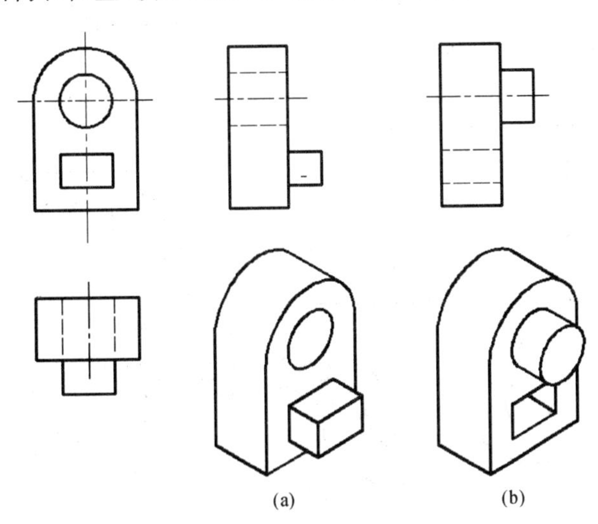

图 5-33　位置特征视图

2.线面分析法剖析线、线框含义

根据前面学习的线和线框含义，结合基本体的视图特征，把组合体大致分成几个部分线框。再根据三视图“长对正、高平齐、宽相等”的投影规律，逐一找出每一部分线框或线的三个投影，分别想象出它们的形状。如图 5-34 所示压块组合体，要求想象出它的结构。

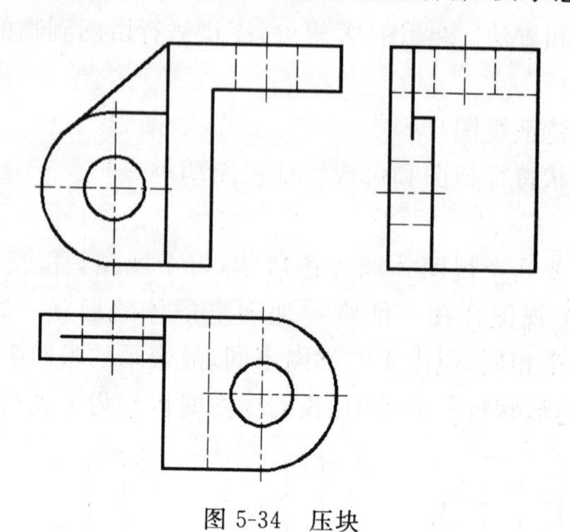

图 5-34 压块

分析步骤如图 5-35 所示，(a)图中线框 M，特征视图为俯视图，对应主、左视图，说明它

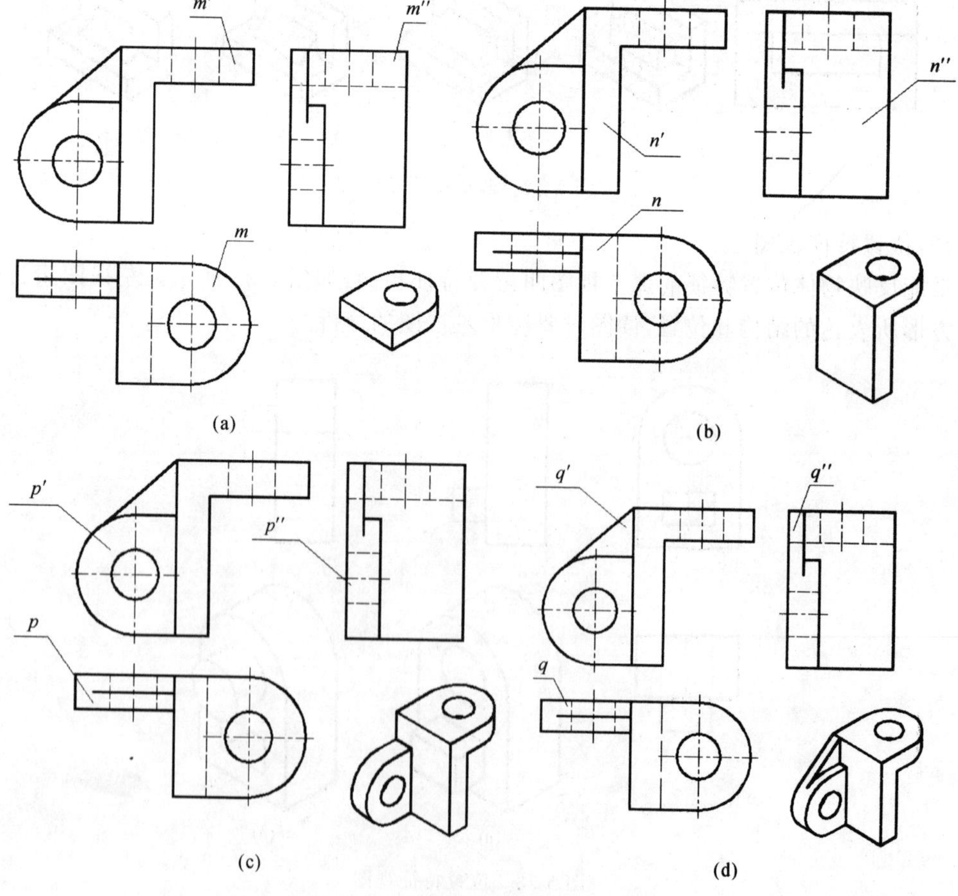

图 5-35 线面分析法剖析组合体

是水平耳板状；(b)图中线框 N 为长方体状，M、N 主视图表面平齐；(c)图中线框 P 特征视图为主视图，对应俯、左视图，说明它是竖立耳板状；(d)中图线 Q 特征视图为主视图，对应俯、左视图，说明它是三棱柱状肋板，它与竖立耳板相切。

3. 综合想象组合体的整体形状

看懂每部分形体，分析各部分形体之间的组合方式(表面连接关系)和相对位置关系。对于一些较复杂的零件，特别是切割式组合体，需采用线面分析法结合形体分析法，想象出组合体的整个形状。

4. 识图的步骤

识图的基本方法与绘图一样，主要运用形体分析法抓主要结构、线面分析法解细节部分。

(1)看视图，抓特征

首先，看视图要以主视图为主，配合其他视图，进行初步的投影分析和空间分析。抓特征要找出反映物体特征较多的视图，在较短的时间里，对物体有个大概的了解。

(2)分线框，对投影

接着，根据基本体的视图特征，把组合体的视图分成几个组成线框。再根据特征视图，按照"三等"投影规律，对应其他视图想象各形体。

(3)合起来，想整体

最后在看懂每一部分的基础上，再根据三视图确定各部分的相对位置和组合形式，综合想象整个物体的形状。

识图的一般顺序是：先看主要部分，再看次要部分；先看可以确定的部分，再看难以确定的部分；先看某一部分的整体形状，再看它们的细节结构。

任务实施

识读如图 5-31 所示支承座的三视图，步骤如表 5-6 所示。

表 5-6 识读支承座的三视图的步骤

步 骤	图 示	说 明
1. 看视图，抓特征	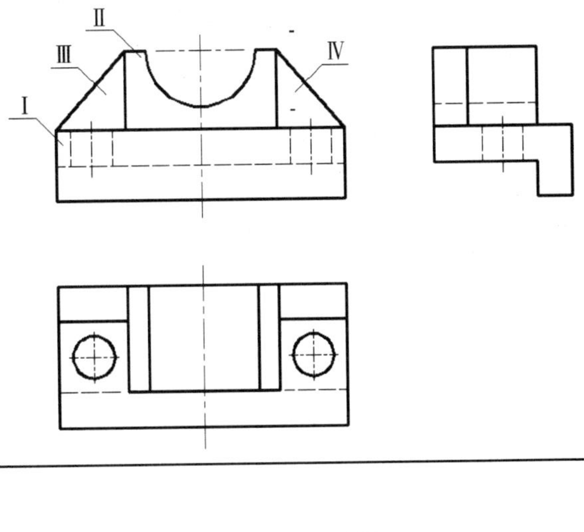 Ⅰ Ⅱ Ⅲ Ⅳ	从最能表达组合体形状特征的主视图入手，将它根据封闭线框，分成Ⅰ、Ⅱ、Ⅲ、Ⅳ四个部分，了解各部分的位置关系

续表

步　骤	图　示	说　明
	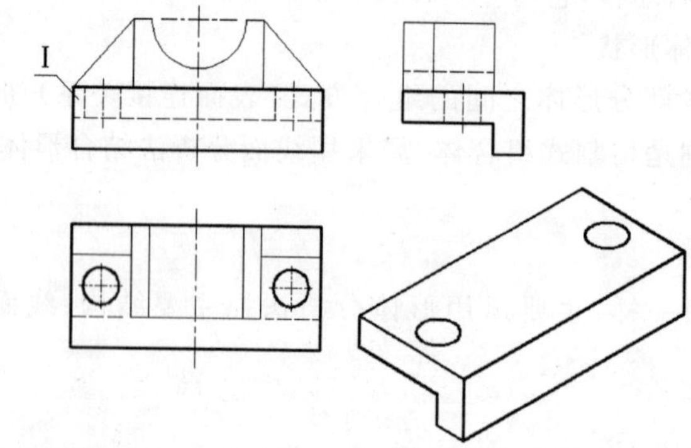	Ⅰ线框对应的俯、左视图如图所示，它的外形为长方体平板叠加一个等长且前端平齐的小长方体，两侧各钻一个通孔
2. 分线框，对投影	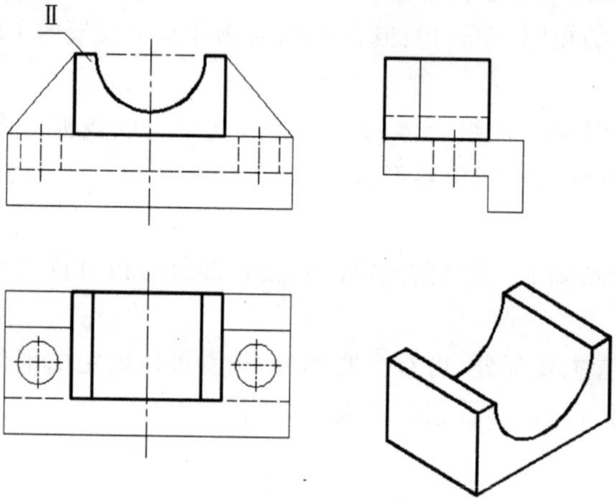	Ⅱ线框对应的俯、左视图如图所示，它的外形为长方体，内端开通一个半圆槽
	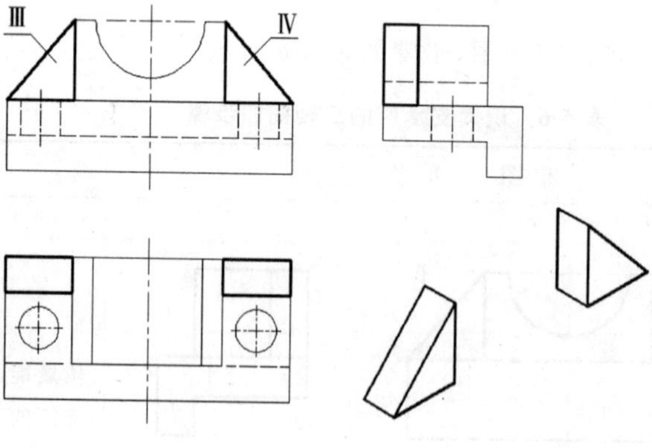	Ⅲ、Ⅳ线框对应的俯、左视图如图所示，它们都为三棱柱

续表

步　骤	图　　示	说　明
3. 合起来，想整体		根据主视图，Ⅰ线框所对应的底板在最下，Ⅱ线框对应的立块在上端中间位置，Ⅲ、Ⅳ线框对应的三棱柱在上端左右两侧。再联系俯、左视图，上述四者的后表面均在同一平面上
4. 边想象，边画轴测草图		轴测草图是帮助我们识图的一种有效手段，根据形体结构，从大到小，从内到外，从整体到细节，用草图将其勾画出来，达到想象的目的

思考与实践

根据俯、左视图（见图 5-36），想象形体，试画出轴测草图，并补画主视图，你能发现很有趣的现象。

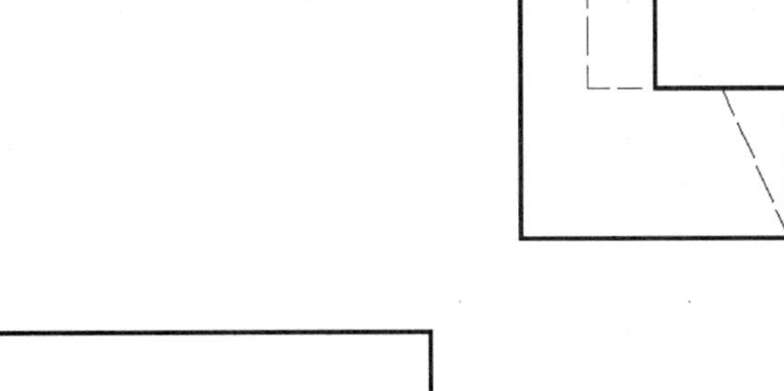

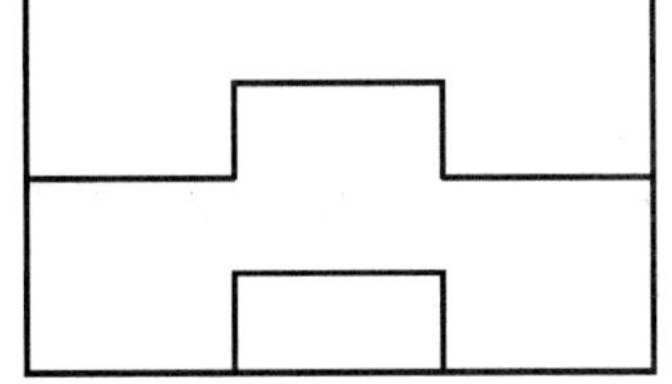

图 5-36　画轴测草图并补画主视图

任务二　补画第三视图

任务描述

补画如图5-37所示支座的左视图。

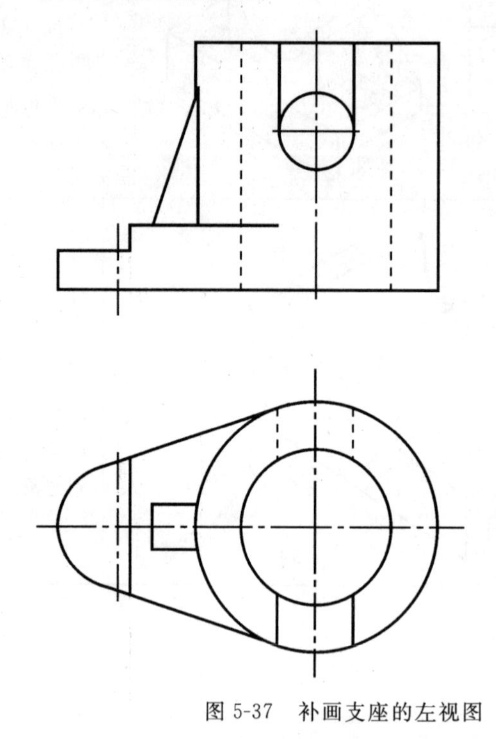

图5-37　补画支座的左视图

任务分析

1.补画第三视图的基本方法仍是形体分析法和线面分析法；

2.运用形体分析法，根据每一封闭线框的对应投影，按照基本几何体的投影特性，想象出已知线框的空间形体，从而补画第三视图；

3.运用线面分析法搞清较难想象结构，补出其中的线条或线框，从而达到正确补画第三视图的要求。

相关知识

补画第三视图是培养识图、画图能力和检验是否看懂视图的一种手段，是培养空间想象能力的有效途径。其基本方法是形体分析法和线面分析法。

在由两个已知视图补画第三视图时，运用形体分析法，根据每一封闭线框的对应投影，按照基本几何体的投影特性，想象出已知线框的空间形体，从而补画第三视图；运用线面分析法搞清较难想象结构，补出其中的线条或线框，从而达到正确补画第三视图的要求。

补图的顺序是先画外形，再画内腔；先画叠加部分，再画挖切部分；先画主体部分，再画细节部分。

补画座体的第三视图，步骤如图 5-38 所示。

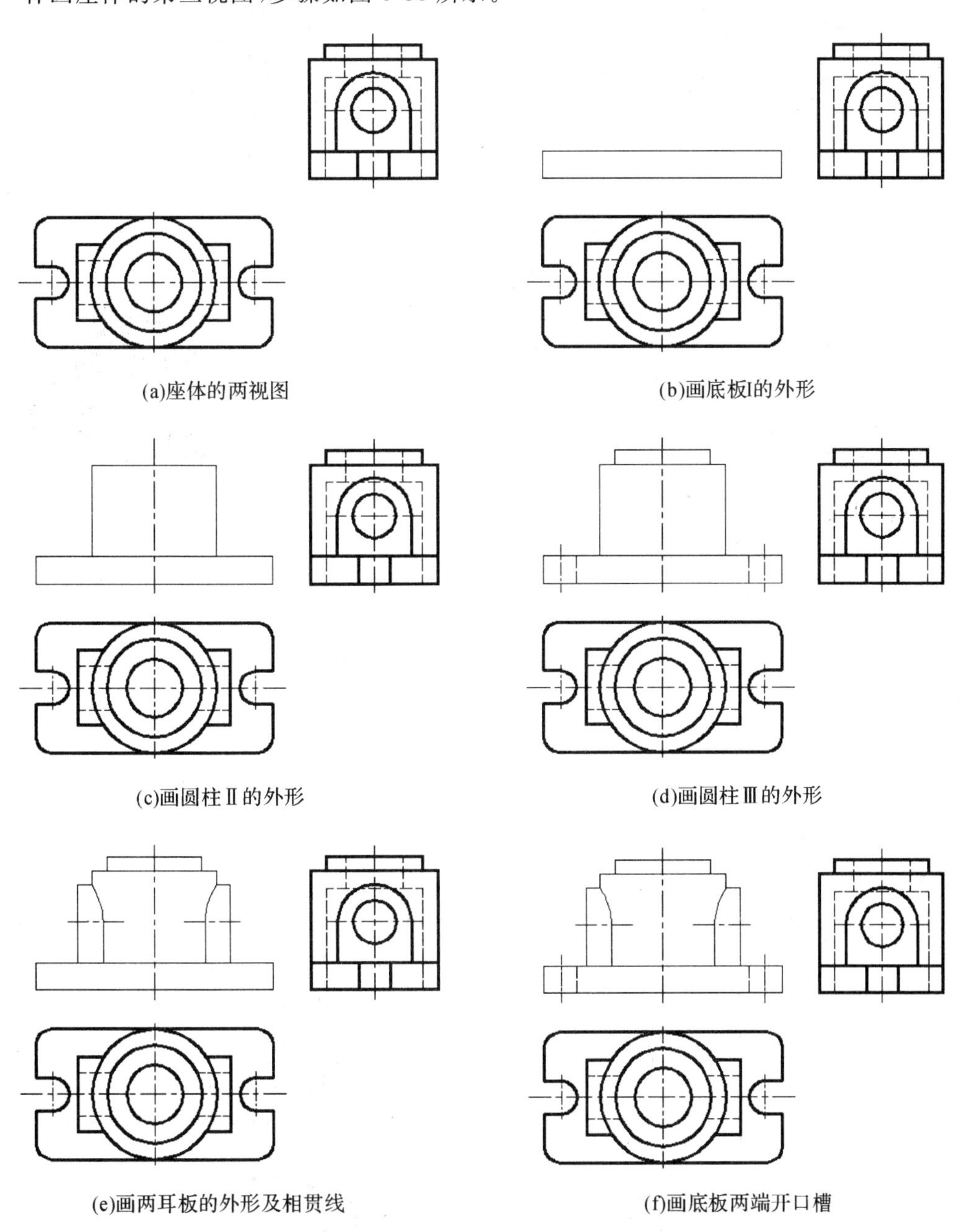

(a)座体的两视图　(b)画底板I的外形

(c)画圆柱Ⅱ的外形　(d)画圆柱Ⅲ的外形

(e)画两耳板的外形及相贯线　(f)画底板两端开口槽

图 5-38　补画座体的第三视图

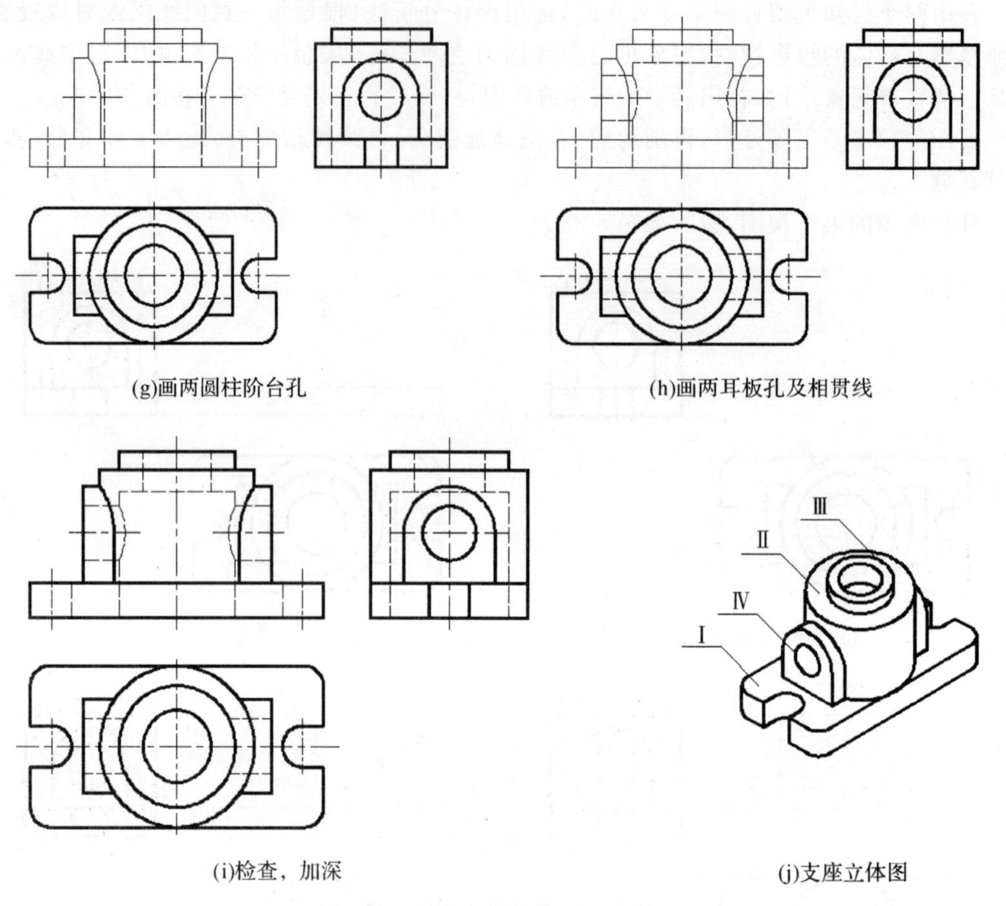

(g)画两圆柱阶台孔　(h)画两耳板孔及相贯线

(i)检查，加深　(j)支座立体图

图 5-38　补画座体的第三视图(续)

任务实施

如图 5-37 所示，补画支座的左视图，具体步骤如表 5-7 所示，参考立体图如图 5-39 所示。

表 5-7　补画支座的左视图的步骤

步骤	1.形体分析	2.画圆柱Ⅰ外形
图示	Ⅰ Ⅳ Ⅵ Ⅴ Ⅲ Ⅶ Ⅱ	

续表

说明	根据线框，支座可看成圆柱Ⅰ与底板Ⅱ相切，与肋板Ⅲ相交；圆柱内打通孔Ⅳ，前端切U形槽Ⅴ，后端切通孔Ⅵ，底板切角Ⅶ	与俯视图等宽，与主视图等高
步骤	3. 画底板Ⅱ外形	4. 画肋板Ⅲ
图示	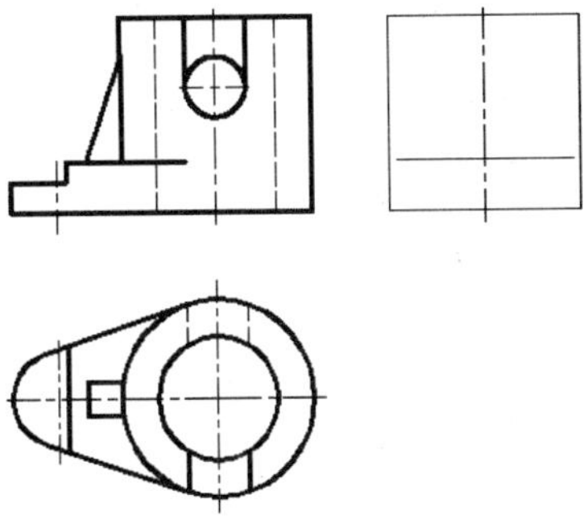	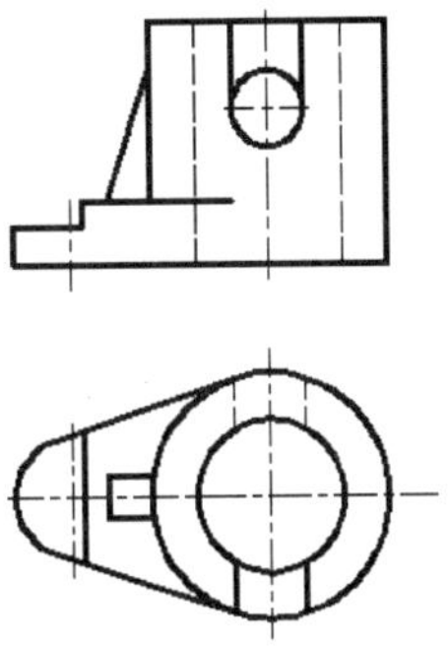
说明	底板Ⅱ与圆柱Ⅰ相切	肋板为三棱柱
步骤	5. 画圆柱打通孔Ⅳ	6. 画前端切U形槽Ⅴ、后端切通孔Ⅵ
图示	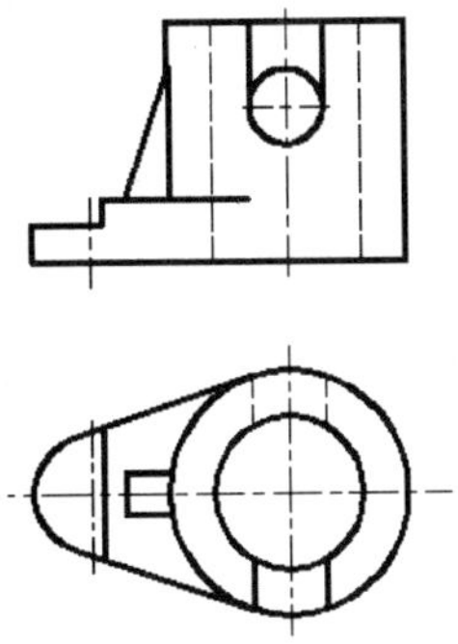	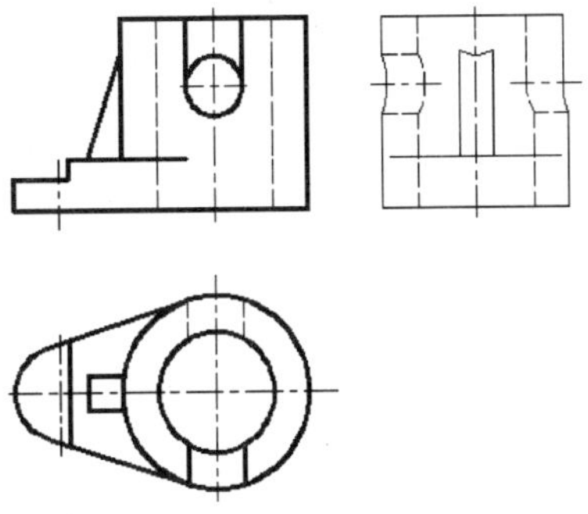
说明	与俯视图等宽，与主视图等高	注意相贯线共四处的画法
步骤	7. 画底板切角Ⅶ	8. 检查，加深
图示	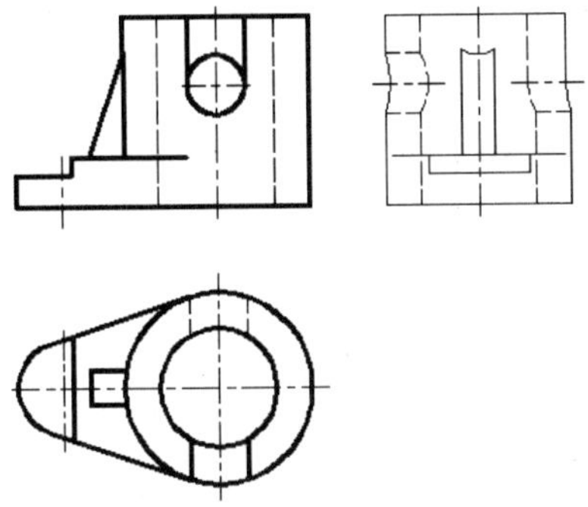	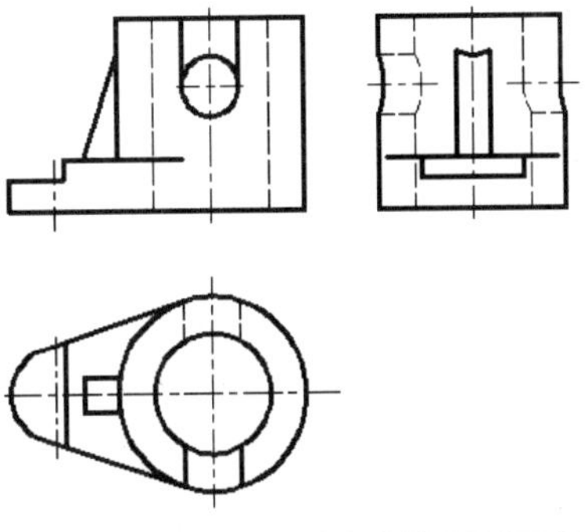
说明	切出的侧平面与俯视图等宽，与主视图等高	检查底稿，改正错误，再描深

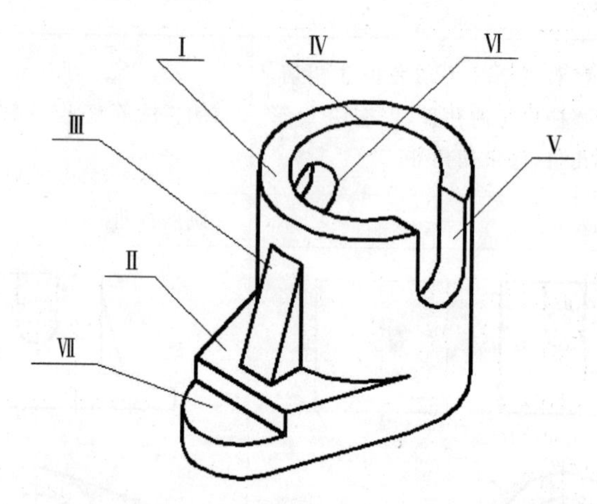

Ⅰ—圆柱　Ⅱ—底板　Ⅲ—肋板　Ⅳ—圆柱内通孔
Ⅴ—前端U形槽　Ⅵ—后端通孔　Ⅶ—底板切角

图 5-39　支座立体图

思考与实践

一题多解：如图 5-40 所示，根据主、俯视图，构思两个以上不同的形体，并补画出其左视图。

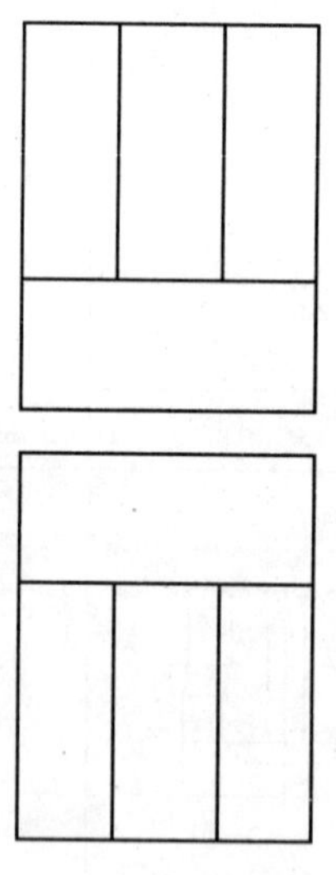

图 5-40　一题多解

任务三　补画视图中的缺线

任务描述

补画如图 5-41 所示中垫块三视图中所缺的线。

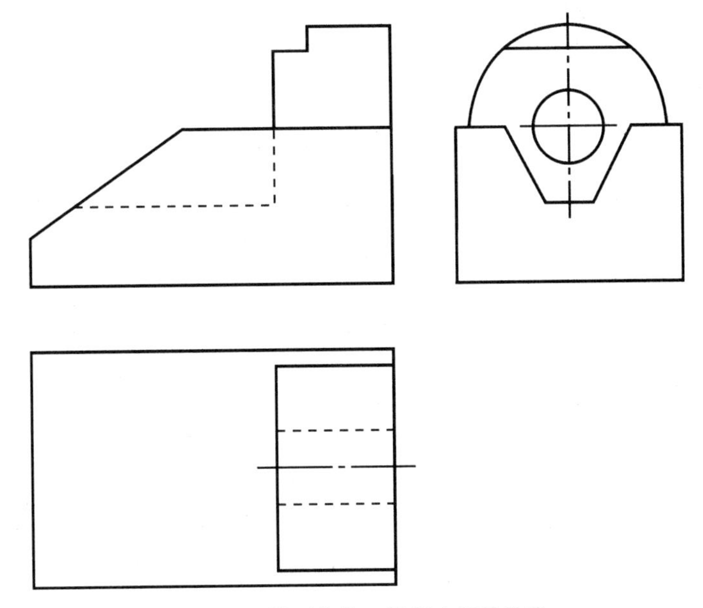

图 5-41　补画垫块三视图中所缺的线

任务分析

1. 补画缺线的基本方法仍是形体分析法和线面分析法；

2. 根据已知三视图中的线、线框，进行形体分析，根据每一封闭线框的对应投影，按照基本几何体的投影特性，想象出已知线框的空间形体，从而补画缺线；

3. 较难想象的结构，运用线面分析法，补出其中的线条或线框。

相关知识

已知三视图的部分形状，想象形体，补全图中遗漏的图线，称为补画缺线。

补画缺线是培养识图、画图能力和检验是否看懂视图的另一种手段，是继续培养空间想象能力的有效途径。其基本方法仍是形体分析法和线面分析法。

补画缺线的难点在于可能存在一个视图或两个视图或三个视图缺线，我们在解题时要想象到位，更要认真细致，使视图表达完整、正确。

如图 5-42 所示五个形体，补画主、俯视图中所缺的线。

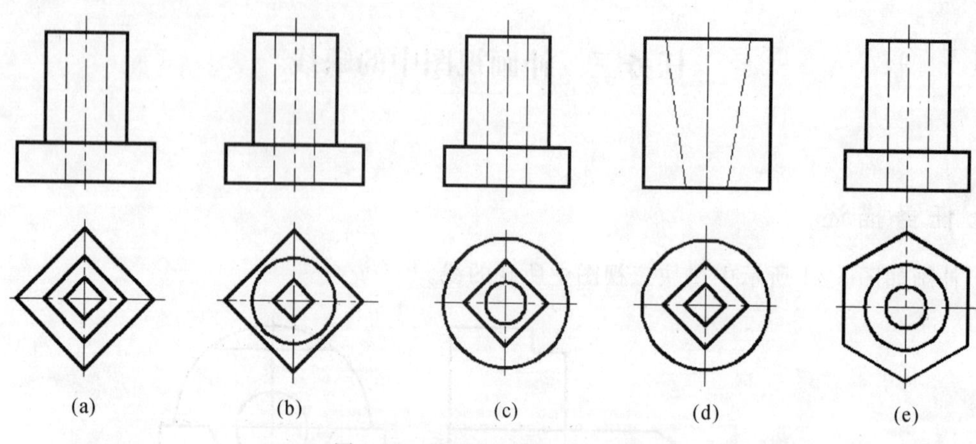

图 5-42 补画主、俯视图的缺线

在形体分析时分成外形和内部结构两大块，根据主、俯视图投影规律，想象外形和内部为圆柱体或正方体或六棱柱，注意对比区别；应用线面分析法，绘出投影所所缺的线。如图 5-43所示。

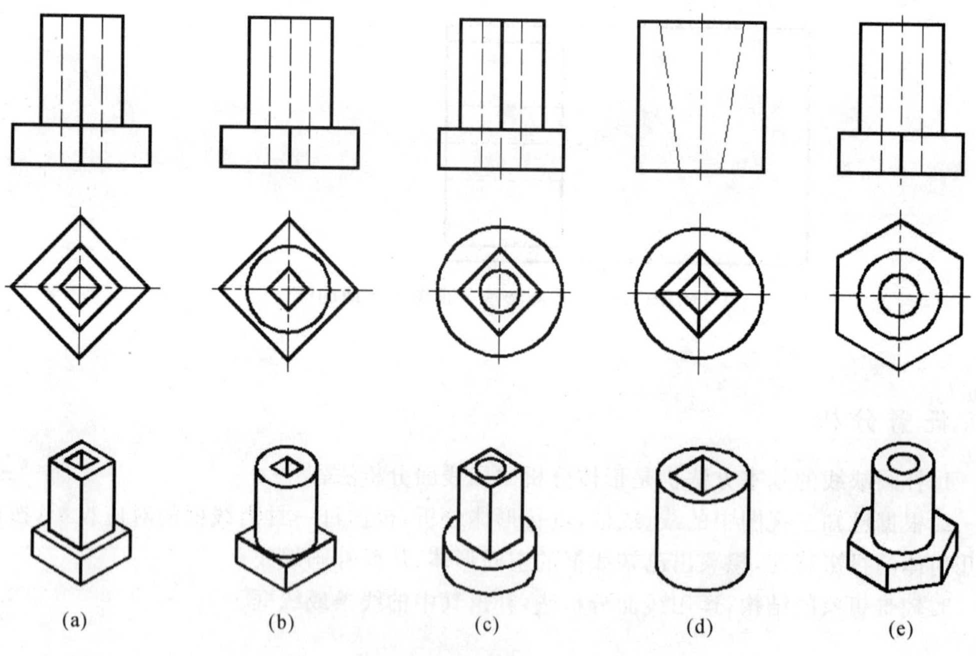

图 5-43 五个形体所补的缺线及立体图

任务实施

如图 5-41 所示，补画垫块三视图中所缺的线，具体步骤如表 5-8 所示。

表 5-8　画垫块三视图中的缺线

步骤	1.形体分析	2.补画圆柱切角长方体Ⅰ外形的缺线
图示	Ⅰ Ⅱ Ⅳ Ⅲ Ⅴ	
说明	根据线框,外形可看成是切角长方体Ⅰ与类似半圆柱形Ⅲ叠加而成;内部可看成是Ⅰ上切去V形通槽Ⅱ,Ⅲ上左部切去一角Ⅳ、中部打一通孔Ⅴ	与俯视图等宽,与主视图等高
步骤	3.补画V形通槽Ⅱ的缺线	4.叠加类似半圆柱形Ⅲ后,擦线
图示	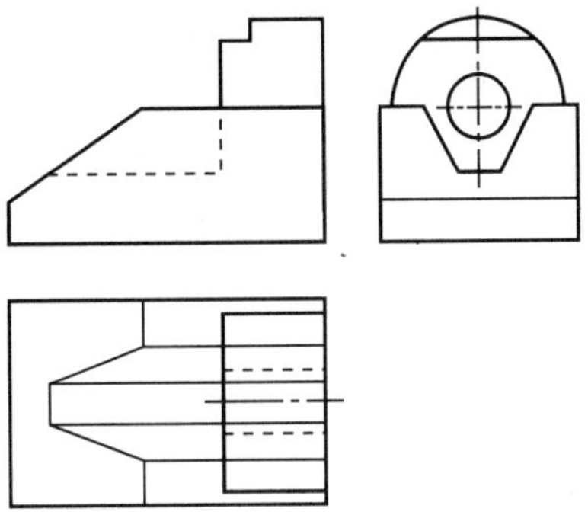	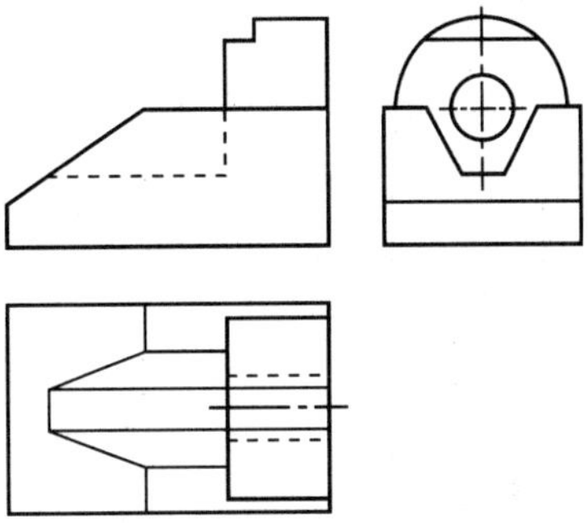
说明	线面分析,找点作图	重叠处融为一体,擦线
步骤	5.补画Ⅳ上水平面的投影	6.补画通孔Ⅴ的投影
图示	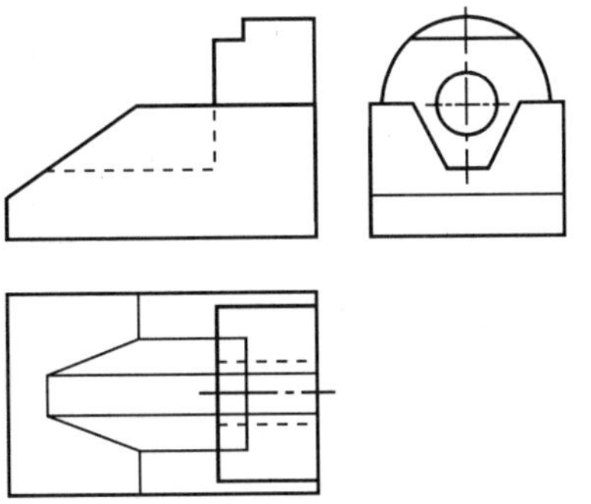	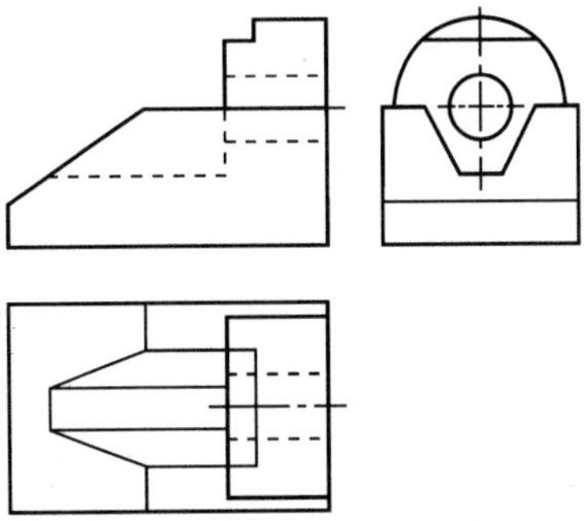
说明	与主视图等长,左视图等宽	与左视图等高,主视图等宽

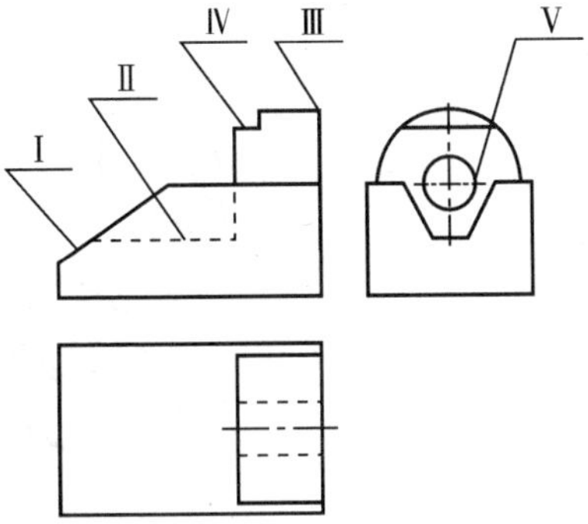

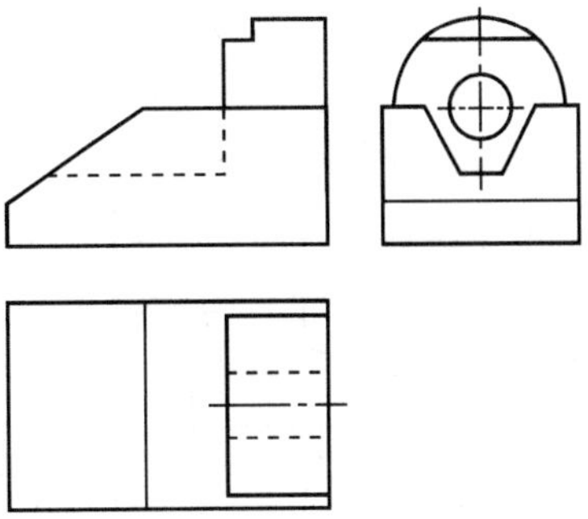

续表

步骤	7.检查,加深	8.形体想象,验证结果
图示		Ⅰ Ⅱ Ⅴ Ⅳ Ⅲ
说明	检查底稿,改正错误,再描深	Ⅰ—切角长方体;Ⅱ—V形通槽;Ⅲ—类似半圆柱形;Ⅳ—左部切去一角;Ⅴ—通孔

思考与实践

如图5-44所示,想象形体,补齐主视图的缺线,并补画左视图。

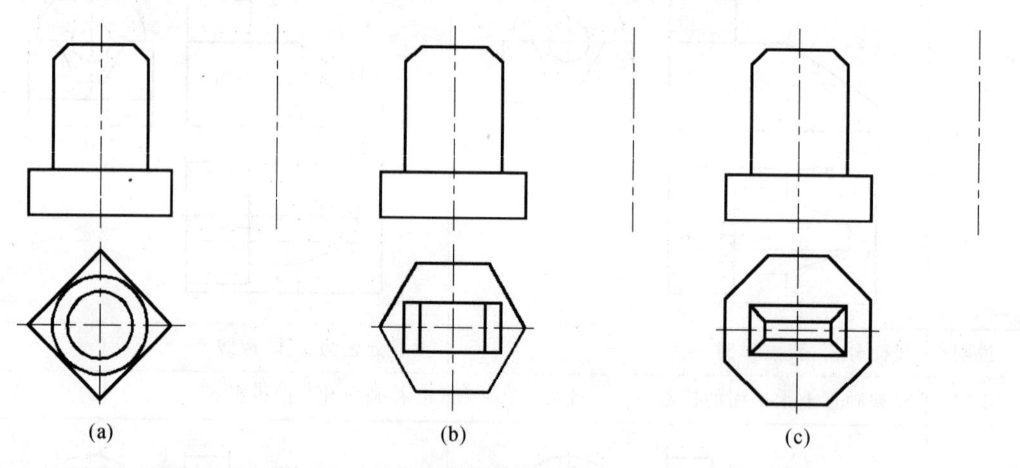

图5-44 补齐主视图的缺线,并补画左视图

模块六　机械图样的表达方法

引言

由于使用要求不同，机件的结构形状是多种多样的，当机件的结构形状比较复杂时，仅仅采用组合体的三视图就很难把机件的内外形状表达清楚，为此国家标准《机械制图》(GB/T 17451—1998、GB/T 17452—1998 和 GB/T 17453—2005)中，规定了机件的各种表达方法，包括视图、剖视图、断面图、局部放大图和简化画法等。熟悉并掌握这些基本表示法，才能根据机件不同的结构特点，完整、清晰、简明地表达机件的各部分形状。

机械图样画法的分类如图 6-1 所示。

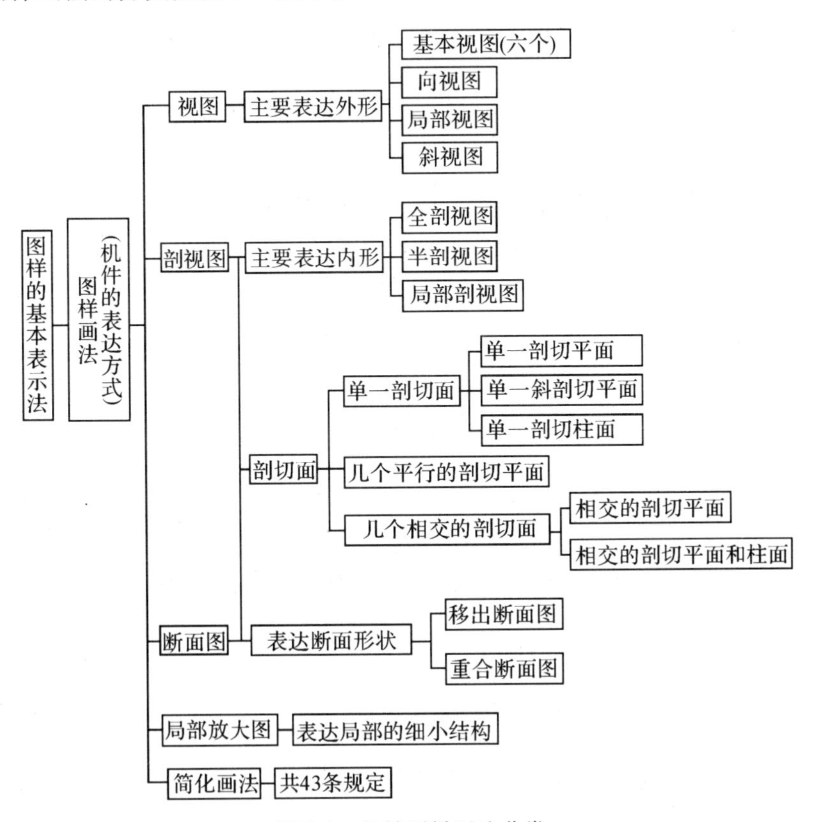

图 6-1　机械图样画法分类

课题一　识读零件视图

机件向投影面投射所得的图形称为视图。视图主要用于表达机件的外部结构形状，一般只画出机件的可见部分，其不可见部分用虚线表示，必要时虚线可以省略不画。视图可分为基本视图、向视图、局部视图和斜视图。

知识目标

1. 了解基本视图的形成、视图配置和三等关系；
2. 掌握向视图、局部视图和斜视图的形成、画法及标注；
3. 能看懂异形块视图、支座视图、弯管视图，想象其空间结构形状；
4. 会选择恰当的视图来表达机件的结构形状。

技能目标

1. 能够根据机件的特点正确地选择表达方法并进行绘图；
2. 培养认真负责的学习态度和严谨细致的工作作风；
3. 进一步培养空间想象能力、空间思维能力和创新设计能力。

任务一　识读异形块视图

任务描述

根据异形块三视图（见图 6-2），画出其他基本视图。

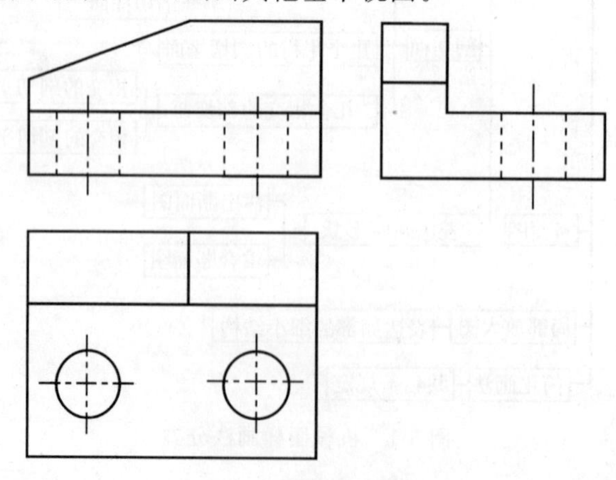

图 6-2　异形块三视图

任务分析

为完整、清晰地表达结构形状复杂的机件，有时仅凭主视图、俯视图、左视图这三个视图是不够的，必须增加投影面和相应的投射方向，以得到更多的视图来反映机件的结构形状。通过学习，要求掌握基本视图和向视图的投影关系及投影规律、方位关系、度量关系，掌握视图的配置及标注。

相关知识

1. 基本视图

在原有三个投影面的基础上，再增设三个投影面，构成一个正六面体，这六个面称为基本投影面。将机件放在正六面体内，分别向各基本投影面投射，所得到的六个视图称为基本视图。除了前面已经介绍过的主、俯、左视图外，还有从右向左投射所得的右视图，从下向上投射所得的仰视图，从后向前投射所得的后视图。

六个基本投影面的展开方法是：正面保持不动，其他投影面按图 6-3 中箭头所示方向展开到与正面成同一平面，展开后各基本视图的配置关系如图 6-4 所示。

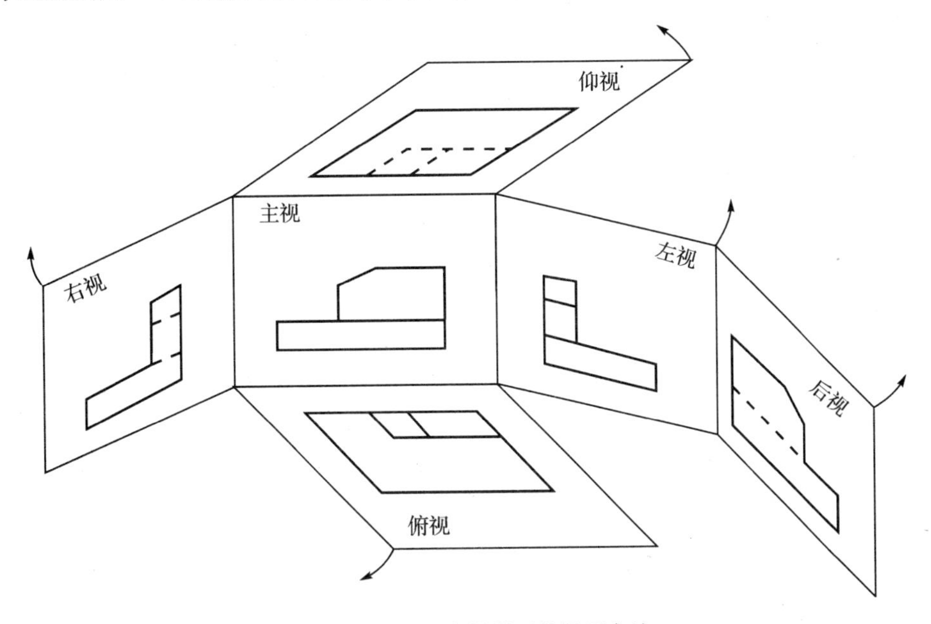

图 6-3 六个基本投影面的展开方法

按图 6-4 配置基本视图时，一律不标注视图的名称，六个基本视图之间仍然满足“左右长对正、上下高平齐、前后宽相等”的投影关系。

主、俯、仰、后四个视图“长对正”；

主、左、右、后四个视图“高平齐”；

俯、仰、左、右视图四个视图“宽相等”。

机件的方位关系是：以主视图为中心，和主视图相邻的 4 个视图，靠近主视图一侧均为机件的后面，远离主视图的一侧为机件的前方，即俯、仰、左、右视图的内侧代表机件的后面，而它们的外侧代表物体的前面；展开后，后视图的右边其实为机件的左面。

六个基本视图的配置关系：

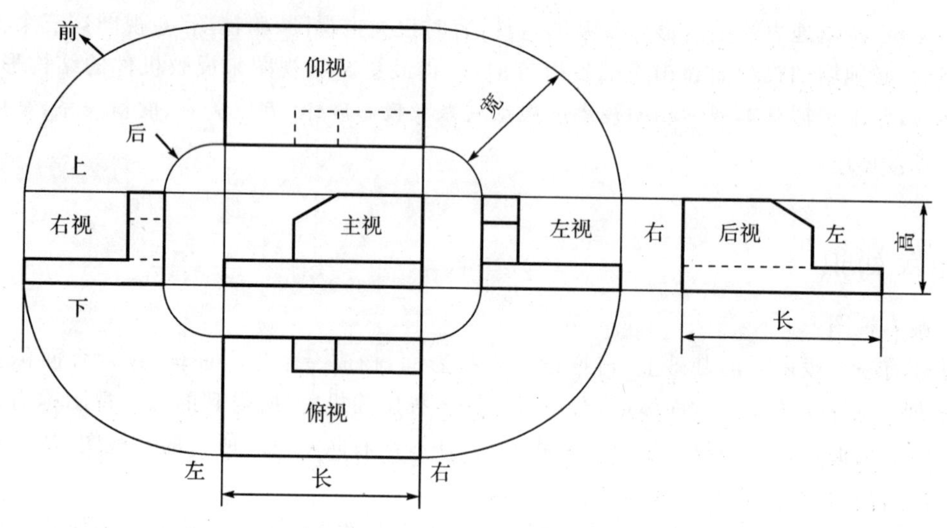

图 6-4　六个基本视图的配置关系

示例：基本视图的合理选用及虚线的省略

实际绘图时，一般不需要将六个基本视图都绘出，而是根据机件的复杂程度和结构特点选择必要的基本视图。在完整、清晰地表达机件各部分形状和结构的前提下，使视图数量最少，力求制图简便。

图 6-5 为一支架的立体图和三视图，可以看出，该支架用主、左两个视图就已经完全表达了其各部分的结构形状，俯视图显得多余，只是该支架左右端结构一起投影在左视图上，左视图因虚、实线重叠而显得不清晰。如果用图 6-6 的主、左、右三个视图来表达该支架，则支架左右端结构就都表达清晰了。

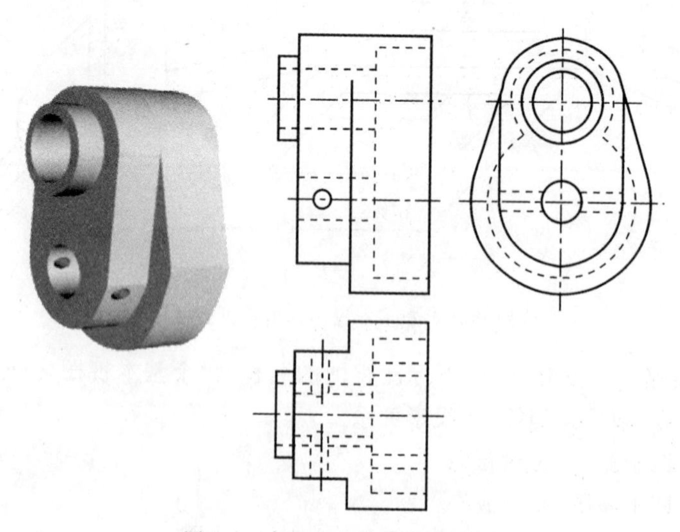

图 6-5　支架的立体图和三视图

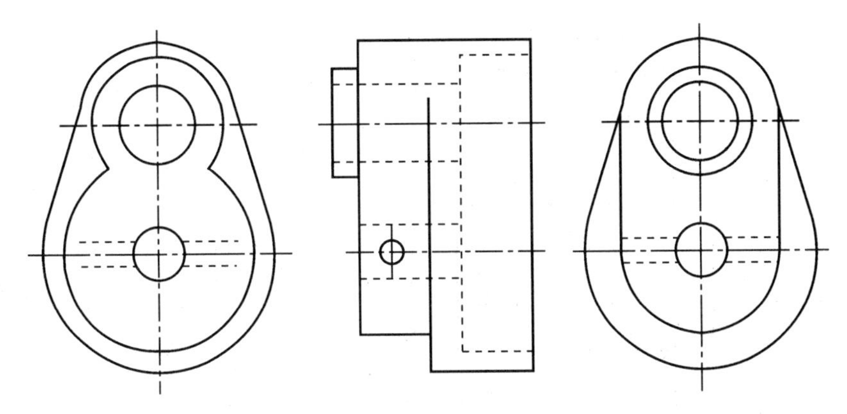

图 6-6　支架的视图表达

2. 向视图

向视图是可以自由配置的基本视图。为了合理地利用图纸的幅面，基本视图可以不按投影关系配置。这时，可以用向视图来表示，如图 6-7 所示。

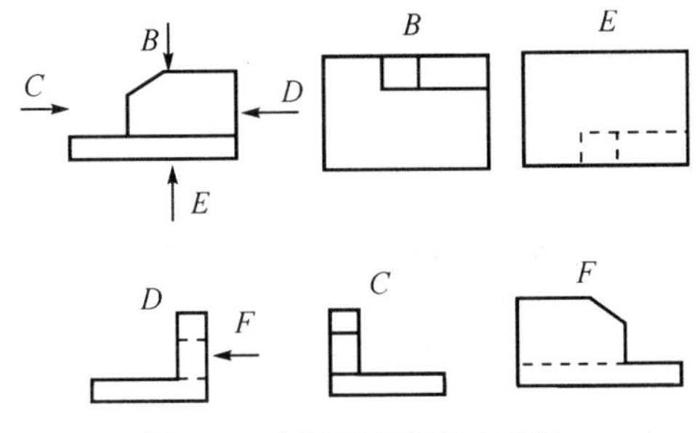

图 6-7　向视图的配置与标注

为了便于读图，按向视图配置的视图必须进行标注。即在向视图的上方正中位置标注“×”(“×”为大写的拉丁字母)，在相应的视图附近用箭头指明投影方向，并标注相同的字母，如图 6-7 所示。

注意：

(1)向视图是基本视图的另一种表现形式，它们的主要差别在于视图的配置发生了变化。所以，在向视图中表示投射方向的箭头应尽可能配置在主视图上，以使所获视图与基本视图相一致。而绘制以向视图方式表达的后视图时，应将投射箭头配置在左视图或右视图上。

(2)向视图的视图名称“×”为大写拉丁字母，无论是在箭头旁的字母，还是视图上方的字母，均应与读图方向相一致，以便于识别。

任务实施

异形块六个基本视图的配置关系如图 6-8 所示。

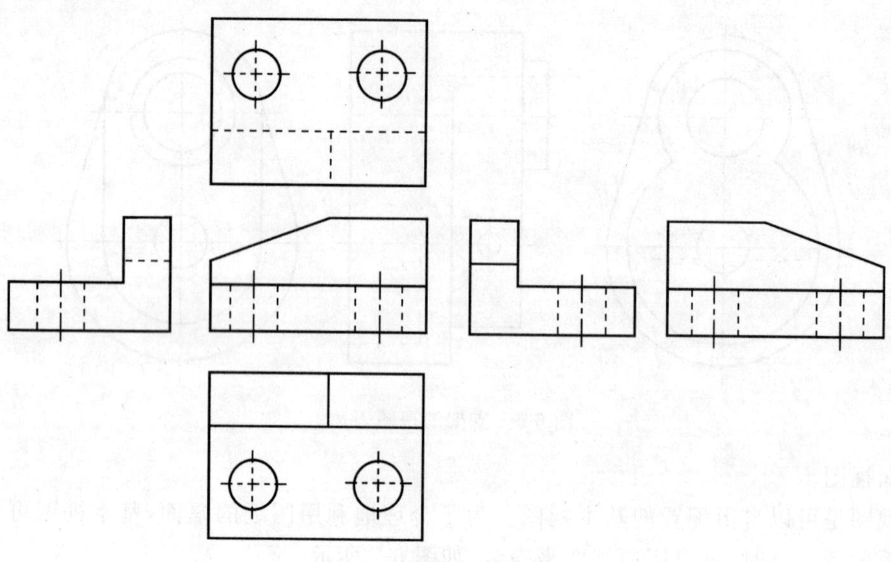

图 6-8　识读异形块基本视图

思考与实践

根据图 6-9 所示机件的立体图和三视图，求作机件的右、仰、后视图。

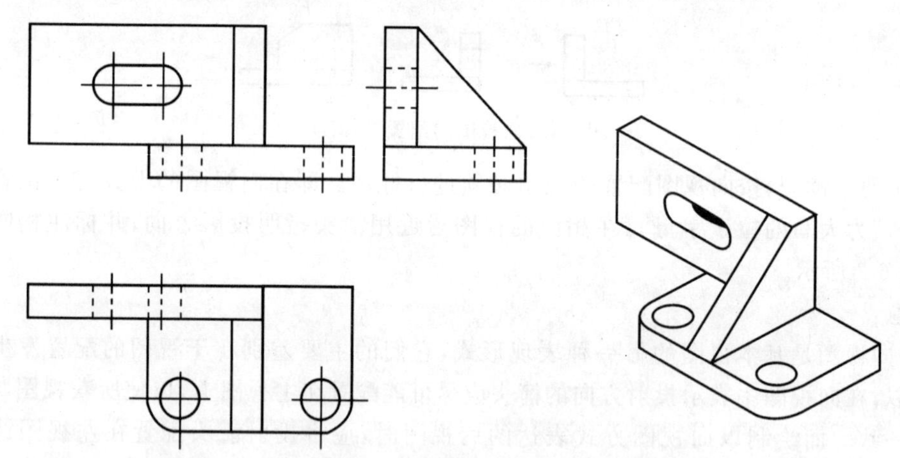

图 6-9　机件的立体图和三视图

任务二　识读支座局部视图

任务描述

根据图 6-10 所示支座的立体图和主、俯视图，用适当的图形将机件表达清楚。

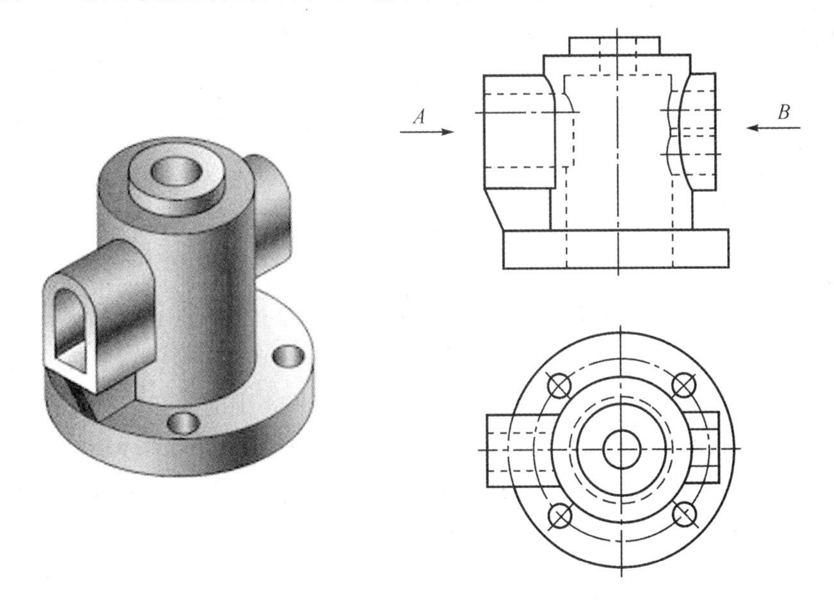

图 6-10　支座的立体图和主、俯视图

任务分析

主视图和俯视图表示了机件的主要组成、结构和形状，只需再将左、右两侧法兰的形状表示出来，机件的形状就完全清楚了。此时可仅将法兰部分向基本投影面投射，画出该结构局部的视图，没有必要再画出完整的其他基本视图。

相关知识

将机件的某一部分向基本投影面投射所得的视图，称为局部视图。

局部视图是一个不完整的基本视图，当机件上的某一局部形状没有表达清楚，而又没有必要用一个完整的基本视图表达时，可将这一部分单独向基本投影面投射，表达机件上局部结构的外形，避免因表达局部结构而重复画出别的视图上已经表达清楚的结构。利用局部视图可以减少基本视图的数量。如图 6-11 所示，机件左侧凸台和右上角缺口的形状，在主、俯视图上无法表达清楚，又没有必要画出完整的左视图和右视图，此时可用局部视图表示两处的特征形状。

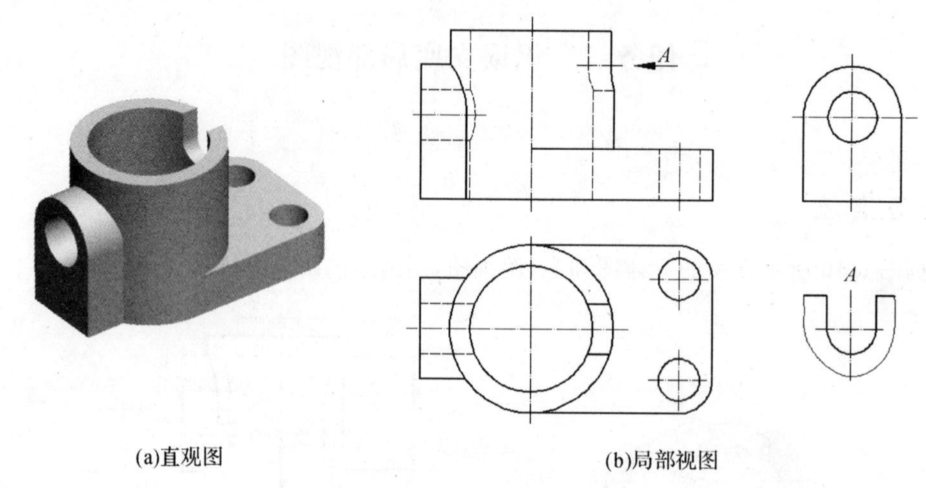

(a)直观图　　(b)局部视图

图 6-11　局部视图的配置与标注

局部视图的配置与标注规定如下：

(1)局部视图上方标出视图名称“×”(“×”为大写拉丁字母)，在相应的视图附近用箭头指明投影方向，并标注相同的字母，如图 6-11 中的局部视图“*A*”所示。当局部视图按投影关系配置，中间又没有其他图形隔开时，可省略标注，如图 6-11 中的局部左视图所示。

(2)为了看图方便，局部视图应尽量配置在箭头所指的一侧，并与原基本视图保持投影关系。但为了合理利用图纸幅面，也可将局部视图按向视图配置在其他适当的位置，如图 6-11 中的局部视图“*A*”所示。

(3)局部视图的断裂边界线用波浪线表示，如图 6-11 中的局部视图“*A*”所示。但当所表达的部分是与其他部分截然分开的完整结构，且外轮廓线自成封闭时，波浪线可以省略不画，如图 6-11 中的局部左视图所示。

画波浪线时应注意：

①不应与轮廓线重合或画在其他轮廓线的延长线上；

②不应超出机件的轮廓线；

③不应穿空而过。

任务实施

图中局部视图 *A* 用波浪线表示机件投射部分和非投射部分的分界线(该分界线也可用双折线或双点画线表示)。局部视图 *B* 由于投射部分的结构形状完整，且外轮廓线成封闭，因此波浪线省略不画。如图 6-12 所示。

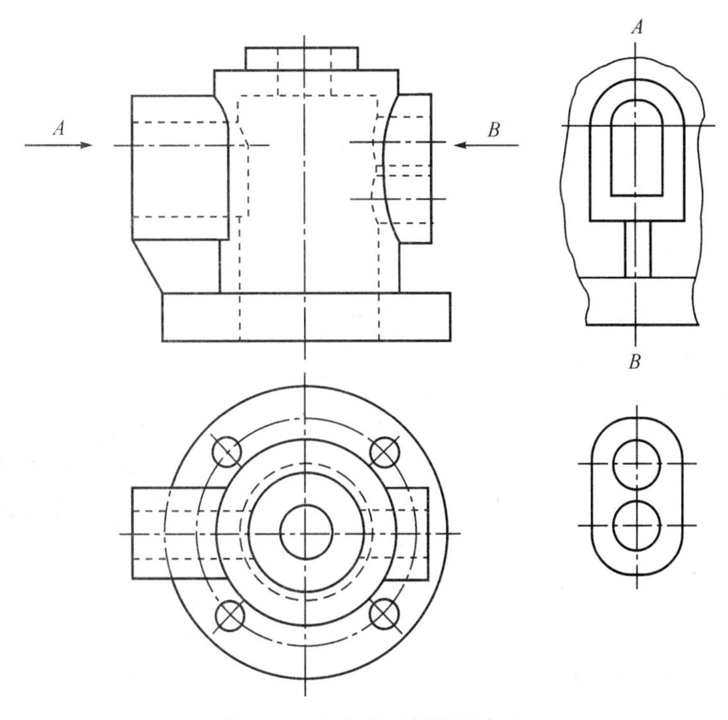

图 6-12　支座的局部视图表达

思考与实践

如图 6-13 所示，补画 A 向局部视图和 B 向视图。

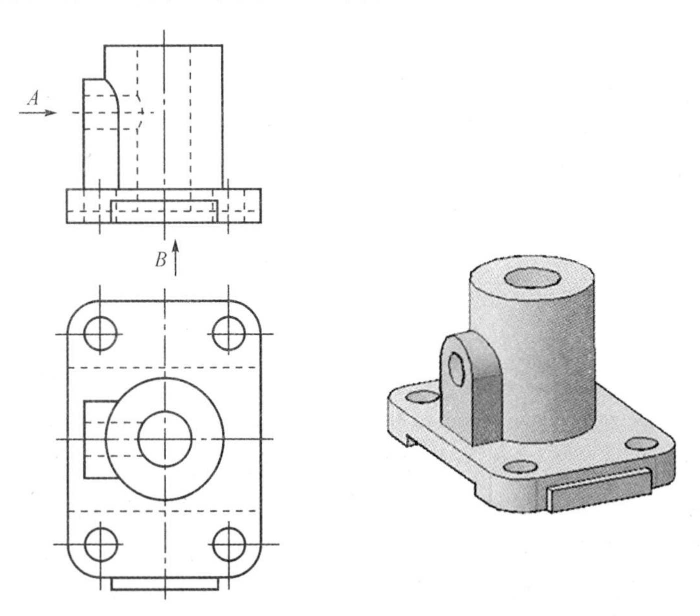

图 6-13　补画 A 向局部视图和 B 向视图

任务三　识读摇臂斜视图

任务描述

正确选择机件外部形状的表达方法，将机件摇臂（见图 6-14）表达清楚。

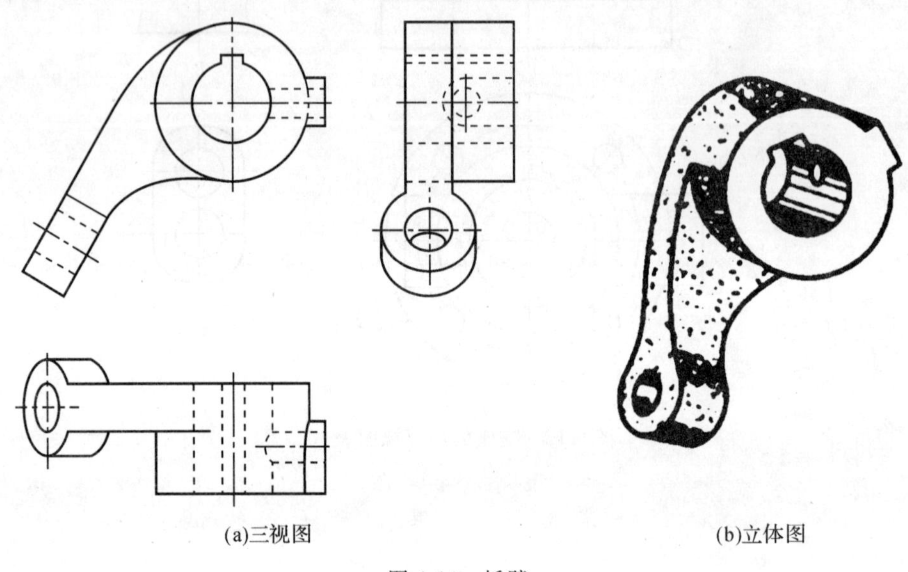

(a)三视图　(b)立体图

图 6-14　摇臂

任务分析

图 6-14(a)所示为摇臂的三视图，主视图已经将机件的主体结构表达清楚了，但摇臂的右上方具有轴套部分，摇臂左端耳板是倾斜的，所以俯视图和左视图都不反映实形，画图比较困难，表达不清晰。根据机件的结构特点，我们可以利用局部视图和斜视图来完整、清晰、简明地表达机件的结构形状。

相关知识

当机件上某部分的倾斜结构不平行于任何基本投影面时，在基本视图中不能反映该部分的实形，也不便于标注真实尺寸。为得到它的实形，可增设一个新的辅助投影面，使其与机件的倾斜部分平行，且垂直于某一个基本投影面，如图 6-15 中的辅助投影面（正垂面）。然后将机件上的倾斜部分向新的辅助投影面投射，再将新投影面按箭头所指方向，旋转到与其垂直的基本投影面重合的位置，即可得到反映该部分实形的视图。

机件向不平行于基本投影面的平面投射所得的视图，称为斜视图。

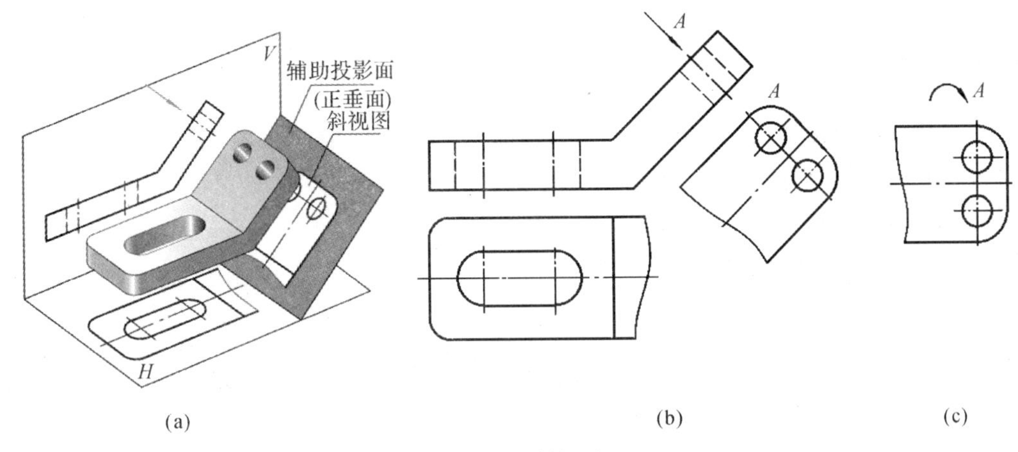

(a) (b) (c)

图 6-15 斜视图

斜视图的配置与标注规定如下：

(1)斜视图必须用带字母的箭头指明表达部位的投影方向，并在斜视图上方用相同的字母标注“×”(“×”为大写拉丁字母)。画箭头时，一定要垂直于倾斜部分的轮廓，而字母及注出的斜视图的名称“×向”都应按水平书写。如图 6-15(b)中的“A”。

(2)斜视图一般配置在箭头所指方向的一侧，且按投影关系配置，如图 6-15(b)中的斜视图 A。有时为了合理利用图纸幅面，也可将斜视图按向视图配置在其他适当的位置，或在不至于引起误解时，将倾斜的图形旋转到水平位置配置，以便于作图。此时，应标注旋转符号，如图 6-15(c)所示。表示该视图名称的大写字母应靠近旋转符号的箭头端。若斜视图是按顺时针方向转正，则标注为“↷A”。若斜视图是按逆时针方向转正，则应标注为“A↶”。也允许将旋转角度标注在字母之后，如“↷$A60°$”或“$A60°$↶”。

旋转符号用半圆形细实线画出，其半径等于字体的高度，线宽为字体高度的 1/10 或 1/14，箭头按尺寸线的终端形式画出。

(3)斜视图一般只表达倾斜部分的局部形状，其余部分不必全部画出，可用波浪线断开。斜视图中波浪线的正确画法如图 6-16 所示。

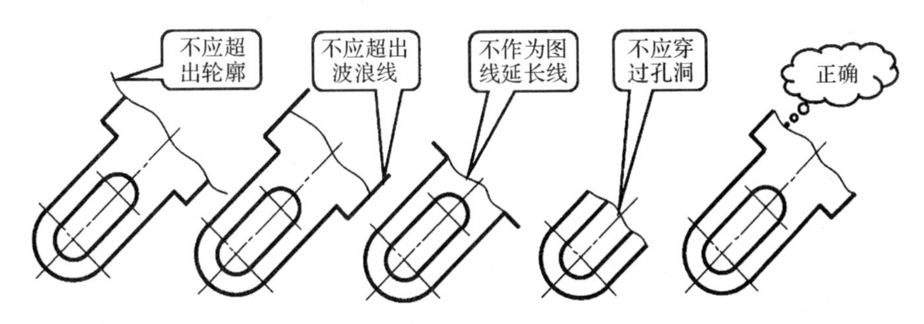

图 6-16 斜视图中波浪线的正确画法

任务实施

根据机件的结构特点，主视图已经将机件的主体结构表达清楚，摇臂的右上方具有的轴套部分，用两个局部视图来表达；摇臂左端耳板是倾斜的，用斜视图来表达，如图 6-17 所示。这样，完整、清晰、简明地表达机件的结构形状。

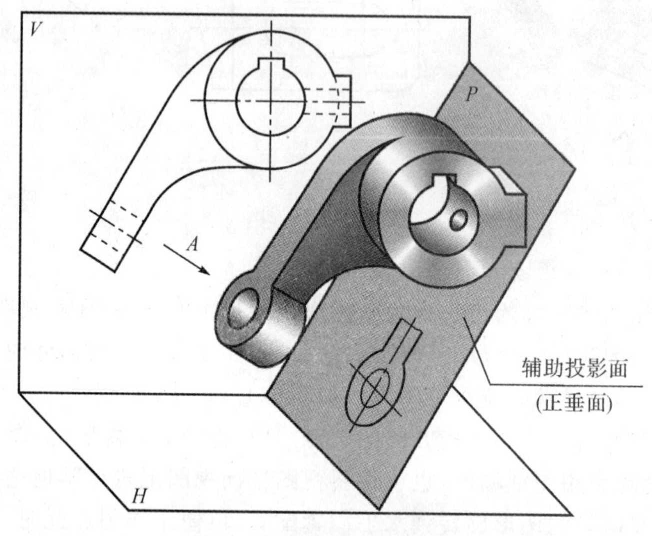

图 6-17　斜视图的直观图

注意：在同一张图纸上，按投影关系配置的斜视图和按向视图且旋转放正配置的斜视图，画图时只能画出其中之一，如图 6-18 和图 6-19 所示。

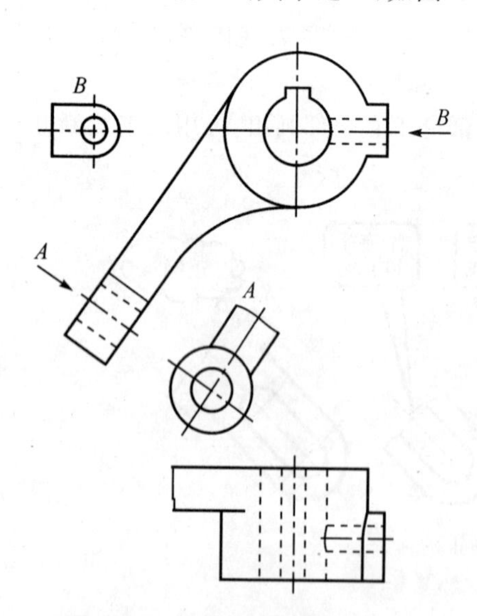

图 6-18　斜视图和局部视图(一)

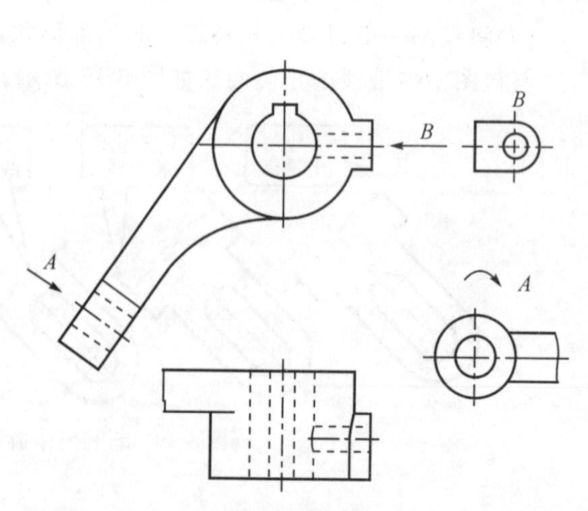

图 6-19　斜视图和局部视图(二)

思考与实践

参照轴测图，补画 A 向局部视图和 B 向斜视图，并加以标注。

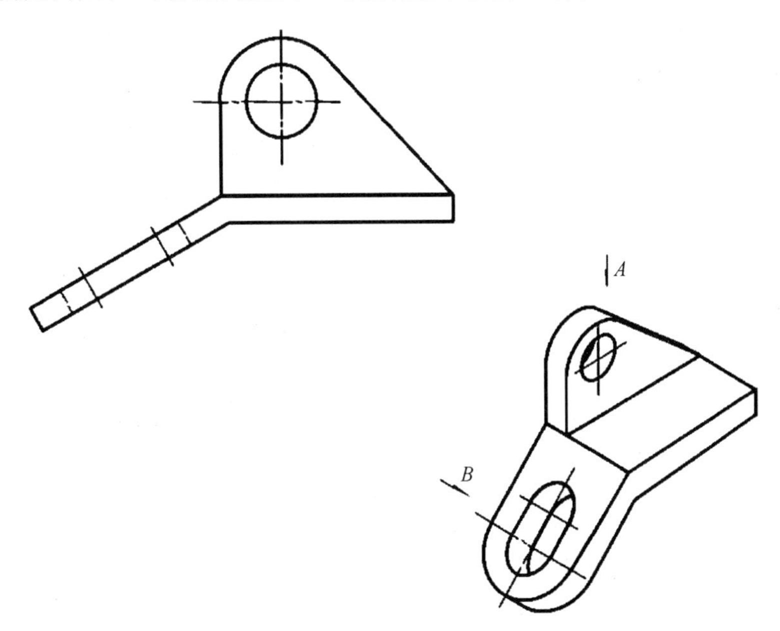

图 6-20 补画 A 向局部视图和 B 向斜视图

课题二 绘制剖视图

用视图表达机件形状时，机件内部的结构形状规定用虚线表示，不可见的结构形状愈复杂，虚线就愈多，既影响图形表达的清晰性，又不利于标注尺寸。为此，对机件不可见的内部结构形状经常采用剖视图来表达。剖视图按剖切范围分为全剖视图、半剖视图和局部剖视图三种。按剖切方法分为单一剖切面（平面或柱面）剖切、两相交的剖切平面剖切（旋转剖）、几个平行的剖切平面剖切（阶梯剖）、组合的剖切平面剖切（复合剖）、不平行于任何基本投影面的平面剖切（斜剖）。

知识目标

1. 理解剖视图的形成，掌握金属剖面线的画法；
2. 掌握各类剖视图的画法、标注、应用场合及应注意的问题；
3. 掌握并合理运用各种剖视的表达方法来表达机件。

技能目标

1. 合理选择不同的剖视图并准确画出，不同剖视图省略标注的条件；
2. 培养空间思维能力与空间想象能力；
3. 培养认真负责的学习态度和严谨细致的工作作风。

任务一　剖视图的形成

任务描述

补画图 6-21 视图中的漏线。

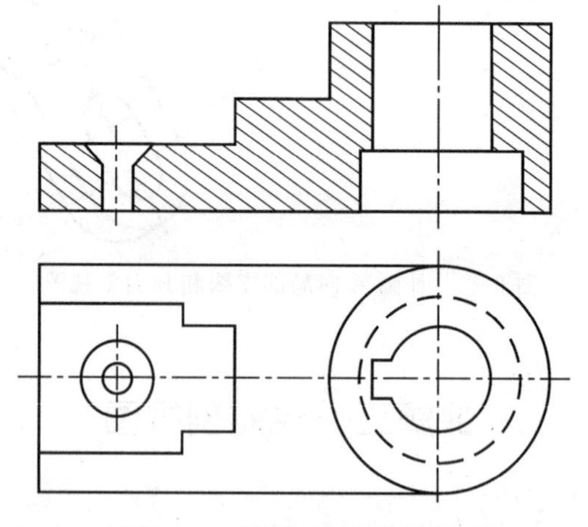

图 6-21　补画视图中的漏线

任务分析

视图主要用来表达机件的外部形状。在视图中，不可见的内部结构用虚线表示，当机件有比较复杂的内部结构时，视图就会有很多虚线从而影响视图的清晰，给绘图、识图带来不便。为清晰地表达机件的内部结构形状，国标图样画法规定采用剖视图来表达。通过学习，懂得剖视图的形成、画法及标注，能够正确进行绘图。

相关知识

1. 剖视图的形成

图 6-22 是机件的立体图及视图，视图中有很多虚线，影响视图的清晰，为清晰地表达机件的内部结构形状，假想用剖切面剖开机件，将处在观察者与剖切面之间的部分移去，而将

其余部分向投影面投射所得的图形，称为剖视图（简称剖视），如图 6-23（a）、（b）所示。

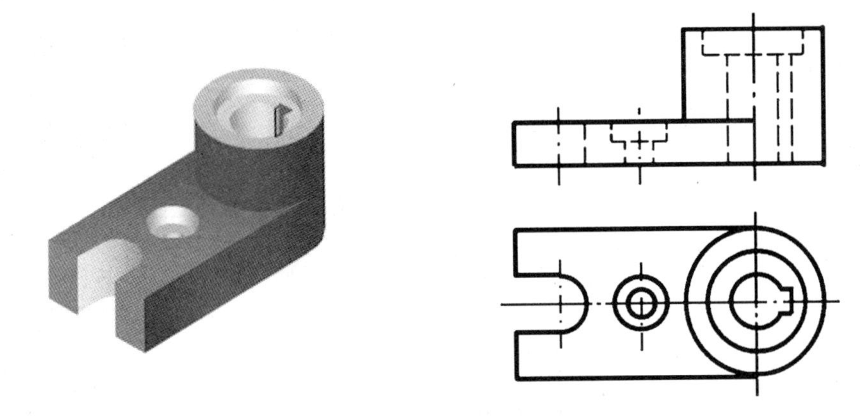

图 6-22　机件的立体图及视图

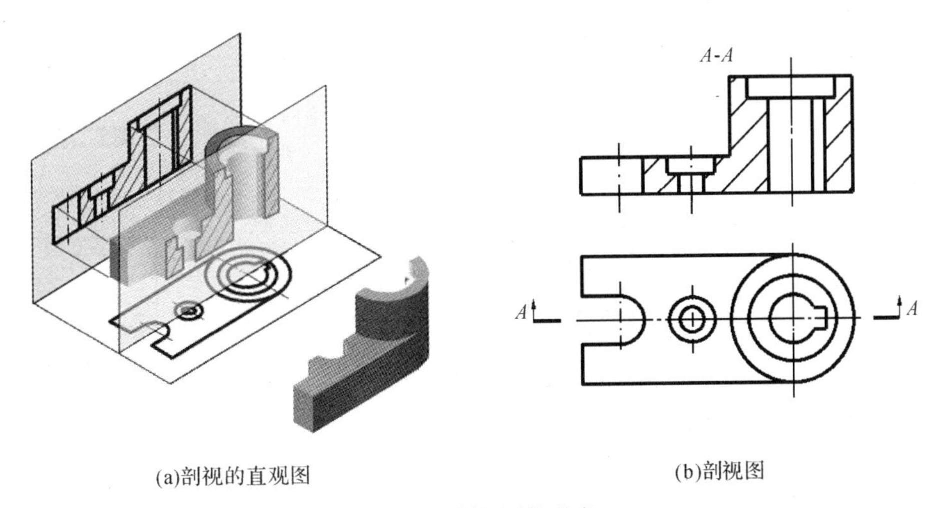

(a)剖视的直观图　　(b)剖视图

图 6-23　剖视图的形成

2. 剖面符号

假想用剖切面剖开物体，剖切面与物体的接触部分，称为剖切区域(GB/T 17452—1998)。

根据国家标准《技术制图》(GB/T 17452—1998)的规定，剖面区域要画出剖面符号，并且规定不同材料要用不同的剖面符号。各种材料的剖面符号如表 6-1 所示。

表 6-1　不同材料要用不同的剖面符号

材料	剖面符号	材料	剖面符号
金属材料 （已有规定剖面符号者除外）		胶合板 （不分层数）	
线圈绕组元件		基础周围的混凝土	
转子、电枢、变压器和电抗器等的叠钢片		混凝土	
非金属材料 （已有规定剖面符号者除外）		钢筋混凝土	
型砂、填砂、粉末冶金、砂轮、陶瓷刀片、硬质合金刀片等		砖	
玻璃及供观察用的其他透明材料		格网 （筛网、过滤网等）	
木材 纵剖面		液体	
木材 横剖面			

画金属材料的剖面符号时，应遵守下述规定：

（1）金属材料的剖面符号（也称剖面线）为与水平方向成45°（向左、右倾斜均可）且间隔相等的细实线。

（2）同一机件所有各剖视图和断面图中的剖面线的方向应相同，其间隙也应相等。

（3）当图形的主要轮廓线与水平线成45°或接近45°时，则该图形的剖面线应改画成与水平方向成30°或60°的平行线，但倾斜方向和间隙仍应与同一机件其他图形的剖面线一致，如图6-24所示。

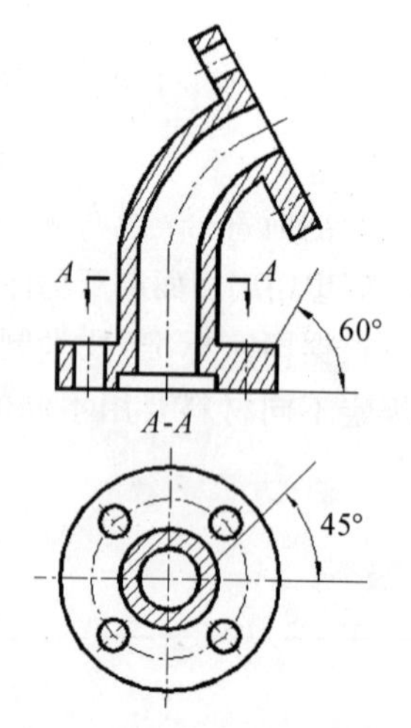

图 6-24　金属材料的剖面符号

3. 画剖视图注意事项

（1）剖切平面应通过机件的对称平面和孔、槽的轴线（在图上应沿对称线、轴线、对称中心线），以便反映结构的真形，应避免剖切出不完整要素或不反映真形的剖面区域。

（2）剖切是假想的，实际上并没有把机件切去一部分，因此，当机件的某一个视图画成剖视图以后，其他视图仍应按机件完整时的情形画出。

（3）剖切平面后方的可见轮廓线应全部画出，不能遗漏。剖切平面前方在已剖去部分上的可见轮廓线不应画出。如图6-25所示。

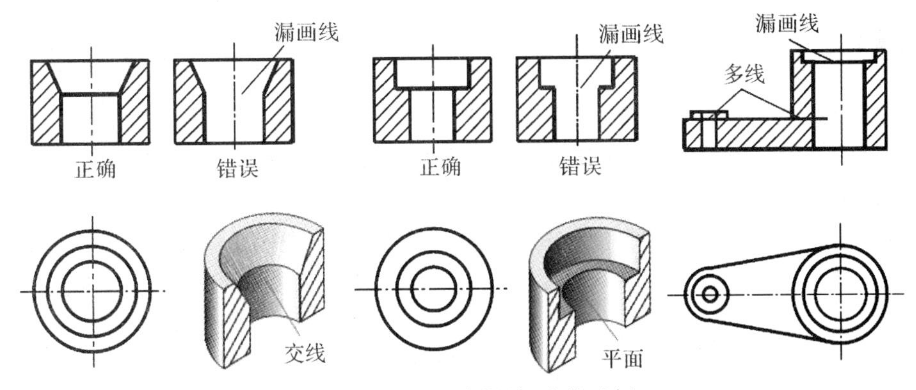

图 6-25 剖视图中漏线、多线示例

(4)剖视图中一般不画不可见轮廓线，如图 6-26(a)中表示底板厚度的虚线应省略。只有当需要在剖视图上表达这些结构，否则会增加视图数量时，才画出必要的虚线，如图 6-26(b)中表示底板厚度的虚线应画出。

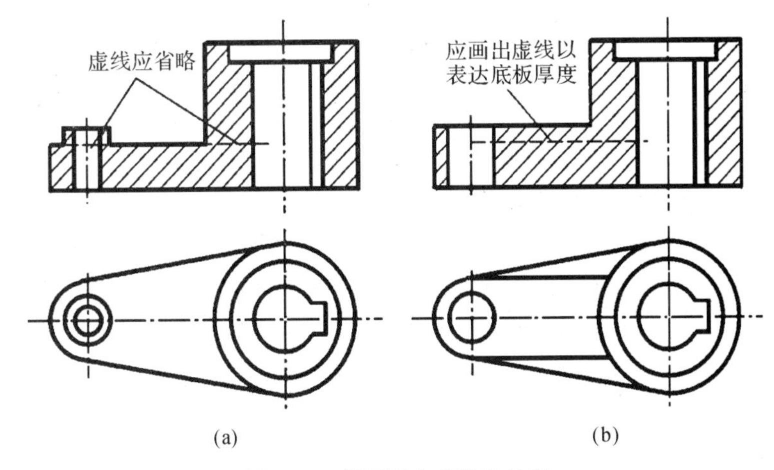

图 6-26 剖视图中虚线的处理

思考:对比下列各图(见图 6-27)，注意区别它们不同之点在什么地方。

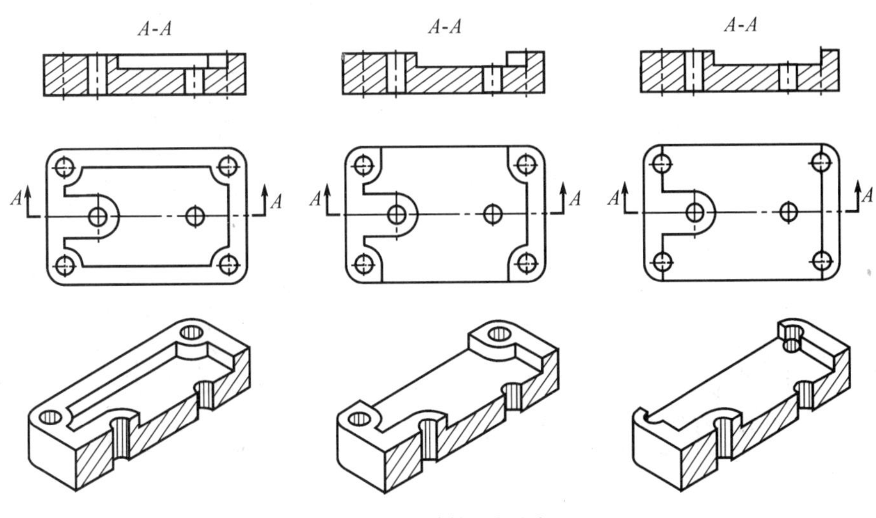

图 6-27 剖视图画法

4.剖视图的标注(GB/T 17452—1998)

如图 6-28 所示,剖视图标注的三要素:

(1)剖切线——指示剖切面位置的线,用细点画线表示,可省略。

(2)剖切符号——指示剖切面的起讫和转折位置(用粗短画表示)及投影方向(用箭头表示)的符号。

(3)剖视名称——在剖视图的上方用大写字母标出剖视图的名称"×-×",并在剖切符号旁注上同样的字母。

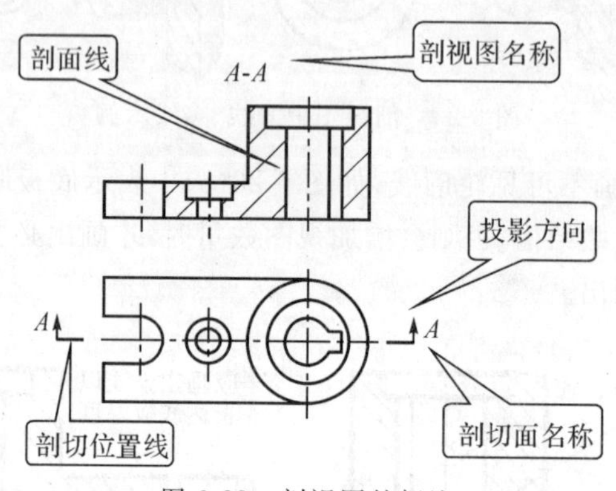

图 6-28 剖视图的标注

剖视图的具体标注方法如下:

(1)用线宽(1~1.5)b、长 5~10mm 断开的粗实线(粗短画)表示剖切面的起讫和转折位置,为了不影响图形清晰,剖切符号中的粗短画应避免与图形轮廓线相交或重合。

(2)在表示剖切平面起讫的粗短画外侧画出与其相垂直的箭头,表示剖切后的投射方向。

(3)在表示剖切平面起讫和转折位置的粗短画外侧写上相同的大写拉丁字母"×",并在相应剖视图的上方正中位置用同样字母标注出剖视图的名称"×-×",字母一律按水平位置书写,字头朝上。在同一张图纸上,同时有几个剖视图时,其名称应按顺序编写,不得重复。

剖视图省略标注有以下两种情况:

(1)当剖视图按投影关系配置,而中间又没有其他图形隔开时,可省略剖切符号中的箭头,如图 6-29(a)所示 A-A 的剖切符号中省略了箭头。

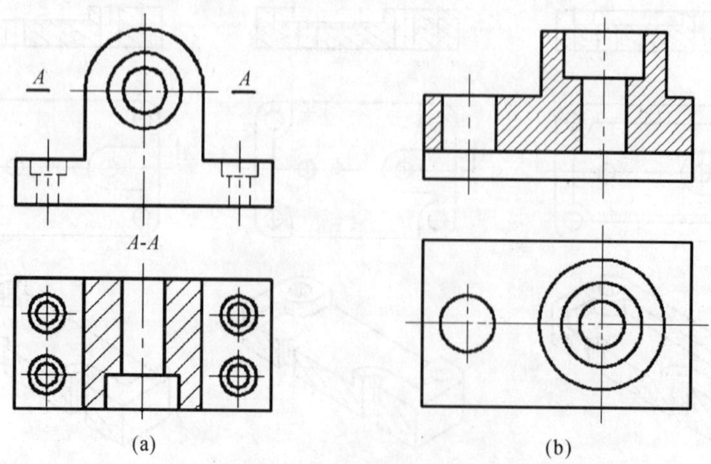

图 6-29 剖视图的标注示例

(2)用单一剖切平面通过机件的对称平面或基本上对称的平面,且剖视图按投影关系配置,而中间又没有其他图形隔开时,可省略标注,如图 6-29(b)所示的主视图上画成的全剖视图省略了标注。

任务实施

该机件剖切平面后方的可见轮廓线应全部画出,不能遗漏。

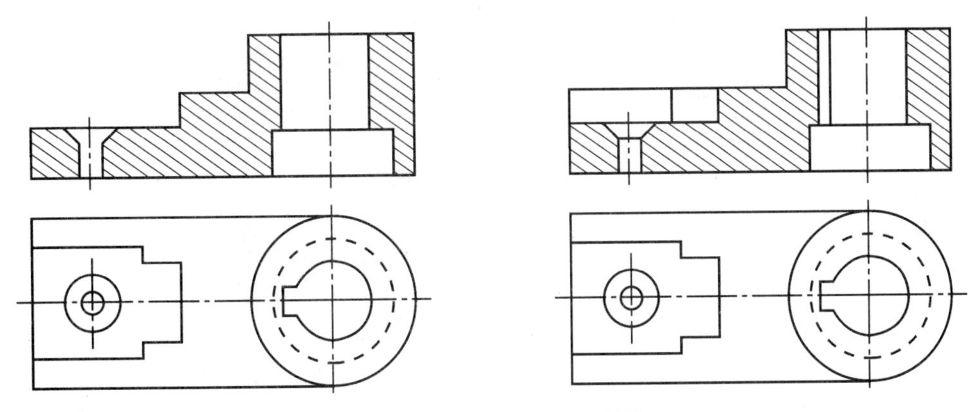

图 6-30 补画剖视图中的漏线

思考与实践

补画图 6-31 所示剖视图中的漏线。

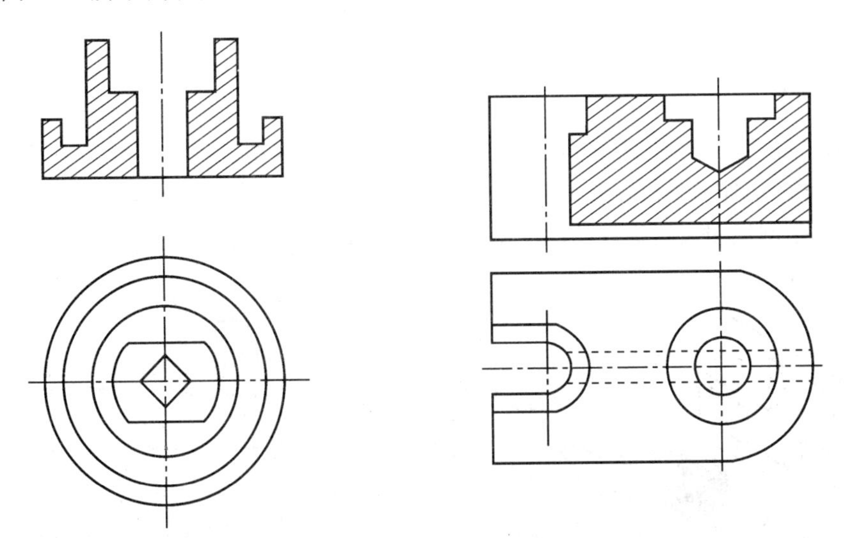

图 6-31 补画剖视图中的漏线

任务二　绘制机件的全剖视图

任务描述

根据图6-32所示泵盖的立体图及视图，用适当的表达方法将机件表达清楚。

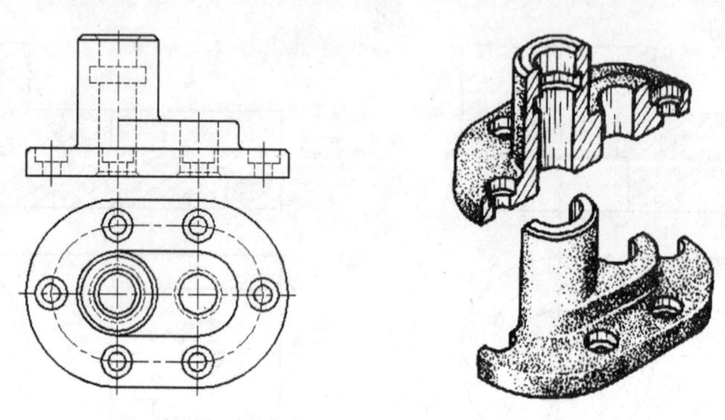

图6-32　泵盖

任务分析

泵盖的外部形状比较简单，由盖板、圆柱、凸台等结构组成，内部结构比较复杂，且左右不对称，需要表达沉孔、光孔、倒角、内槽等内部结构，采用全剖视图能将机件表达清楚。

相关知识

用剖切平面完全地剖开机件所得的剖视图，称为全剖视图。

当不对称的机件的外形比较简单，或外形已在其他视图上表达清楚，而内部结构比较复杂时，常采用全剖视图表达机件的内部结构形状，如图6-33所示。

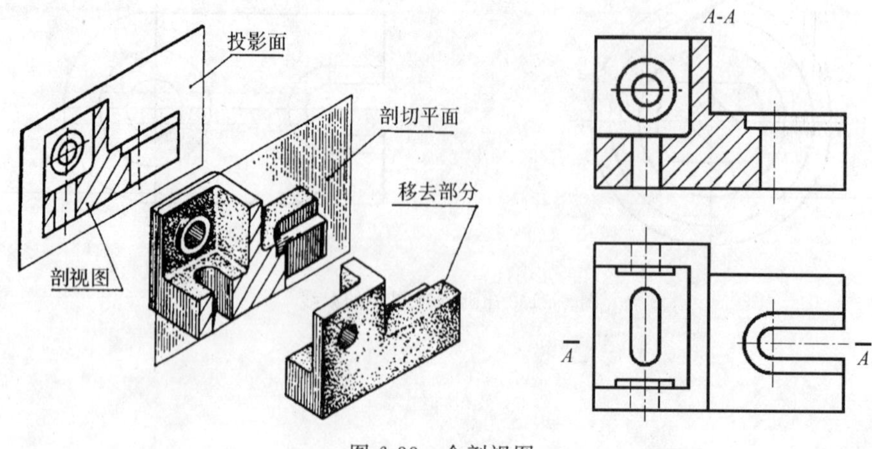

图6-33　全剖视图

对于一些具有空心回转体的机件，即使结构对称，但由于外形简单，亦常采用全剖视图，如图 6-34 所示。

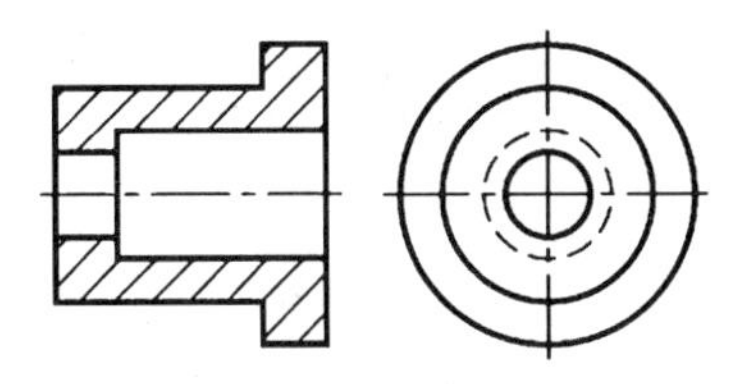

图 6-34　空心回转体的机件的剖视图

任务实施

泵盖的剖视图及标注如图 6-35 所示。

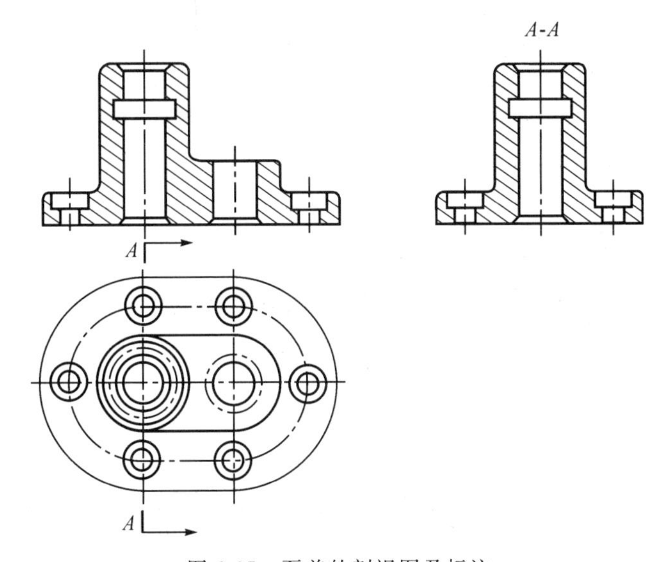

图 6-35　泵盖的剖视图及标注

全剖视图当剖切平面通过机件的对称平面且按投影关系配置，中间又无其他图形隔开时，可省略标注，如图 6-35 所示的主视图上画成的全剖视图。而左视图上的全剖视图不具备省略标注的条件，则必须按规定方法标注。

思考与实践

用单一剖切面,将图 6-36 中的主视图画成全剖视图。

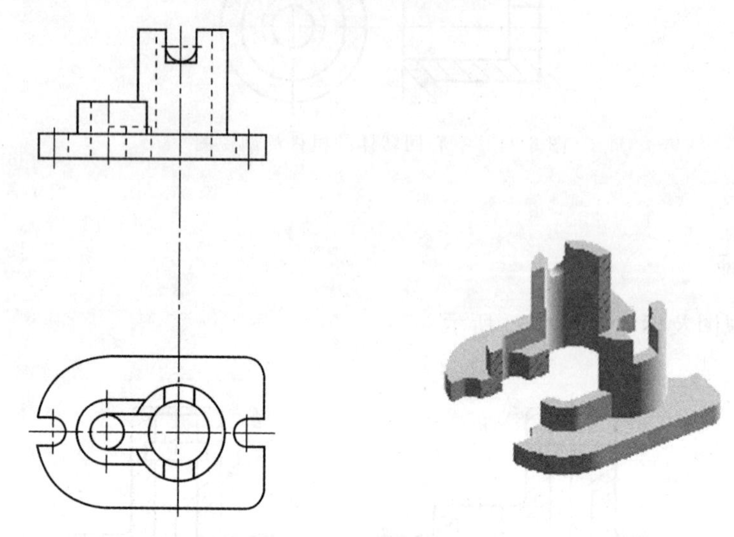

图 6-36 画全剖视图

任务三 绘制机件的半剖视图

任务描述

如图 6-37 所示机件的直观图,采用适当的视图将机件表达清楚。

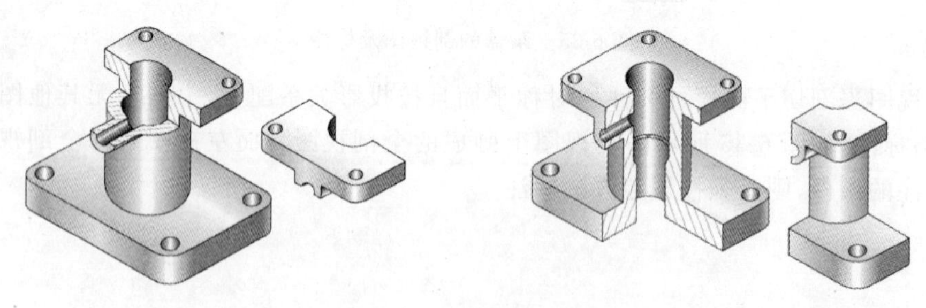

图 6-37 机件的直观图

任务分析

该机件左右对称,如果主视图采用全剖,就不能表达此机件的外形,而且前面的耳板也没有表达清楚。对于机件内、外结构形状均需要表达且机件结构对称或基本对称的情况,需采用半剖视图。

相关知识

当机件具有对称平面，向垂直于机件的对称平面的投影面上投射所得的图形，以对称线为界，一半画成剖视图，一半画成视图，这种组合的图形称为半剖视图，如图 6-38(b)所示。半剖视图适应于内外形状都需要表达的对称机件或基本对称的机件。

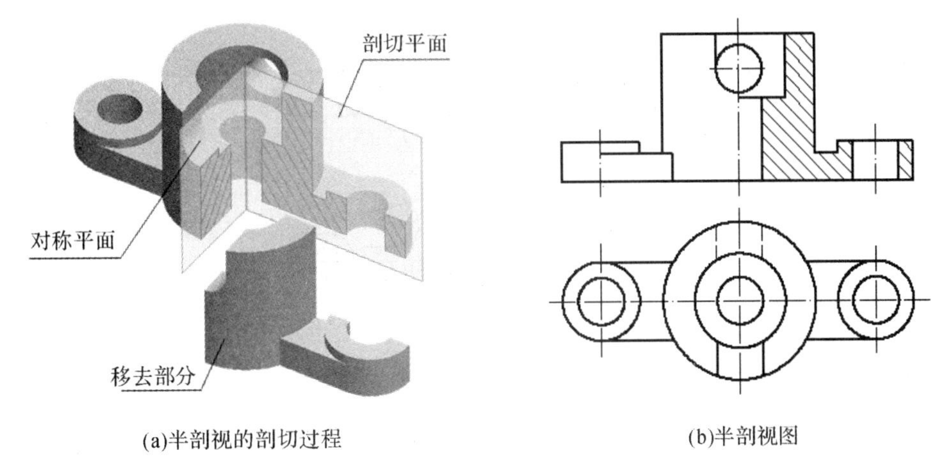

(a)半剖视的剖切过程　　(b)半剖视图

图 6-38　半剖视图的形成及标注

画半剖视图时应注意的问题：

(1)半个视图与半个剖视图的分界线应以对称中心的细点画线为界，不能画成其他图线，更不能理解为机件被两个相互垂直的剖切面共同剖切而将其画成粗实线，如图 6-39 所示。

(2)采用半剖视图后，不剖的一半不画虚线，但对孔、槽等结构要用点画线画出其中心位置。如图 6-39 所示，左一半不应画出虚线。

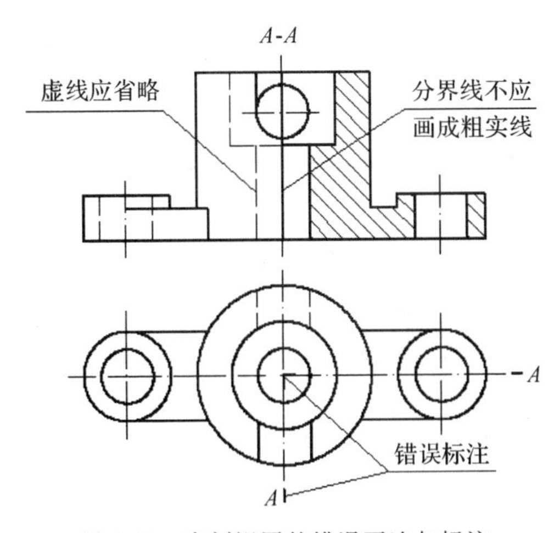

图 6-39　半剖视图的错误画法与标注

(3)半剖视图中，半个剖视图的习惯是，图形左右对称剖右半部分，图形前后对称剖前半部分，如图 6-40 所示。

(4)只有当物体对称时，才能在与对称面垂直的投影面上作半剖视图。在不至于引起误解时基本对称的机构仍可以画成半剖视图，如图 6-40 所示。

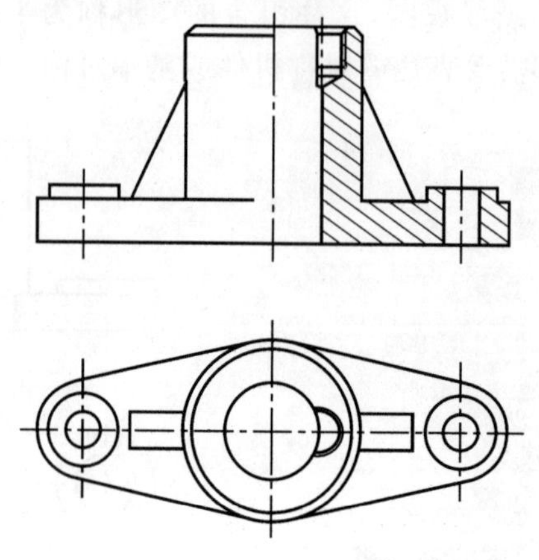

图 6-40　基本对称的半剖视图

半剖视图的标注方法及省略标注的情况与全剖视图完全相同。

任务实施

机件左右、前后对称，主视图和左视图采用半剖视图，机件内、外结构形状均表达清楚，俯视图上的半剖视图表达了耳板上通孔、圆柱内外的结构形状。如图 6-41 所示。

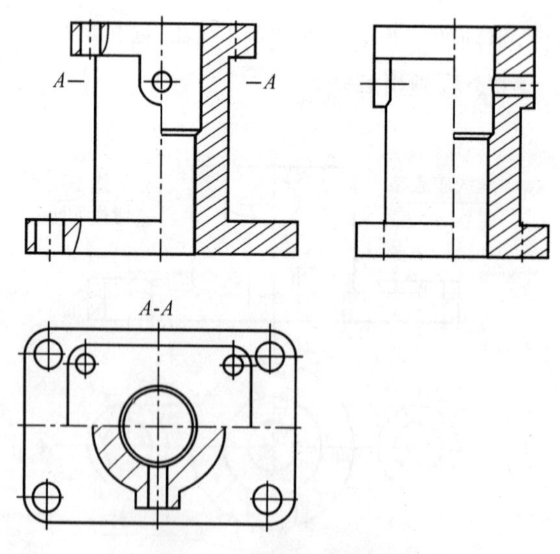

图 6-41　机件的半剖视图

如图 6-41 所示的主视图和左视图上的半剖视图完全省略了标注，而俯视图上的半剖视图只省略了箭头的标注。

思考与实践

1. 如图 6-42 所示，补画剖视图中的漏线。

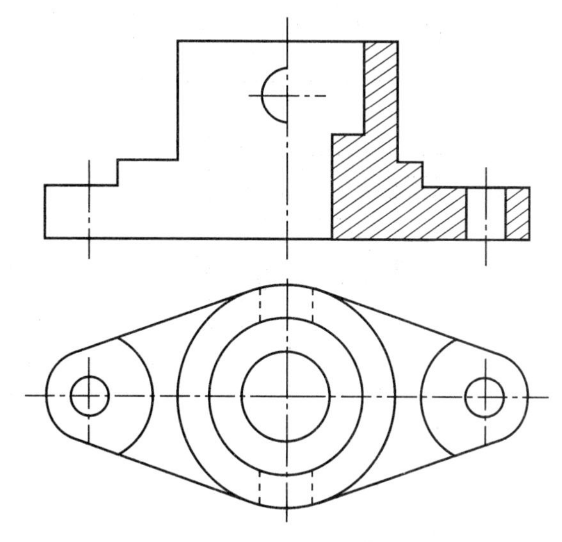

图 6-42 补画剖视图中的漏线

2. 在图 6-43 中的指定位置将主视图画成半剖视图，左视图画成全剖视图。

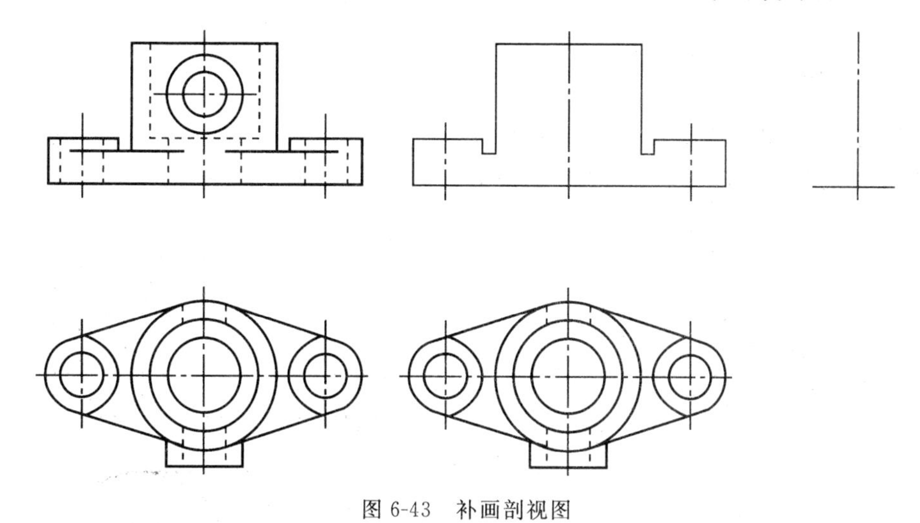

图 6-43 补画剖视图

任务四 绘制机件的局部剖视图

任务描述

当机件的内部和外部形状都需要表达，机件又不对称，或不能采用半剖时，如图 6-44 所示视图应采用怎样的方法来表达？

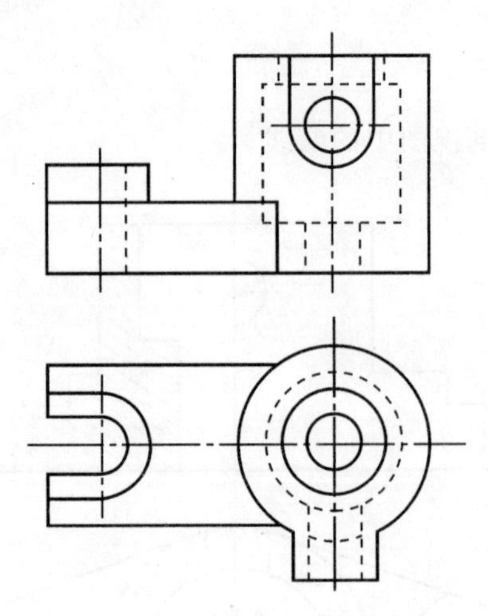

图 6-44　视图改画成剖视图

任务分析

局部剖视图主要用于不对称机件的内、外形状均需在同一视图上兼顾表达的情况。局部剖视图的剖切范围可大可小，非常灵活，如运用恰当可使表达重点突出，简明清晰。

相关知识

用剖切平面局部地剖开机件所得的剖视图称为局部剖视图。局部剖视图主要用于不对称机件的内、外形状均需在同一视图上兼顾表达的情况，如图 6-45 所示。

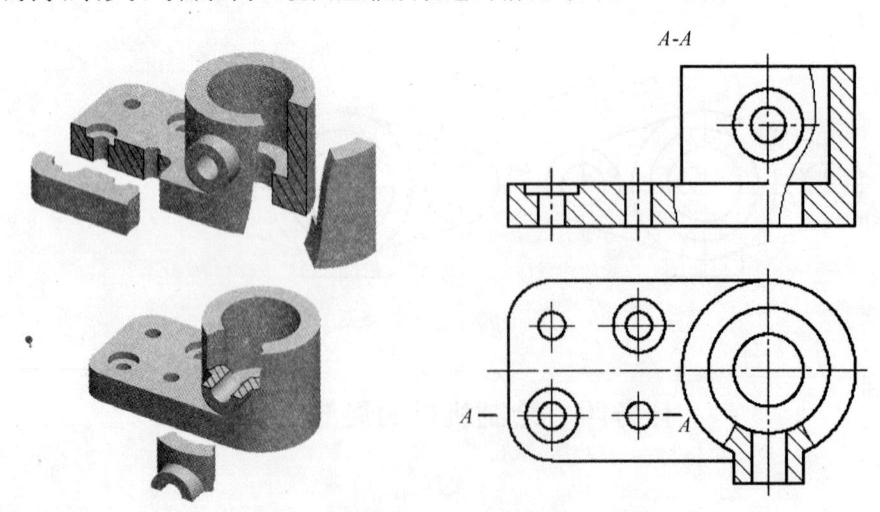

图 6-45　局部剖视剖切过程与局部剖视图

当对称机件不宜作半剖视（如图 6-46(a)）或机件的轮廓线与对称中心线重合，无法以对称中心线为界画成半剖视图时（如图 6-46(b)、(c)、(d)），可采用局部剖视图。

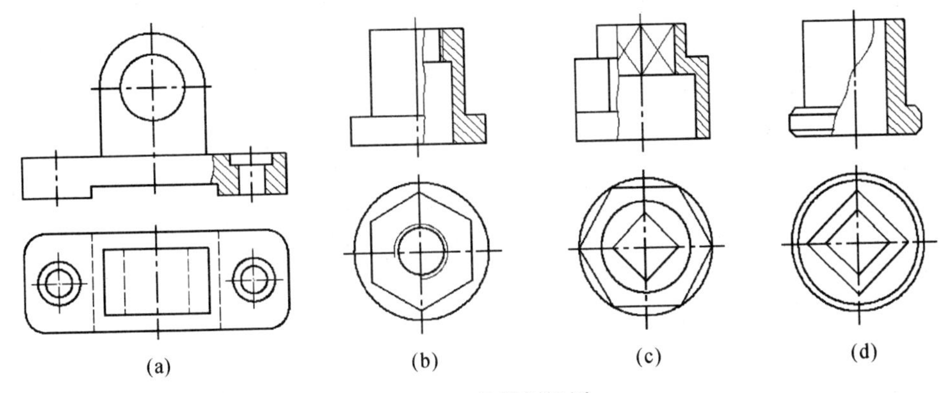

图 6-46　局部剖视图

当实心机件上有孔、凹坑和键槽等局部结构时，也常用局部剖视图表达，如图 6-47 所表示。

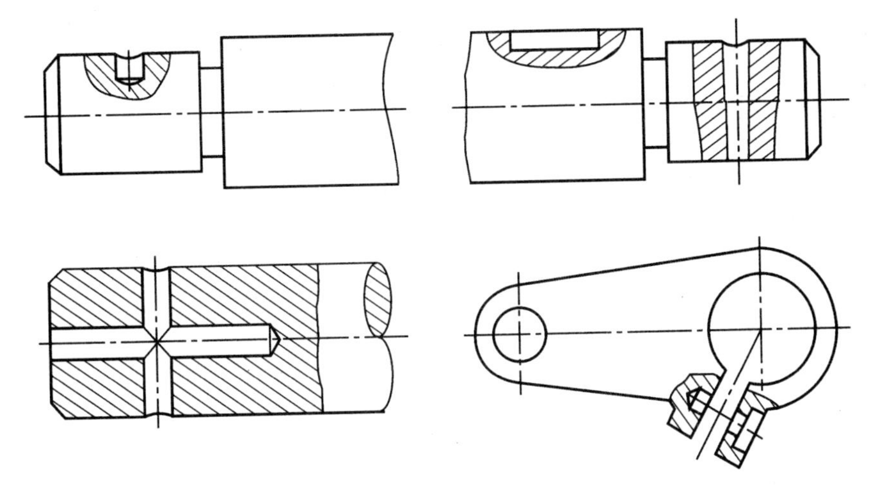

图 6-47　局部剖视图

画局部剖视图应注意的问题：

(1)局部剖视图中，视图与剖视图部分之间应以波浪线为分界线，画波浪线时不应超出视图的轮廓线，不应与轮廓线重合或在其轮廓线的延长线上，不应穿空而过。如图 6-48 所示。

(2)必要时，允许在剖视图中再做一次简单的局部剖视，但应注意用波浪线分开，剖面线同方向、同间隔错开画出。

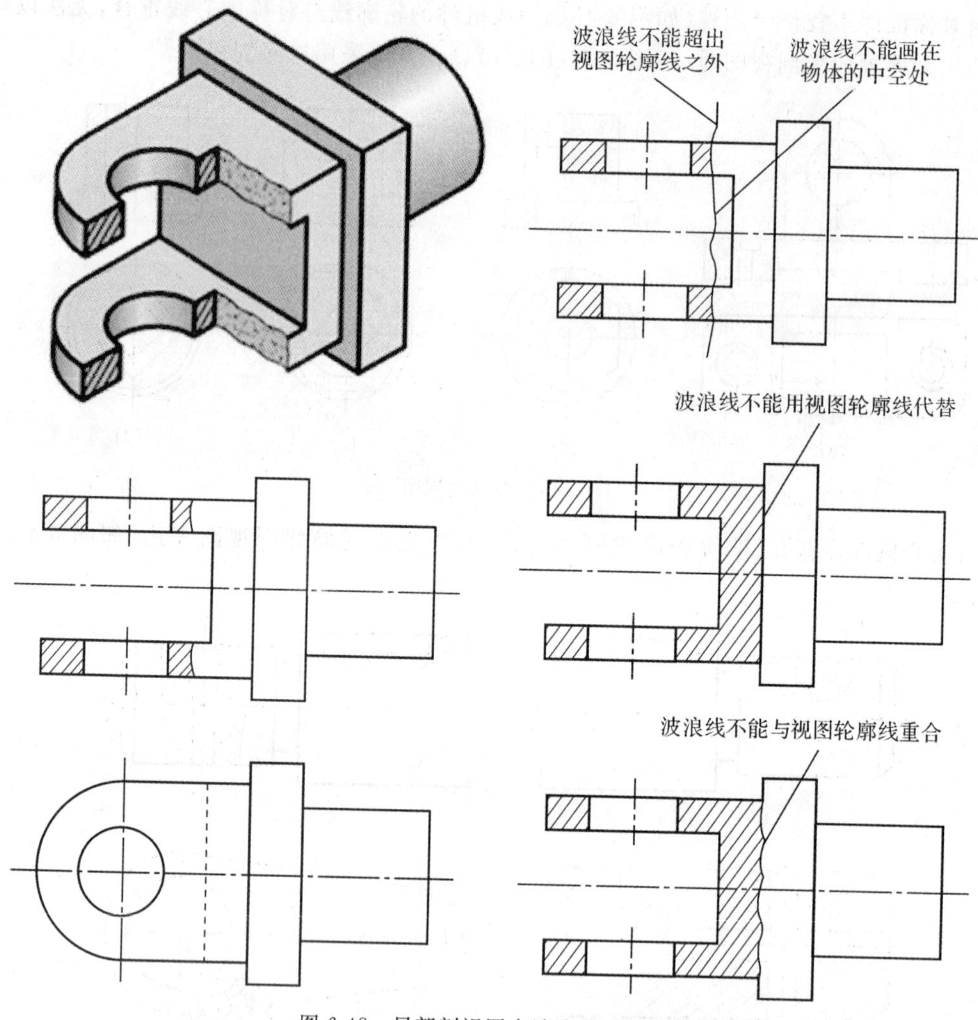

图 6-48　局部剖视图中波浪线的画法

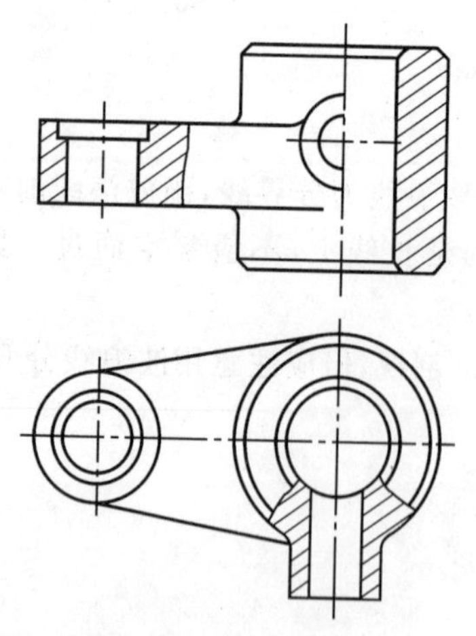

图 6-49　被剖切部位的局部结构为回转体时的画法

(3)当被剖切部位的局部结构为回转体时，允许将该结构的回转轴线作为局部剖视图与视图的分界线，如图 6-49 所示。

(4)当单一剖切平面的位置明显时，局部剖视图可省略标注。但当剖切位置不明显或局部剖视图未按投影关系配置时，则必须加以标注，如图 6-45 中的“A-A”所示。

在一个视图上，局部剖的次数不宜过多，否则会使机件显得支离破碎，影响图形的清晰性和形体的完整性。

任务实施

该不对称机件的内、外形状均需在同一视图上兼顾表达，采用局部剖视图的方法能将机件表达清楚。主视图左端通槽、右端圆柱孔、凸台通孔等结构均采用局部剖视的方法进行表达，外形结构也能表达清楚。具体表达如图 6-50 所示。

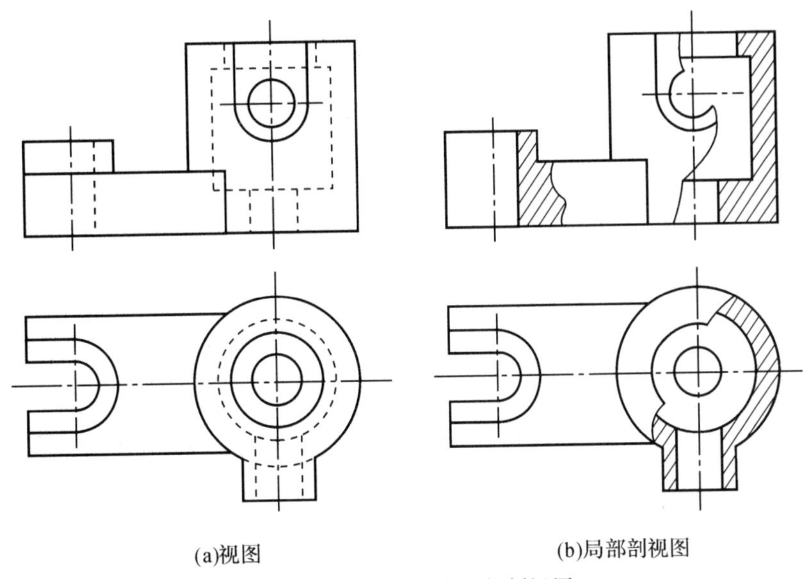

(a)视图　　(b)局部剖视图

图 6-50　视图改画成局部剖视图

思考与实践

1. 在图 6-51 中的右侧将视图改画成局部剖视图。

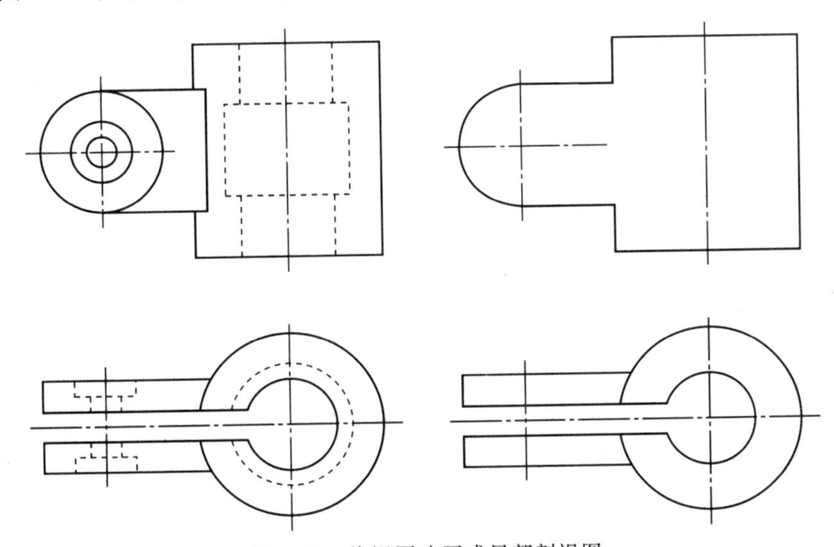

图 6-51　将视图改画成局部剖视图

2.将图6-52所示机件的主、俯视图画成局部剖视图。

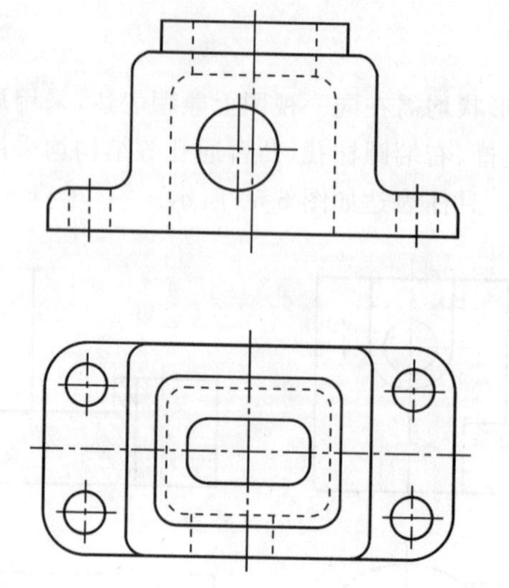

图6-52 将机件的主、俯视图画成局部剖视图

任务五 正确选择剖切面的种类表达机件的内部结构

任务描述

生产中的机件，由于内部结构形状各不相同，剖切时常采用不同位置和不同数量的剖切面，因而，正确选择剖切面的种类表达机件的内部结构就非常重要。如图6-53，根据俯视图和 A 向局部视图，将主视图补充完整。

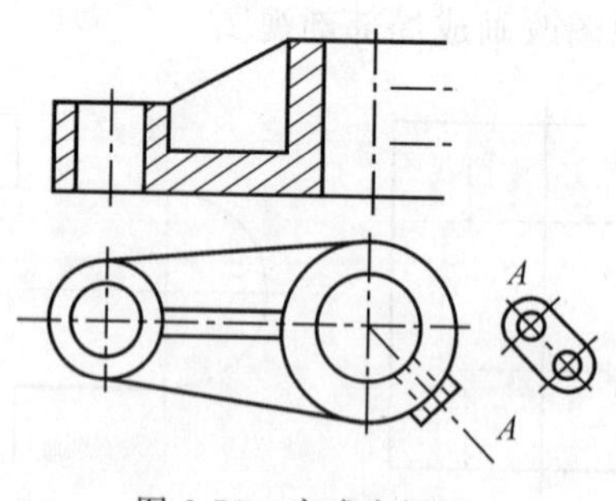

图6-53 完成主视图

任务分析

国家标准规定，根据机件的结构特点，可选择以下剖切面：单一剖切面、几个平行的剖切面、几个相交的剖切面(交线垂直于某一投影面)等。

当选择不同剖切面时，得到的剖视图可给予相应的名称，主要包括阶梯剖视图、旋转剖视图、斜剖视图和复合剖视图。

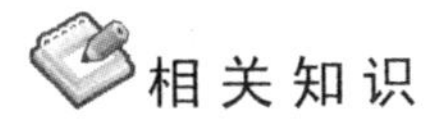

相关知识

由于机件内部结构形状多种多样，故剖切面的种类也不尽相同。为此，国家标准(GB/T 17452—1998)规定根据机件的结构特点，选择以下几类剖切面剖开机件。

1.单一剖切面

(1)用一个剖切面(平面或柱面)剖开机件的方法，称为单一剖切，一般用平行(或垂直)于基本投影面的单一剖切平面剖切。前面介绍的全剖视图、半剖视图和局部剖视图都是用平行于基本投影面的单一剖切平面剖切得到的剖视图，可见用单一剖切平面剖切的方法应用之多。也可用柱面剖切机件，并将其剖视图展开绘制。

(2)用不平行于任何基本投影面的剖切平面剖开机件的方法，称为斜剖，如图 6-54 中的“*A*-*A*”剖视图。

斜剖视图主要用于表达机件上倾斜部位的内部结构。

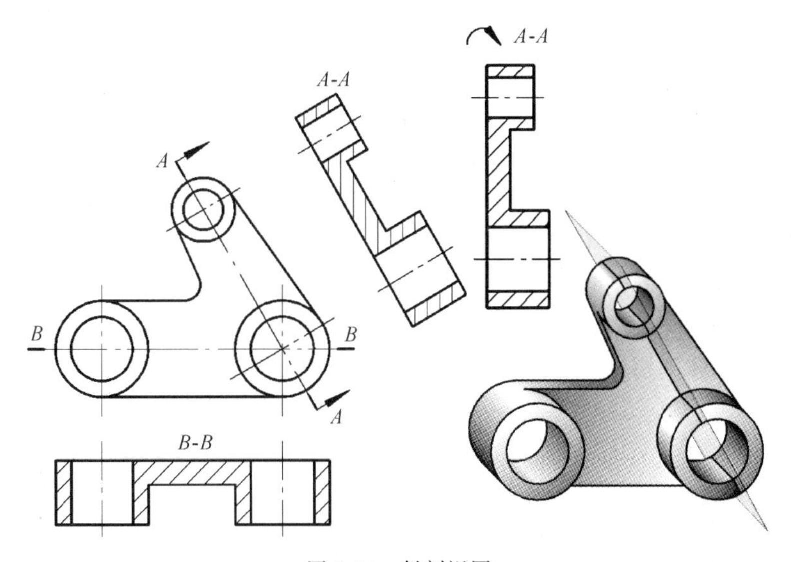

图 6-54 斜剖视图

采用斜剖画剖视图，应注意以下几点：

剖切平面应与机件倾斜的内部结构平行(或垂直)，同时，又必须垂直于某一基本投影面，剖开后向剖切平面的垂直方向投射，并将其旋转到与它所垂直的基本投影面重合后画出，以反映其内部被剖切到的倾斜结构的真形。

斜剖视图最好配置在箭头所指的一侧，以保持直接的投影关系。必要时，可配置在图纸的其他适当位置。在不至于引起误解时，也可将图形旋转放正画出，但这时应在斜剖视图上方正中位置注成“×-×↷”或“↶×-×”形式，以示其名称，如图 6-54 中的“↶*A*-*A*”。

采用斜剖切画剖视图必须标注，其标注方法与以上几种剖切面的标注基本相同，但应特别注意的是注写字母一律按水平位置书写，字头朝上。其中旋转符号的尺寸和比例与斜视图相同。

2.几个平行的剖切平面

用几个平行的剖切平面剖开机件的方法，称为阶梯剖，如图 6-55 所示。阶梯剖视图用于表达用单一剖切平面不能表达的机件。如图 6-55 所示的机件，其主视图是用了三个相互平行的且平行于基本投影面（正立投影面）的剖切平面呈阶梯状地剖切。

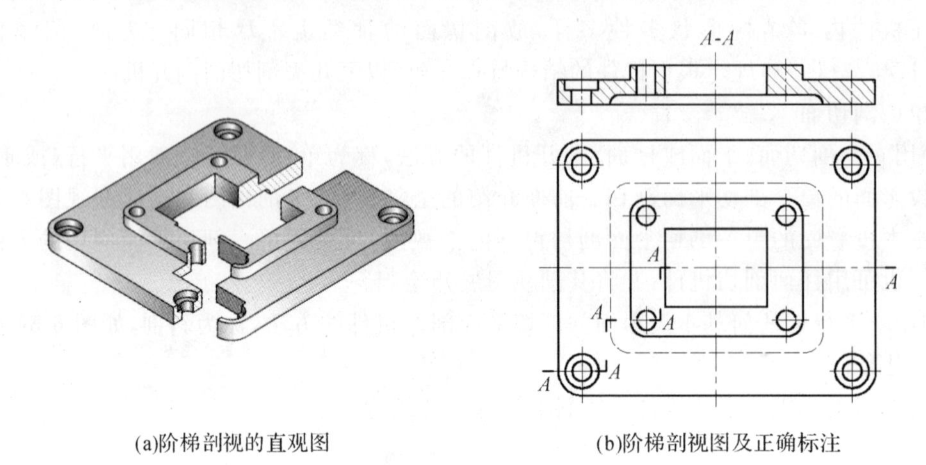

(a)阶梯剖视的直观图　　(b)阶梯剖视图及正确标注

图 6-55　阶梯剖视图的形成及标注

阶梯剖适用于表达外形简单、内形较复杂且难以用单一剖切平面剖切表达的机件。

采用阶梯剖的方法画剖视图，必须注意以下几点：

(1)几个剖切平面剖切后所得的剖视图是一个图形，不应在剖视图中画出各剖切平面的界线，即转折处不应在剖视图中画出轮廓线，如图 6-56(a)所示的画法是错误的。

(2)剖切平面转折处的剖切符号中的粗短画不应与视图中的轮廓线重合，如图 6-56(b)所示的画法是错误的。

(3)要恰当地选择剖切位置，避免在视图上出现不完整的要素，如图 6-56(c)的剖切位置是错误的。

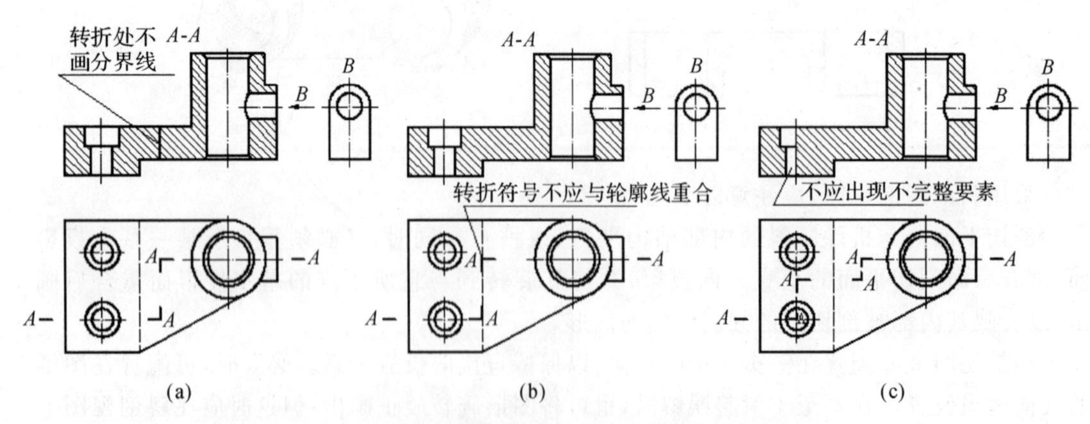

图 6-56　阶梯剖视图中常见的错误画法及标注

(4)只有当机件在视图上的两个要素具有公共对称线或回转轴线时，可以各剖一半，合并成一个剖视图，此时应以对称线或回转轴线为分界线，如图 6-57 所示。

采用阶梯剖画剖视图必须标注，其标注方法与单一剖切基本相同。当剖视图按投影关系配置，而中间又无其他图形隔开时，可省略箭头，如图 6-57 所示；当转折处的位置有限且不会引起误解时，其转折处允许省略字母。

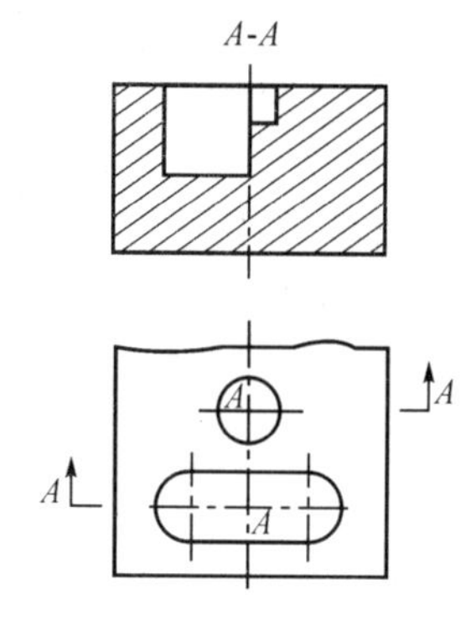

图 6-57 各画一半的剖视图

3. 两个相交的剖切平面

用两个相交的剖切平面(交线垂直于某一基本投影面)剖开机件的方法，称为旋转剖，如图 6-58 所示。

当机件内部结构形状用单一剖切平面剖切不能完全表达，而这个机件在整体上又具有垂直于某一基本投影面的回转轴线时，则可用旋转剖表达。

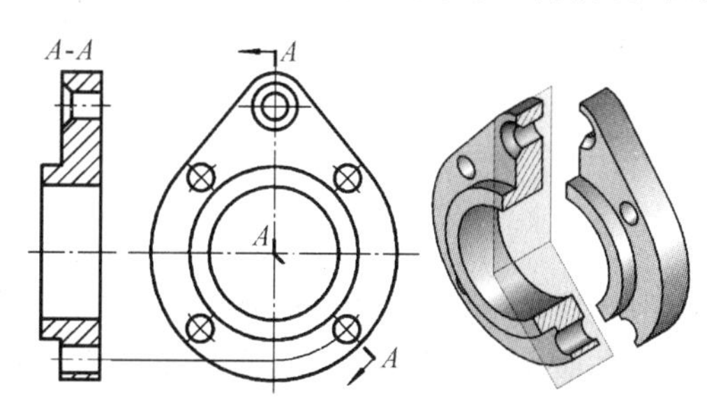

图 6-58 旋转剖视图

采用旋转剖画剖视图，应注意以下几点：

(1)两相交的剖切平面的交线应与机件上垂直于某一基本投影面的回转轴线重合。

(2)先假想按剖切位置剖开机件，然后，将被剖切平面剖开的结构及其有关部分旋转到与选定的投影面平行后，再投射画出，以反映被剖切结构的真形，但在剖切平面以后的其他结构一般仍按原来位置投射画出，如图 6-59 中的小油孔。

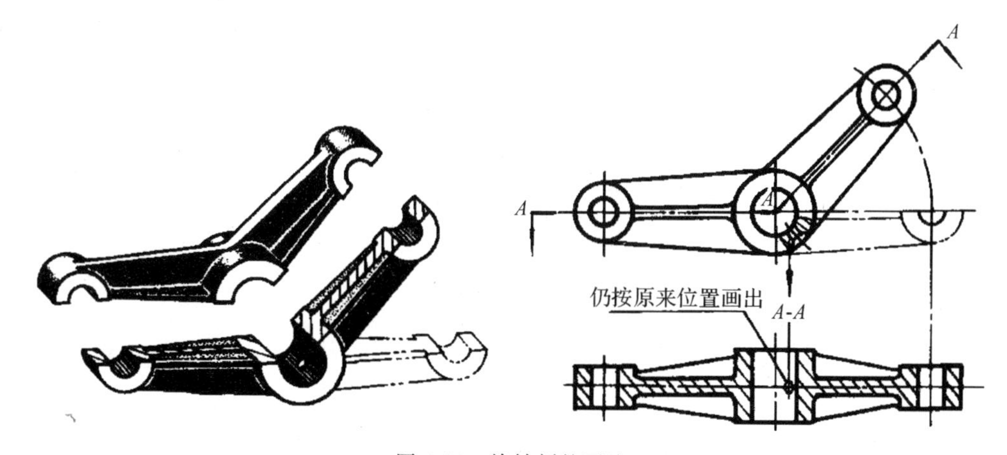

图 6-59 旋转剖的画法

(3)当两相交的剖切平面剖到机件上的结构产生不完整要素时,应将此部分结构按不剖绘制,如图 6-60 所示。

注意:当剖切平面通过肋板、轮辐、薄壁等结构的纵向对称面时,不画剖面线,用粗实线与邻接部分分开。

图 6-61 是采用旋转剖画成的局部剖视图。

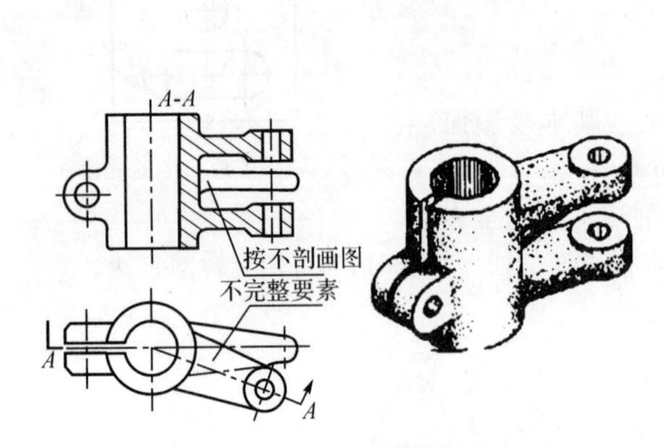

图 6-60 剖到不完整要素的画法

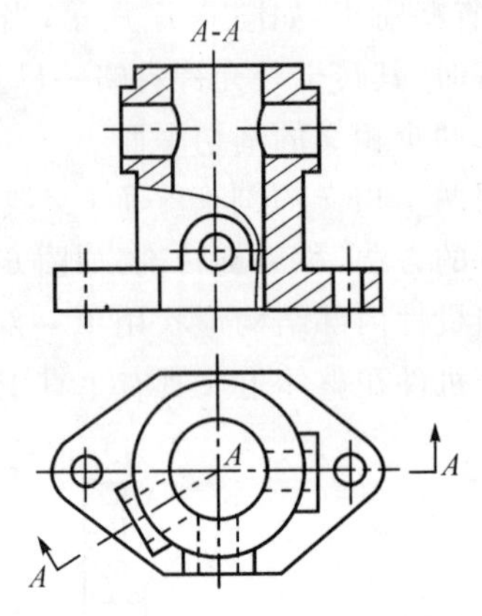

图 6-61 采用旋转剖的局部剖视图

采用旋转剖画剖视图必须标注,其标注方法与阶梯剖基本相同,但特别要注意的是标注中的箭头所指的方向是与剖切平面垂直的投射方向,而不是旋转方向。有时也可省略箭头,注写字母一律按水平位置书写,字头朝上。

应当指出:采用上述各种剖切面及其组合剖切面画剖视图时,也均可画成全剖视图、半剖视图和局部剖视图,图 6-61 就是旋转剖画成的局部剖视图。

任务实施

该机件采用两个相交的剖切平面进行剖切,画图时,倾斜的那个剖切平面要先绕回转轴线转到与正投影面平行后再投影;剖切面后的其他结构一般按原来的位置投影;旋转剖必须标注。如图 6-62 所示。

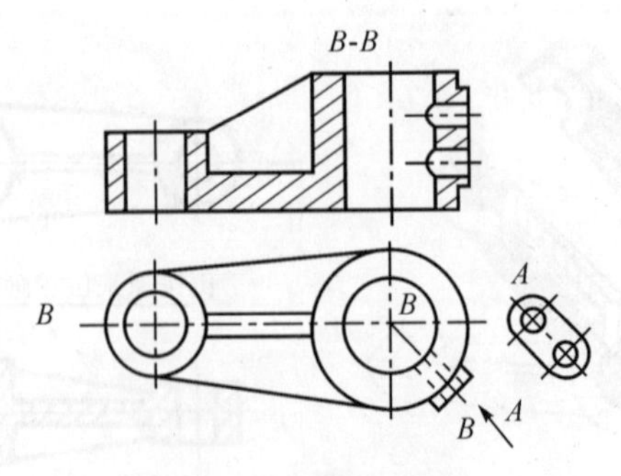

图 6-62 旋转剖视图

思考与实践

如图 6-63 所示，用适当的方法在规定的地方画成全剖视图，并按规定进行标注。

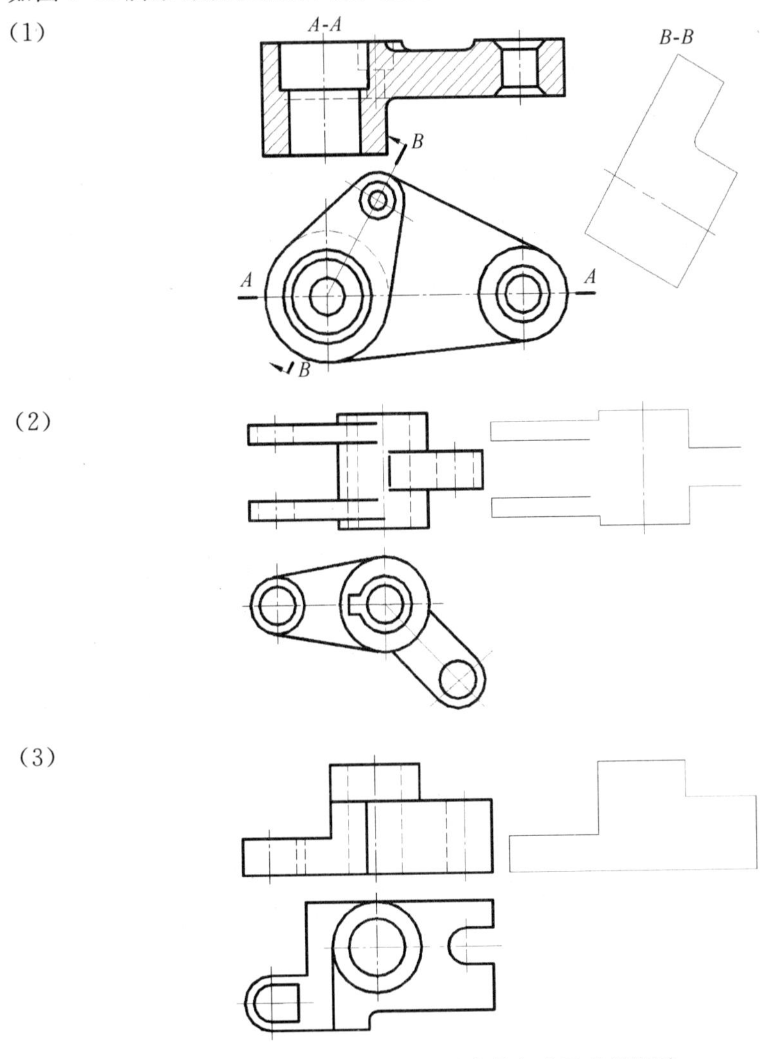

图 6-63 用适当的方法画成剖视图

课题三 识读支架机件的断面图

断面图主要用来表达机件某部分的断面的结构形状，配合视图、剖视图等图形表达机件局部结构形状。

知识目标

1. 掌握断面图的定义和分类；
2. 掌握移出断面图和重合断面图的绘制方法及标注方法；
3. 熟悉画断面图应注意的问题。

能力目标

1. 能够运用断面图，配合视图、剖视图正确表达给定的典型机件局部结构形状；
2. 培养空间想象能力及绘图能力。

任务描述

画出图 6-64 所示支架的 *A-A*、*B-B* 断面图。

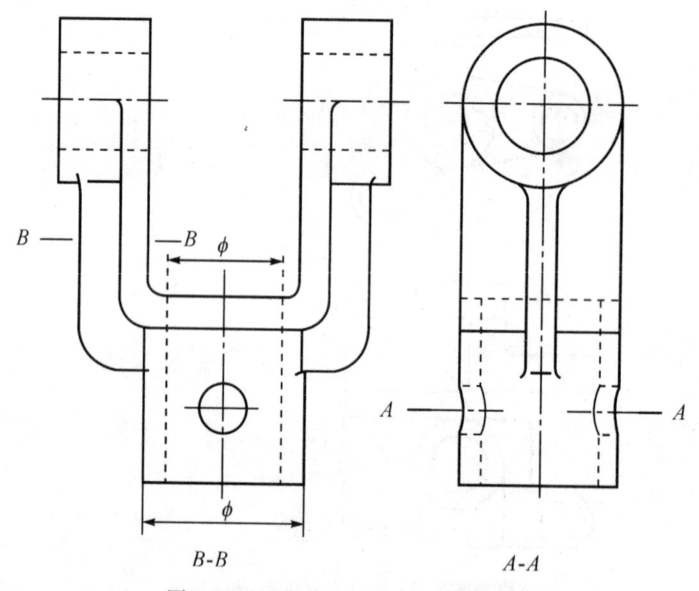

图 6-64　画出支架 *A-A*、*B-B* 断面图

任务分析

断面图是机件结构形状表达中常用的一种方法，有些结构采用断面图表达显得更为清晰、简洁，同时也便于标注尺寸。通过学习，了解断面图的特点及有关基本知识，掌握断面图的画法。

相关知识

轴类机件是生产生活中最为常见的机件之一，如图 6-65(a)所示，左端有一键槽，右端还有一个孔。在主视图上能表示出键槽和孔的形状和位置，但其深度未表达清楚。若想了解该机件的孔和键槽的结构需得到横截面图，如果采用剖视图还需将除断面外的可见部分全部画出，比较麻烦，此时可采用断面图。

假想用剖切平面将机件的某处切断，仅画出剖切面与机件接触部分的图形称为断面图，如图 6-65(b)所示。

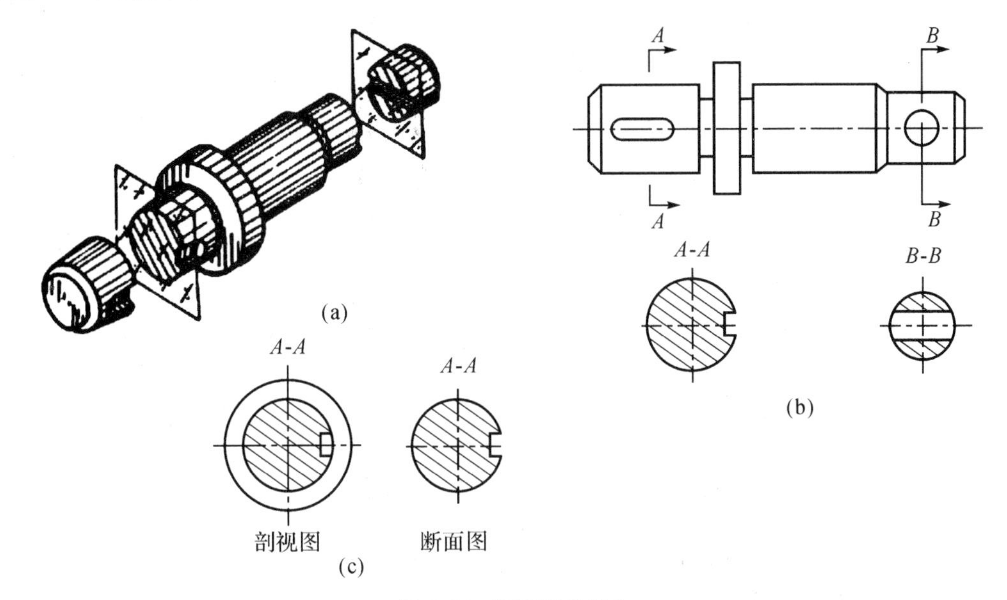

图 6-65 断面图的概念

断面图与剖视图的主要区别：断面图是仅画出机件断面的真实形状；而剖视图除了要画出其断面形状外，还要画出剖切平面后面所有的可见轮廓线，如图 6-65(c)所示。

断面图主要用来表达机件上某些部分的截断面形状，如肋板、轮辐、键槽、小孔及各种细长杆件和型材的截断面形状等，如图 6-66 所示。

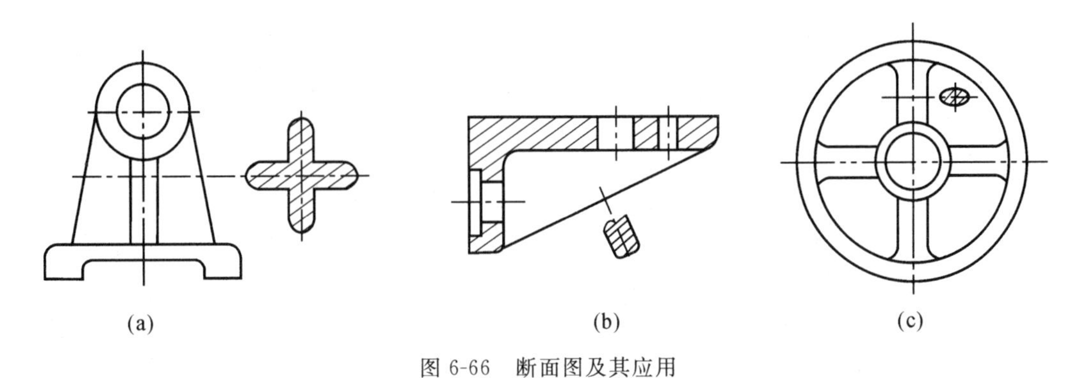

图 6-66 断面图及其应用

断面图根据其画在图上的位置不同，可分为移出断面图和重合断面图两种。

1. 移出断面图的画法和标注

(1)移出断面图的画法

画在轮廓之外的断面图称为移出断面图。图 6-67 就是移出断面图。移出断面由于画在视图之外,不影响图形的清晰。

移出断面的轮廓线用粗实线画出,断面上画出剖面符号。

移出断面应尽量配置在剖切平面的延长线上,必要时也可以画在图纸的适当位置,但要标注清楚,如图 6-67 的断面 A-A。

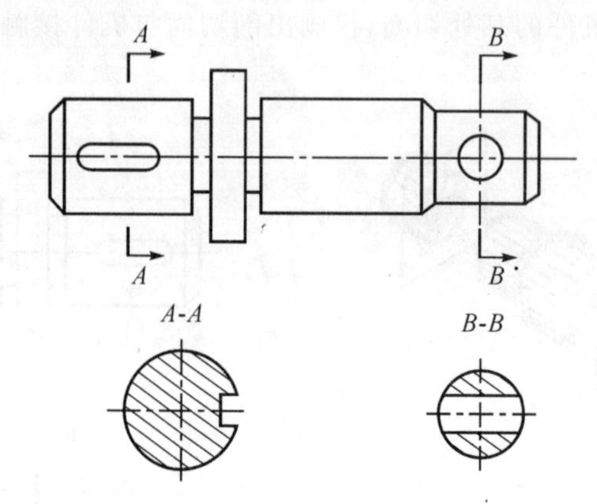

图 6-67　移出断面图画法

在不引起误解时,允许将断面图旋转放正画出,如图 6-68 中的"B-B ↶"、"↷ D-D"。

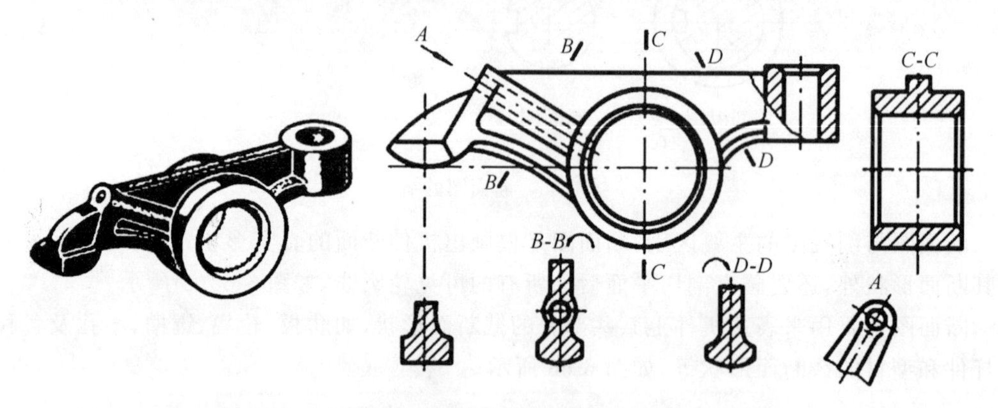

图 6-68　可异地配置或旋转的移出断面图及其标注形式

当移出断面对称时,也可画在视图的中断处,如图 6-69 所示。

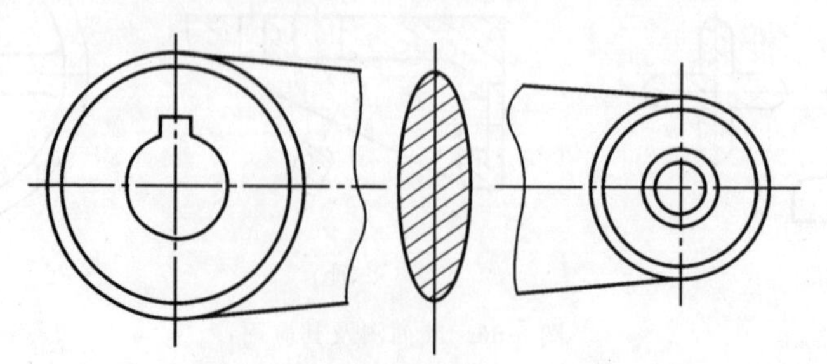

图 6-69　移出断面对称时的画法

当剖切平面通过由回转面形成的孔或凹坑的轴线时，这些结构应按剖视绘制。如图 6-70 所示。

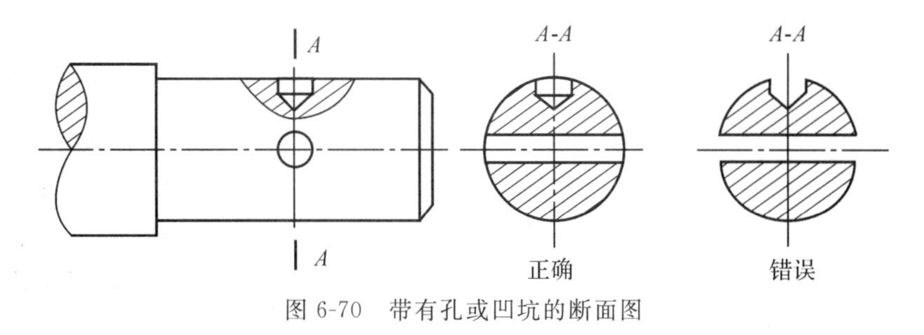

图 6-70 带有孔或凹坑的断面图

当剖切平面通过非圆孔，会导致出现分离的两个断面图时，则这些结构应按剖视绘制。如图 6-71 所示。

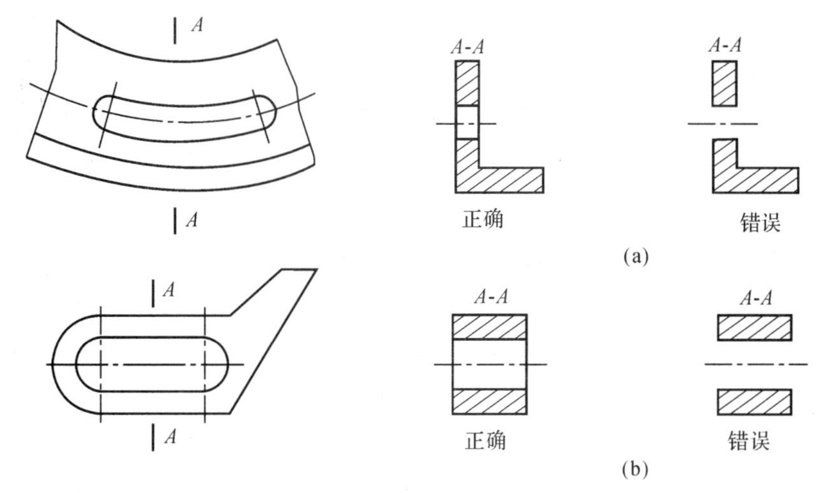

图 6-71 按非圆孔剖视图绘制的断面图

由两个或多个相交的剖切平面剖切得出的移出断面图，中间一般应断开绘制，其断面图形的中间应用波浪线断开。如图 6-72 所示。

图 6-72 相交平面切得的断面图应断开

必须指出：这里的“按剖视绘制”是指被剖切到的结构，并不包括剖切平面后的其他结构。

(2)移出断面图的标注

移出断面图的标注与剖视基本相同，一般也用剖切符号中的粗短画表示剖切平面剖切位置，箭头表示剖切后的投射方向，在其外侧注上大写拉丁字母，并在相应的断面上放正中位置用同样字母标注出名称“×-×”。如表 6-2 所示。

表 6-2　移出断面图标注方法及其省略标注的情况

移出断面图的位置	移出断面图形状对称	移出断面图形状不对称
在剖切位置延长线上	省略标注	省略字母
按投影关系配置	省略箭头 A A A-A	省略箭头 A A A-A
在其他位置	省略箭头 A A A-A	不能省略 A A A-A

2. 重合断面图的画法和标注

画在视图轮廓之内的断面图称为重合断面图，如图 6-73 所示。

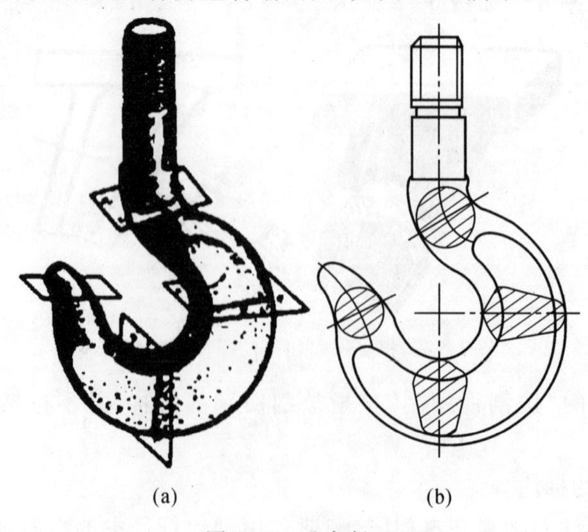

(a)　(b)

图 6-73　重合断面

(1)重合断面图的画法

为了使图形清晰,避免与视图中的线条混淆,重合断面的轮廓线用细实线画出。当重合断面的轮廓线与视图的轮廓线重合时,仍按视图的轮廓线画出,不应中断,如图 6-74 所示。

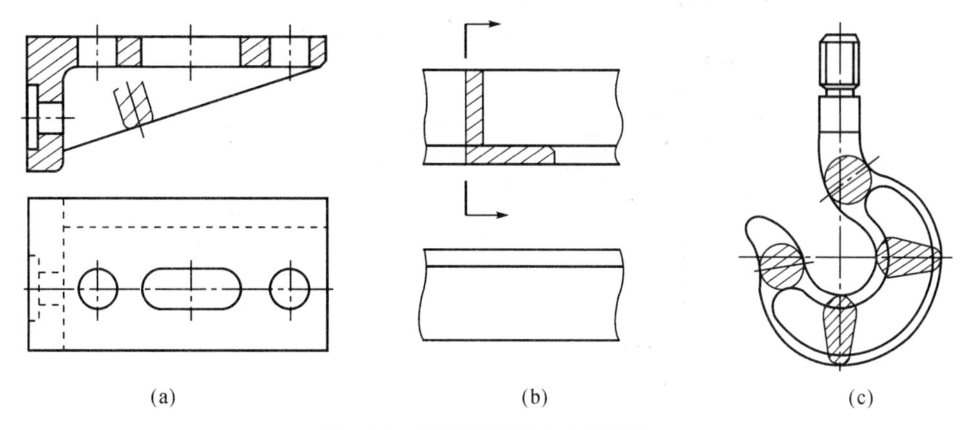

图 6-74　视图轮廓线应连续画出

(2)重合断面的标注

重合断面是直接画在视图内剖切位置上,因此,标注时可省略字母不对称的重合断面,仍要画出剖切符号,如图 6-75 所示。对称的重合断面可不必标注,如图 6-76 所示。

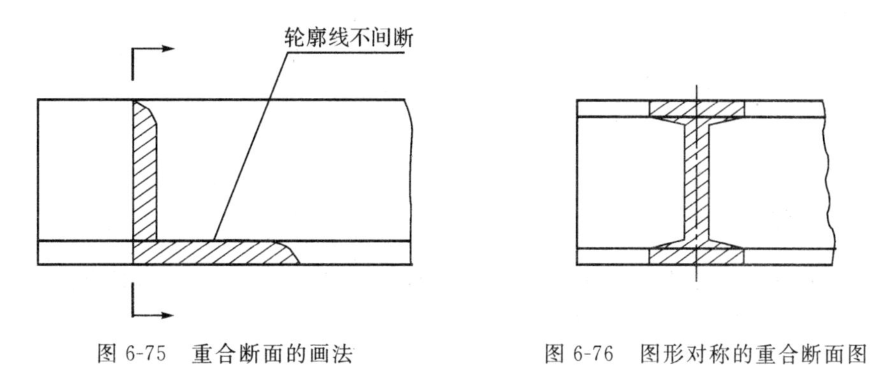

图 6-75　重合断面的画法　　图 6-76　图形对称的重合断面图

任务实施

如图 6-77 所示,*A-A* 断面图表达了圆柱筒的结构形状,*B-B* 断面图表达了支架连杆的断面形状。

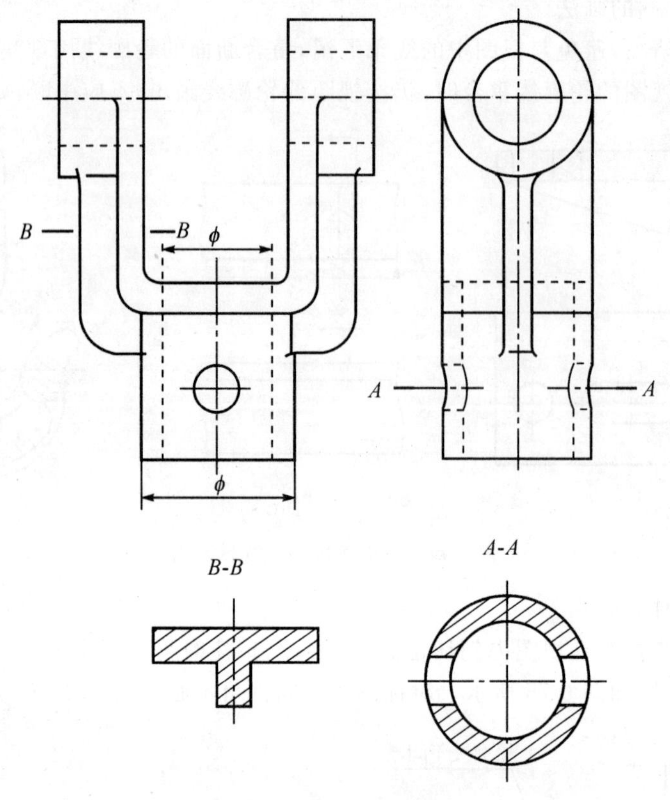

图 6-77　画出移出断面图

思考与实践

1. 如图 6-78 所示，在指定的剖切位置作移出断面图(左端小孔为通孔，键槽深为 3mm)，并标注。

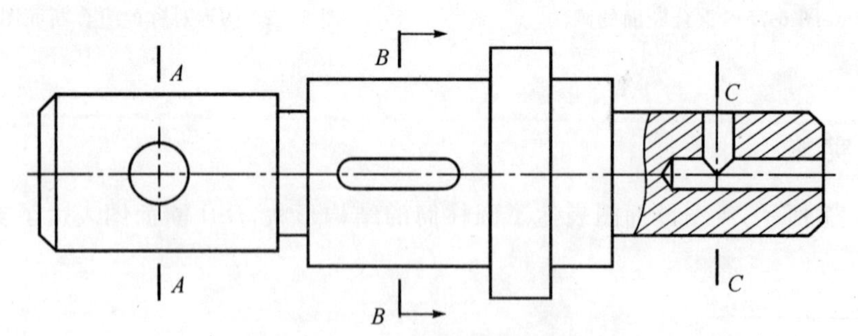

图 6-78　画出移出断面图并标注

2. 如图 6-79 所示，在指定的剖切位置作重合断面图。

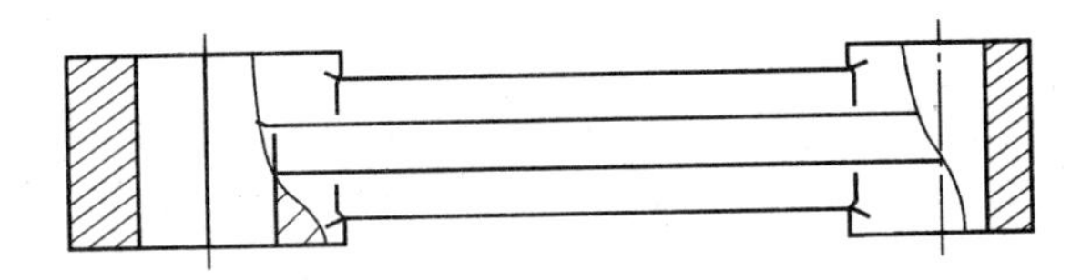

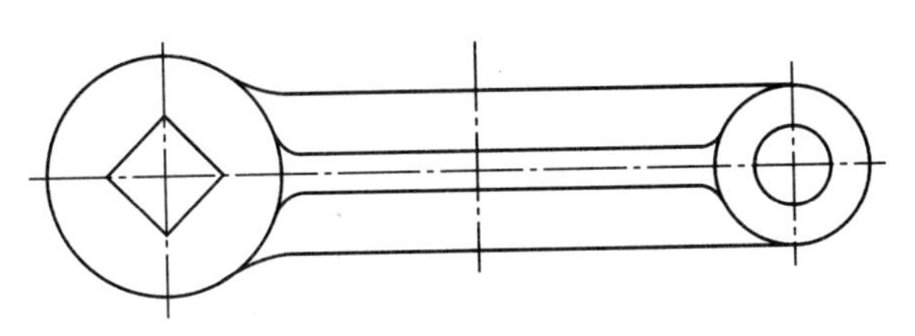

图 6-79 画出重合断面图

课题四 其他表达方法

机件除了视图、剖视图、断面图等表达方法以外，为保证图形清晰和作图简便，国家标准还规定了局部放大图、简化画法和规定画法等表达方法。

知识目标

1. 了解局部放大图、简化画法和规定画法；
2. 重点掌握局部放大图、有关肋板和轮辐等结构的画法、较长机件的折断画法。

技能目标

1. 能够根据机件的特点正确地选择表达方法并进行绘图；
2. 培养认真负责的学习态度和严谨细致的工作作风；
3. 进一步培养空间想象能力、空间思维能力和创新设计能力。

任务一 用局部放大图表达机件

任务描述

了解局部放大图和简化表示法的特点，并正确运用到绘制图样中，从而清晰合理地表达机件的结构形状。

如图 6-80 所示机件，采用局部放大图来表达机件的局部结构。

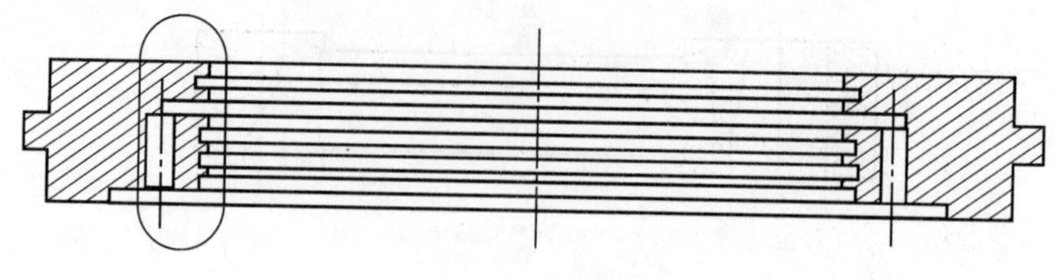

图 6-80　机件的细小结构

任务分析

绘图过程中，有些机件按正常比例绘制视图后，其中一些细小结构表达不够清楚，或不便于标注尺寸时（如图 6-80 所示机件），此时应采用局部放大图来表达。

相关知识

1. 局部放大图概念

当机件上某些细小结构在视图中表达得还不够清楚，或者不便于标注尺寸时，可将这些部分用大于原图形所采用的比例画出，这种图称为局部放大图。如图 6-81 所示。

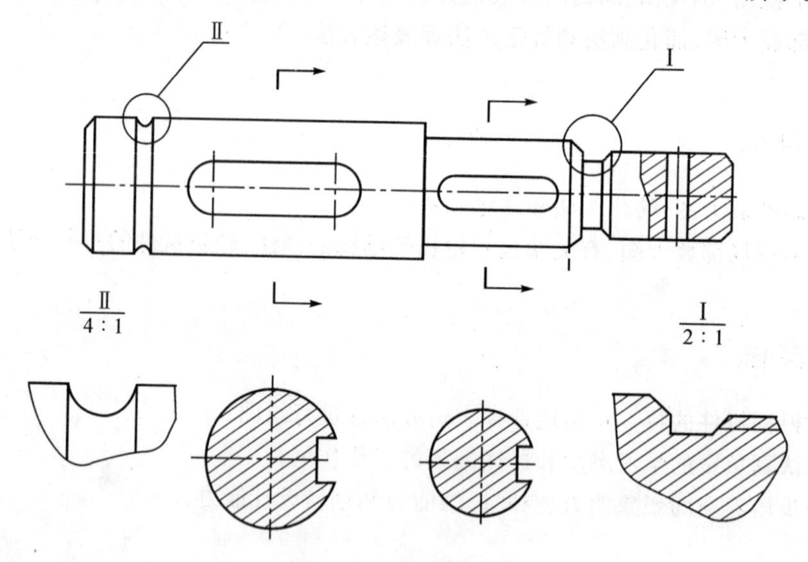

图 6-81　局部放大图

2. 局部放大图画法与标注

绘制局部放大图时，一般应用细实线圆（或长圆形）圈出被放大的部位，在放大图的上方注明所用的比例，并尽量配置在被放大部位的附近。当同一机件有几处被放大时，必须用罗马数字依次标明被放大的部位（罗马数字和放大比例之间的横线用细实线画出，前者写在横线之上，后者写在横线之下），如图 6-81 所示。

局部放大图的投射方向应与被放大部位的投射方向一致；与整体联系的部分用波浪线画

出，画成剖视和断面对其剖面线的方向和间隔应与原图中有关的剖面线的方向和间隔相同。

局部放大图可以画成视图、剖视图和断面图，与放大结构的表达方式无关。

局部放大图的比例，指该图形与实物的比例，与原图采用的比例无关。

任务实施

完成该机件的局部放大图，如图 6-82 所示。

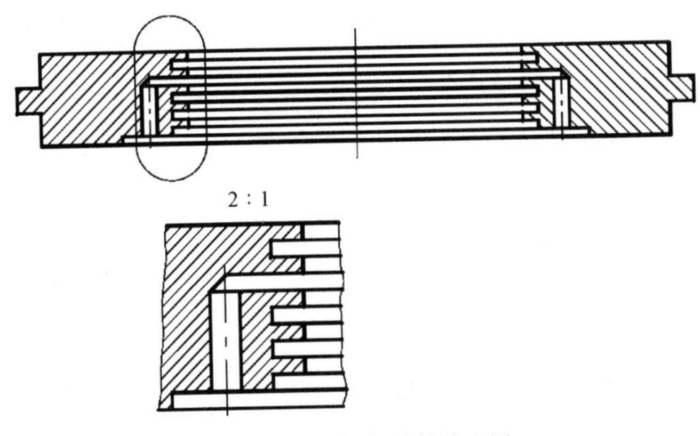

图 6-82 机件的局部放大图

思考与实践

在图 6-83 的指定位置，按 2 ∶ 1 比例，画出局部放大图。

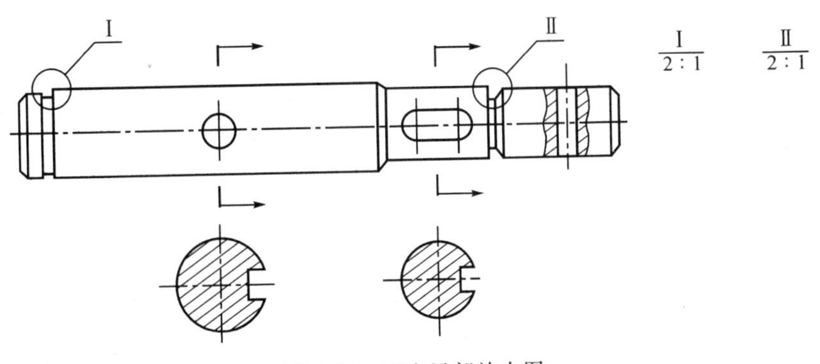

图 6-83 画出局部放大图

任务二 识读简化画法

任务描述

熟记简化画法和规定画法等表达方法。

任务分析

在不影响完整清晰地表达机件的前提下，为了看图方便和画图简便起见，国家标准《机械制图》统一规定了一些简化画法。

任务实施

1. 相同结构的简化画法

当机件上具有若干相同结构(齿、槽、孔等)，并按一定规律分布时，只要画出几个完整结构，其余用细实线相连或标明中心位置，并注明总数，如图 6-84 所示。

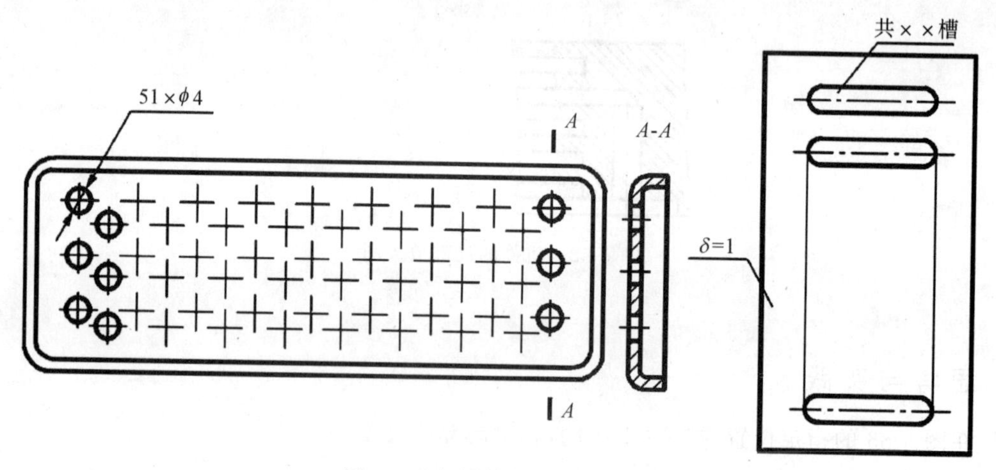

图 6-84　相同结构的简化画法

2. 示意画法

网状物、编织物或机件上的滚花部分，可在轮廓线附近用细实线示意画出，并标明其具体要求，如图 6-85(a)所示。

当图形不能充分表达平面时，可以用平面符号(相交的细实线)表示，如图 6-85(b)所示。

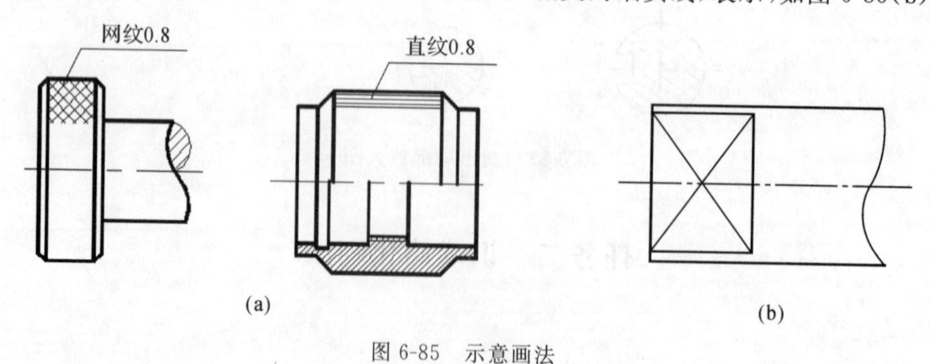

图 6-85　示意画法

3. 折断画法

对于较长的机件(轴、杆、型材、连杆等)沿长度方向的形状一致或按一定的规律变化时，可断开缩短画出，但标注尺寸时仍须标注实际长度，如图 6-86 所示。

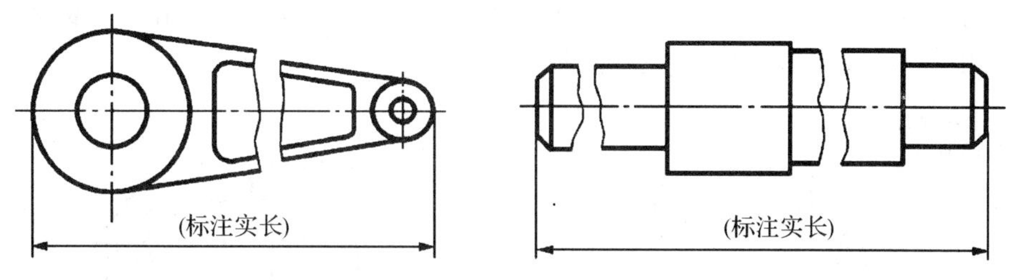

图 6-86 折断画法

圆柱断裂边缘常用花瓣形画出，如图 6-87 所示。

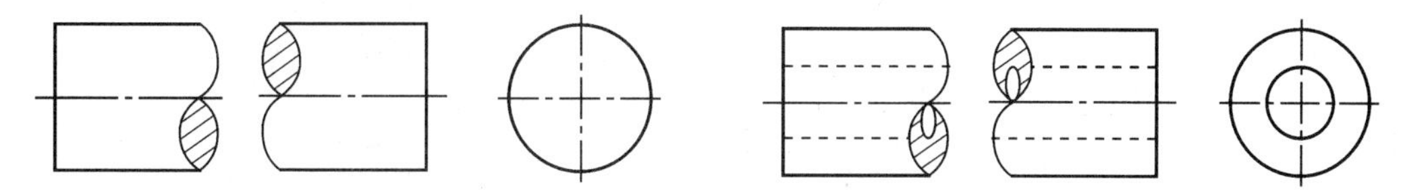

图 6-87 圆柱与圆筒断裂处画法

4.肋板、轮辐等结构的画法

(1)对于机件上的肋板、轮辐及薄壁等结构，当剖开平面沿纵向剖切时，这些结构上都不画剖面符号，而用粗实线将它与其邻接部分分开；当剖切平面沿横向剖切时，这些结构仍需画上剖面符号，如图 6-88 所示。

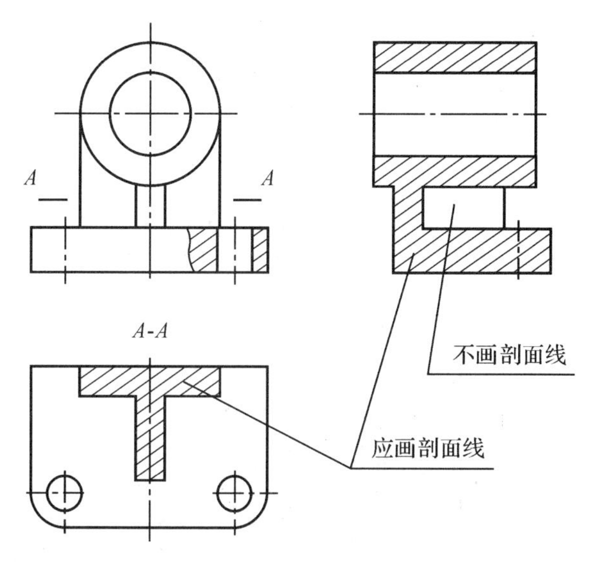

图 6-88 肋板结构的画法

(2)回转体上均匀分布的肋板、轮辐、孔等结构不处于剖切平面上时,可将这些结构假想旋转到剖切平面上画出。若干直径相同且成规律分布的孔,可以只需画出一个或少量几个,其余只需用细点画线表示其中心位置,如图 6-89 所示。

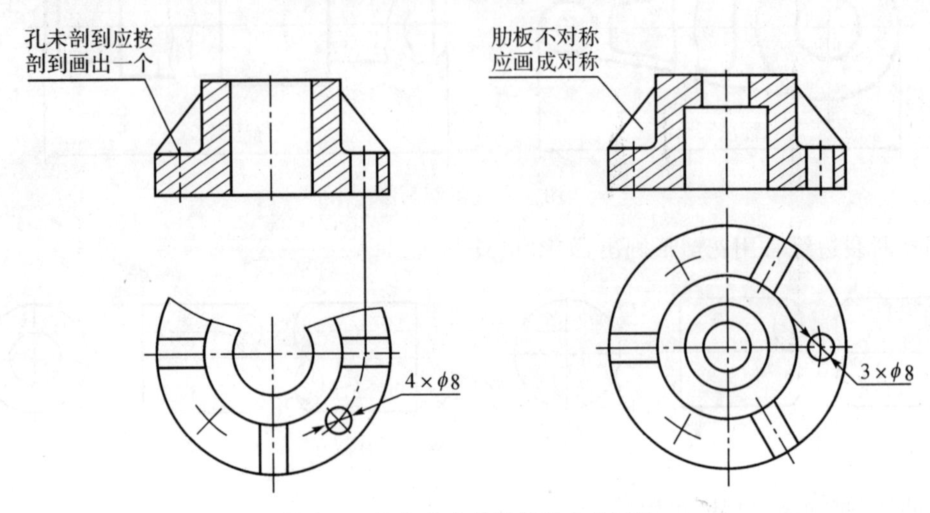

图 6-89 均匀分布的肋板及孔的画法

5.椭圆的简化画法

当绘制与投影面倾斜角度≤30°的圆或圆弧时,可用圆或圆弧来代替椭圆。如图 6-90 所示。

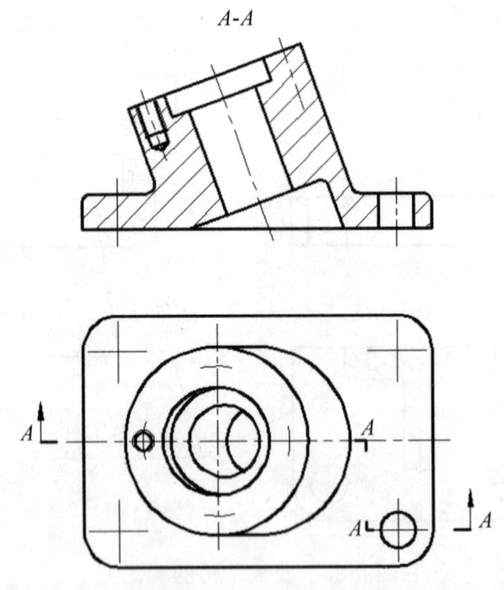

图 6-90 与投影面倾斜角度≤30°的圆或圆弧的画法

6.对称机件的简化画法

在不致引起误解时,对称机件的视图可只画 1/2 或 1/4,并在对称中心线的两端画出两条与其垂直的平行细实线,如图 6-91 所示。

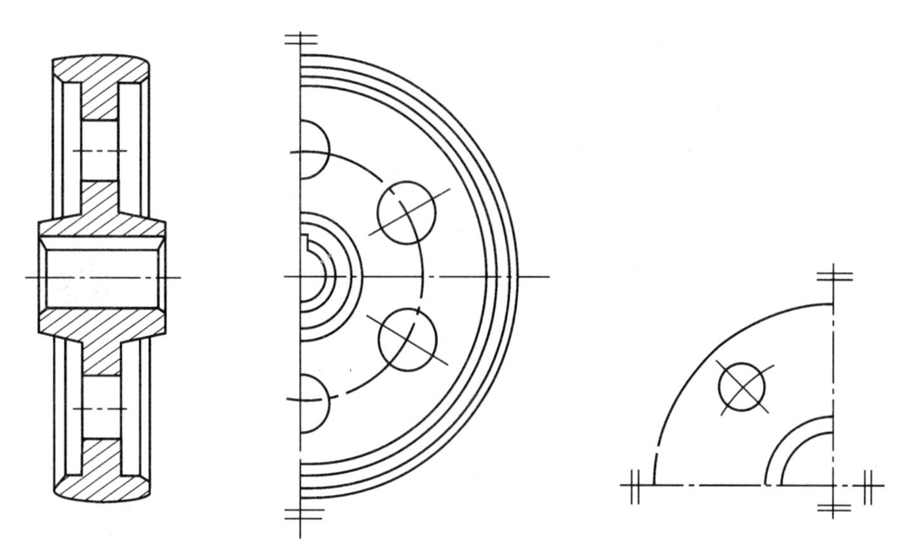

图 6-91 对称机件的简化画法

7.较小结构的简化画法

机件上较小的结构,如在一个图形中已表示清楚时,在其他图形中可以简化或省略。在不致引起误解时,图形中的相贯线允许简化,例如用圆弧或直线代替非圆曲线。如图 6-92 所示。

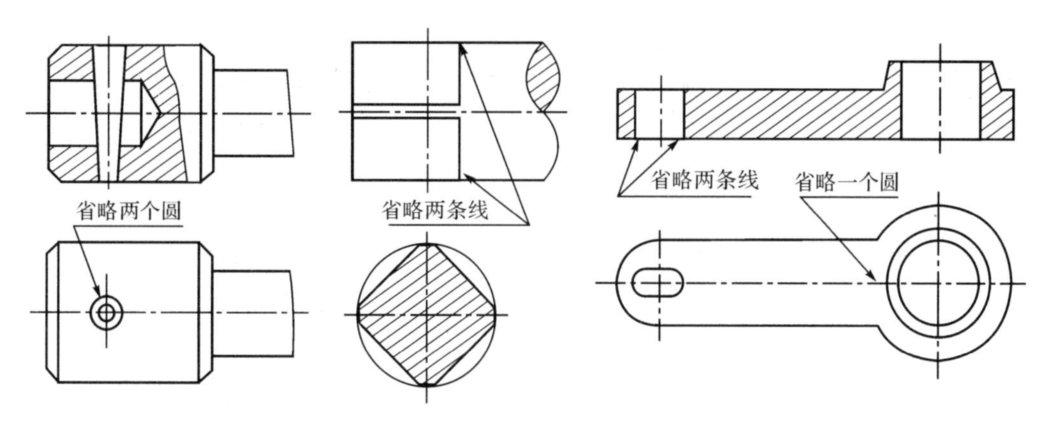

图 6-92 较小结构的简化画法

8.允许省略剖面符号的移出断面

在不致引起误解时,零件图中的移出断面,允许省略剖面符号,但剖切位置和断面图的标注,必须按规定的方法标出。如图 6-93 所示。

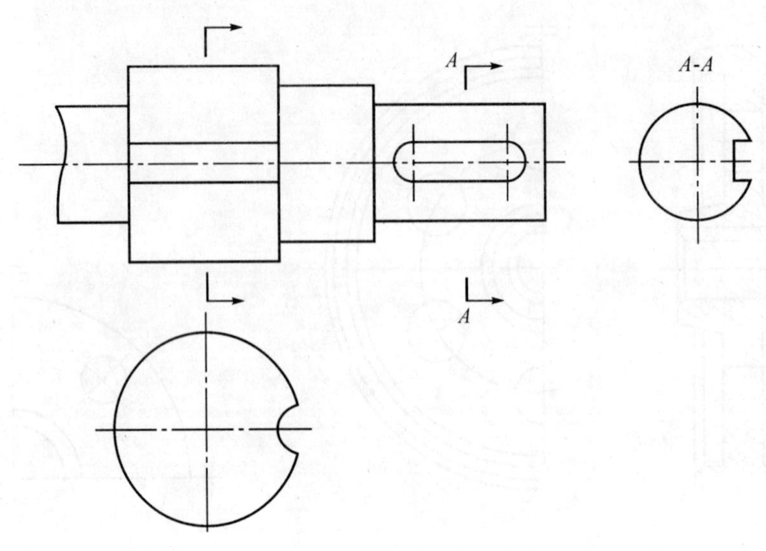

图 6-93　允许省略剖面符号的移出断面

思考与实践

按简化画法，将图 6-94 中的主视图画成全剖的主视图。

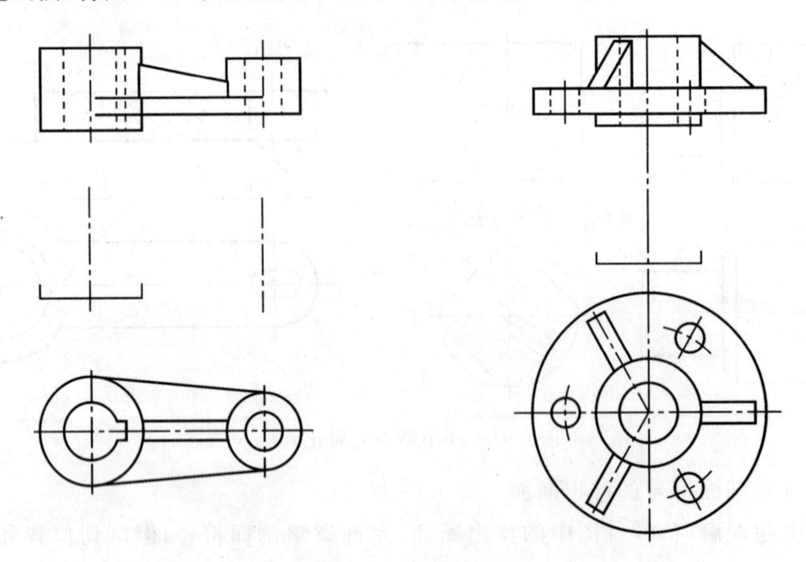

图 6-94　按简化画法，将主视图画成全剖的主视图

模块七　标准件与常用件的规定画法

引言

在机器或部件中，除一般零件外，还广泛使用螺栓、螺钉、螺母、垫圈、键、销和滚动轴承等零件，这类零件的结构和尺寸均已标准化，称为标准件。还经常使用齿轮、弹簧等零件，这类零件的部分结构和参数也已标准化，称为常用件。由于标准化，这些零件可组织专业化大批量生产，提高生产效率和获得质优价廉的产品。在进行设计、装配和维修机器时，可以按规格选用和更换。

本模块介绍标准件与常用件的基本知识、规定画法、代号与标记以及相关标准表格的查用。

课题一　标准件的规定画法

知识目标

1. 了解螺纹的种类、用途和要素，掌握螺纹的规定画法和标注；
2. 了解常用螺纹紧固件的种类、标记及其标准查阅方法，熟悉螺纹紧固件连接画法；
3. 了解键、销的种类、标记，熟悉键、销连接画法；
4. 了解常用滚动轴承的类型、代号及简化画法和规定画法。

技能目标

1. 能绘制标准件、常用件的连接装配图；
2. 学会用查表法获取标准件的尺寸；
3. 培养正确使用机械制图国家标准的能力；
4. 培养认真负责的学习态度和严谨细致的工作作风；
5. 提高自我获取知识的能力。

任务一　螺纹绘制

任务描述

如图 7-1 所示,找出下列螺纹连接中画法中的错误,画出正确的图形。

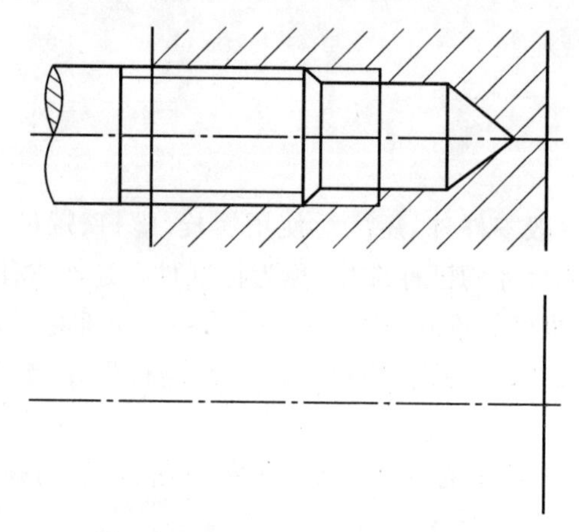

图 7-1　画出正确的螺纹连接图形

任务分析

内外螺纹的连接画法,用剖视图表示螺纹连接时,旋合部分按外螺纹的画法绘制,未旋合部分按各自原有的画法绘制。因此,必须先掌握内、外螺纹的规定画法及连接画法,才能找出如图 7-1 所示螺纹连接画法中的错误,画出正确的图形。

相关知识

螺纹是在圆柱或圆锥表面上,沿着螺旋线形成的具有相同剖面形状(如等边三角形、正方形、梯形、锯齿形……)的连续凸起和沟槽。在圆柱或圆锥外表面所形成的螺纹称为外螺纹,在圆柱或圆锥内表面所形成的螺纹称为内螺纹。用于连接的螺纹称为连接螺纹;用于传递运动或动力的螺纹称为传动螺纹。

1. 螺纹的形成和基本要素

(1)螺纹的形成

各种螺纹都是根据螺旋线原理加工而成,螺纹加工大部分采用机械化批量生产。小批量、单件产品,外螺纹可采用车床加工,加工螺纹的方法很多。图 7-2 为在车床上加工内、外螺纹的示意图,工件作等速旋转运动。刀具沿工件轴向作等速直线移动,其合成运动使切入工件的刀尖在工件表面切制出螺纹来。在箱体、底座等零件上制出的内螺纹(螺孔),一般是先用钻头钻孔,再用丝锥攻出螺纹,如图 7-3 所示。图中加工的为不穿通螺孔亦称盲孔。钻孔时钻头顶部形成一个锥坑，其锥顶角按120°画出。

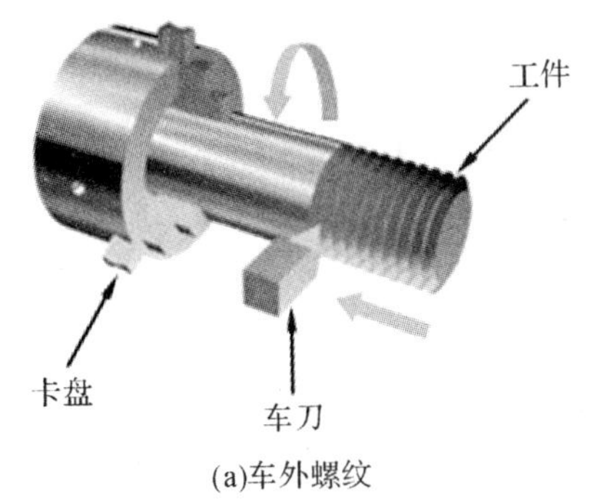

(a)车外螺纹

(b)车内螺纹

图 7-2 在车床上加工螺纹

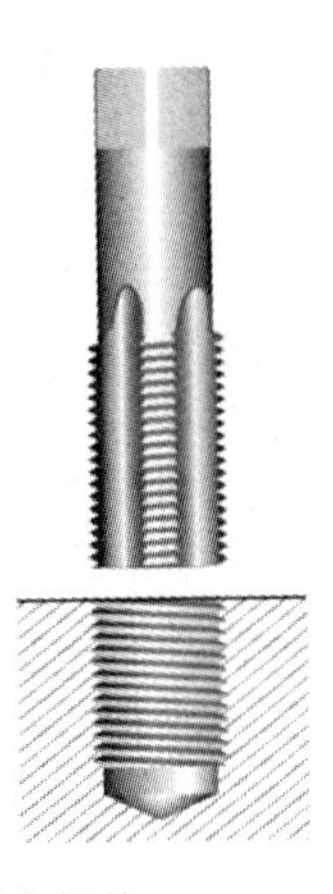

图 7-3 用丝锥攻制内螺纹

(2)螺纹的基本要素

螺纹的基本要素包括牙型、直径(大径、小径、中径)、螺距和导程、线数、旋向等。

①牙型

在通过螺纹轴线的剖面上，螺纹的轮廓形状称为螺纹牙型。常见的螺纹牙型有三角形(60°、55°)、梯形、锯齿形、矩形等。如图7-4所示。

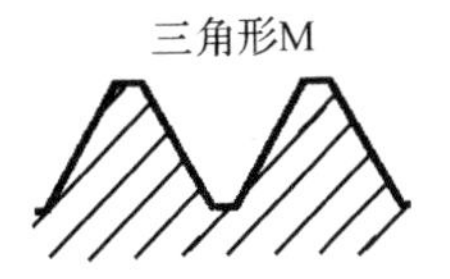

图 7-4 螺纹牙型

②螺纹的直径

大径(d、D)是指与外螺纹的牙顶或内螺纹的牙底相切的假想圆柱或圆锥的直径。内螺纹的大径用大写字母表示，外螺纹的大径用小写字母表示。

小径(d_1、D_1)是指与外螺纹的牙底或内螺纹的牙顶相切的假想圆柱或圆锥的直径。

中径(d_2、D_2)是指一个假想的圆柱或圆锥直径，该圆柱或圆锥的母线通过牙型上沟槽和凸起宽度相等的地方。

公称直径即代表螺纹尺寸的直径，指螺纹大径的基本尺寸，如图7-5所示。

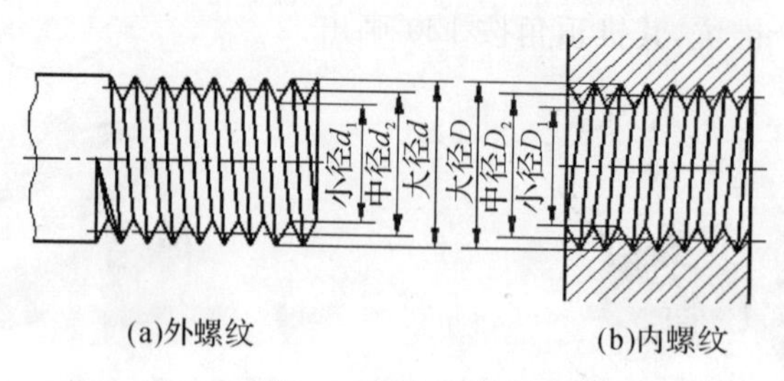

图 7-5　螺纹的直径

③线数

形成螺纹的螺旋线条数称为线数，线数用字母 n 表示。沿一条螺旋线形成的螺纹称为单线螺纹，沿两条以上螺旋线形成的螺纹称为多线螺纹，如图 7-6 所示。

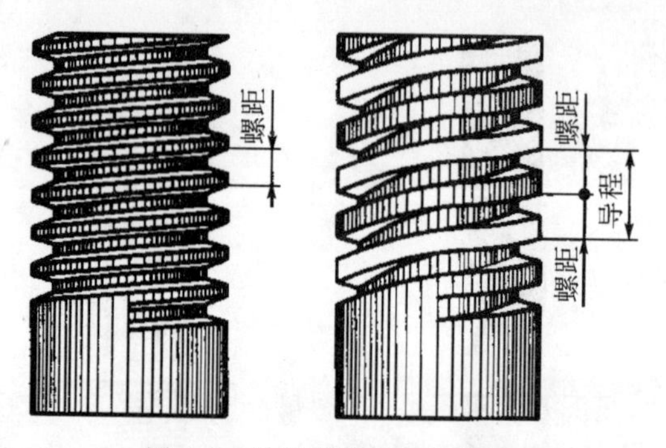

图 7-6　单线螺纹和双线螺纹

④螺距和导程

相邻两牙在中径线上对应两点间的轴向距离称为螺距，螺距用字母 P 表示；同一螺旋线上的相邻两牙在中径线上对应两点间的轴向距离称为导程，导程用字母 P_h 表示，如图 7-6 所示。线数 n、螺距 P 和导程 P_h 之间的关系为 $P_h = P \times n$。

⑤旋向

螺纹分为左旋螺纹和右旋螺纹两种。顺时针旋转时旋入的螺纹是右旋螺纹；逆时针旋转时旋入的螺纹是左旋螺纹，如图 7-7 所示。工程上常用右旋螺纹。

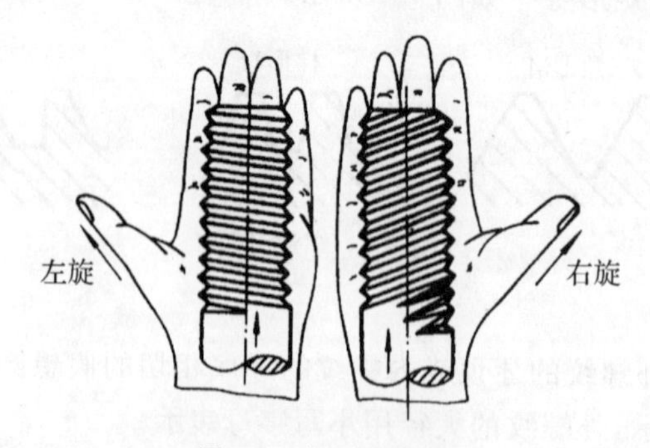

图 7-7　螺纹的旋向

国家标准对螺纹的牙型、大径和螺距做了统一规定。这三项要素均符合国家标准的螺纹称为标准螺纹；凡牙型不符合国家标准的螺纹称为非标准螺纹；只有牙型符合国家标准的螺纹称为特殊螺纹。

螺纹的分类如图 7-8 所示。

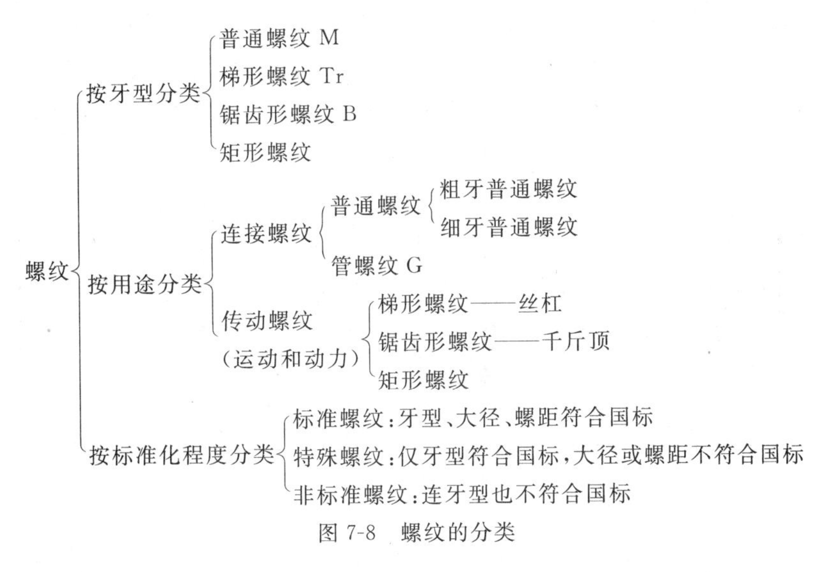

图 7-8　螺纹的分类

2. 螺纹的规定画法

(1)螺纹的规定画法

螺纹一般不按真实投影作图，而是采用机械制图国家标准规定的画法以简化作图过程。

①外螺纹的画法

外螺纹的大径用粗实线表示，小径用细实线表示。螺纹小径按大径的 0.85 倍绘制。在不反映圆的视图中，小径的细实线应画入倒角内，螺纹终止线用粗实线表示，在反映圆的视图中，表示小径的细实线圆只画约 3/4 圈，螺杆端面上的倒角圆省略不画，如图 7-9 所示。剖视图中的螺纹终止线和剖面线画法如图 7-10 所示。

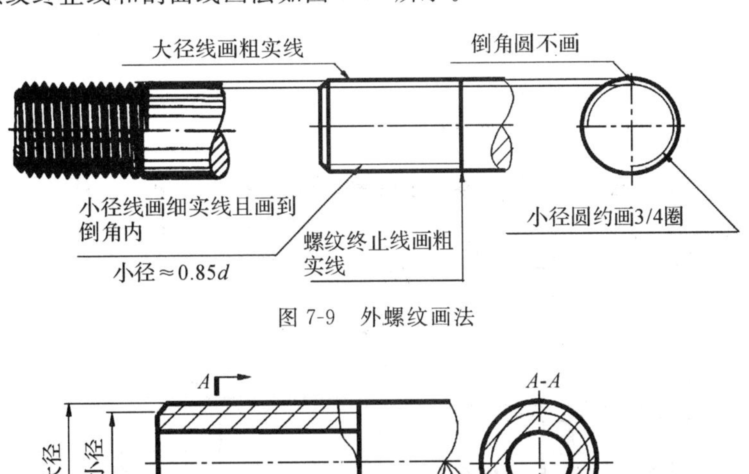

图 7-9　外螺纹画法

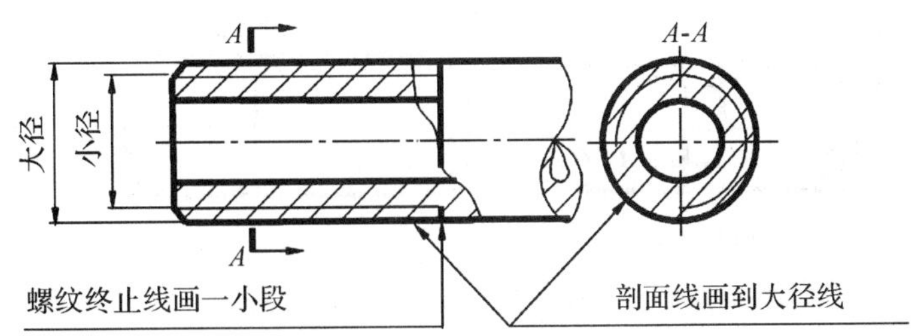

图 7-10　外螺纹剖视画法

②内螺纹的画法

内螺纹通常采用剖视图表达，在不反映圆的视图中，大径用细实线表示，小径和螺纹终止线用粗实线表示，且小径取大径的 0.85 倍，注意剖面线应画到粗实线；若是盲孔，终止线到孔的末端的距离可按 0.5 倍大径绘制；在反映圆的视图中，大径用约 3/4 圈的细实线圆弧绘制，孔口倒角圆不画，如图 7-11(a)、(b)所示。

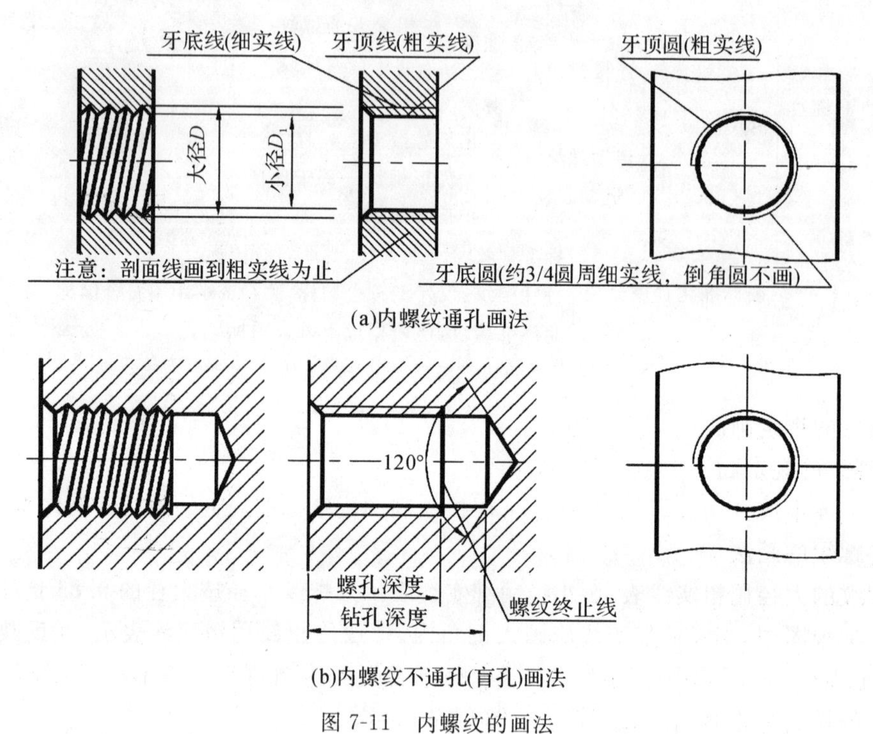

图 7-11　内螺纹的画法

③螺纹局部结构的画法与标注

螺纹局部结构的画法与标注如图 7-12 所示。

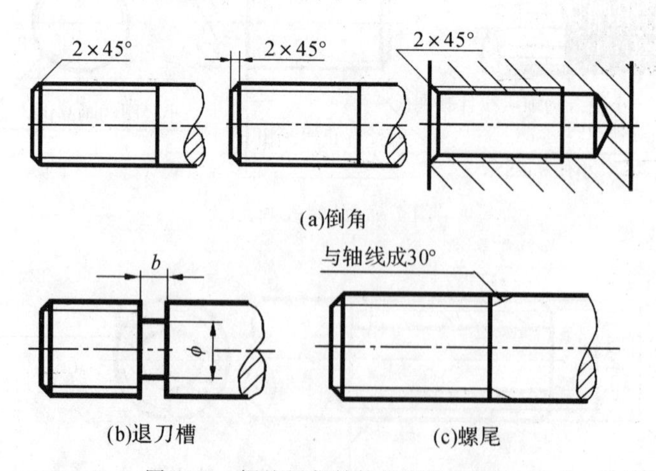

图 7-12　螺纹局部结构的画法与标注

螺尾，只在有要求时才画，不需标注。

④内、外螺纹旋合的画法

只有当内、外螺纹的五项基本要素相同时，内、外螺纹才能进行连接。用剖视图表示螺纹连接时，旋合部分按外螺纹的画法绘制，未旋合部分按各自原有的画法绘制。如图 7-13、图 7-14 所示。画图时必须注意：表示内、外螺纹大径的细实线和粗实线，以及表示内、外螺纹小径的粗实线和细实线应分别对齐；在剖切平面通过螺纹轴线的剖视图中，实心螺杆按不剖绘制。

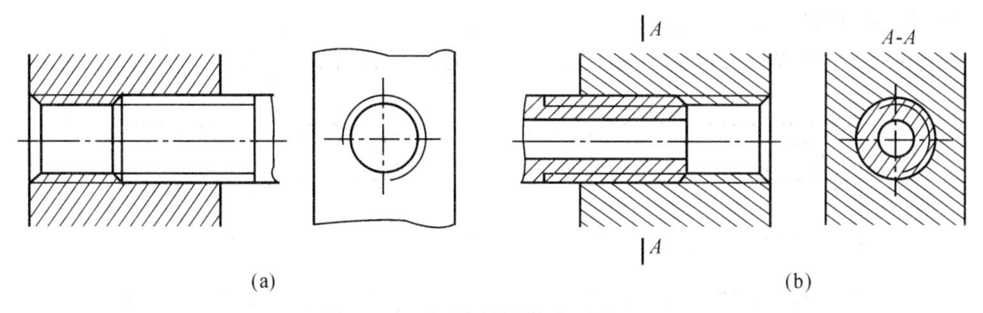

图 7-13 内、外螺纹旋合画法(一)

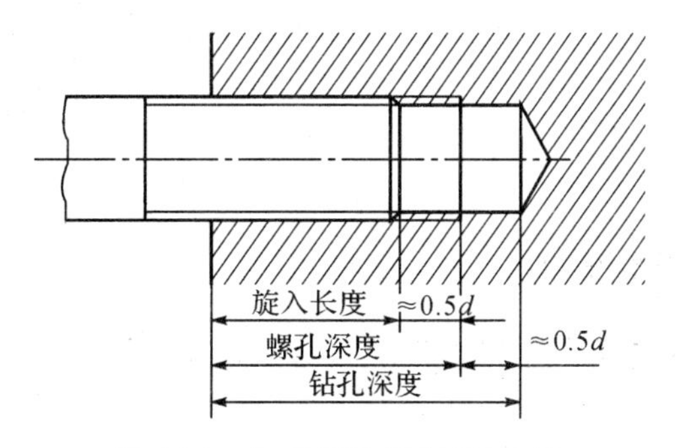

图 7-14 内、外螺纹旋合画法(二)

⑤螺纹牙型的表示法

螺纹的牙型一般不需要在图形中画出，当需要表示螺纹的牙型时，可按图 7-15 的形式绘制。

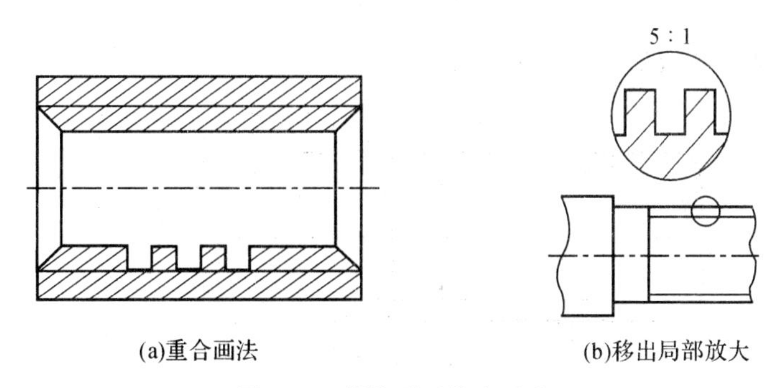

图 7-15 螺纹牙型的表示法

⑥圆锥螺纹画法

具有圆锥螺纹的零件，其螺纹部分在投影为圆的视图中，只需画出一端螺纹视图，如图 7-16所示。

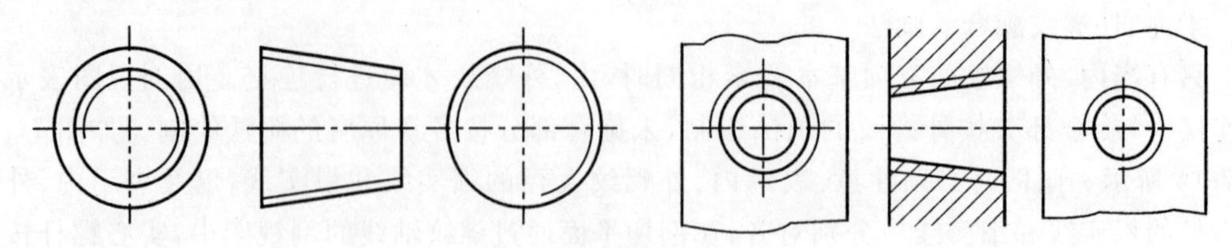

图 7-16　圆锥螺纹的画法

⑦螺纹相贯的画法

螺纹相贯时，只在钻孔与钻孔相交处画出相贯线。如图 7-17 所示。

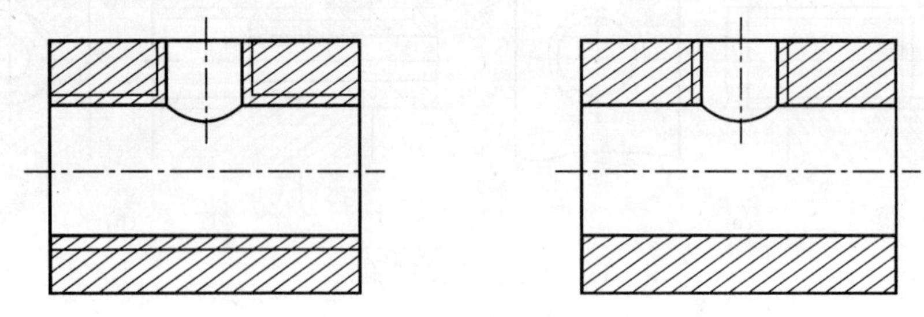

图 7-17　螺纹相贯的画法

任务实施

螺纹连接画法的错误情况，如图 7-18 所示。

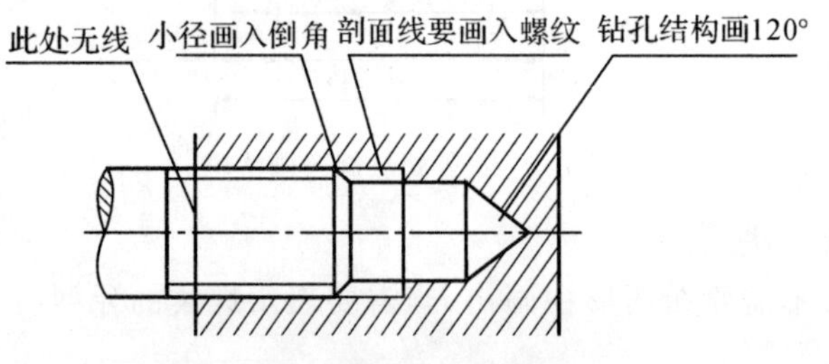

图 7-18　螺纹连接画法错误情况

螺纹连接正确的画法如图 7-19 所示。

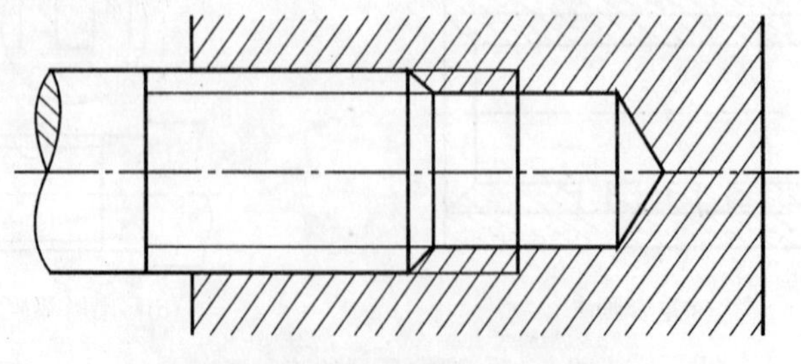

图 7-19　内外螺纹连接正确画法

思考与实践

1. 填空题

(1)内、外螺纹只有当________、________、________、________、________等五要素完全相同时,才能旋合在一起。

(2)导程 S 和螺距 P 的关系是________。

(3)外螺纹在非圆视图中,大径用________表示、小径用________表示。

2. 找出下列螺纹画法中的错误,画出正确的图形。

(1)

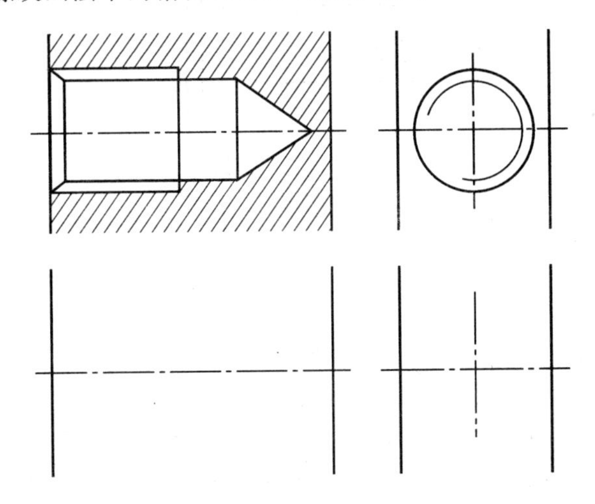

(2)

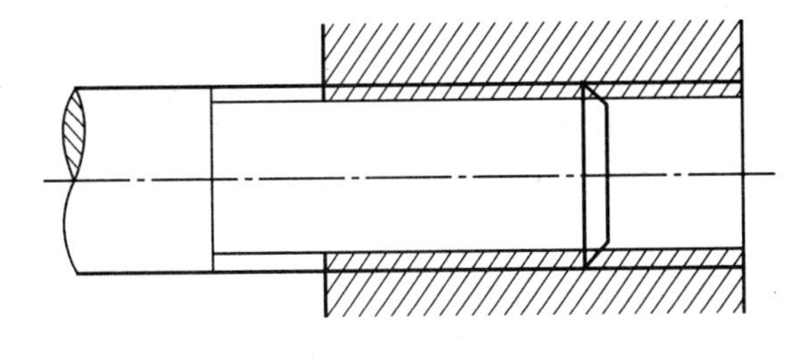

图 7-20 内外螺纹连接画法练习

任务二 螺纹标注

任务描述

在图7-21中标注螺纹尺寸：普通细牙螺纹，大径 $d=20$，螺距 $P=1.5$，中径公差带代号为5g、顶径公差带代号为6g，右旋。

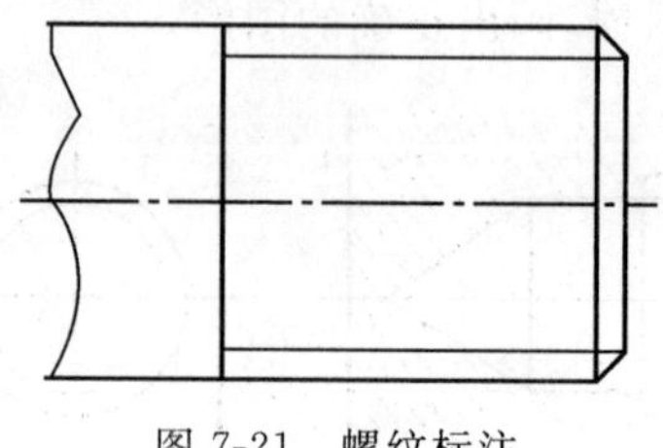

图7-21 螺纹标注

任务分析

由于螺纹的规定画法不能表达出螺纹的种类和螺纹的要素，因此在图中对标准螺纹需要进行正确的标注。螺纹的种类有普通螺纹、传动螺纹、管螺纹等，各种螺纹的标注方法都不同。通过学习，掌握螺纹的标注方法，能说明螺纹标注的含义；学会根据螺纹的公称直径，通过查表获得所需尺寸。

相关知识

1. 普通螺纹

普通螺纹用尺寸标注形式标注在内、外螺纹的大径上，其标注的具体项目和格式如下：

特征代号 公称直径×螺距 旋向－中径公差带代号 顶径公差带代号－旋合长度代号

普通螺纹的牙型代号用M表示，公称直径为螺纹大径。细牙普通螺纹应标注螺距，粗牙普通螺纹不标注螺距。左旋螺纹用"LH"表示，右旋螺纹不标注旋向。螺纹公差代号由表示其大小的公差等级数字和表示其位置的基本偏差的字母(内螺纹为大写，外螺纹为小写)组成，如6H、6g。如两组公差带不相同，则分别注出代号；如两组公差带相同，则只注一个代号。旋合长度分为短(S)、中(N)、长(L)三种，一般多采用中等旋合长度，其代号N可省略不注，如采用短旋合长度或长旋合长度，则应标注S或L。例如：

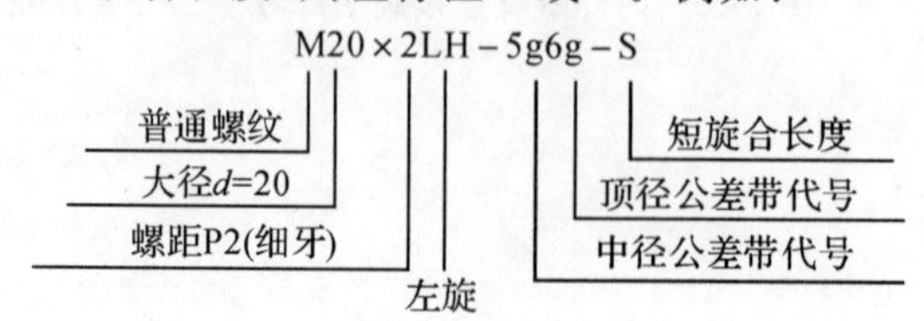

例 1 粗牙普通外螺纹，大径为 10，右旋，中径公差带代号为 5g，顶径公差带代号为 6g，短旋合长度。应标记为：M10－5g6g－S。

图 7-22 所示为普通螺纹标注示例。

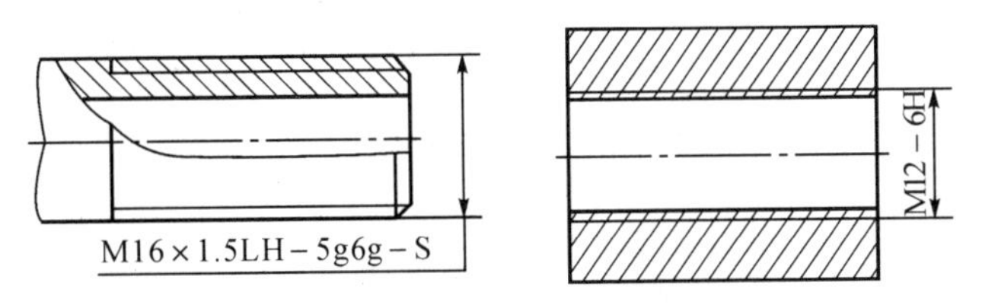

图 7-22 普通螺纹标注示例

2. 传动螺纹

传动螺纹主要指梯形螺纹和锯齿形螺纹，它们也用尺寸标注形式，注在内、外螺纹的大径上，其标注的具体项目及格式如下：

特征代号 公称直径 × 导程(P 螺距) 旋向 － 中径公差带代号 － 旋合长度代号

梯形螺纹的螺纹代号用字母“Tr”表示，锯齿形螺纹的特征代号用字母“B”表示。多线螺纹标注导程与螺距，单线螺纹只标注螺距。右旋螺纹不标注代号，左旋螺纹标注字母“LH”。传动螺纹只注中径公差带代号。旋合长度只注“S”（短）、“L”（长），中等旋合长度代号“N”省略标注。例如：

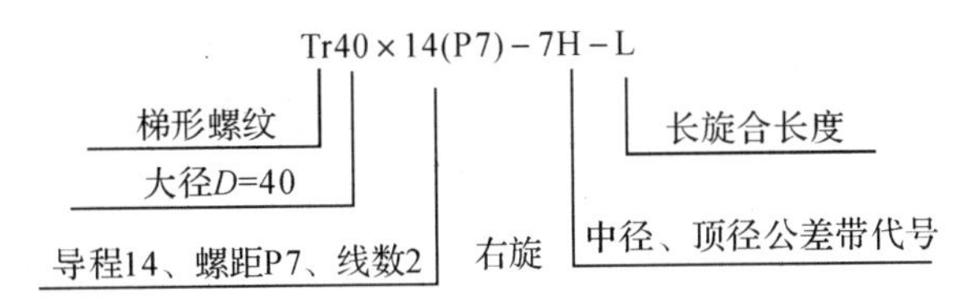

例 2 梯形螺纹，公称直径为 40，螺距为 7，右旋单线外螺纹，中径公差带代号为 7e，中等旋合长度。应标记为：Tr40×7－7e。

锯齿形螺纹标注的具体格式与梯形螺纹完全相同。

例 3 锯齿形螺纹，公称直径为 40、导程为 14、螺距为 7、中径公差带代号为 8c、长旋合长度的右旋双线锯齿形外螺纹。应标记为：B40×14(P7)－8c－L。

图 7-23 所示为传动螺纹标注示例。

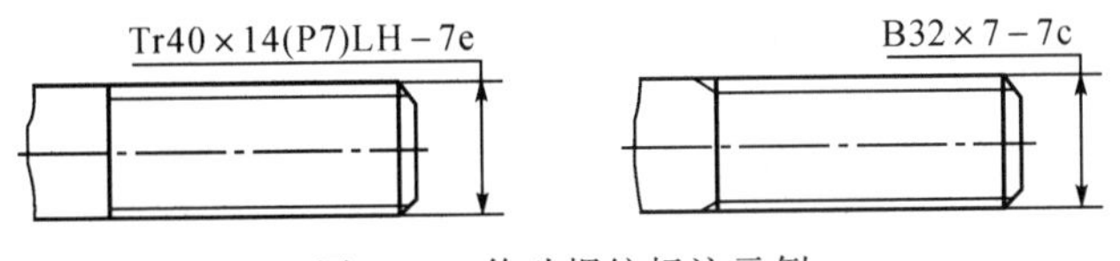

图 7-23 传动螺纹标注示例

3. 管螺纹

管螺纹的标记必须标注在大径的引出线上。常用的管螺纹分为螺纹密封的管螺纹和非螺纹密封的管螺纹。这里要注意，管螺纹的尺寸代号并不是指螺纹大径，也不是管螺纹本身任何一个直径，其大径和小径等参数可从有关标准中查出。

管螺纹标注的具体项目及格式如下：

螺纹密封管螺纹代号：特征代号 - 尺寸代号 - 旋向代号

非螺纹密封管螺纹代号：特征代号 - 尺寸代号 - 公差等级代号 - 旋向代号

螺纹密封管螺纹又分为：与圆柱内螺纹相配合的圆锥外螺纹，其特征代号是 R_1；与圆锥内螺纹相配合的圆锥外螺纹，其特征代号为 R_2；圆锥内螺纹，特征代号是 R_c；圆柱内螺纹，特征代号是 R_p。旋向代号只注左旋“LH”。如表 7-1 所示。

表 7-1 管螺纹标注代号

55°非密封管螺纹		G
55°密封管螺纹	圆柱内螺纹	R_p
	与圆柱内螺纹配合的圆锥外螺纹	R_1
	圆锥内螺纹	R_c
	与圆锥内螺纹配合的圆锥外螺纹	R_2

非螺纹密封管螺纹的特征代号是 G。它的公差等级代号分 A、B 两个精度等级。外螺纹需注明，内螺纹不注此项代号。右旋螺纹不注旋向代号，左旋螺纹标“LH”。例如：

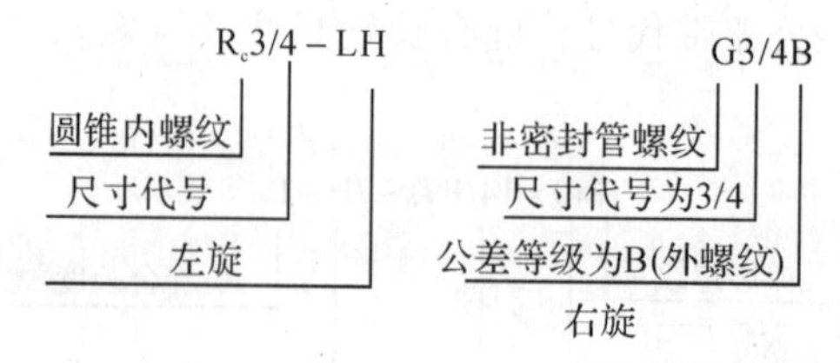

例 4 55°螺纹密封的圆柱内螺纹，尺寸代号为 1，左旋。应标记为：R_p1LH。

例 5 55°非螺纹密封的外管螺纹，尺寸代号为 3/4，公差等级为 A 级，右旋。应标记为：G3/4A。

图 7-24 所示为管螺纹标注示例。

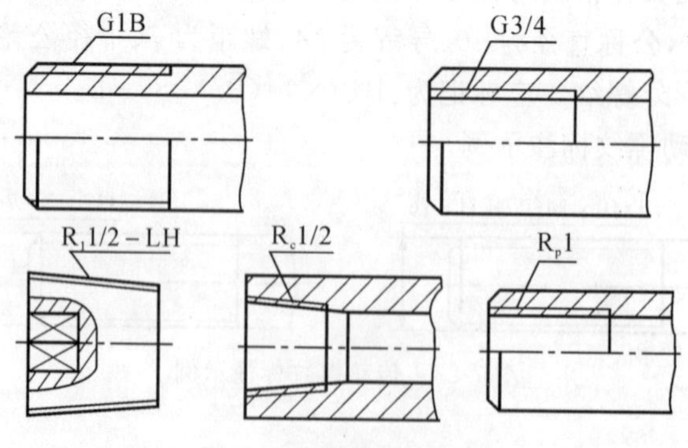

图 7-24 管螺纹的标注

需要特别注意的是，管螺纹的尺寸不能像一般线性尺寸那样注在大径尺寸线上，而应用指引线自大径圆柱(或圆锥)母线上引出标注。

4. 查表

螺纹加工制造时，可根据其公称直径，通过查表获得所需尺寸。但管螺纹的尺寸代号并非螺纹的大径，可根据尺寸代号查出螺纹的大径。如尺寸代号为 1 时，螺纹的大径为 33.249。

详见附录。

任务实施

标注螺纹尺寸：普通细牙螺纹，大径 $d=20$，螺距 $P=1.5$，中径公差带代号为 5g、顶径公差带代号为 6g，右旋。标注如图 7-25 所示。

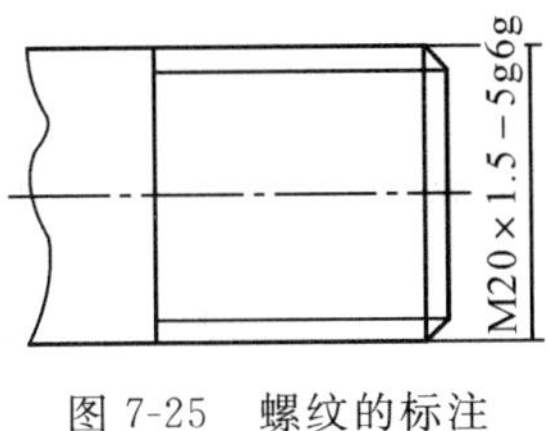

图 7-25 螺纹的标注

思考与实践

1. 填表说明螺纹标注的含义。

螺纹标记	螺纹种类	公称直径	螺距	导程	线数	旋向	公差带代号
M20－5g6g－s							
M20×2LH－6H							
Tr36×12(P6)－7H							
B40×7LH－8c							
M20－6H							

2. 如图 7-26，标注螺纹尺寸：(a)梯形螺纹大径 $d=26$，导程 $S=10$，双线，左旋；(b)圆锥管螺纹，公称直径 1/2″。

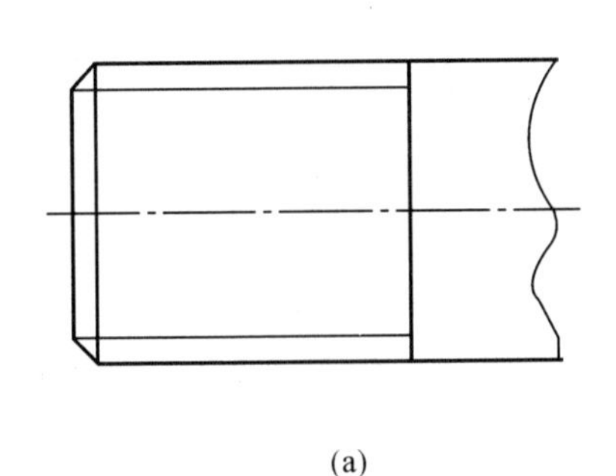

(a)

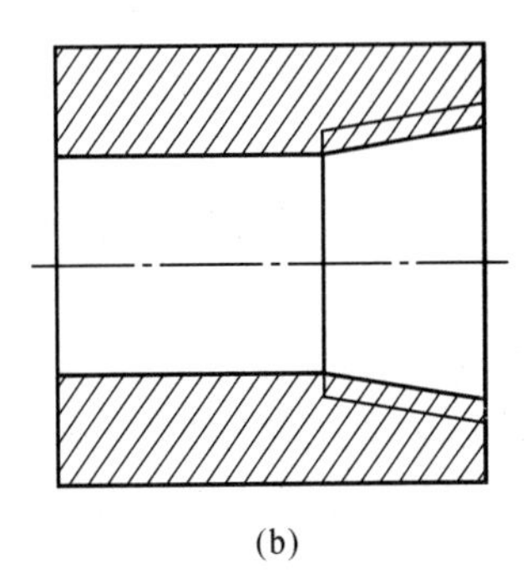

(b)

图 7-26 管螺纹的标注

任务三 绘制螺栓连接图

任务描述

根据螺栓上螺纹的公称直径，绘制螺栓连接图。

任务分析

螺栓用来连接两个不太厚并能钻成通孔的零件，并与垫圈、螺母配合进行连接。螺栓连接的紧固件有螺栓、螺母和垫圈。紧固件一般用比例画法绘制。所谓比例画法就是以螺栓上螺纹的公称直径为主要参数，其余各部分结构尺寸均按与公称直径成一定比例关系绘制。

相关知识

螺纹紧固件的种类很多，常见的有螺栓、双头螺柱、螺钉、螺母、垫圈等，其结构形状如图7-27所示。这类零件的结构形式和尺寸都已标准化，由标准件厂大量生产。在工程设计中，可以从相应的标准中查到所需的尺寸，一般不需绘制其零件图。

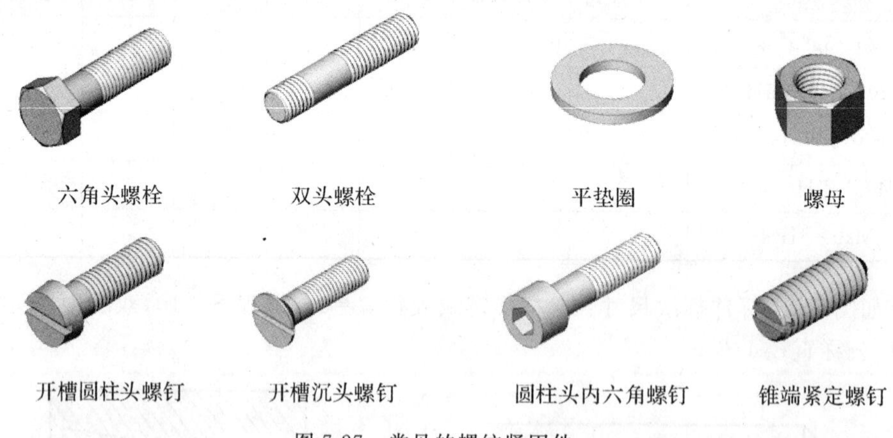

图 7-27 常见的螺纹紧固件

紧固件各有规定的完整标记，通常可给出简化标记，只注出名称、标准号和规格尺寸。

1. 螺栓

由头部和杆部组成。常用头部形状为六棱柱的六角头螺栓，如图7-28所示。根据螺纹的作用和用途，六角头螺栓有“全螺纹”、“部分螺纹”、“粗牙”和“细牙”等多种规格。螺栓的规格尺寸指螺纹的大径 d 和公称长度 l。

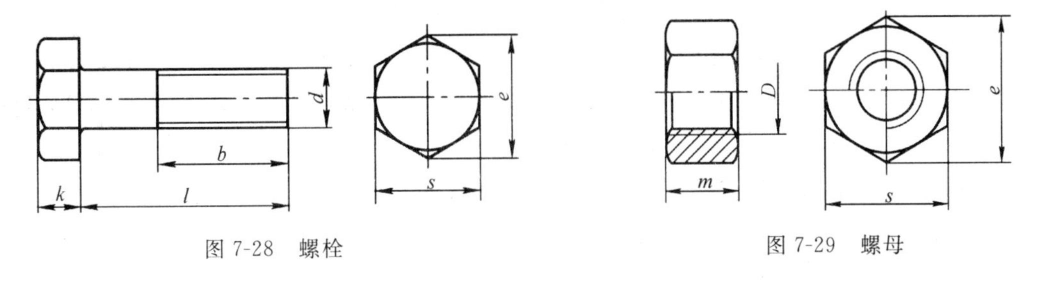

图 7-28　螺栓　　　　图 7-29　螺母

螺栓规定的标记形式为：名称 标准代号 特征代号 公称直径×公称长度

例如：螺栓　GB/T 5780—2000　M10×40

根据标记可知：螺栓为粗牙普通螺纹，螺纹规格 $d=10$mm，公称长度 $l=40$mm，性能等级为 4.8 级，不经表面处理，杆身为半螺纹，C 级的六角头螺栓。其他尺寸可从相应的标准中查得。

2. 螺母

螺母与螺栓等外螺纹零件配合使用，起连接作用，其中以六角螺母应用为最广泛，如图 7-29所示。六角螺母根据高度 m 不同，可分为薄型、1 型、2 型。根据螺距不同，可分为粗牙、细牙。根据产品等级，可分为 A、B、C 级。螺母的规格尺寸为螺纹大径 D。

螺母规定的标记形式为：名称 标准代号 特征代号 公称直径

例如：螺母　GB/T 40—2000　M10

根据标记可知：螺母为粗牙普通螺纹，螺纹规格 $D=10$mm，性能等级为 5 级，不经表面处理，C 级六角螺母。其他尺寸可从相应的标准中查得。

3. 垫圈

垫圈有平垫圈和弹簧垫圈之分。平垫圈一般放在螺母与被连接零件之间，用于保护被连接零件的表面，以免拧紧螺母时刮伤零件表面；同时又可增加螺母与被连接零件之间的接触面积。弹簧垫圈可以防止因振动而引起螺纹松动的现象发生。

平垫圈有 A 级和 C 级两个标准系列，在 A 级标准系列平垫圈中，又分为带倒角和不带倒角两种类型，如图 7-30 所示。垫圈的公称尺寸用与其配合使用的螺纹紧固件的螺纹规格 d 来表示。

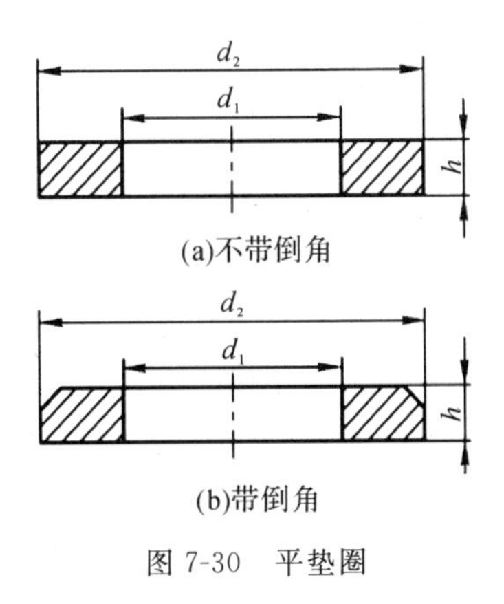

(a)不带倒角

(b)带倒角

图 7-30　平垫圈

垫圈规定的标记形式为：名称 标准代号 规格尺寸 - 性能等级

例如：垫圈 GB/T 95—2002 10

根据标记可知：平垫圈为标准系列，公称尺寸（螺纹规格）$d=10$mm，性能等级 100HV 级，不经表面处理。其他尺寸可从相应的标准中查得。

弹簧垫圈的标记形式为：名称 标准代号 规格尺寸

垫圈 GB/T 93—1987 20，指规格尺寸为 $d=20$mm 的弹簧垫圈。

4. 螺栓连接中的紧固件画法

螺栓连接的紧固件有螺栓、螺母和垫圈。紧固件一般用比例画法绘制，所谓比例画法就是以螺栓上螺纹的公称直径为主要参数，其余各部分结构尺寸均按与公称直径成一定比例关系绘制，即根据公称直径 d 按比例计算出紧固件的各部分尺寸。如图 7-31 所示。

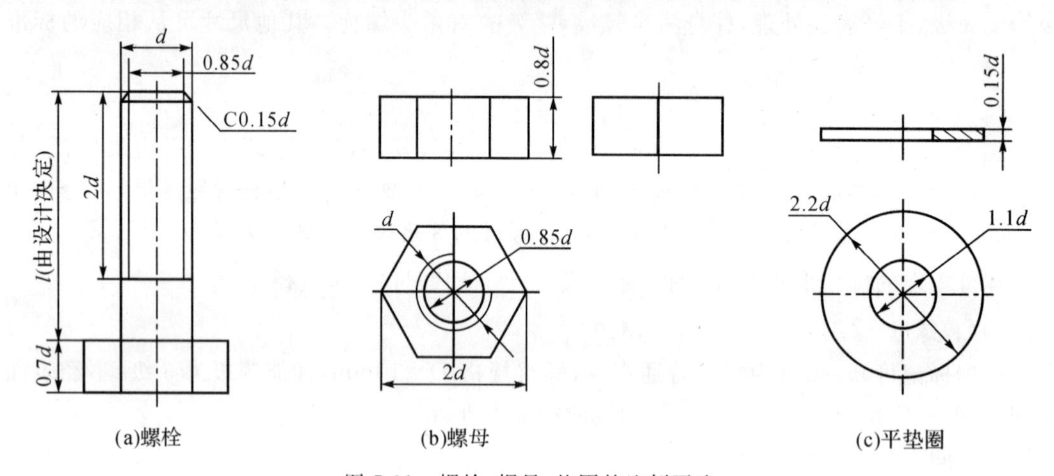

图 7-31 螺栓、螺母、垫圈的比例画法

任务实施

用比例画法画螺栓连接的装配图时，应注意以下几点：

(1)两零件的接触表面只画一条线。凡不接触的表面，不论间隙大小，都应画出间隙（如螺栓和孔之间应画出间隙）。

(2)剖切平面通过螺栓轴线时，螺栓、螺母、垫圈可按不剖绘制，仍画外形。必要时，可采用局部剖视。

(3)两零件相邻接时，不同零件的剖面线方向应相反，或者方向一致而间隔不等。

(4)螺栓长度 $l \geqslant t_1+t_2+$垫圈厚度$+$螺母厚度$+(0.2\sim0.3)d$，根据此式的估计值，然后选取与估算值相近的标准长度值作为 l 值。

(5)被连接件上加工的螺栓孔直径稍大于螺栓直径，取 $1.1d$。

螺栓连接的简化画法如图 7-32 所示。

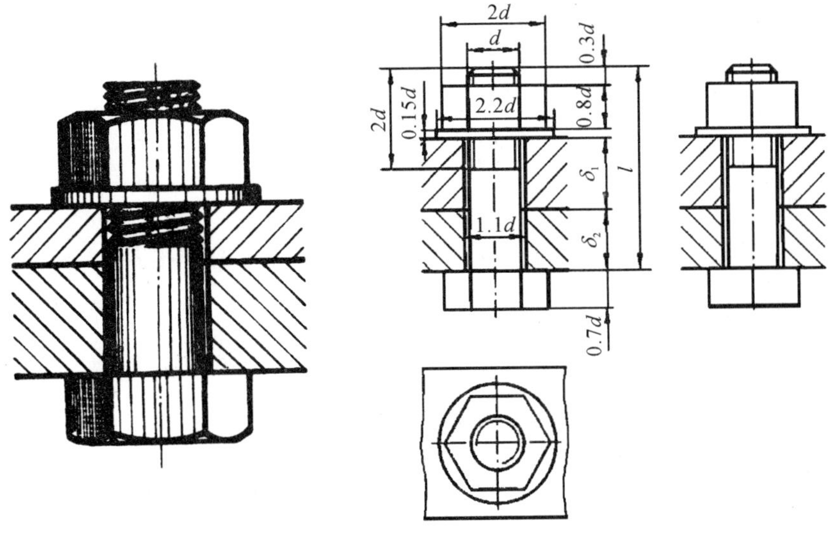

图 7-32　螺栓连接图

思考与实践

补全螺栓连接件三视图(见图 7-33)中所缺图线。

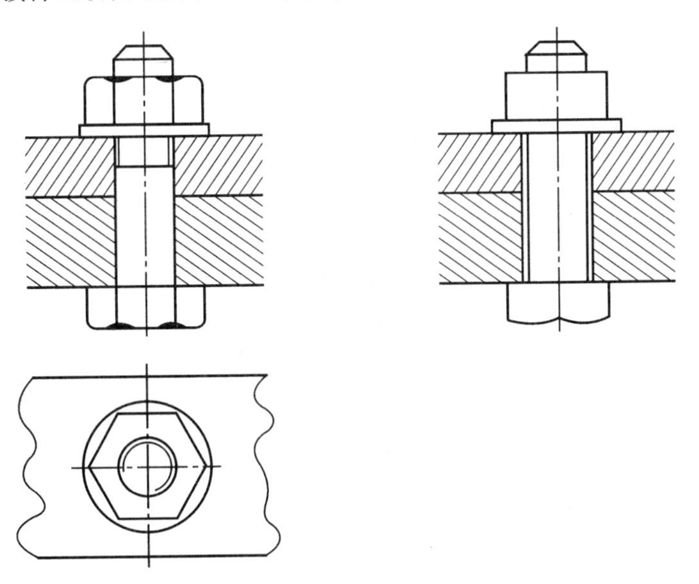

图 7-33　补齐螺栓连接图所缺图线

任务四　绘制双头螺柱连接图

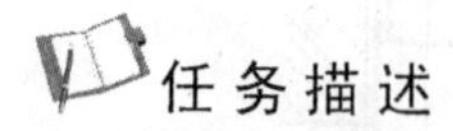

任务描述

了解双头螺柱连接应用场合及标记形式，学会绘制双头螺柱连接图。

任务分析

当两个被连接件中有一个很厚，或者不适合用螺栓连接、经常拆卸时，常用双头螺柱连接。双头螺柱两端均加工有螺纹，一端与被连接件旋合，另一端与螺母旋合，要根据螺孔的材料来确定旋入端的长度，紧固端的画法与螺栓连接相同。

相关知识

1. 双头螺柱的结构

双头螺柱的两端都有螺纹。其中用来旋入被连接零件的一端，称为旋入端；用来旋紧螺母的一端，称为紧固端。双头螺柱的结构分为 A 型和 B 型两种，如图 7-34 所示。

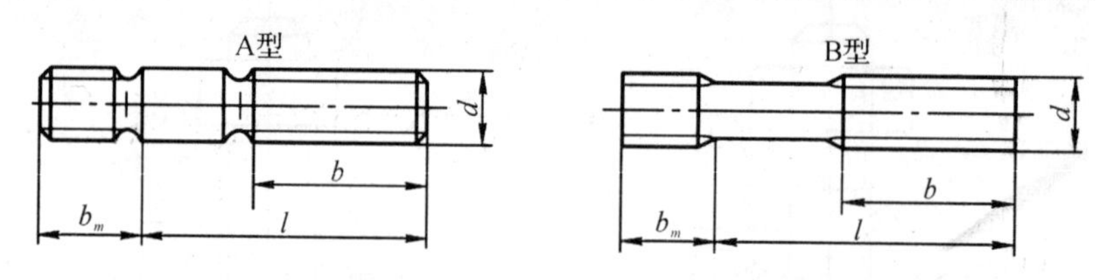

图 7-34　双头螺柱结构图

根据螺孔零件的材料不同，其旋入端的长度有四种规格，每一种规格对应一个标准号，见表 7-2。

表 7-2　双头螺柱旋入端长度

螺孔的材料	旋入端的长度	标准编号
钢与青铜	$b_m=d$	GB/T 897—1988
铸铁	$b_m=1.25d$	GB/T 898—1988
铸铁或铝合金	$b_m=1.5d$	GB/T 899—1988
铝合金	$b_m=2d$	GB/T 900—1988

2. 双头螺柱规定的标记形式

双头螺柱的规格尺寸为螺纹大径 d 和公称长度 l。

双头螺柱规定的标记形式为：名称　标准代号　特征代号　公称直径×公称长度

例如：螺柱　GB/T 899—1988　M10×40

根据标记可知：双头螺柱的两端均为粗牙普通螺纹，$d=10$mm，$l=40$mm，性能等级为4.8级，不经表面处理，B型（B型可省略不标），$b_m=1.5d$。

3. 双头螺柱比例画法

双头螺柱比例画法如图7-35所示。

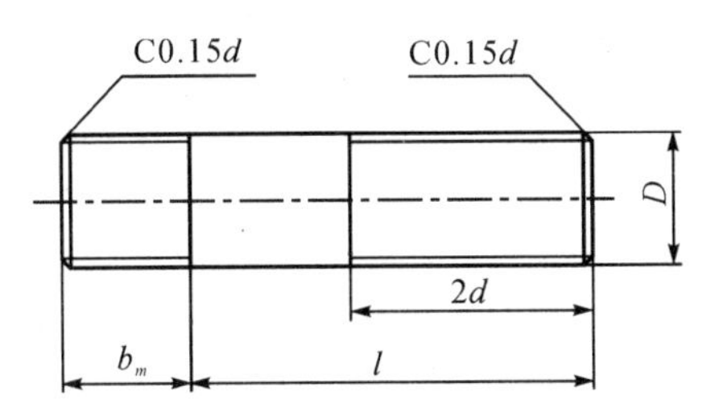

图7-35　双头螺柱比例画法

4. 标准型弹簧垫圈 GB/T 93—1987

弹簧垫圈比例画法如图7-36所示。

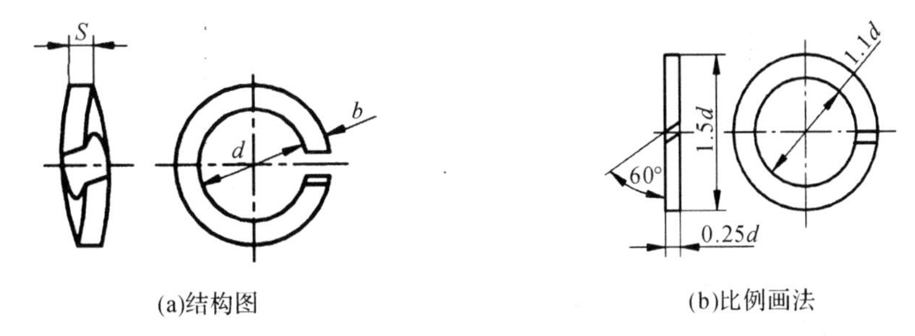

(a)结构图　(b)比例画法

图7-36　弹簧垫圈比例画法

规格为16mm、材料为65Mn、表面氧化的标准型弹簧垫圈：

完整标记：垫圈　GB/T 93—1987－16－65Mn－O

简化标记：垫圈　GB/T 93 16

（从标准中查得，该垫圈的 d 最小为16.2mm）

任务实施

用比例画法绘制双头螺柱的装配图时应注意以下几点：

(1)旋入端的螺纹终止线应与结合面平齐，表示旋入端已经拧紧；

(2)旋入端的长度 b_m 要根据被旋入件的材料而定，见表7-2；

(3)旋入端的螺孔深度取 $b_m+0.5d$，钻孔深度取 b_m+d，如图7-37所示；

(4)螺柱的公称长度 $l \geqslant \delta+$垫圈厚度＋螺母厚度＋$(0.2\sim0.3)d$，然后选取与估算值相近的标准长度值作为 l 值。

双头螺柱连接的比例画法如图7-37(b)所示。

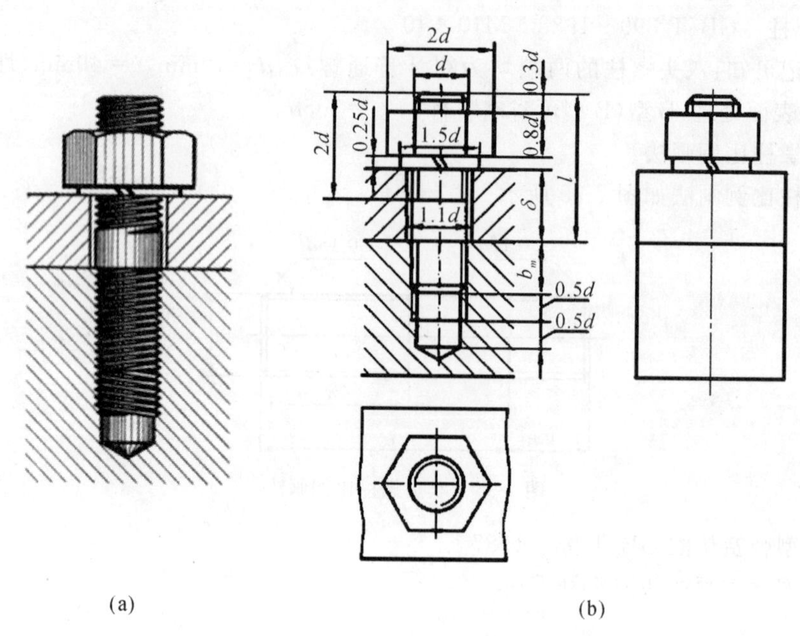

图 7-37 双头螺柱连接图

思考与实践

分析双头螺柱连接件两视图(见图 7-38)中的错误,将正确的图形画在右边。

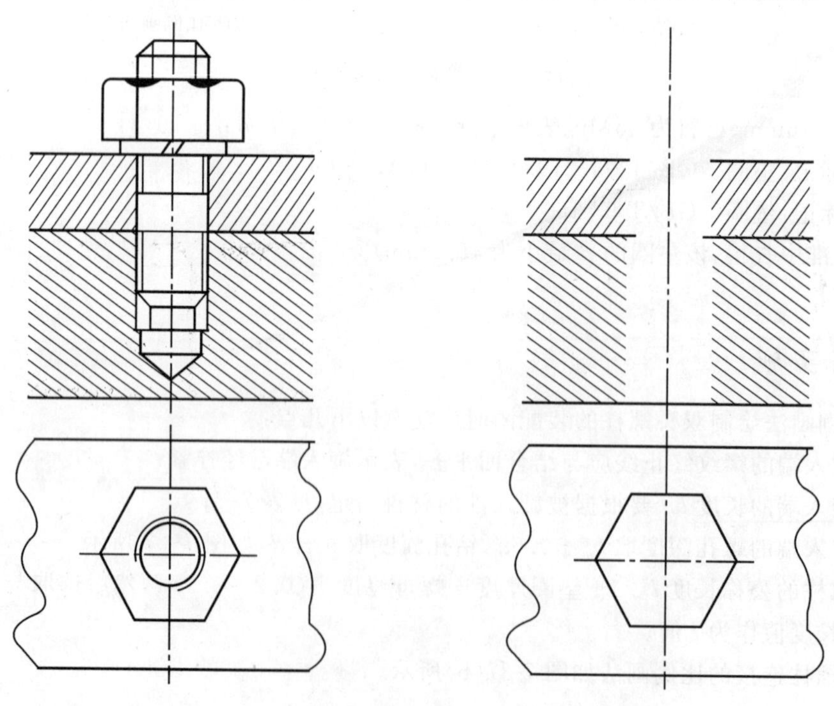

图 7-38 双头螺柱连接图

任务五 绘制螺钉连接图

任务描述

了解螺钉连接应用场合及标记形式，学会绘制螺钉连接图。

任务分析

当被连接的零件之一较厚，而装配后连接件受轴向力又不大时，通常采用螺钉连接，即螺钉穿过薄零件的通孔而旋入厚零件的螺孔，螺钉头部压紧被连接件。根据规定标记，可在相应的标准中查出其相关尺寸。

相关知识

按照用途不同，螺钉可分为连接螺钉和紧定螺钉两种。

1. 连接螺钉

连接螺钉用来连接两个零件。它的一端为螺纹，用来旋入被连接零件的螺孔中；另一端为头部，用来压紧被连接零件。

螺钉按其头部形状不同可分为开槽圆柱头螺钉、十字槽圆柱头螺钉、开槽盘头螺钉、十字槽沉头螺钉、内六角圆柱头螺钉等，如图 7-39 所示。连接螺钉的规格尺寸为螺钉的直径 d 和长度 l。

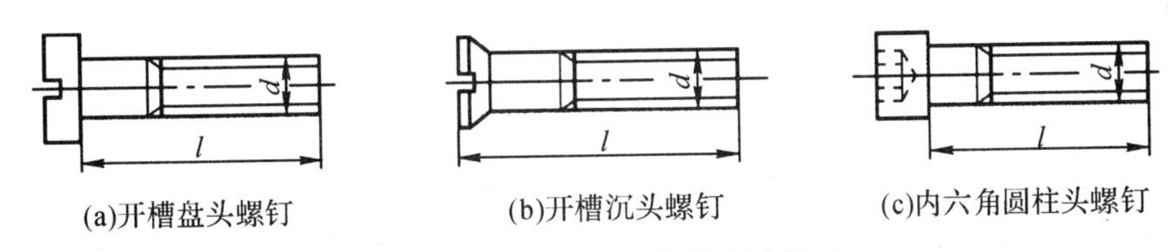

(a)开槽盘头螺钉　(b)开槽沉头螺钉　(c)内六角圆柱头螺钉

图 7-39　不同头部形状的连接螺钉

螺钉规定的标记形式为：名称 标准代号 特征代号 公称直径×公称长度

例如：螺钉　GB/T 68—2000　M8×30

根据标记可知：螺纹规格 d=8mm，公称长度 l=30mm，性能等级为 4.8 级，不经表面处理的开槽沉头螺钉。

2. 紧定螺钉

用来防止或限制两个相配合零件间的相对转动。头部有开槽和内六角两种形式，端部有锥端、平端、圆柱端、凹端等，如图 7-40 所示。紧定螺钉的规格尺寸为螺钉的直径 d 和长度 l。

螺钉规定的标记形式为：名称 标准代号 特征代号 公称直径×公称长度

例如：螺钉　GB/T 73—2000　M6×10

根据标记可知：螺纹规格 d=6mm，公称长度 l=10mm，性能等级为 14H 级，表面氧化的开槽平端紧定螺钉。

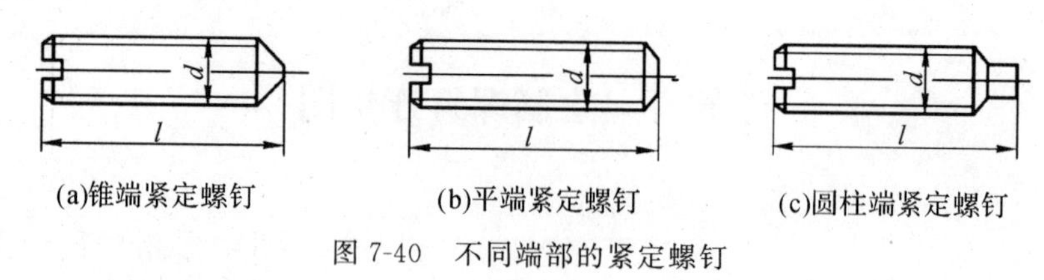

图 7-40　不同端部的紧定螺钉

3. 螺钉的比例画法

螺钉的比例画法如图 7-41 所示。

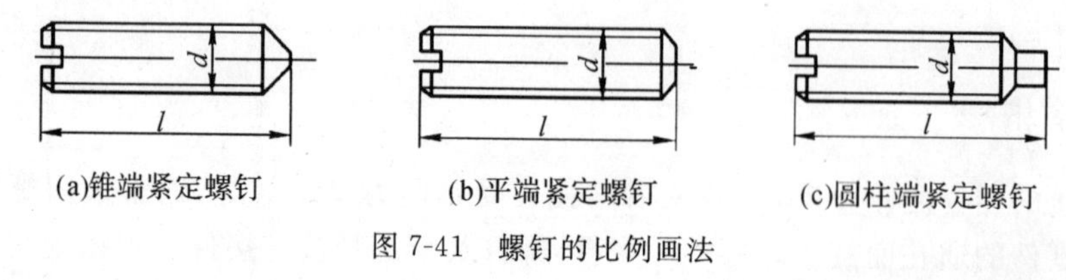

图 7-41　螺钉的比例画法

任务实施

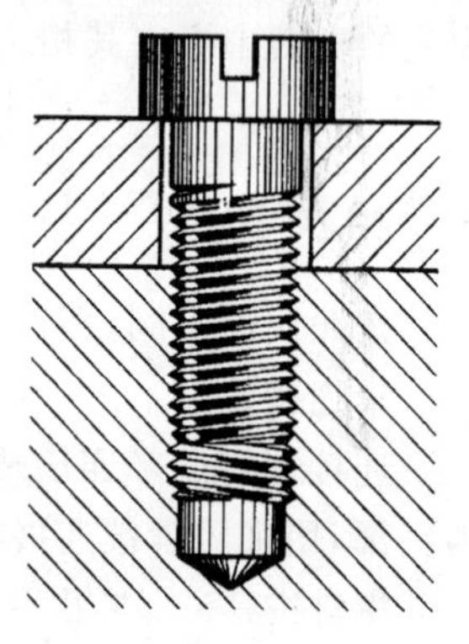

图 7-42　螺钉连接示意图

1. 螺钉连接

用比例画法绘制螺钉连接，其旋入端与螺柱相同，被连接板的孔部画法与螺栓相同，被连接板的孔径取 1.1d。螺钉的有效长度 $l=\delta+b_m$，螺钉的旋入深度 b_m 参照表 7-2 确定，δ 为光孔零件的厚度。计算出 l 后，还需从螺钉的标准长度系列中选取与 l 相近的标准值。

画图时注意以下两点：

(1)螺钉的螺纹终止线不能与结合面平齐，而应画在盖板的范围内。

(2)具有沟槽的螺钉头部，在主视图中应被放正，在俯视图中规定画成 45°倾斜。

螺钉连接的简化画法如图 7-43 所示。

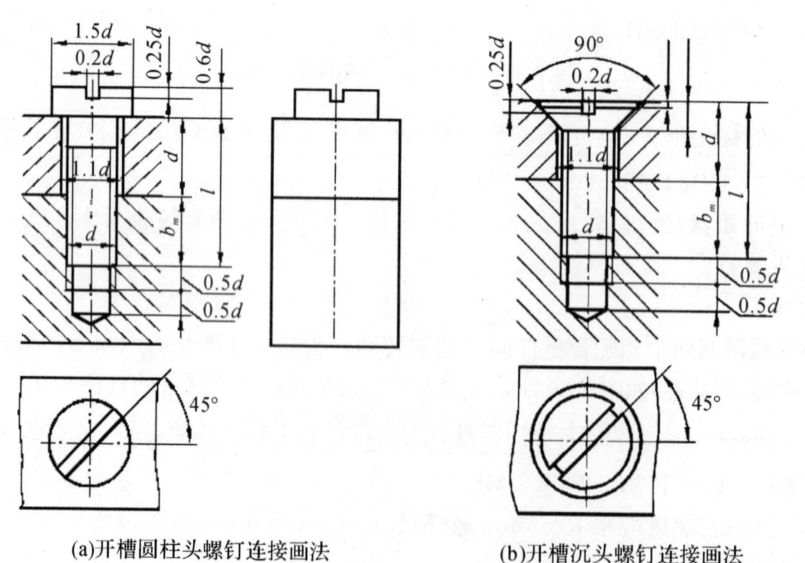

图 7-43　螺钉连接的简化画法

2. 紧定螺钉

紧定螺钉用来固定两零件的相对位置，使它们不产生相对转运动。欲将轴、轮固定在一起，可先在轮毂的适当部位加工出螺孔，然后将轮、轴装配在一起，以螺孔导向，在轴上钻出锥坑，最后拧入螺钉，即可限定轮、轴的相对位置，使其不产生轴向相对移动和径向相对转动。

紧定螺钉分锥端紧定螺钉和柱端紧定螺钉。

锥端紧定螺钉靠端部锥面顶入机件上的小锥坑起定位、固定作用。如图7-44(a)所示。

柱端紧定螺钉利用端部小圆柱插入机件上的小孔起定位、固定作用。如图7-44(b)所示。

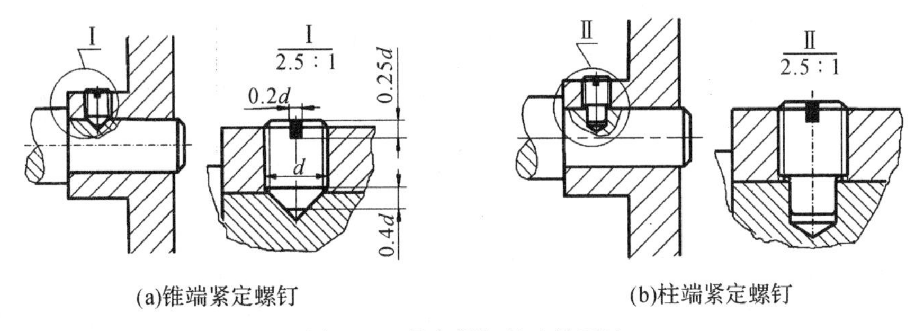

(a)锥端紧定螺钉　　(b)柱端紧定螺钉

图7-44　紧定螺钉的连接画法

思考与实践

分析螺钉连接件两视图(见图7-45)中的错误，将正确的图形画在右边。

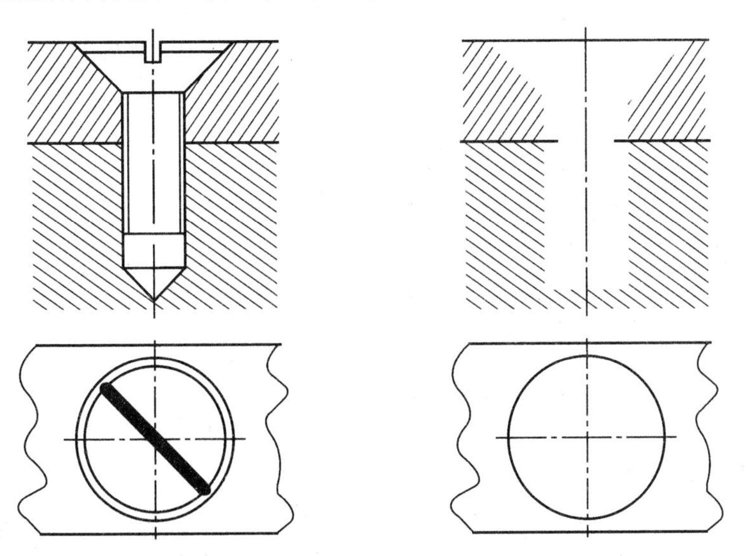

图7-45　螺钉连接画法的练习

任务六 绘制键连接图

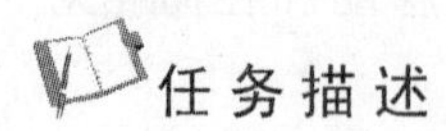

任务描述

采用不同的键，对轴和轴上零件进行周向固定连接。

任务分析

键是标准件，其种类较多，有普通平键、半圆键、钩头楔键等，还有花键。平键应用最广，其结构和尺寸可查相关手册。通过各类键的连接画法，学会查阅相关参数。

相关知识

键主要用于在轴和轴上零件（如齿轮、带轮）间进行周向固定，以传递扭矩。如图 7-46 所示，在被连接的轴上和轮毂孔中制出键槽，先将键嵌入轴上的键槽内，再对准轮毂孔中的键槽（该键槽是穿通的），将它们装配在一起，便可达到连接目的。键的大小由被连接的轴孔所传递的扭矩大小所决定。

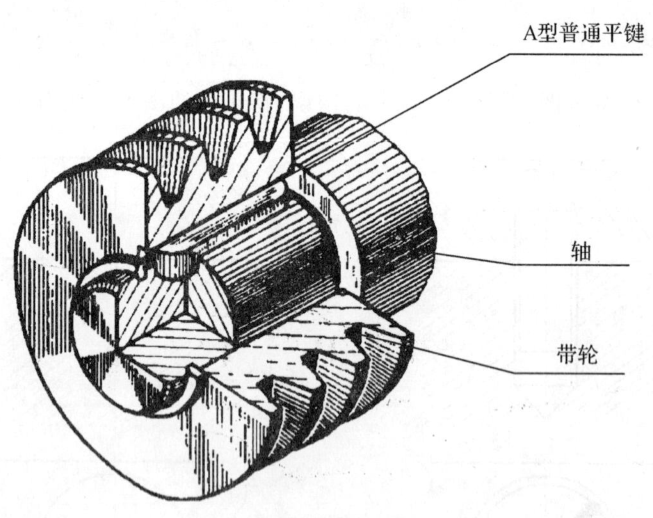

图 7-46 键连接

键是标准件，常用的键有普通平键、半圆键和钩头楔键，如图 7-47 所示。

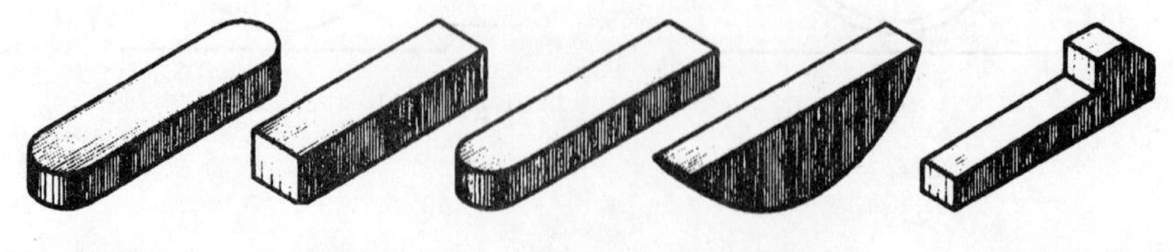

A型普通平键　B型普通平键　C型普通平键　半圆键　钩头楔键

图 7-47 常用的几种键

1. 普通平键

普通平键的公称尺寸为 $b \times h$(键宽×键高),可根据轴的直径在相应的标准中查得。

普通平键的规定标记为:键 型式代号 宽度×长度 标准代号

例如:$b=18$mm,$h=11$mm,$L=100$mm 的圆头普通平键(A 型),应标记为:键 18×100 GB/T 1096—2003(A 型可不标出 A)。

采用普通平键连接时,键的长度 L 和宽度 b 要根据轴的直径 d 和传递的扭矩大小从标准中选取适当值。

轴和轮毂上的键槽的表达方法及尺寸如图 7-48 所示。

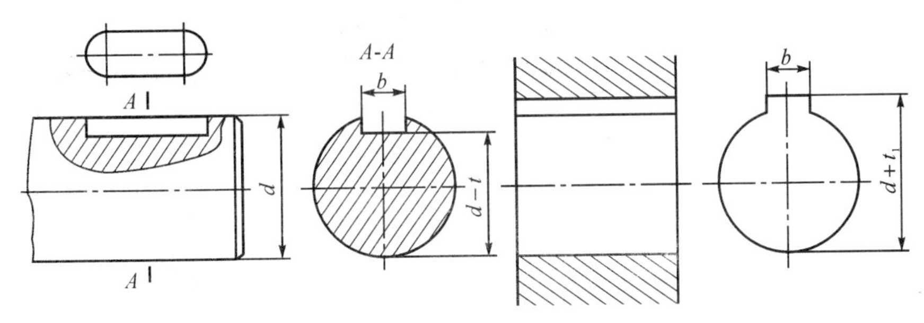

图 7-48 轴和轮毂上的键槽

2. 半圆键

半圆键连接的工作原理与平键连接相同。轴上键槽用与半圆键半径相同的盘状铣刀铣出,因此半圆键在槽中可绕其几何中心摆动以适应轮毂槽底面的斜度。半圆键连接的结构简单,制造和装拆方便,但由于轴上键槽较深,对轴的强度削弱较大,故一般多用于轻载连接,尤其是锥形轴端与轮毂的连接中。如图 7-49 所示。

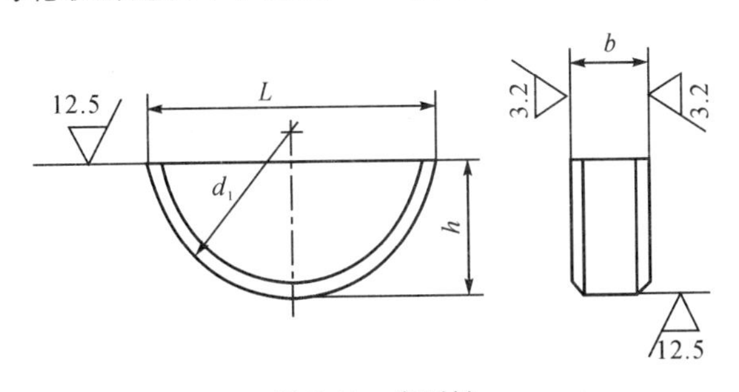

图 7-49 半圆键

半圆键的规定标记为:键 型式代号 宽度×直径 标准代号

例如:$b=6$mm,$h=10$mm,$d_1=25$mm,$L=24.5$mm 的半圆键,应标记为:键 6×25 GB/T 1099.1—2003。

3. 钩头楔键

钩头楔键的上、下表面是工作面,键的上表面和轮毂键槽底面均具有 1∶100 的斜度。装配后,键楔紧于轴槽和毂槽之间。工作时,靠键、轴、毂之间的摩擦力及键受到的偏压来传递转矩,同时能承受单方向的轴向载荷。如图 7-50 所示。

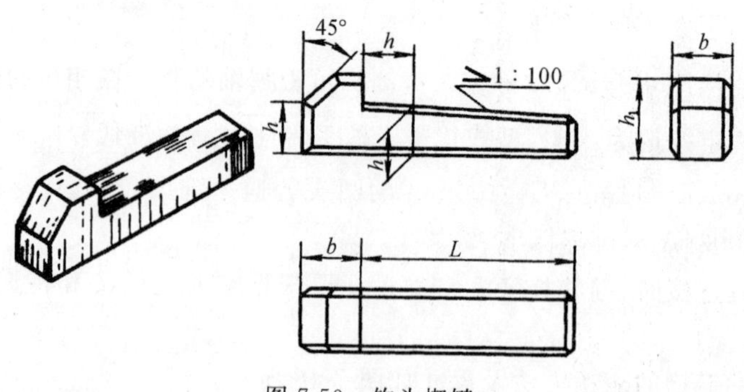

图 7-50　钩头楔键

钩头楔键的规定标记为：键 型式代号 宽度×长度 标准代号

例如：b=18mm，h=11mm，L=100mm 的钩头楔键，应标记为：键 18×100　GB/T 1565—2003。

任务实施

1. 普通平键连接

在装配图上，普通平键的连接图中，键的两侧面是工作面，接触面的投影处只画一条轮廓线；键的顶面与轮毂上键槽的顶面之间留有间隙，必须画两条轮廓线，在反映键长度方向的剖视图中，轴采用局部剖视，键按不剖视处理。在键连接图中，键的倒角或小圆角一般省略不画。连接画法如图 7-51 所示。

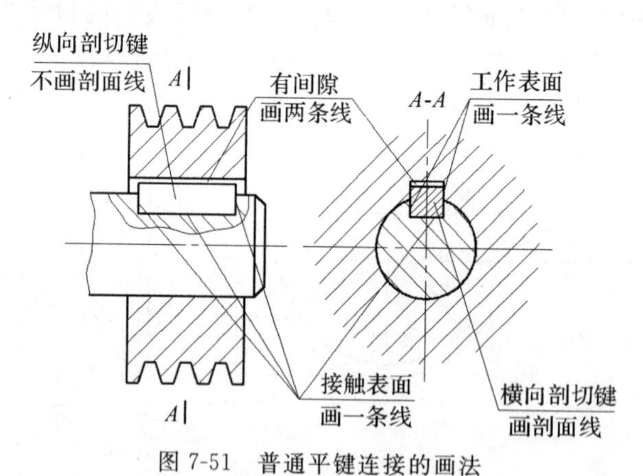

图 7-51　普通平键连接的画法

2. 半圆键连接

半圆键的连接画法如图 7-52 所示。

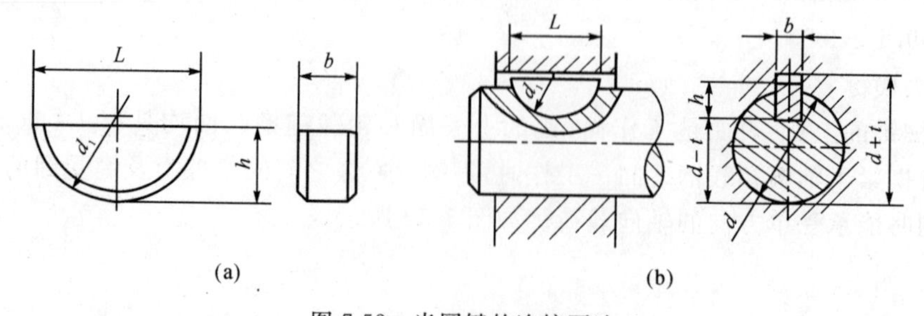

图 7-52　半圆键的连接画法

3. 钩头楔键连接

钩头楔键的连接画法如图 7-53 所示。

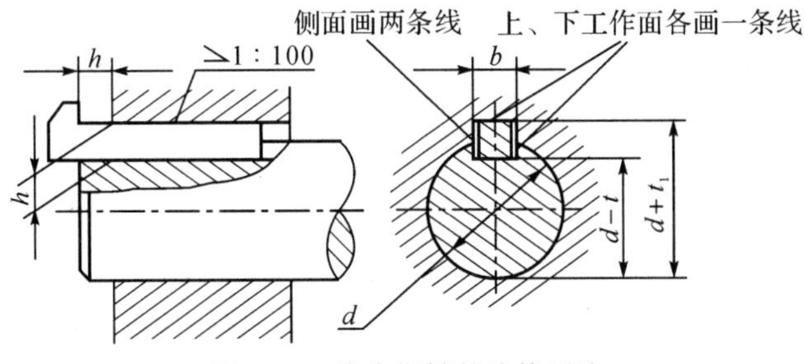

图 7-53　钩头楔键的连接画法

思考与实践

画出轴和齿轮上键槽的结构图形。已知 $l=80$，$b=12$，$t=5$，$t_1=3.3$，比例 1∶2。

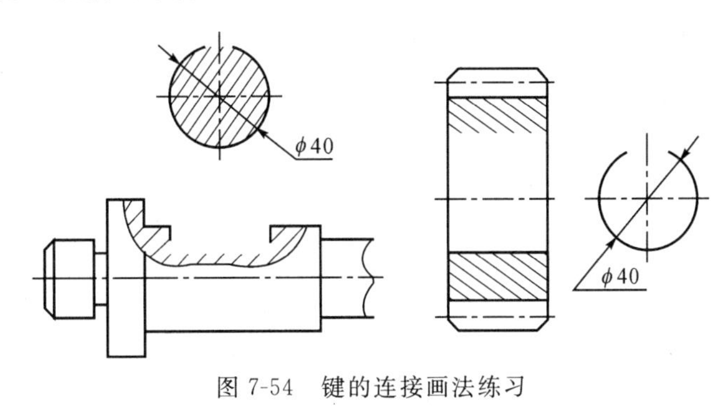

图 7-54　键的连接画法练习

任务七　绘制销连接图

任务描述

分别画出用圆柱销(销 GB/T 119 8m6×18)和圆锥销(销 GB/T 117 8×30)连接的装配图。

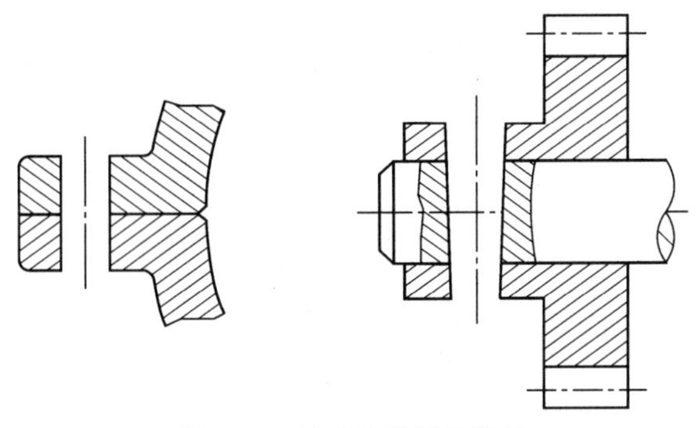

图 7-55　销的连接画法练习

任务分析

通过学习，了解销的功用、种类及标记，掌握销的连接画法，会用机械制图国家标准查阅销的相关参数。

相关知识

销主要用来固定零件之间的相对位置，起定位作用，也可用于轴与轮毂的连接，传递不大的载荷，还可作为安全装置中的过载剪断元件。销的常用材料为 35、45 号钢。

常见的销有圆柱销、圆锥销和开口销等，它们都是标准件。圆柱销利用微量过盈固定在销孔中，经过多次装拆后，连接的紧固性及精度降低，故只宜用于不常拆卸处。圆锥销有 1∶50 的锥度，装拆比圆柱销方便，多次装拆对连接的紧固性及定位精度影响较小，因此应用广泛。如图 7-56(a)、(b)所示。开口销常用在螺纹连接的装置中，用以防止螺母的松动，如图 7-56(c)所示。表 7-3 为销的形式和标记示例及画法。

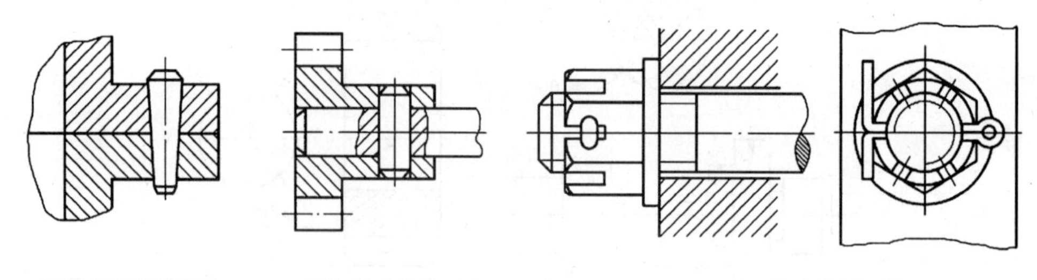

(a)圆锥销连接的画法　(b)圆柱销连接的画法　(c)开口销连接的画法

图 7-56　销连接的画法

表 7-3　销的形式、标记示例及画法

名称	标准号	图例	标记示例
圆锥销	GB/T 117—2000	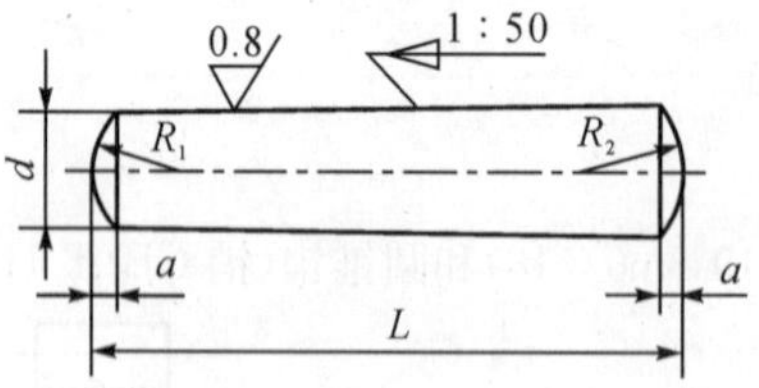 0.8　1 : 50　R_1　R_2　d　a　a　L $R_1 \approx d \quad R_2 \approx d+(L-2a)/50$	直径 d=10mm，长度 L=100mm，材料为 35 号钢，热处理硬度为 28～38HRC，表面氧化处理的圆锥销。 销 GB/T 117—2000　A10×100 圆锥销的公称尺寸是指小端直径
圆柱销	GB/T 119.1—2000	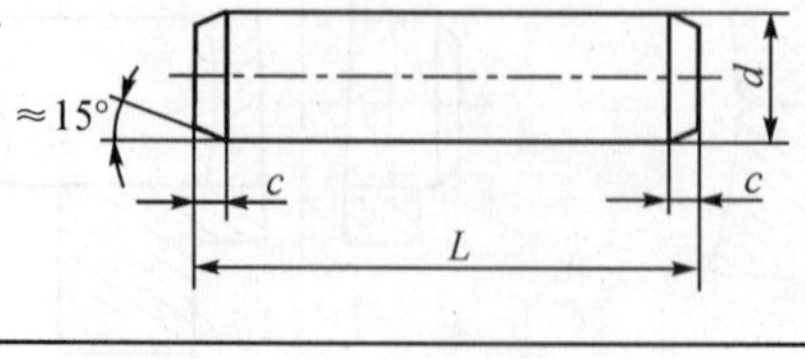 ≈15°　d　c　c　L	直径 d=10mm，公差为 m6，长度 L= 80mm，材料为钢，不经表面处理。 销 GB/T 119.1—2000　10m6×80

续表

名称	标准号	图例	标记示例
开口销	GB/T 91—2000		公称直径 d=4mm(指销孔直径),L=20mm,材料为低碳钢不经表面处理。 销 GB/T 91—2000　4×20

绘图时,销的有关尺寸从标准中查找并选用。在剖视图中,当剖切平面通过销的回转轴线时,按不剖处理。

圆柱销或圆锥销的装配要求较高,销孔一般要在被连接零件装配时同时加工。这一要求需在相应的零件图上注明“配作”。锥销孔的公称直径指小端直径,标注时应采用旁注法。锥销孔加工时按公称直径先钻孔,再选用定值铰刀扩铰成锥孔。

任务实施

绘图时,销的有关尺寸从标准中查找并选用。如图 7-57 所示。

在剖视图中,当剖切平面通过销的回转轴线时,按不剖处理。

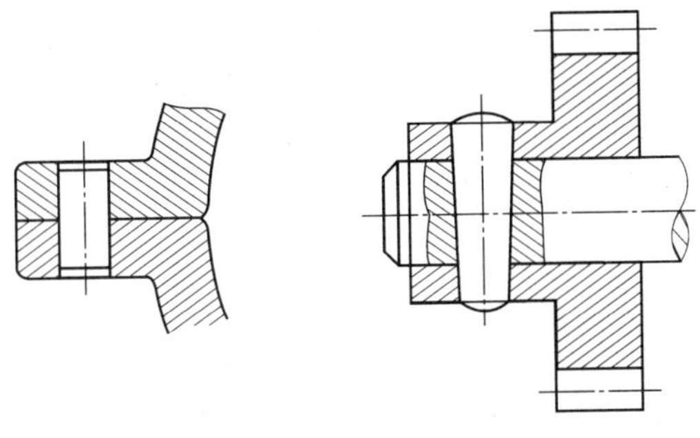

图 7-57　销连接的画法

思考与实践

如图 7-58,已知圆柱销的直径为 5,画全销连接的剖视图,比例为 2∶1。

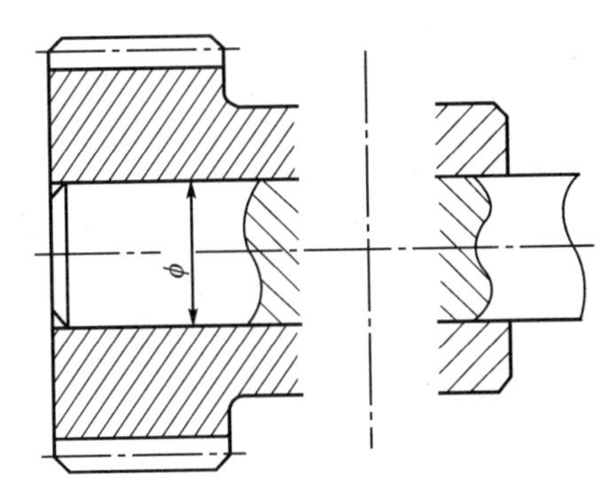

图 7-58　圆柱销连接的画法练习

任务八　常用滚动轴承画法

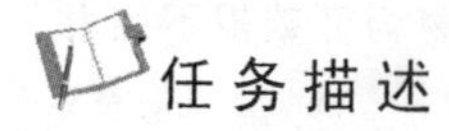

任务描述

了解滚动轴承的作用以及常用滚动轴承的形式、画法和标记，学会常用滚动轴承的画法。

任务分析

在工程制图的过程中，常用滚动轴承的画法分规定画法与特征画法两种，轴承简化画法十分常用。轴承种类繁多，不同种类的轴承简化画法不一样，可根据设计要求进行绘制。

相关知识

滚动轴承是用来支承轴的组件，由于它具有摩擦阻力小、结构紧凑等优点，在机器中被广泛应用。滚动轴承的结构形式、尺寸均已标准化，由专门的工厂生产，使用时可根据设计要求进行选择。

1. 滚动轴承的构造与种类

滚动轴承一般由外圈、内圈、滚动体和保持架组成，如图 7-59 所示。

(a)深沟球轴承

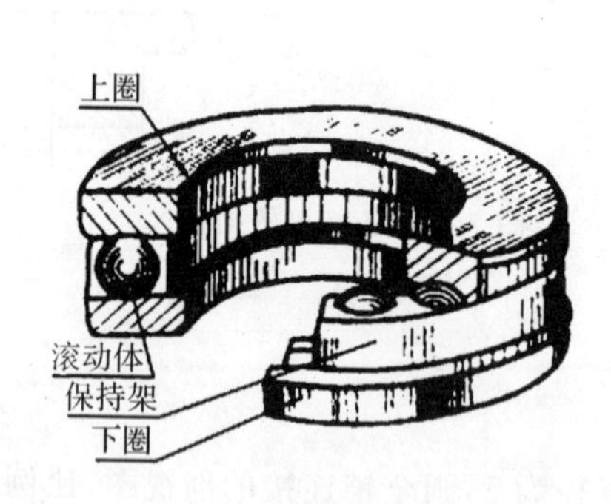

(b)推力球轴承

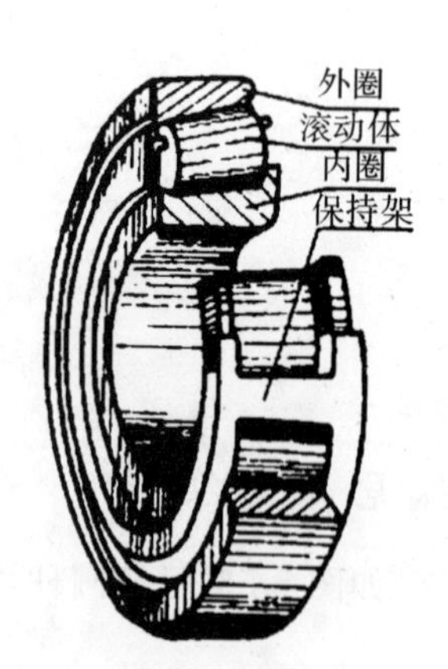

(c)圆锥滚子轴承

图 7-59　常用滚动轴承的结构

按承受载荷的方向，滚动轴承可分为三类：

(1)主要承受径向载荷，如图 7-59(a)所示的深沟球轴承。

(2)主要承受轴向载荷，如图 7-59(b)所示的推力球轴承。

(3)同时承受径向载荷和轴向载荷，如图 7-59(c)所示的圆锥滚子轴承。

2.滚动轴承的代号

滚动轴承常用基本代号表示，基本代号由轴承类型代号、尺寸系列代号和内径代号构成。

(1)轴承类型代号：用数字或字母表示，见表7-4。

表7-4 轴承类型代号(摘自GB/T 272—1993)

代号	0	1	2		3	4	5	6	7	8	N	U	QJ
轴承类型	双列角接触球轴承	调心球轴承	调心滚子轴承	推力调心滚子轴承	圆锥滚子轴承	双列深沟球轴承	推力球轴承	深沟球轴承	角接触球轴承	推力圆柱滚子轴承	圆柱滚子轴承	外球面球轴承	四点接触球轴承

(2)尺寸系列代号：由轴承宽(高)度系列代号和直径系列代号组合而成，一般用两位数字表示(有时省略其中一位)。它的主要作用是区别内径(d)相同而宽度和外径不同的轴承，具体代号需查阅相关标准。

(3)内径代号：表示轴承的公称内径，一般用两位数字表示。

①代号数字为00、01、02、03时，分别表示内径$d=10$mm、12mm、15mm、17mm。

②代号数字为04～96时，代号数字乘以5，即得轴承内径。

③轴承公称内径为1～9mm、22mm、28mm、32mm、500mm或大于500mm时，用公称内径毫米数值直接表示，但与尺寸系列代号之间用“/”隔开，如“深沟球轴承62/22，$d=$22mm”。

轴承基本代号举例：

例1：6209 09为内径代号，$d=45$mm；2为尺寸系列代号(02)，其中宽度系列代号0省略，直径系列代号为2；6为轴承类型代号，表示深沟球轴承。

例2：62/22 22为内径代号，$d=22$mm(用公称内径毫米数值直接表示)；2和6与例1的含义相同。

例3：30314 14为内径代号，$d=70$mm；03为尺寸系列代号(03)，其中宽度系列代号为0，直径系列代号为3；3为轴承类型代号，表示圆锥滚子轴承。

任务实施

在装配图中滚动轴承的轮廓按外径D、内径d、宽度B等实际尺寸绘制，其余部分用简化画法或用示意画法绘制。在同一图样中，一般只采用其中的一种画法。常用滚动轴承的画法见表7-5。

表 7-5　常用滚动轴承的画法(摘自 GB/T 4459.7—1998)

名称、标准号和代号	主要尺寸数据	规定画法	特征画法	装配示意图
深沟球轴承 60000	D d B	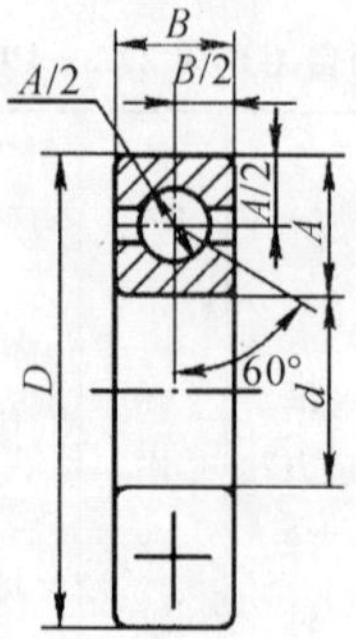	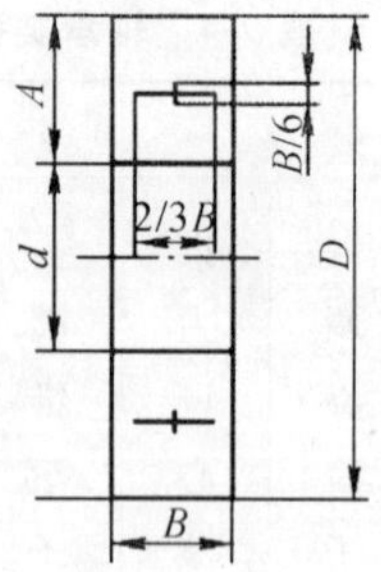	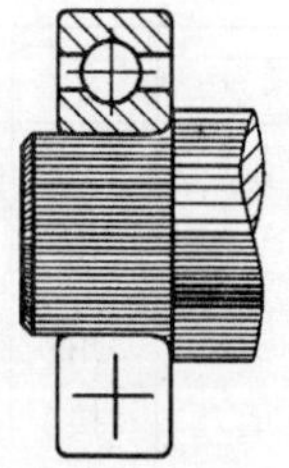
圆锥滚子轴承 30000	D d B T C	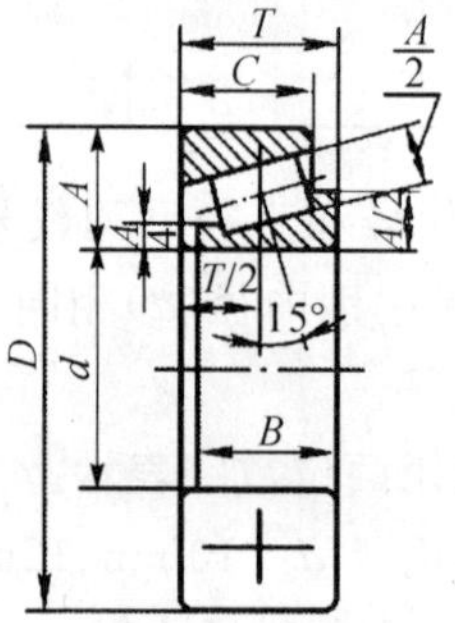	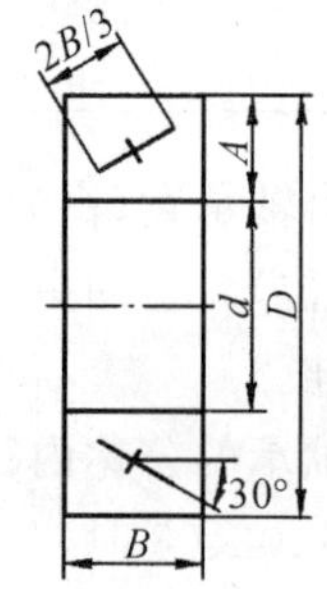	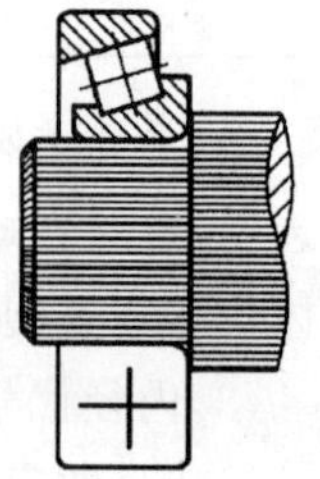
推力球轴承 50000	D d T	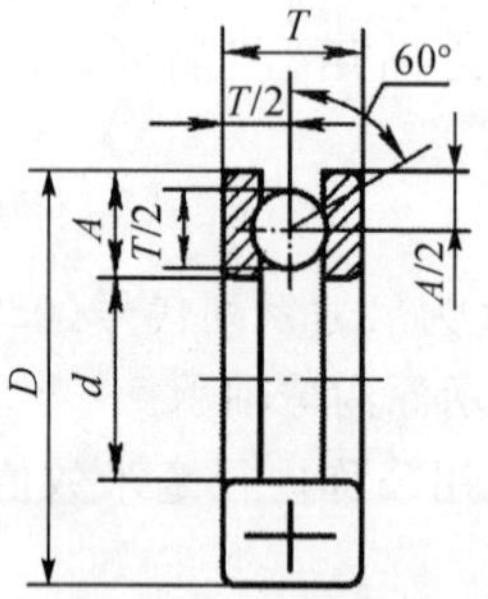	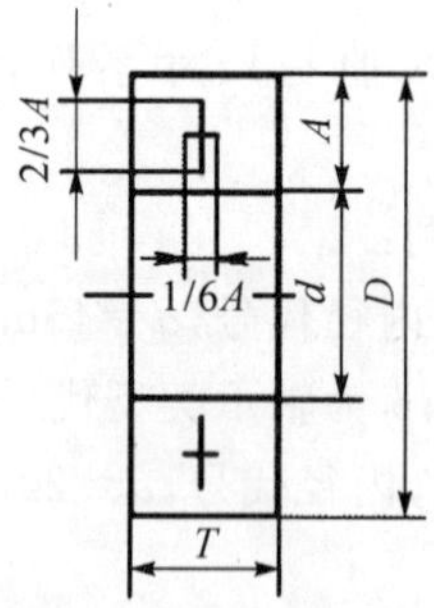	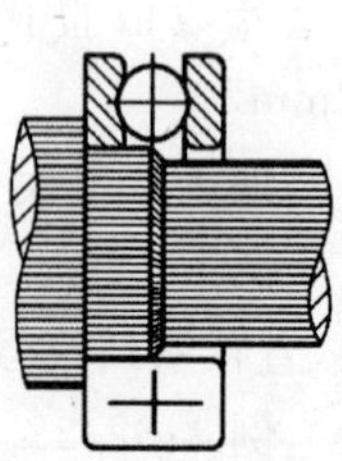

思考与实践

绘制如图 7-60 所示轴承：

(1)根据滚动轴承的代号标记,查表确定有关尺寸。

(2)用简化画法,按比例 1∶1 画出滚动轴承的另一半的详细图形。

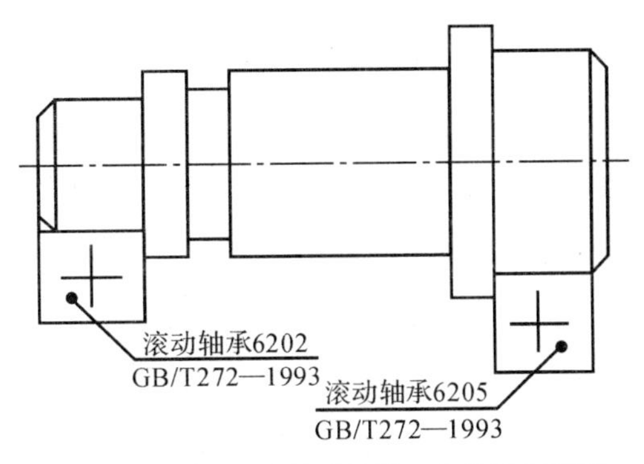

图 7-60　画出滚动轴承的另一半的详细图形

课题二　常用件的规定画法

知识目标

1.熟悉标准直齿圆柱齿轮各部分的名称及其关系,掌握单个直齿圆柱齿轮及其啮合的画法和圆柱直齿轮的测绘方法;

2.了解直齿圆锥齿轮轮齿部分的名称和尺寸关系及规定画法;

3.了解圆柱螺旋压缩弹簧的规定画法。

技能目标

1.掌握绘制常用件视图的方法,并能根据常用件参数进行计算;

2.培养正确使用机械制图国家标准的能力;

3.培养认真负责的学习态度和严谨细致的工作作风;

4.提高自我获取知识的能力。

任务一　绘制直齿圆柱齿轮视图

任务描述

学习具有渐开线齿形的标准直齿圆柱齿轮的有关知识和规定画法,根据直齿圆柱齿轮的基本参数计算齿轮各部分的尺寸。

任务分析

齿轮是常用件，齿轮的轮齿部分按 GB/T 4459.2—2003 的规定绘制，其余轮毂部分按机械制图有关国家标准绘制。

相关知识

齿轮是用于机器中传递动力、改变旋向和改变转速的传动件。根据两啮合齿轮轴线在空间的相对位置不同，常见的齿轮传动可分为下列三种形式，如图 7-61 所示。其中，图 7-61(a)所示的圆柱齿轮用于两平行轴之间的传动；图 7-61(b)所示的圆锥齿轮用于垂直相交两轴之间的传动；图 7-61(c)所示的蜗杆蜗轮则用于交叉两轴之间的传动。

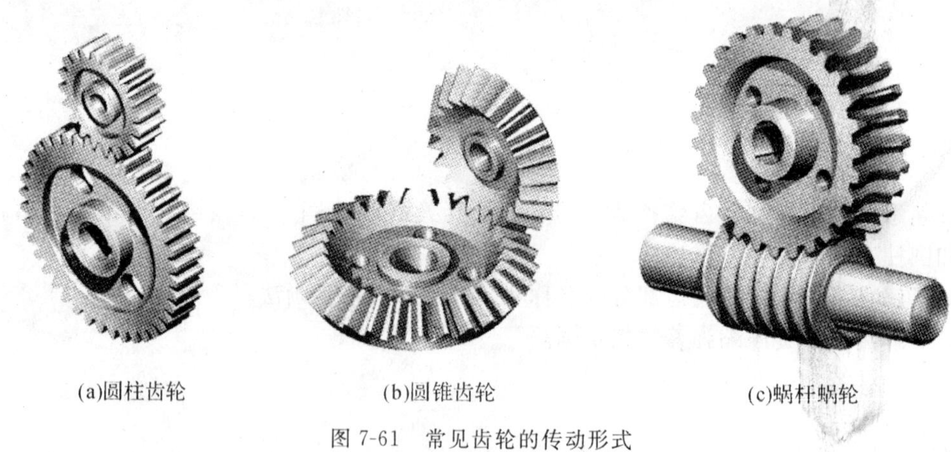

(a)圆柱齿轮　　(b)圆锥齿轮　　(c)蜗杆蜗轮

图 7-61　常见齿轮的传动形式

1. 直齿圆柱齿轮各部分的名称、代号和尺寸关系

(1)直齿圆柱齿轮各部分的名称和代号(见图 7-62)

①齿顶圆：轮齿顶部的圆，直径用 d_a 表示。

②齿根圆：轮齿根部的圆，直径用 d_f 表示。

③分度圆：齿轮加工时用以轮齿分度的圆，直径用 d 表示。在一对标准齿轮互相啮合时，两齿轮的分度圆应相切，如图 7-62(b)所示。

④齿距：在分度圆上，相邻两齿同侧齿廓间的弧长，用 p 表示。

⑤齿厚：一个轮齿在分度圆上的弧长，用 s 表示。

⑥槽宽：一个齿槽在分度圆上的弧长，用 e 表示。在标准齿轮中，齿厚与槽宽各为齿距的一半，即 $s=e=p/2$，$p=s+e$。

⑦齿顶高：分度圆至齿顶圆之间的径向距离，用 h_a 表示。

⑧齿根高：分度圆至齿根圆之间的径向距离，用 h_f 表示。

⑨全齿高：齿顶圆与齿根圆之间的径向距离，用 h 表示。$h=h_a+h_f$。

⑩齿宽：沿齿轮轴线方向测量的轮齿宽度，用 b 表示。

⑪压力角：轮齿在分度圆的啮合点上 C 处的受力方向与该点瞬时运动方向线之间的夹角，用 α 表示。标准齿轮 $\alpha=20°$。

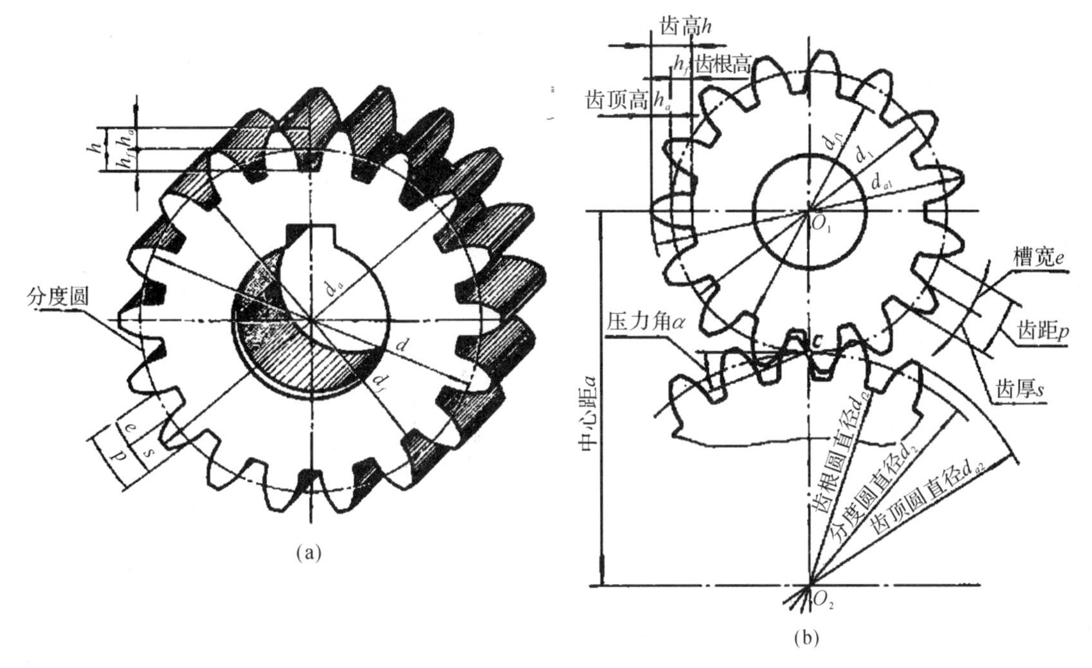

图 7-62　直齿圆柱齿轮各部分的名称和代号

(2)直齿圆柱齿轮的基本参数与齿轮各部分的尺寸关系

①模数：当齿轮的齿数为 z 时，分度圆的周长 $=\pi d=zp$。令 $m=p/\pi$，则 $d=mz$，m 即为齿轮的模数。因为一对啮合齿轮的齿距 p 必须相等，所以，它们的模数也必须相等。模数是设计、制造齿轮的重要参数。模数越大，则齿距 p 也增大，随之齿厚 s 也增大，齿轮的承载能力也增大(见图 7-63)。不同模数的齿轮要用不同模数的刀具来制造。为了便于设计和加工，模数已经标准化，我国规定的标准模数数值见表 7-6。

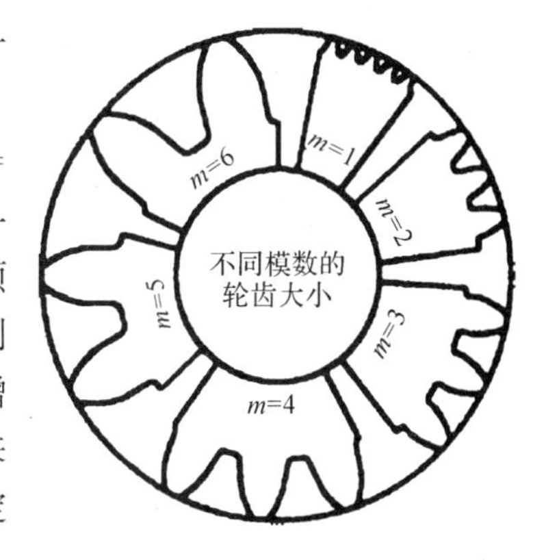

图 7-63　不同模数的轮齿大小

表 7-6　标准模数(圆柱齿轮摘自 GB/T 1357—2008)

第一系列	1,1.25,1.5,2,2.5,3,4,5,6,8,10,12,16,20,25,32,40,50
第二系列	1.75,2.25,2.75,(3.25),3.5,(3.75),4.5,5.5,(6.5),7,9,(11),14,18,22,28,(30),36,45

注：选用时，优先采用第一系列，括号内的模数尽可能不用

②齿轮各部分的尺寸关系：当齿轮的模数 m 确定后，按照与 m 的比例关系，可计算出齿轮其他部分的基本尺寸，见表 7-7。

表 7-7　标准直齿圆柱齿轮各部分尺寸关系

名称及代号	公　式	名称及代号	公　式
模数 m	$m=p\pi=d/z$	齿根圆直径 d_f	$d_f=m(z-2.5)$
齿顶高 h_a	$h_a=m$	齿形角 α	$\alpha=20°$
齿根高 h_f	$h_f=1.25m$	齿距 p	$p=\pi m$
全齿高 h	$h=h_a+h_f$	齿厚 s	$s=p/2=\pi m/2$
分度圆直径 d	$d=mz$	槽宽 e	$e=p/2=\pi m/2$
齿顶圆直径 d_a	$d_a=m(z+2)$	中心距 a	$a=(d_1+d_2)/2=m(z_1+z_2)/2$

(3)模数在工程上的实际意义

①模数大，齿轮的轮齿就大，轮齿所能承受的载荷也大。

②不同模数的齿轮轮齿，应选用相应模数的刀具进行加工。一对相互啮合的齿轮，其模数应相同。

③齿轮各部分尺寸与模数及齿数成一定的关系。

任务实施

1. 单个圆柱齿轮的画法

如图 7-64(a)所示，在端面视图中，齿顶圆用粗实线画出，齿根圆用细实线画出或省略不画，分度圆用点画线画出。另一视图一般画成全剖视图，而轮齿规定按不剖处理，用粗实线表示齿顶线和齿根线，用点画线表示分度线，如图 7-64(b)所示；若不画成剖视图，则齿根线可省略不画。

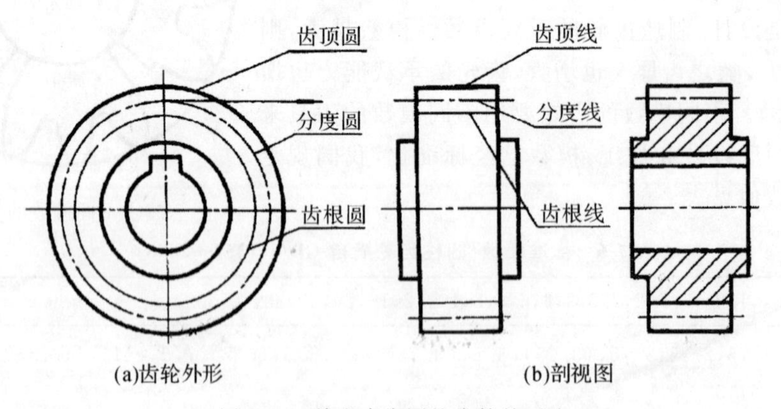

图 7-64　单个直齿圆柱齿轮的画法

2. 圆柱齿轮的啮合画法

如图 7-65(a)所示，在表示齿轮端面的视图中，齿根圆可省略不画，啮合区的齿顶圆均用粗实线绘制。啮合区的齿顶圆也可省略不画，但相切的分度圆必须用点画线画出，如图 7-65(b)所示。若不作剖视，则啮合区内的齿顶线不画，此时分度线用粗实线绘制。

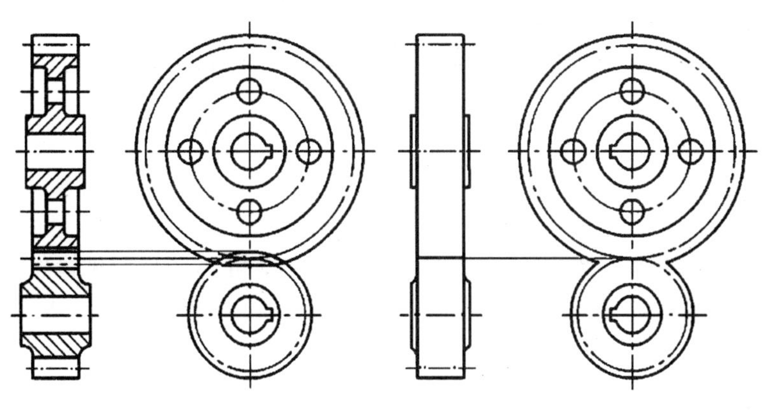

图 7-65 圆柱齿轮的啮合画法

在剖视图中，啮合区的投影如图 7-66 所示，一个齿轮的齿顶线与另一个齿轮的**齿根线**之间有 0.25m 的间隙，被遮挡的齿顶线用虚线画出，也可省略不画。

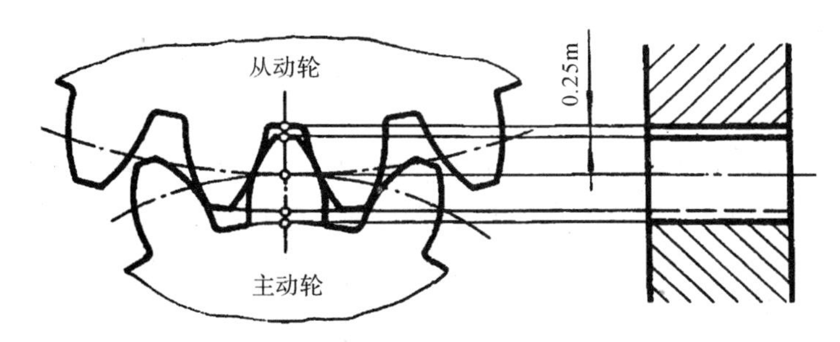

图 7-66 轮齿啮合区在剖视图上的画法

思考与实践

如图 7-67 所示，已知一对标准啮合直齿圆柱齿轮 $m=5$，试完成轮齿部分的图形，比例 1∶2。

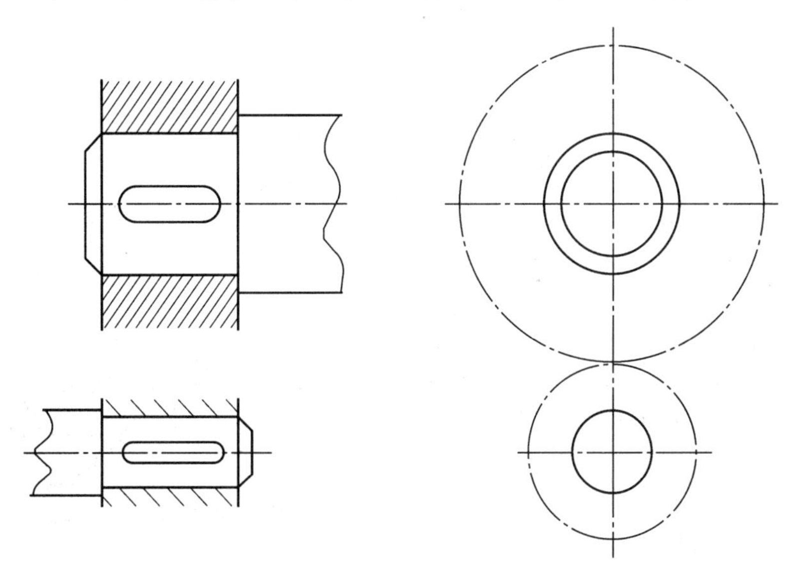

图 7-67 一对标准啮合直齿圆柱齿轮啮合画法

任务二　绘制圆锥齿轮啮合图

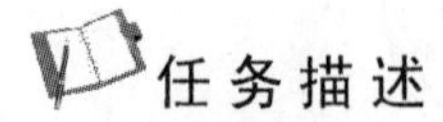

任务描述

根据圆锥齿轮的基本参数模数 m、齿数 z 及分度圆锥角 δ，画出圆锥齿轮视图及圆锥齿轮的啮合图。

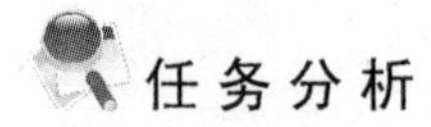

任务分析

通过画圆锥齿轮视图及圆锥齿轮的啮合图，了解通过查表进行结构尺寸计算的方法，掌握圆锥齿轮的单个画法及圆锥齿轮的啮合图画法。

相关知识

圆锥齿轮通常用于垂直相交两轴之间的传动。由于轮齿位于圆锥面上，所以圆锥齿轮的轮齿一端大、另一端小，齿厚是逐渐变化的，直径和模数也随着齿厚的变化而变化。为了计算和制造方便，国家标准规定以大端为准，用它决定轮齿的有关尺寸。

图 7-68 是圆锥齿轮的形体结构图。

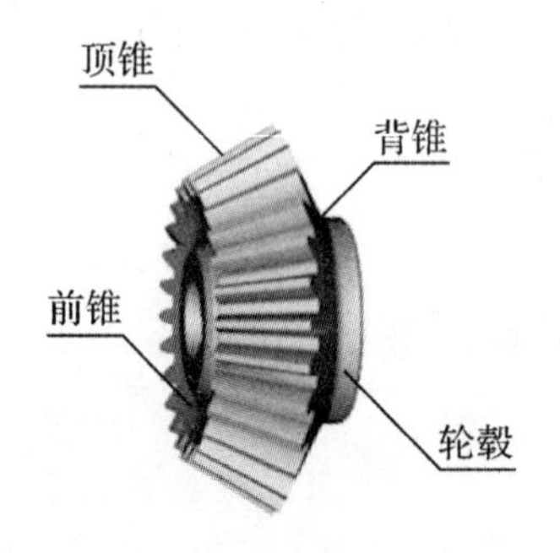

图 7-68　圆锥齿轮的形体结构图

圆锥齿轮各部分几何要素的尺寸都与模数 m、齿数 z 及分度圆锥角 δ 有关。其计算公式：齿顶高 $h_a=m$，齿根高 $h_f=1.2m$，齿高 $h=2.2m$，分度圆直径 $d=mz$，齿顶圆直径 $d_a=m(z+2\cos\delta)$，齿根圆直径 $d_f=m(z-2.4\cos\delta)$。

圆锥齿轮的规定画法与圆柱齿轮基本相同。

单个圆锥齿轮的画法及各部分名称如图 7-69 所示，一般用主、左两视图表示，主视图画成剖视图，在投影为圆的左视图中，用粗实线表示齿轮大端和小端的齿顶圆，用点画线表示大端的分度圆，不画齿根圆。

对标准圆锥齿轮来说，节圆锥面和分度圆锥面、节圆和分度圆是一致的。

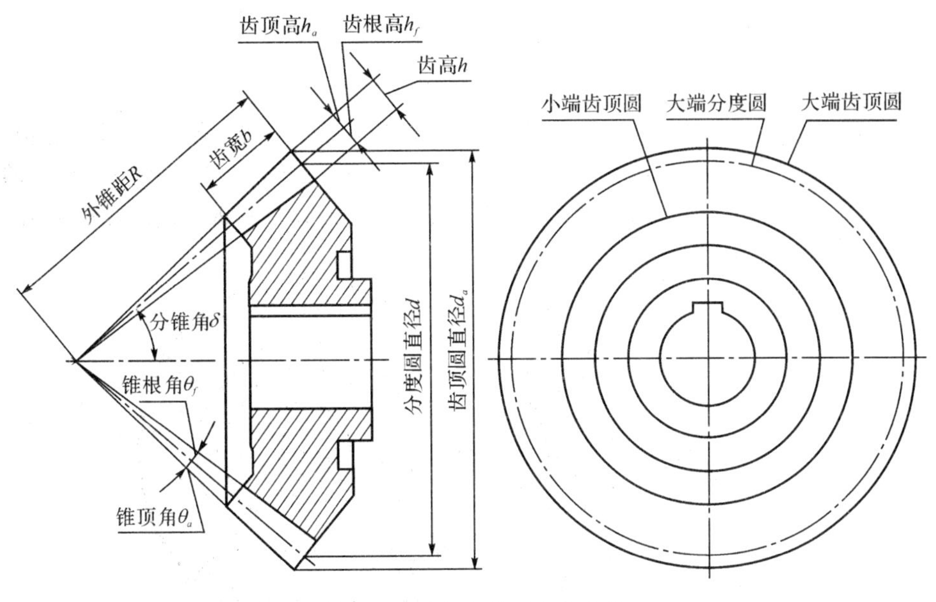

图 7-69 圆锥齿轮各部分名称

任务实施

1.单个圆锥齿轮画法

一般用主、左两视图表示，主视图画成剖视图，在投影为圆的左视图中，用粗实线表示齿轮大端和小端的齿顶圆，用点画线表示大端的分度圆，不画齿根圆。如图 7-70 所示。

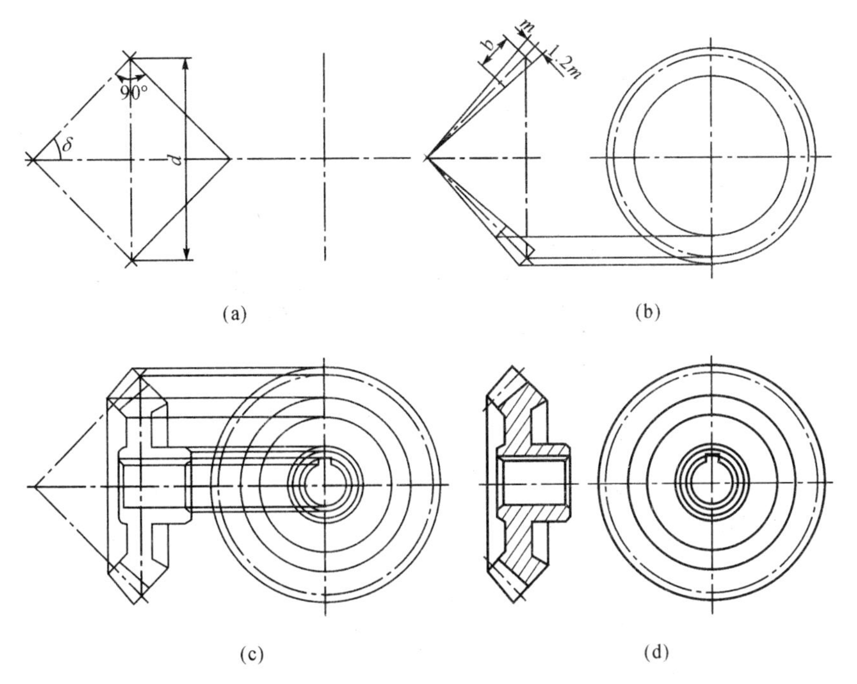

图 7-70 单个圆锥齿轮的画图步骤

2. 圆锥齿轮的啮合图画法

一对圆锥齿轮啮合必须有相同的模数。

安装准确的标准圆锥齿轮，两分度圆锥相切，两分锥角 δ_1 和 δ_2 互为余角。

圆锥齿轮的啮合画法如图 7-71 所示。主视图画成剖视图，两齿轮的节圆锥面相切，其节线重合，画成点画线；在啮合区内，轮齿的画法同直齿圆柱齿轮，即将其中一个齿轮的齿顶线画成粗实线，而将另一个齿轮的齿顶线画成虚线或省略不画。左视图画成外形视图。

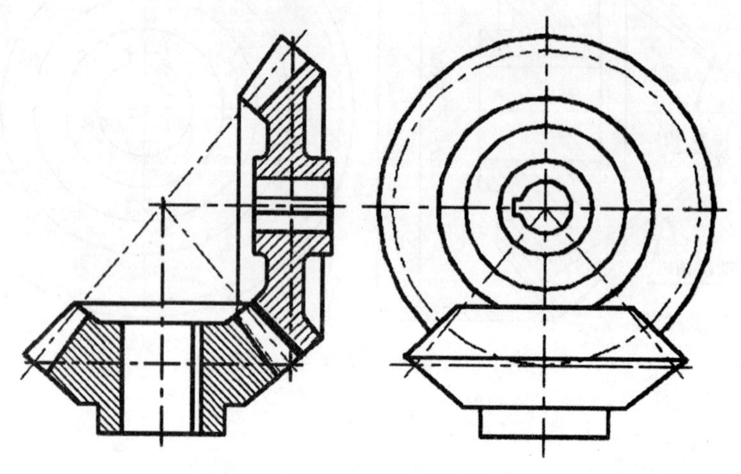

图 7-71　圆锥齿轮啮合图的画法

思考与实践

如图 7-72 所示，完成直齿圆锥齿轮的两视图（齿轮大端模数 $m=3$）。

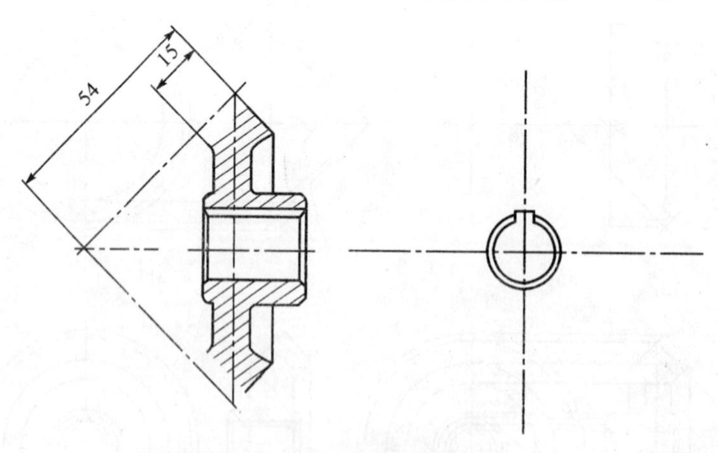

图 7-72　直齿圆锥齿轮视图的画法练习

任务三　绘制圆柱螺旋压缩弹簧视图

任务描述

根据圆柱螺旋压缩弹簧的参数(材料直径 d,弹簧中径 D,节距 t,有效圈数 n,支承圈数 n_2,旋向),画出圆柱螺旋压缩弹簧。

任务分析

学会计算圆柱螺旋压缩弹簧各部分的尺寸,掌握规定画法,了解装配图中弹簧的简化画法。

相关知识

弹簧是机械、电气设备中一种常用的零件,主要用于减震、夹紧、储存能量和测力等。弹簧的种类很多,使用较多的是圆柱螺旋弹簧,如图 7-73 所示。

(a)压缩弹簧

(b)拉伸弹簧

(c)扭力弹簧

图 7-73　圆柱螺旋弹簧

1. 圆柱螺旋压缩弹簧各部分的名称及尺寸计算

(1)簧丝直径 d——制造弹簧所用金属丝的直径。

(2)弹簧外径 D——弹簧的最大直径。

(3)弹簧内径 D_1——弹簧的内孔直径,即弹簧的最小直径。$D_1=D-2d$。

(4)弹簧中径 D_2——弹簧轴剖面内簧丝中心所在柱面的直径,即弹簧的平均直径,$D_2=(D+D_1)/2=D_1+d=D-d$。

(5)有效圈数 n——保持相等节距且参与工作的圈数。

(6)支承圈数 n_2——为了使弹簧工作平衡、端面受力均匀，制造时将弹簧两端的 $\frac{3}{4}$ 至 $1\frac{1}{4}$ 圈压紧靠实，并磨出支承平面。这些圈主要起支承作用，所以称为支承圈。支承圈数 n_2 表示两端支承圈数的总和。一般有 1.5、2、2.5 圈三种。

(7)总圈数 n_1——有效圈数和支承圈数的总和，即 $n_1=n+n_2$。

(8)节距 t——相邻两有效圈上对应点间的轴向距离。

(9)自由高度 H_0——未受载荷作用时的弹簧高度(或长度)，$H_0=nt+(n_2-0.5)d$。

(10)弹簧的展开长度 L——制造弹簧时所需的金属丝长度，$L\approx n_1\sqrt{(\pi D_2)^2+t^2}$。

(11)旋向——与螺旋线的旋向意义相同，分为左旋和右旋两种。

2.圆柱螺旋压缩弹簧的规定画法

GB/T 4459.4—2003 对弹簧的画法作了如下规定：

(1)在平行于螺旋弹簧轴线的投影面的视图中，其各圈的轮廓应画成直线。

(2)有效圈数在四圈以上时，可以每端只画出 1～2 圈(支承圈除外)，其余省略不画。

(3)螺旋弹簧均可画成右旋，但左旋弹簧不论画成左旋或右旋，均需注写旋向“左”字。

(4)螺旋压缩弹簧如要求两端并紧且磨平时，不论支承圈多少均按支承圈 2.5 圈绘制，必要时也可按支承圈的实际结构绘制。

弹簧的表示方法有剖视、视图和示意画法，如图 7-74 所示。

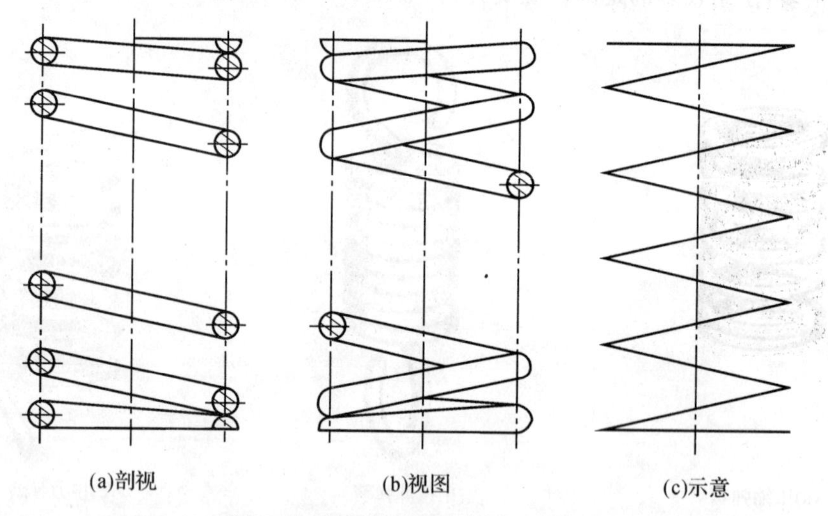

图 7-74　圆柱螺旋压缩弹簧的表示法

3.装配图中弹簧的简化画法

在装配图中，弹簧被看作实心物体，因此，被弹簧挡住的结构一般不画出。可见部分应画至弹簧的外轮廓或弹簧的中径处，如图 7-75(a)所示。

当簧丝直径在图形上小于或等于 2mm 并被剖切时，其剖面可以涂黑表示，如图 7-75(b)所示。也可采用示意画法，如图 7-75(c)所示。

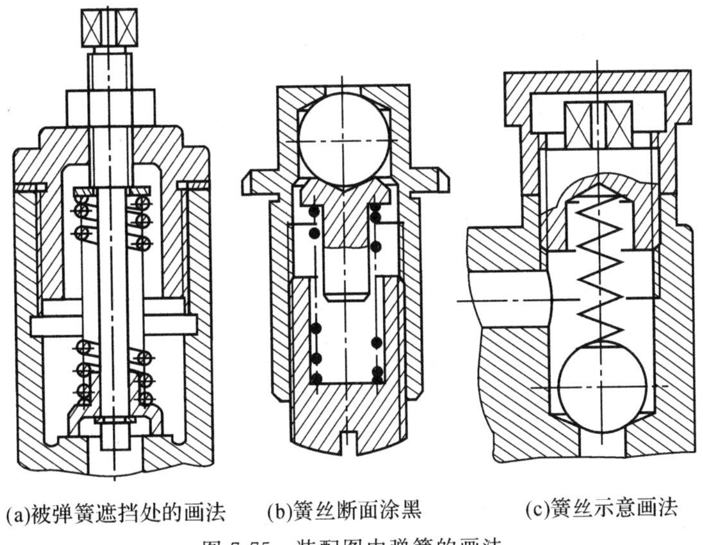

(a)被弹簧遮挡处的画法　(b)簧丝断面涂黑　(c)簧丝示意画法

图 7-75　装配图中弹簧的画法

任务实施

圆柱螺旋压缩弹簧的画图步骤如图 7-76 所示。

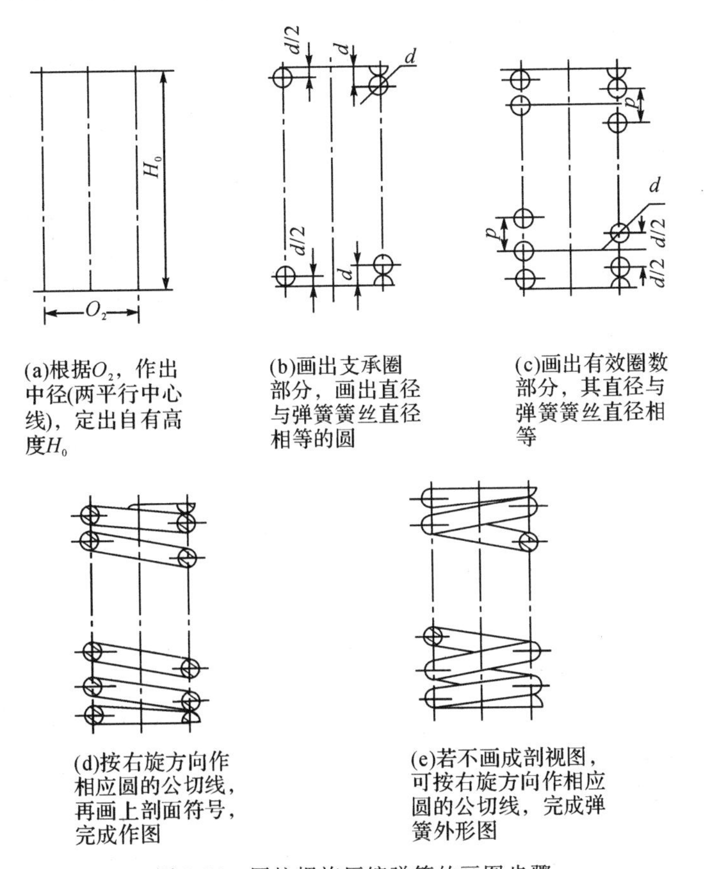

(a)根据O_2，作出中径(两平行中心线)，定出自有高度H_0

(b)画出支承圈部分，画出直径与弹簧簧丝直径相等的圆

(c)画出有效圈数部分，其直径与弹簧簧丝直径相等

(d)按右旋方向作相应圆的公切线，再画上剖面符号，完成作图

(e)若不画成剖视图，可按右旋方向作相应圆的公切线，完成弹簧外形图

图 7-76　圆柱螺旋压缩弹簧的画图步骤

思考与实践

按 1∶1 画出圆柱螺旋压缩弹簧的主视图(采用全剖视图),并标注尺寸。

已知:圆柱螺旋压缩弹簧的材料直径 $d=5$,弹簧中径 $D=50$,节距 $t=11$,有效圈数 $n=7.5$,支承圈数 $n_2=2.5$,右旋。

模块八　零件图的识读与绘制

课题一　识读零件图

引言

零件图是生产和检测零件的依据，是表达零件结构、大小和技术要求的图样。如图 8-1 所示就是一张完整的零件图。要生产出图中所示的零件，首先必须要看懂零件图，想象出零件的结构形状，了解零件的尺寸大小和技术要求等。

思考：图 8-1 所示的零件图中有哪些内容？你能一一解读吗？

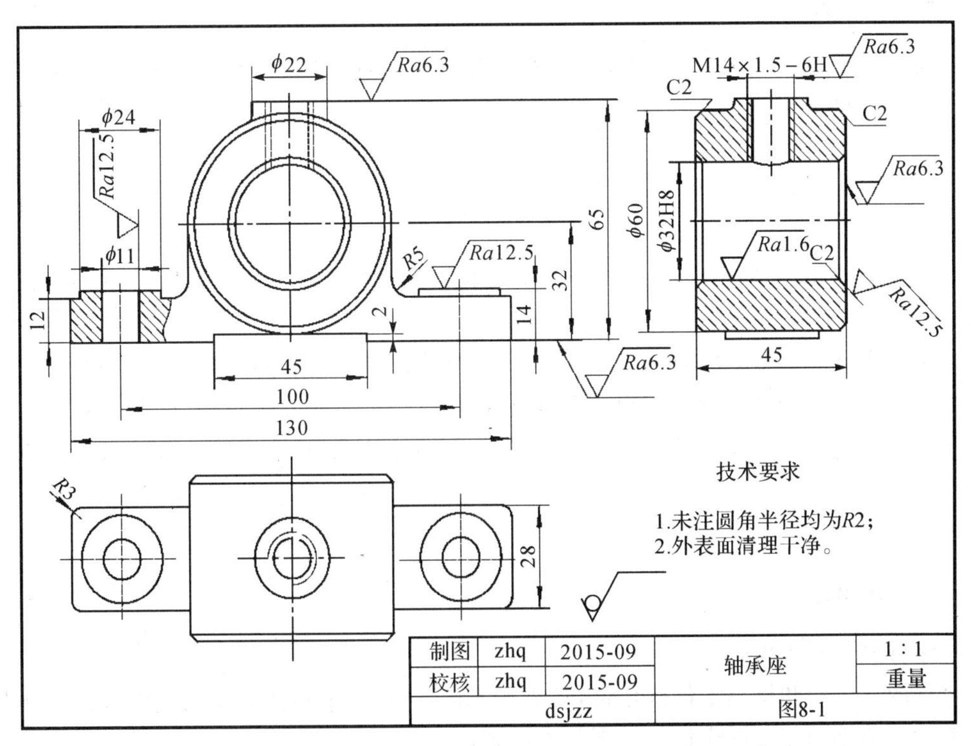

图 8-1　轴承座零件图

知识目标

1. 了解零件图的作用、概念和内容；
2. 理解零件图中的图形及尺寸；
3. 理解零件图中的表面结构和几何公差；
4. 熟悉零件的类型及各类型的特点；
5. 掌握零件图的识读方法和步骤。

技能目标

1. 能看懂零件图图形，想象出零件的结构形状；
2. 能正确识读零件图上的技术要求（尺寸公差、几何公差、表面结构等）；
3. 能熟练识读中等复杂程度的零件图。

任务一　识读零件图的图形及尺寸

任务描述

识读图 8-1、图 8-2 所示的零件图，分析零件基本信息，想象零件的形状、结构，根据图中尺寸分析零件的大小。

任务分析

1. 分析图 8-2，了解零件图的基本内容，如零件的基本信息、图形特征、尺寸、技术要求等。
2. 分析图 8-1，想象该零件的结构特征，其由哪些基本形体组成，属于什么类型的零件？
3. 识读零件图的图形有什么规律和技巧？
4. 一张完整的零件图包括哪些内容？零件图的作用具体有哪些？你能归纳并进行阐述吗？

相关知识

1. 零件图的基本内容

零件图是生产和检测零件的依据，是表达零件结构、大小和技术要求的图样。一张作为加工和检验依据的零件图应包括以下基本内容：

(1)一组图形

用一组适当的视图、剖视图、断面图等图形，将零件的内外结构形状正确、完整、清晰地表达出来。

(2)完整的尺寸

用一组尺寸正确、完整、清晰、合理地标注出零件结构形状的大小及相对位置关系。

(3)必要的技术要求

用规定的代号、符号、标记和文字说明等简明地给出零件在制造、检验时所应达到的技术要求，如尺寸公差、几何公差、表面结构、热处理及其他特殊要求等。

(4)标题栏

填写零件的名称、材料、质量、比例、制图和审核人的姓名和日期等。

2.识读图形的基本方法

读图的基本方法主要是运用形体分析法。首先在最能反映物体形状特征的主视图上按线框将零件划分为几个部分，然后通过投影关系，找到各线框在其他视图中的投影，从而想象出各部分基本体的形状及相互位置关系，最后综合起来，想象出零件的整体形状。表8-1所示为图8-1所示的零件图图形的识读方法和步骤。

3.识读零件图的尺寸

尺寸可按以下顺序进行分析：

(1)根据形体分析法，了解定形尺寸和定位尺寸；

(2)根据零件的结构特点，了解基准和尺寸的标注样式；

(3)确定总体尺寸。

任务实施

1.识读图8-2所示的轴零件图，回答下列问题。

(1)该零件的名称是________，比例是________。

(2)主视图采用________剖视，另有两个为________，轴中部键槽上方的为________。

(3)此零件的轴向尺寸基准为________，径向尺寸基准为________。

(4)尺寸2×0.5表示________槽，其中2表示________，0.5表示________。

(5)左边键槽的定位尺寸为________，定形尺寸为________。

(6)该零件由哪些基本几何体组成？

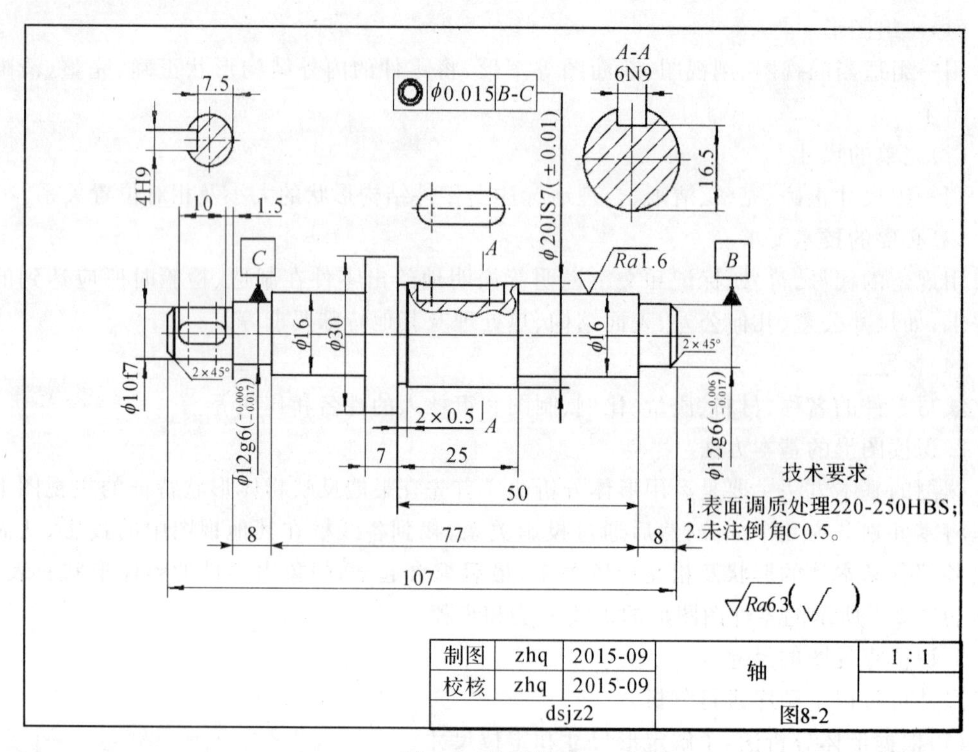

图 8-2 轴零件图

2. 识读图 8-1 所示的零件图，想象该零件的结构特征。

具体读图方法和步骤如表 8-1 所示。

表 8-1 轴承座零件图图形的读图方法和步骤

方法与步骤	示例	图示
1. 画线框，分形体	把主视图的图形分成三个图框，1 是矩形线框，2 是圆形线框，3 是矩形线框	3 2 1

续表

方法与步骤	示例	图示
	圆形线框 2,在俯视图中对应的投影为矩形线框,左视图为矩形线框,可以想象出 2 的基本形体为圆柱,中间为贯穿的圆柱孔。	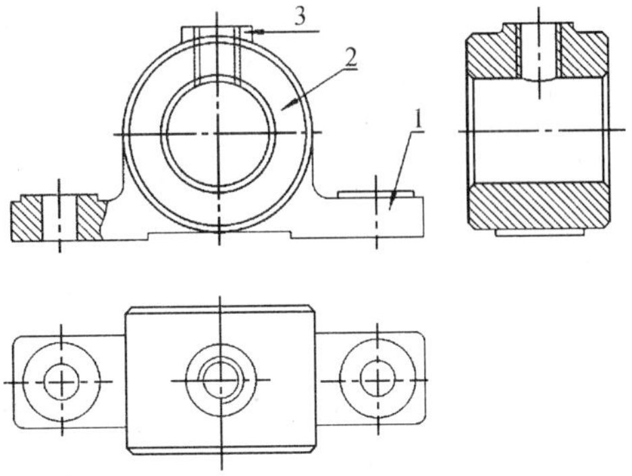
2. 对投影,想形状	矩形线框 3,在俯视图中对应的投影是圆形图框,左视图为矩形图框,可以想象出 3 的基本体为圆柱,中间为贯穿的圆柱孔	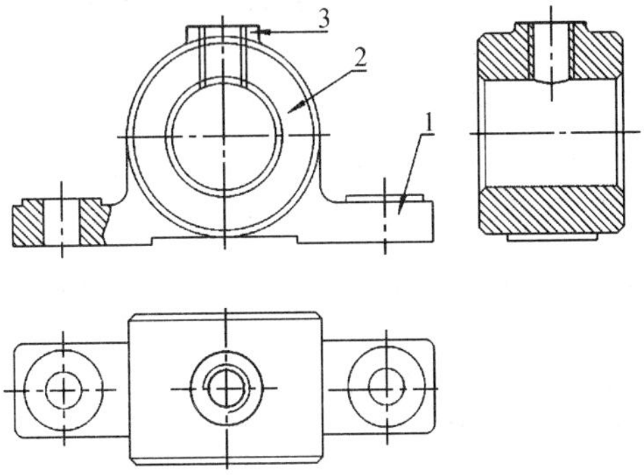
	矩形图框 1,在俯视图中对应的投影是矩形图框,左视图也为矩形图框,可以想象出 1 的基本体是四棱柱,四棱柱左右上方分别有一个圆柱凸台,凸台中间为贯穿底面的圆柱孔	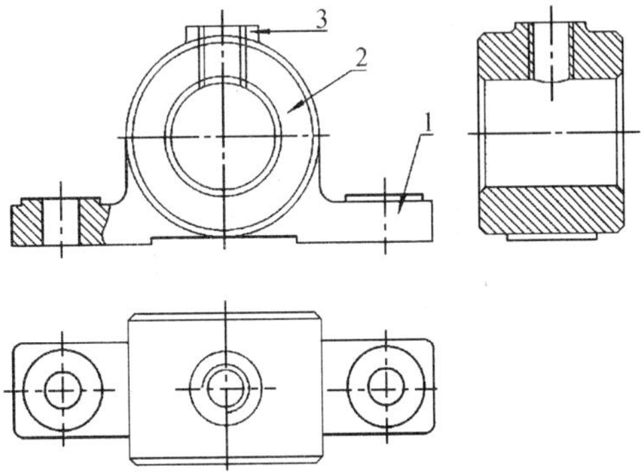
3. 合起来,想整体	根据主视图线框的相对位置可以看出,四棱柱 1 在下面,圆柱 2 在中间,圆柱 3 在顶部。根据基本形体分析细节,最后将形体 1、2、3 合起来,想象出整体形状	

思考与实践

识读图 8-1 所示的轴承座零件图，完成下列问题：

(1)该零件的名称是________，比例是________。

(2)主视图采用________剖视，左视图采用________剖视。

(3)此零件的长度方向基准为________，宽度方向基准为________，高度方向基准为________。

(4)ϕ32H8 通孔的定位尺寸为________。ϕ22 为________。

(5)M16×1.5－6H 表示________，C2 表示________。

任务二 识读零件图中的表面结构

任务描述

识读图 8-3 所示零件图中的表面结构代号及含义。

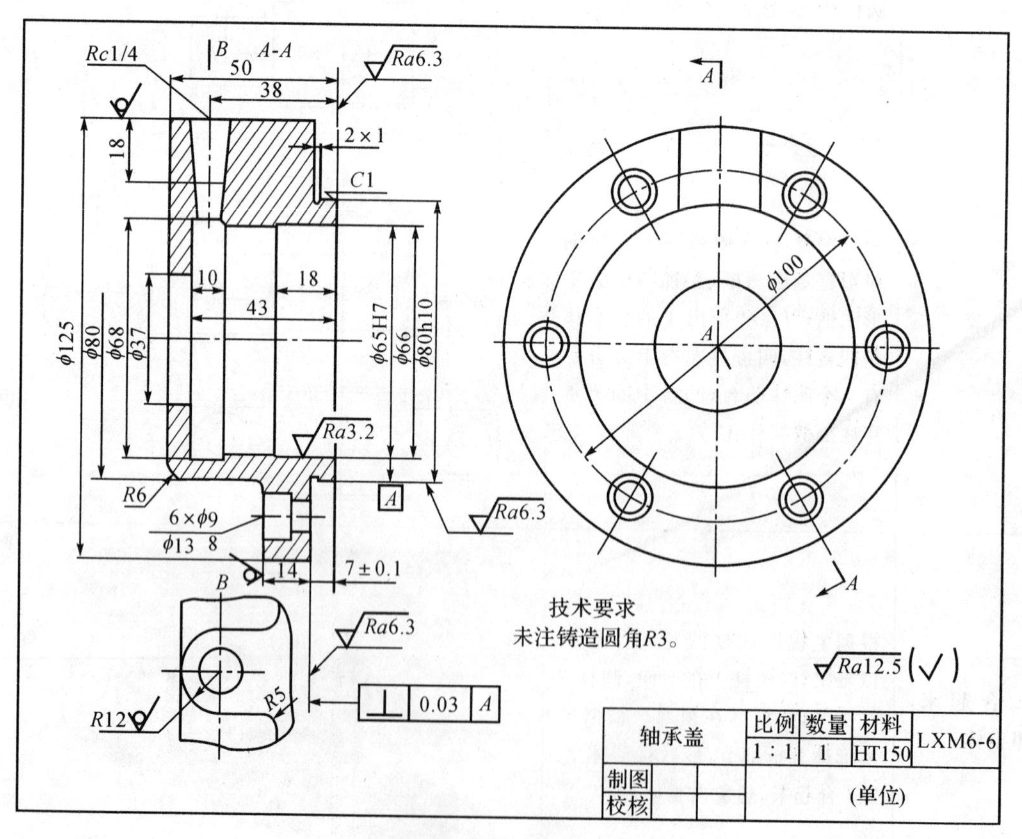

图 8-3 轴承盖零件图

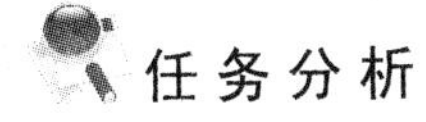

任务分析

图 8-3 中有多种表面结构要求，各种代号和参数值分别代表什么含义？零件每个表面的结构要求是什么？

相关知识

1. 表面粗糙度的概念和图形符号

(1)表面粗糙度的概念

在零件加工时，由于切削变形和机床振动等因素，使得零件的实际加工表面存在着微观的高低不平，这种微观的高低不平程度称为表面粗糙度，如图 8-4 所示。

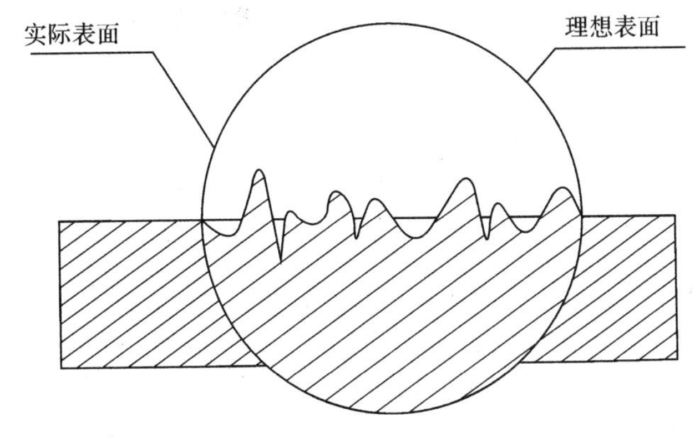

图 8-4　表面粗糙度的概念

(2)表面结构图形符号

对表面结构的要求可用几种不同的图形符号表示，每种符号都有特定含义。符号和尺寸具体见表 8-2 和表 8-3 所示。

表 8-2　表面结构图形符号

符号类型	符号图形	说明
基本图形符号	H_1 60° 60° H_2 H_1，H_2，d'(符号线宽)的尺寸见表 8-3	仅用于简化代号标注，没有补充说明时不能单独使用
扩展图形符号		用去除材料的方法(车、铣、刨、磨等)获得的。
		表示用不去除材料的方法(铸、锻、冲压变形等)获得，也可表示保持上道工序形成的表面

续表

符号类型	符号图形	说明
完整图形符号		允许任何工艺，文本中用文字表达时用 APA 表示
		去除材料，文本中用文字表达时用 MRR 表示
		不去除材料，文本中用文字表达时用 NMR 表示
工件轮廓各表面的图形符号		当某个视图上构成封闭轮廓的各表面有相同的表面结构要求时，应在完整图形符号上加一圆圈，标注在图样中工件的封闭轮廓线上，如图 8-5 所示

表 8-3　表面结构图形符号的尺寸

单位：mm

数字与大写字母(或小写字母)的宽度 h	2.5	3.5	5	7	10	14	20
符号的线宽 d'、数字与字母的笔画宽度 d	0.25	0.35	0.5	0.7	1	1.4	2
高度 H_1	3.5	5	7	10	14	20	28
高度 H_2	7.5	10.5	15	21	30	42	60

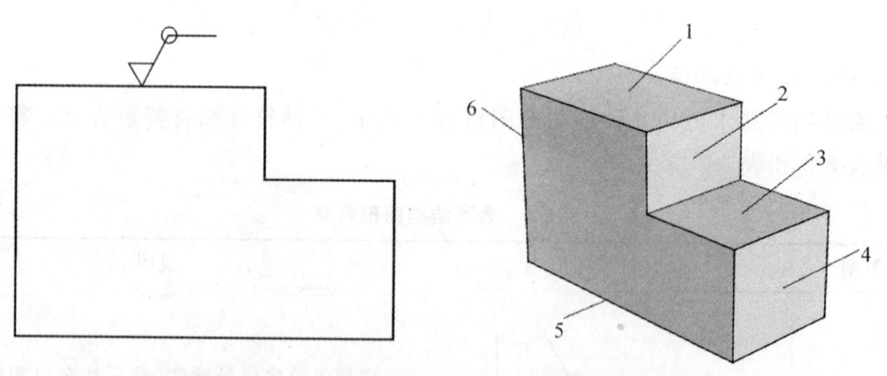

注：图示的表面结构符号是指对图形中封闭轮廓的六个面的共同要求(不包括前后面)

图 8-5　对周边各面有相同的表面结构要求的注法

2. 表面结构的参数

表面结构参数是表示表面微观几何特征的参数。对于零件表面结构的状况，可由以下三个参数组加以评定：①轮廓参数，相关的有 R 轮廓(粗糙度参数)、W 轮廓(波纹度参数)、P 参数(原始轮廓参数)；②图形参数，相关的有粗糙度图形、波纹度图形；③支承率曲线参数。

其中轮廓参数是我国机械图样中目前最常用的评定参数。这里仅介绍轮廓参数中 R 轮廓(粗糙度参数)的两个高度参数 Ra 和 Rz，两个参数均以微米为单位。

(1)轮廓算术平均偏差 Ra:指在一个取样长度内,纵坐标 $Z(X)$ 绝对值的算术平均值(图 8-6)。

(2)轮廓最大高度 Rz:指在同一取样长度内,最大轮廓峰高与最大轮廓谷深之和的高度(图 8-6)。

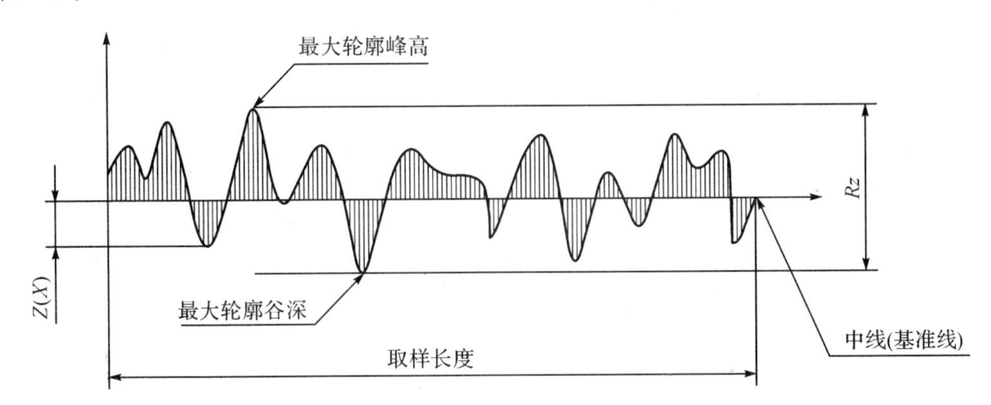

图 8-6　R 轮廓参数 Ra、Rz 示意图

一般情况下,零件上有配合要求或相对运动的表面,R 轮廓参数值要小,参数值越小,表面质量越高,但加工成本也越高。因此,在满足要求的前提下,应尽量选用较大的 R 轮廓参数值,以降低成本。

3. 表面结构在图样上的标注方法

(1)表面结构完整图形符号的组成

为了明确表面结构要求,除了标注表面结构参数和数值外,必要时应标注补充要求,补充要求包括传输带、取样长度、加工工艺、表面纹理及方向、加工余量等。

在完整符号中,对表面结构的单一要求和补充要求应注写在图 8-7 所示的指定位置。

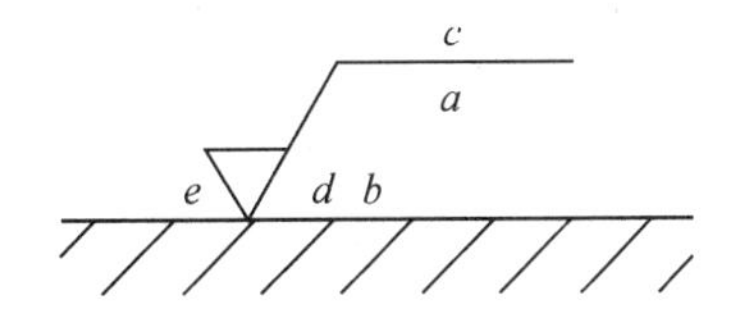

图 8-7　表面结构完整图形符号组成

图 8-7 中位置 a～e 分别注写以下内容:

①位置 a　注写表面结构的单一要求。在表面结构参数代号和极限值间应插入空格。如:Ra　6.3

②位置 a 和 b　注写两个或多个表面结构要求。

位置 a 注写第一个表面结构要求,位置 b 注写第二个表面结构要求。

③位置 c　注写加工方法、表面处理、涂层或其他加工工艺要求等,如车、磨、镀等。

④位置 d　注写表面纹理和方向,见表 8-4 表面纹理符号及含义。

⑤位置 e　注写加工余量,以毫米为单位给出数值。

表 8-4 表明纹理符号及含义

符号	说明	示例
=	纹理平行于视图所在的投影面	纹理方向
⊥	纹理垂直于视图所在的投影面	纹理方向
×	纹理呈两斜向交叉且与视图所在的投影面相交	纹理方向
M	纹理呈多方向	
C	纹理呈近似同心圆与表面中心相关	
R	纹理呈近似放射状且与表面圆心相交	
P	纹理呈微粒、凸起，无方向	

(2)表面结构图形符号的标注

表面结构要求对每一表面一般只标注一次，并尽可能注在相应的尺寸及其公差的同一视图上。除非另有说明，所标注的表面结构要求是对完工零件表面的要求。

总的原则是：表面结构符号的标注位置和方向与尺寸的注写和读取方向一致(见图 8-8)。具体标注类型和示例见表 8-5。

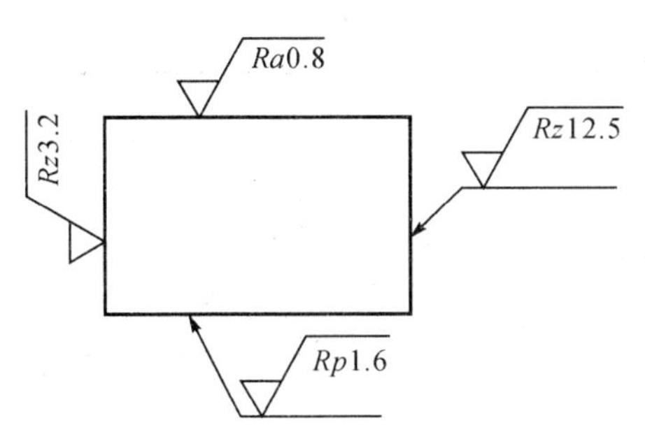

图 8-8　表面结构要求的注写方向

表 8-5　表面结构标注类型和示例

标注类型	示　　例	说　明
标注在轮廓线上或指引线上	Rz12.5　Rz6.3　Ra1.6　Ra1.6　Rz12.5　Rz6.3 铣 Rz3.2　车 Rz3.2　ϕ28	其符号应从材料外指向并接触表面。必要时结构符号也可用带箭头或黑点的指引线引出标注
标注在尺寸线上	ϕ120 H7 Rz12.5 ϕ120 H6 Rz6.3	在不致引起误解时，可以标注在给定的尺寸线上
标注在形位公差的框格上	Ra1.6　▱ 0.1 Rz6.3　$\phi10\pm0.1$　⌖ ϕ0.2 A B	

续表

标注类型	示例	说明
	$\sqrt{Rz6.3}$ $\sqrt{Rz1.6}$ $\sqrt{Ra3.2}$ ($\sqrt{}$)　　$\sqrt{Rz6.3}$ $\sqrt{Rz1.6}$ $\sqrt{Ra3.2}$ ($\sqrt{Rz1.6}$ $\sqrt{Rz6.3}$)	大多数表面有相同表面结构要求时
简化注法	$\sqrt{z}$ = $\sqrt{\text{U } Rz1.6 \text{ L } Ra0.8}$ $\sqrt{y}$ = $\sqrt{Ra3.2}$	图纸空间有限时，可用带字母的完整符号，以等式的形式，在图形或标题栏附近进行简化标注
	$\sqrt{}$ = $\sqrt{Ra3.2}$ $\sqrt{}$ = $\sqrt{Ra3.2}$ $\sqrt{}$ = $\sqrt{Ra3.2}$	对多个表面共同的表面结构要求，可只用表面结构符号，以等式的形式给出

4. 表面结构代号识读示例(表 8-6)

表 8-6　表面结构代号示例及含义

序号	代号	含义
1	$\sqrt{Rz0.4}$	表示不允许去除材料，单向上限值，R 轮廓，粗糙度的最大高度 0.4μm，默认传输带，评定长度为 5 个取样长度(默认)，“16％规则”(默认)
2	$\sqrt{Rz\max 0.2}$	表示去除材料，单向上限值，R 轮廓，粗糙度最大高度的最大值 0.2μm，默认传输带，评定长度为 5 个取样长度(默认)，“最大规则”
3	$\sqrt{0.008-0.8/Ra3.2}$	表示去除材料，单向上限值，传输带 0.008～0.8mm，R 轮廓，算术平均偏差 3.2μm，评定长度为 5 个取样长度(默认)，“16％规则”(默认)
4	$\sqrt{-0.8/Ra3\ 3.2}$	表示去除材料，单向上限值，传输带取样长度 0.8μm，R 轮廓，算术平均偏差 3.2μm，评定长度包含 3 个取样长度，“16％规则”(默认)
5	$\sqrt{\text{U } Ra\max 3.2 \text{ L } Ra0.8}$	表示不允许去除材料，双向极限值，两极限值均使用默认传输带，R 轮廓。上限值：算术平均偏差 3.2μm，评定长度为 5 个取样长度(默认)，“最大规则”；下限值：算术平均偏差 0.8μm，评定长度为 5 个取样长度(默认)，“16％规则”(默认)
6	$\sqrt{0.8-25/Wz3\ 10}$	表示去除材料，单向上限值，传输带 0.8～25mm，W 轮廓，波纹度最大高度 10μm，评定长度包含 3 个取样长度，“16％规则”(默认)

续表

序号	代号	含义
7	$\sqrt{0.008-/Pt\max 25}$（去除材料）	表示去除材料，单向上限值，传输带 $\lambda_s=0.008$mm，无长波滤波器，P 轮廓，轮廓总高 25μm，评定长度等于工件长度（默认），“最大规则”
8	$\sqrt{0.0025-0.1//Rx\ 0.2}$	表示任意加工方法，单向上限值，传输带 $\lambda_s=0.0025$mm，$A=0.1$mm，评定长度 3.2mm（默认），粗糙度图形参数，粗糙度图形最大深度 0.2μm，“16%规则”（默认）
9	$\sqrt{/10/R\ 10}$（不允许去除材料）	表示不允许去除材料，单向上限值，传输带 $\lambda_s=0.008$mm（默认），$A=0.5$mm（默认），评定长度 10mm，粗糙度图形参数，粗糙度图形平均深度 10μm，“16%规则”（默认）
10	$\sqrt{X1}$（去除材料）	表示去除材料，单向上限值，传输带 $A=0.5$mm（默认），$B=2.5$mm（默认），评定长度 16mm（默认），波纹度图形参数，波纹度图形平均深度 1mm，“16%规则”（默认）
11	$\sqrt{-0.3/6/AR\ 0.09}$	表示任意加工方法，单向上限值，传输带 $\lambda_s=0.008$mm（默认），$A=0.3$mm（默认），评定长度 6mm，粗糙度图形参数，粗糙度图形平均间距 0.09mm，“16%规则”（默认）

任务实施

图 8-3 所示轴承盖零件图中的表面结构代号及含义见表 8-7。

表 8-7　轴承盖零件图的表面结构代号及含义

零件表面	表面结构要求	含义
零件右端面	$\sqrt{Ra\ 6.3}$（去除材料）	表示去除材料，单向上限值，R 轮廓，算术平均偏差 6.3μm
ϕ150 圆柱外表面	$\sqrt{\ }$（不允许去除材料）	表示不允许去除材料
其余所有加工表面	$\sqrt{Ra\ 12.5}$（去除材料）	表示去除材料，单向上限值，R 轮廓，算术平均偏差 12.5μm
ϕ65H7 内孔表面	$\sqrt{Ra\ 3.2}$（去除材料）	表示去除材料，单向上限值，R 轮廓，算术平均偏差 3.2μm

思考与实践

识读图 8-9 所示薄壁套筒零件图，分析各表面结构代号及含义。

任务三 识读零件图中的尺寸公差

任务描述

识读图 8-9 所示薄壁套筒零件图的尺寸公差,并写出其含义。

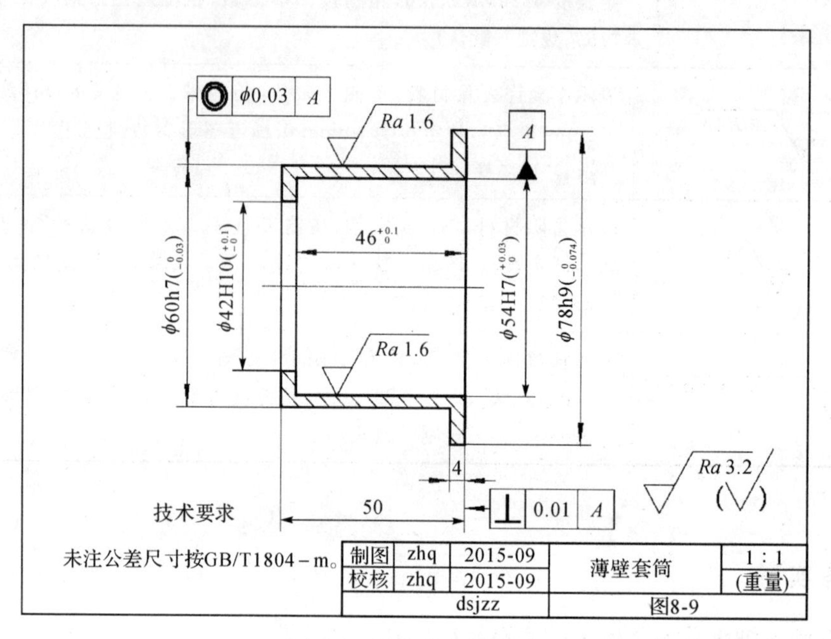

图 8-9 薄壁套筒零件图

任务分析

图 8-9 所示薄壁套筒零件图中的尺寸标注有公差带代号、极限偏差、一般公差,根据标注的方式来分析图形中的尺寸。

相关知识

1. 互换性

在成批或大量生产中,一批零件在装配前不经过挑选,在装配过程中不经过修配,在装配后即可满足设计和使用性能要求,零件的这种在尺寸与功能上可以互相替代的性质称为互换性。极限与配合是保证零件具有互换性的重要标注。

标准件如螺钉、螺母、轴承等都具有互换性,可由标准件厂批量生产,如这些配件需要更换只要购买同一规格的直接换上即可,既方便又实惠。

2. 基本术语及定义

现以图 8-10 为例,说明极限与配合的基本术语。

(1)公称尺寸:由图样规范确定的理想形状要素尺寸,如 $\phi 50$。

(2)上极限尺寸(最大极限尺寸):零件实际尺寸所允许的最大值,如 $\phi 50.007$。

(3)下极限尺寸(最小极限尺寸):零件实际尺寸所允许的最小值,如 $\phi 49.982$。

(4)上极限偏差(上偏差):上极限尺寸和公称尺寸的差。孔的上极限偏差代号为 ES,轴的上极限偏差代号为 es。如孔的上极限偏差为:ES=+0.007,轴的上极限偏差为:es=0。

(5)下极限偏差(下偏差):下极限尺寸和公称尺寸的差。孔的下极限偏差代号为 EI,轴的下极限偏差代号为 ei。如孔的下极限偏差为:EI=−0.018;轴的下极限偏差为:ei=−0.016。

(6)公差:允许尺寸的变动量。公差等于上极限尺寸和下极限尺寸的差(上极限偏差与下极限偏差的差)。公差恒为正数,公差越大,零件的精度要求越低,实际尺寸允许变动量越大;反之,精度要求高。图 8-10 中孔的公差为:ES−EI=+0.007−(−0.018)=0.025;轴的公差为:es−ei=0−(−0.016)=0.016。

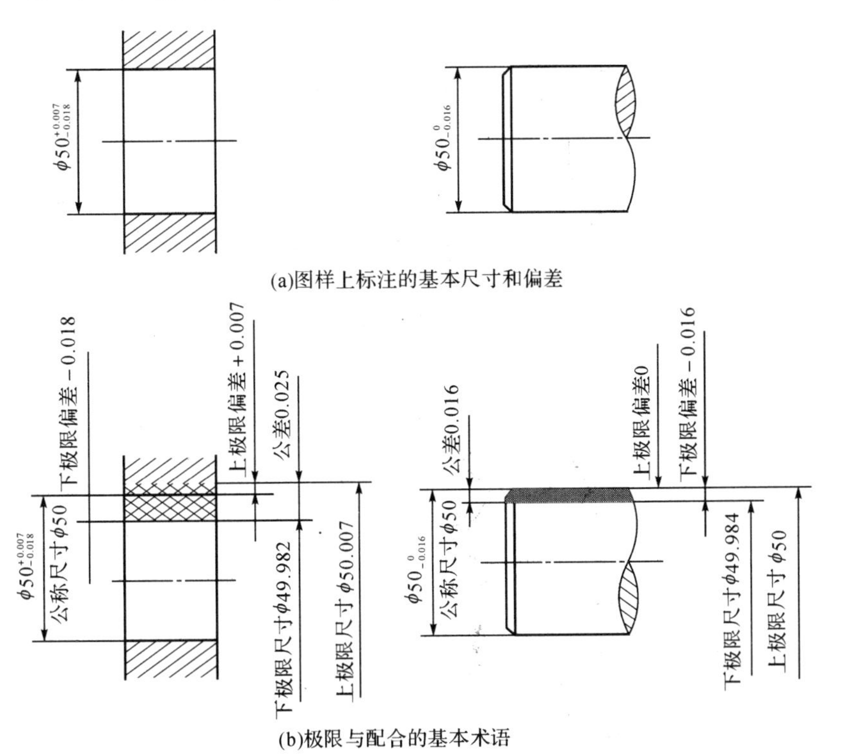

(a)图样上标注的基本尺寸和偏差

(b)极限与配合的基本术语

图 8-10 极限与配合的基本术语

(7)公差带:在公差带图解中,用零线表示公称尺寸,上方为正,下方为负,用矩形的高表示尺寸的变化范围(公差),矩形的上边代表上极限偏差,矩形的下边代表下极限偏差,矩形的长度无实际意义,这样的图形叫公差带图。图 8-11 所示公差带图,就是图 8-10 中轴和孔的公差带图。

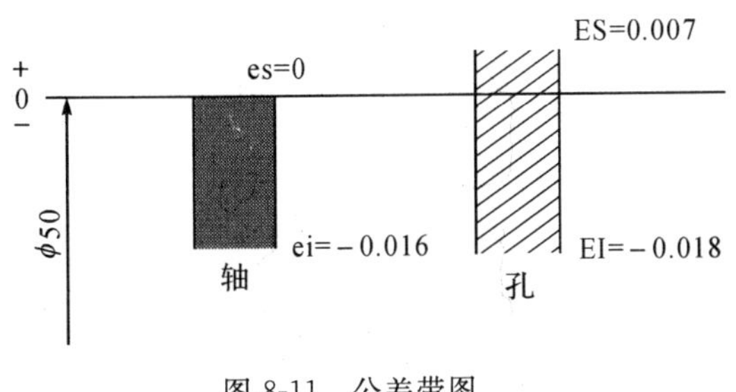

图 8-11 公差带图

3. 标准公差、基本偏差系列和公差带代号

(1)标准公差。标准公差是由国家标准规定的公差值，其大小由两个因素决定，一个是公差等级，另一个是公称尺寸。国家标准(GB/T 1800)将公差划分为 20 个等级，分别为 IT01、IT0、IT1～IT17、IT18。“IT”为“国际公差”的符号，阿拉伯数字 01、0、1、…、18 表示公差等级。其中 IT01 精度最高，IT18 精度最低。根据公差等级和公称尺寸，可以从附表中查出标准公差的大小。

(2)基本偏差。基本偏差是指在公差与配合制中，确定公差带相对零线位置的那个极限偏差。它可以是上极限偏差或下极限偏差，一般为靠近零线的那个偏差，如图 8-12 所示。

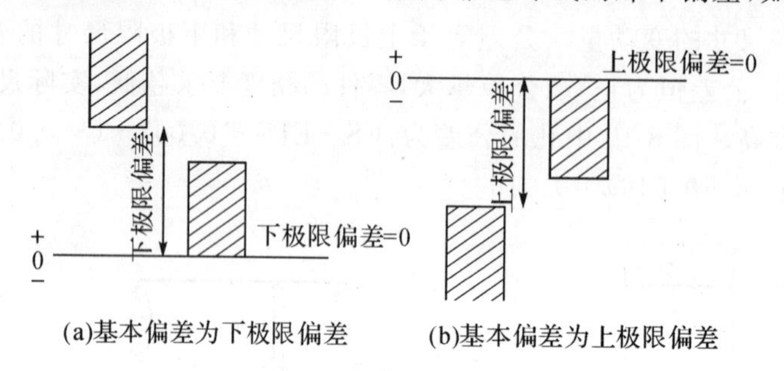

图 8-12 基本偏差

轴和孔的基本偏差系列代号各有 28 个，用字母或字母组合表示。孔的基本偏差代号用大写字母表示，轴的基本偏差代号用小写字母表示，如图 8-13 所示。基本偏差决定公差带的位置，标准公差决定公差带的高度。

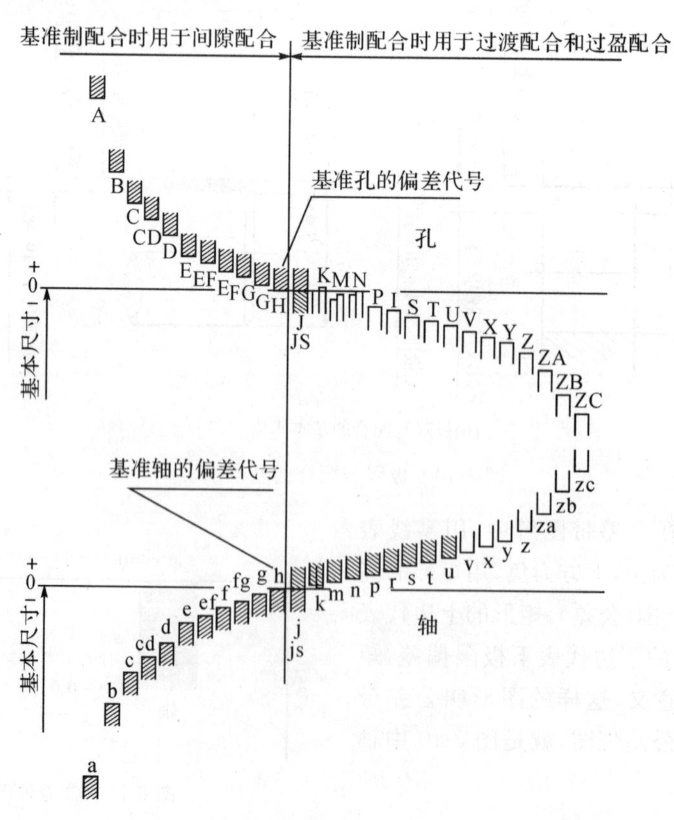

图 8-13 基本偏差系列

(3)公差带代号。公差带代号由基本偏差代号和标准公差代号组成。图 8-10 所示例子中，孔的公差带代号为 K7，轴的公差带代号为 h6，其中 K 和 h 为基本偏差代号，7 和 6 为标准公差等级。根据偏差代号、公称尺寸和公差等级，可以从附录附表中查出轴或孔的基本偏差值，结合附表查出的标准公差，就可以计算出上、下偏差。对常用的公差带代号可以从附表直接查出上、下极限偏差。

举例：轴和孔的公差带代号由基本偏差代号与公差等级代号组成。如 ϕ50H8、ϕ50f7。

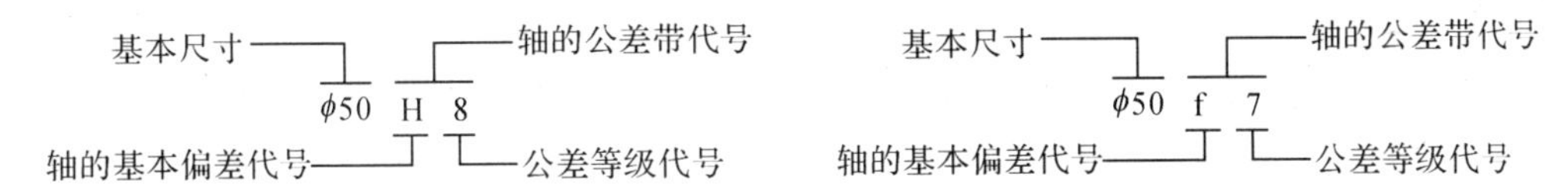

4. 配合类别

公称尺寸相同，相互结合的轴和孔公差带之间的关系称为配合。按配合性质不同可分为间隙配合、过盈配合和过渡配合。

(1)间隙配合：孔与轴配合时，具有间隙(包括最小间隙等于零)的配合。此时，孔的公差带在轴的公差带之上，如图 8-14(a)所示。

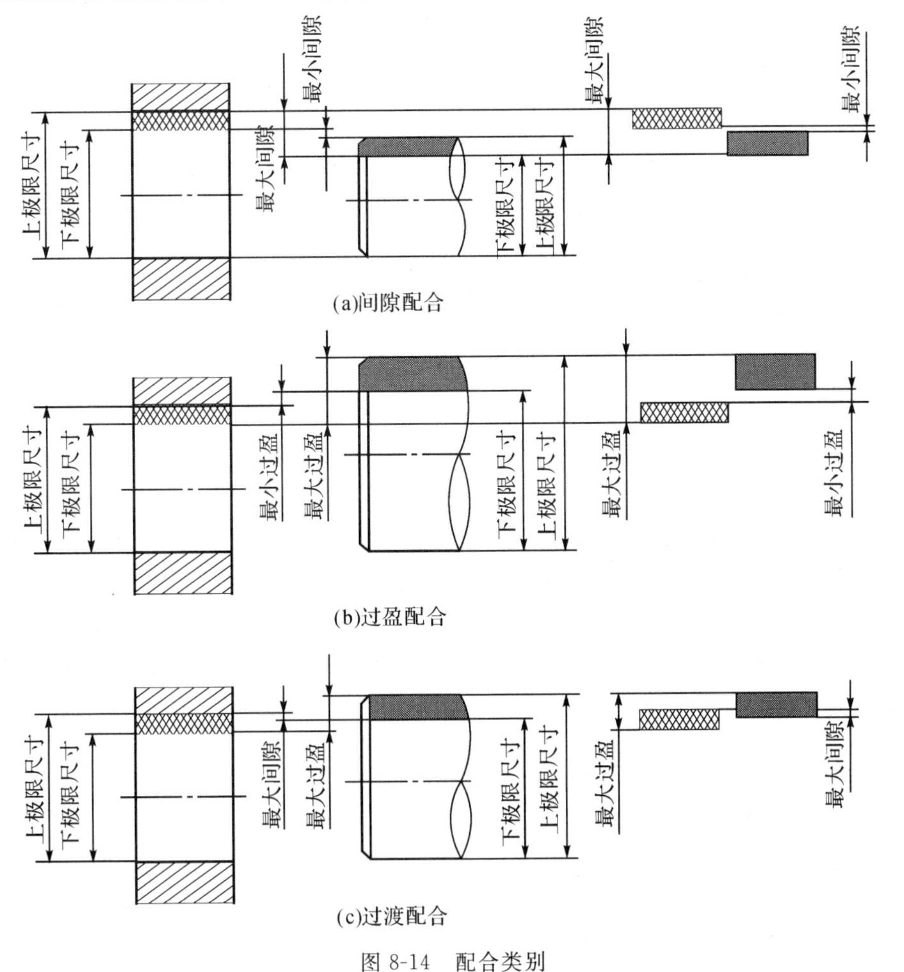

(a)间隙配合

(b)过盈配合

(c)过渡配合

图 8-14 配合类别

(2)过盈配合:孔与轴配合时,具有过盈(包括最小过盈等于零)的配合。此时,孔的公差带在轴的公差带之下,如图 8-14(b)所示。

(3)过渡配合:孔与轴配合时,即可能存在间隙又可能存在过盈的配合。此时,孔的公差带与轴的公差带相互交叠,如图 8-14(c)所示。

5.基准制

(1)基孔制。基孔制配合是基本偏差为零的孔的公差带,与不同基本偏差的轴的公差带形成各种配合的一种制度。基孔制配合的孔称为基准孔,其基本偏差代号为 H,下极限偏差为零。这种制度在同一公称尺寸的配合中,是将孔的公差带的位置固定,通过变动轴的公差带位置得到各种不同的配合,如图 8-15 所示。

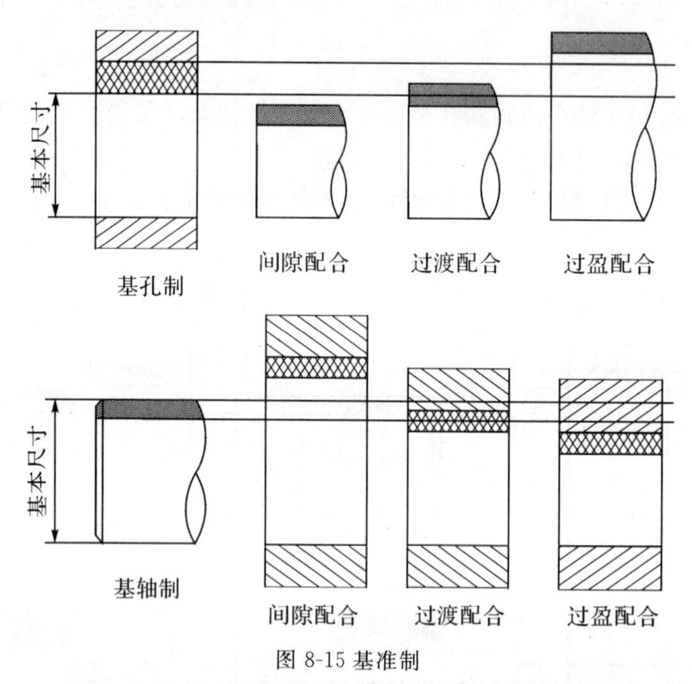

图 8-15 基准制

(2)基轴制。基轴制配合是基本偏差为零的轴的公差带,与不同基本偏差的孔的公差带形成各种配合的一种制度。基轴制配合的轴称为基准轴,其基本偏差代号为 h,上极限偏差为零。这种制度在同一公称尺寸的配合中,是将轴的公差带位置固定,通过变动孔的公差带位置得到各种不同的配合,如图 8-15 所示。

6.极限与配合的标注

(1)在零件图中的标注。在零件图中,线性尺寸的偏差有三种标注形式:只标注上、下极限偏差;只标注偏差代号;既标注偏差代号,又标注上、下极限偏差,但偏差用括号括起来。如图 8-16 所示,偏差字体比公称尺寸字体小一号。

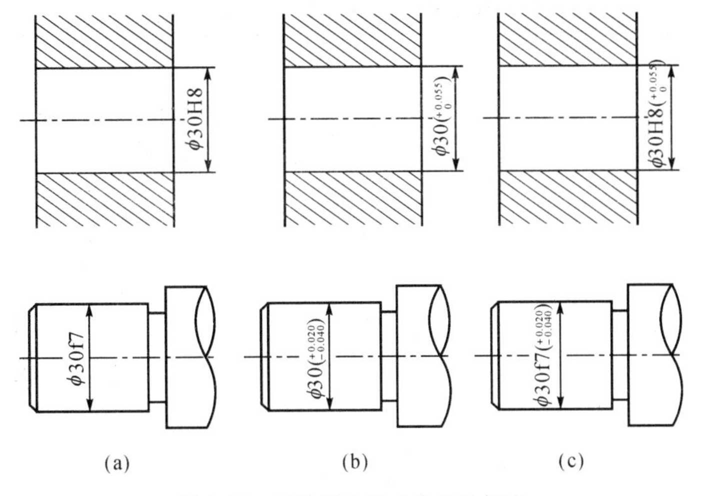

图 8-16　零件图中尺寸公差的标注

(2)在装配图上一般只标注配合代号,配合代号用分数表示,分子为孔的偏差代号,分母为轴的偏差代号,如图 8-17(a)所示。对于与轴承等标准件的配合的尺寸标注,只需标出非标准件的公差带代号,如图 8-17(b)所示。

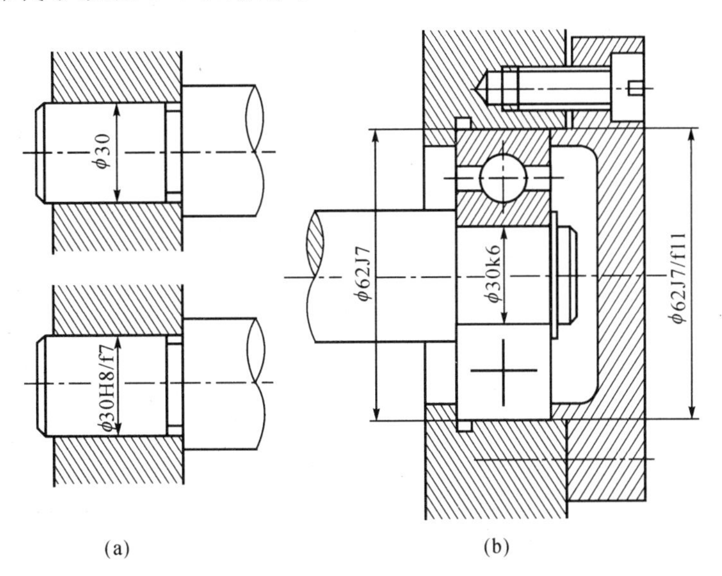

图 8-17　装配图中尺寸公差的标注

任务实施

图 8-9 所示薄壁套筒零件图中尺寸公差的含义见表 8-8。

表 8-8 薄壁套筒零件图中尺寸公差的含义

尺寸	含义	补充说明
$\phi60h7(^{0}_{-0.03})$	基本尺寸为$\phi60$,轴的公差带代号为h7,轴的基本偏差代号为h,公差等级代号为7。上极限偏差为0,下极限偏差为－0.03mm,上极限尺寸为60mm,下极限尺寸为59.97mm。公差为0.03mm	零件实际尺寸在59.97～60mm为合格
$\phi42H10(^{+0.1}_{0})$	基本尺寸为$\phi42$,孔的公差带代号为H10,孔的基本偏差代号为H,公差等级代号为10。上极限偏差为＋0.1mm,下极限偏差为0,上极限尺寸为42.1mm,下极限尺寸为42mm。公差为0.1mm	零件实际尺寸在42～42.1mm为合格
$\phi54H7(^{+0.03}_{0})$	基本尺寸为$\phi54$,孔的公差带代号为H7,孔的基本偏差代号为H,公差等级代号为7。上极限偏差为＋0.03mm,下极限偏差为0,上极限尺寸为54.03mm,下极限尺寸为54mm。公差为0.03mm	零件实际尺寸在54～54.03mm为合格
$\phi78h9(^{0}_{-0.074})$	基本尺寸为$\phi78$,轴的公差带代号为h9,轴的基本偏差代号为h,公差等级代号为9。上极限偏差为0,下极限偏差为－0.074mm,上极限尺寸为78mm,下极限尺寸为77.926mm。公差为0.074mm	零件实际尺寸在77.926～78mm为合格
$46^{+0.1}_{0}$	基本尺寸为46,上极限偏差为＋0.1mm,下极限偏差为0,上极限尺寸为46.1mm,下极限尺寸为46mm。公差为0.1mm	零件实际尺寸在46～46.1mm为合格
4	未注公差尺寸,为一般公差,查表得其极限偏差为±0.1mm	零件实际尺寸在3.9～4.1mm为合格
50	未注公差尺寸,为一般公差,查表得其极限偏差为±0.3mm	零件实际尺寸在49.7～50.3mm为合格

思考与实践

分析图8-18所示主轴零件图中各个尺寸标注的含义及精度要求,写出各个尺寸的合格条件。

任务四　识读零件图中的几何公差

任务描述

识读图 8-18 所示主轴零件图的几何公差特征符号及含义，理解几何公差的有关标注规定。

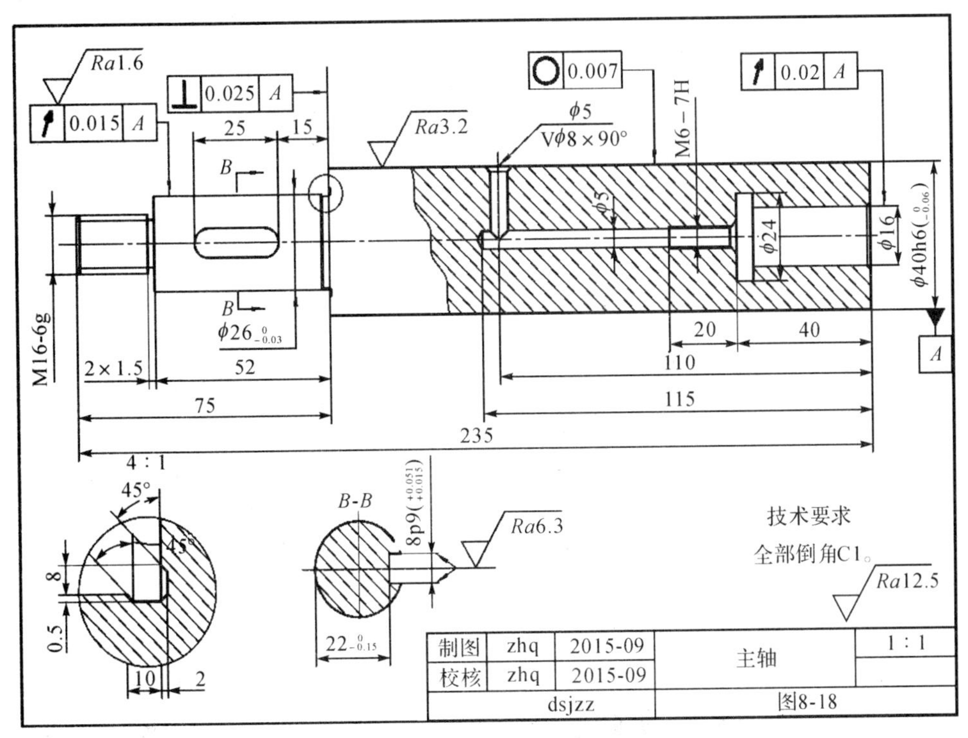

图 8-18　主轴零件图

任务分析

图 8-18 所示主轴零件图中框格 ⊥ | 0.025 | A 、↗ | 0.025 | A 和 ○ | 0.007 中符号的含义，被测要素分别指向哪里？基准要素是哪些？

相关知识

1. 几何公差的概念、特征及符号

几何公差包括形状公差、方向公差、位置公差和跳动公差，通常简称“形位公差”。零件在加工过程中，不仅存在尺寸误差，还产生形状和位置误差。形状误差是指实际要素和理想要素的差异，位置误差是指相关联的几何要素的实际位置相对于理论位置的差异。形状和位置公差是形状和位置误差的最大允许值。形状或位置公差带是限制实际要素形状或位置变动的区域。国家标准规定的几何公差特征符号有 14 种，其中线轮廓度和面轮廓度有基准要求时为位置公差，无基准要求时为形状公差。

几何公差的几何特征、符号和附加符号见表 8-9 和表 8-10。

表 8-9　几何特征符号

公差类型	几何特征	符号	有无基准
形状公差	直线度	—	无
	平面度	⏥	无
	圆度	○	无
	圆柱度	⌭	无
	线轮廓度	⌒	无
	面轮廓度	⌓	无
方向公差	平行度	//	有
	垂直度	⊥	有
	倾斜度	∠	有
	线轮廓度	⌒	有
	面轮廓度	⌓	有
位置公差	位置度	⌖	有或无
	同心度（用于中心点）	◎	有
	同轴度（用于轴线）	◎	有
	对称度	⌯	有
	线轮廓度	⌒	有
	面轮廓度	⌓	有
跳动公差	圆跳动	↗	有
	全跳动	⌰	有

表 8-10 附加符号

说明	符号
被测要素	
基准要素	A　A

2. 几何公差的标注

(1)被测要素

用指引线连接被测要素和公差框格。指引线引自框格的任意一侧,终端带一箭头(见图 8-19)。

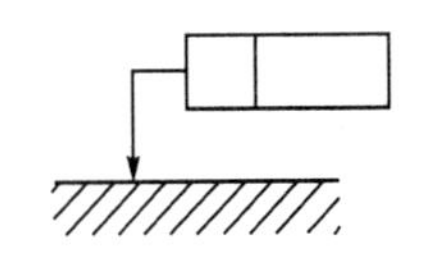

图 8-19 被测要素的标准

①当公差涉及轮廓线或轮廓面时,箭头指向该要素的轮廓线或其延长线(应与尺寸线明显错开,见图 8-20(a));箭头也可指向引出线的水平线,引出线引自被测面(见图 8-12(b)(c))。

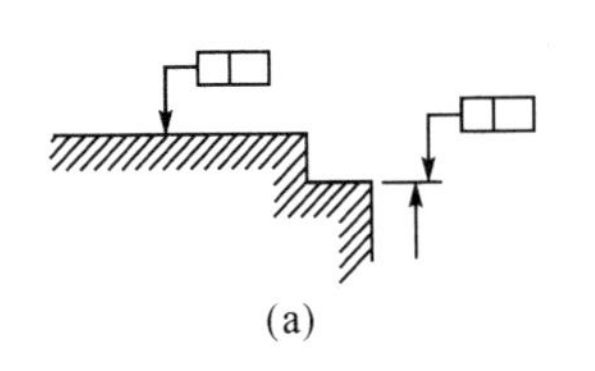

(a)

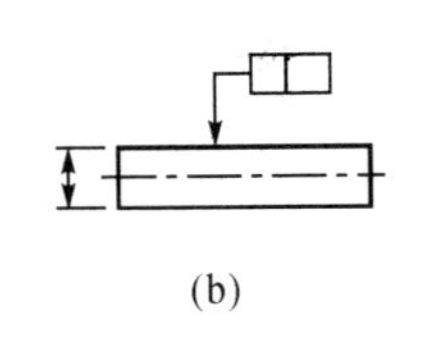

(b)

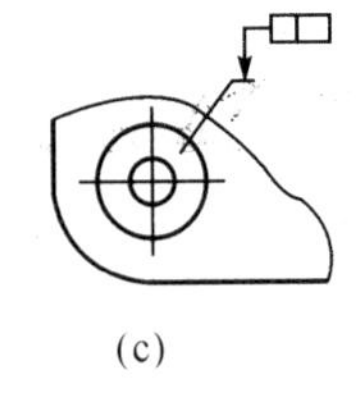

(c)

图 8-20 公差涉及轮廓线或轮廓面时的标注

②当公差涉及要素的中心线、中心面或中心点时,箭头应位于相应尺寸线的延长线上(见图 8-21)。

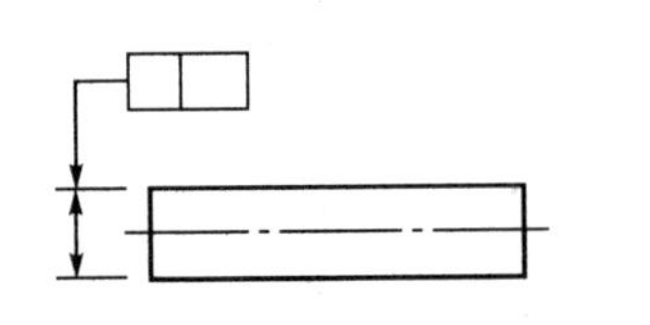

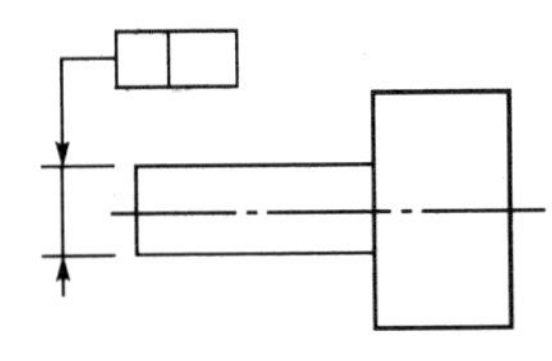

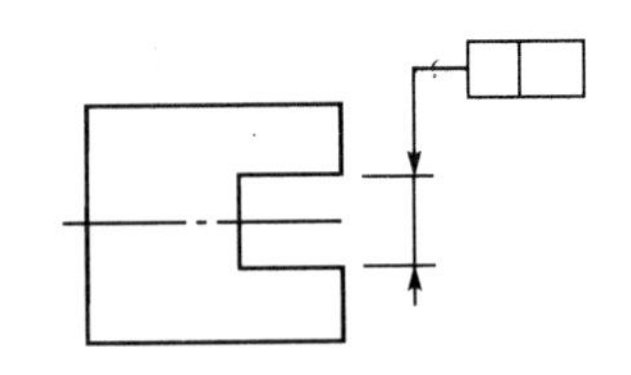

图 8-21 公差涉及要素的中心线、中心面线中心点时的标注

(2)基准要素

与被测要素相关的基准用一个大写字母表示。字母标注在基准方格内,与一个涂黑的或空白的三角形相连以表示基准(见图 8-22);表示基准的字母还应标注在公差框格内。涂黑的和空白的基准三角形含义相同。

图 8-22 基准的标注

①当基准要素是轮廓线或轮廓面时(见图 8-23),基准三角形放置在轮廓线或其延长线上(与尺寸线明显错开);基准三角形也可放置在该轮廓面引出线的水平线上。

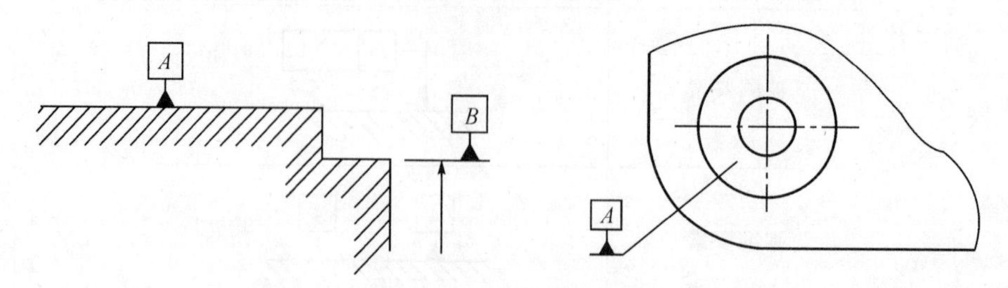

图 8-23　基准要素是轮廓线或轮廓面时的标注

②当基准是尺寸要素确定的轴线、中心平面或中心点时,基准三角形应放置在该尺寸线的延长线上(见图 8-24)。如果没有足够的位置标注基准要素尺寸的两个尺寸箭头,则其中一个箭头可用基准三角形代替。

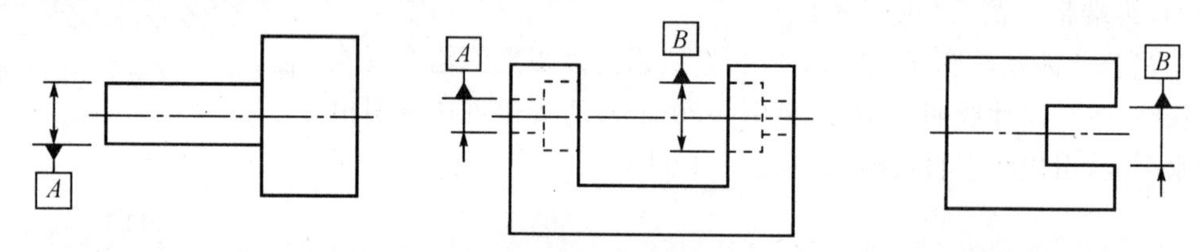

图 8-24　基准是尺寸要素确定的轴线、中心平面或中心点时的标注

③如果只以要素的某一局部作基准,则应用粗点画线示出该部分并加注尺寸(见图 8-25)。

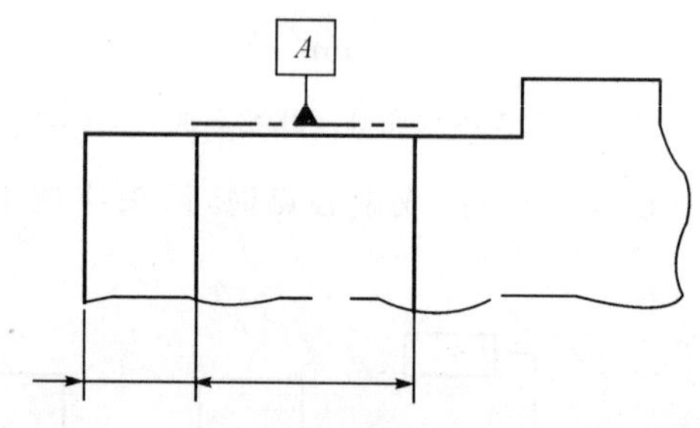

图 8-25　以要素某一局部作基准时的标注

④以单个要素作基准时,用一个大写字母表示。

以两个要素建立公共基准时,用中间加连字符的两个大写字母表示。

以两个或三个基准建立基准体系时,表示基准的大写字母按基准的优先顺序自左至右填写在各框格内。(见图 8-26)

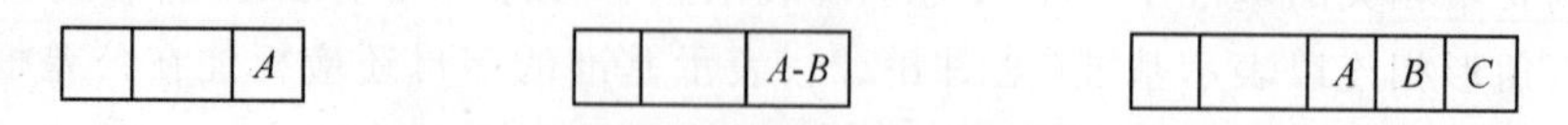

图 8-26　不同基准要素数量相应的标注方法

(3)公差框格

几何公差用公差框格标注时,公差要求注写在划分成两格或多格的矩形框格内。各格自左至右顺序标注以下内容:几何特征符号、公差值、基准(见图 8-27)。

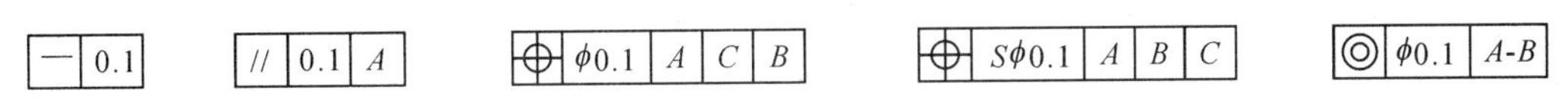

图 8-27　公差框格的标注形式

任务实施

图 8-18 所示主轴零件图中标注的各个几何公差的含义见表 8-11。

表 8-11　主轴零件图中各几何公差的含义

几何公差	含义
⊥ 0.025 A	φ40h6 圆柱左端面相对于 φ40h6 圆柱轴线的垂直度公差值为 0.025mm
↗ 0.02 A	φ16 内孔表面相对于 φ40h6 圆柱轴线的圆跳动公差值为 0.02mm
○ 0.007	φ40h6 圆柱表面的圆度公差值为 0.007mm

思考与实践

图 8-28 所示为曲轴零件的几何公差标注综合实例，请写出其中的几何公差含义。

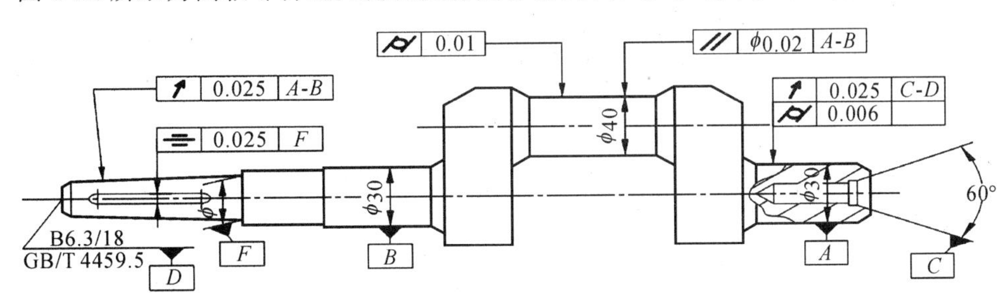

图 8-28　几何公差标注实例

⌯ 0.025 F ____

// φ0.02 A-B ____

↗ 0.025 A-B ____

↗ 0.025 C-D
⌭ 0.006 ____

⌭ 0.01 ____

任务五　识读轴套类和轮盘类零件图

任务描述

识读图 8-29 所示固定套筒和图 8-30 所示阀盖的零件图，想象零件的结构形状，了解零件的尺寸规格，理解图样的技术要求。

任务分析

在机械识图中，零件图的识读是工程人员应该掌握的一项基本技能。零件图的识读有一定的方法和技巧，怎样的识读方法能更快更顺利地读懂、读全零件图的内容？让我们一起来识读图 8-29 和图 8-30 所示的零件图。

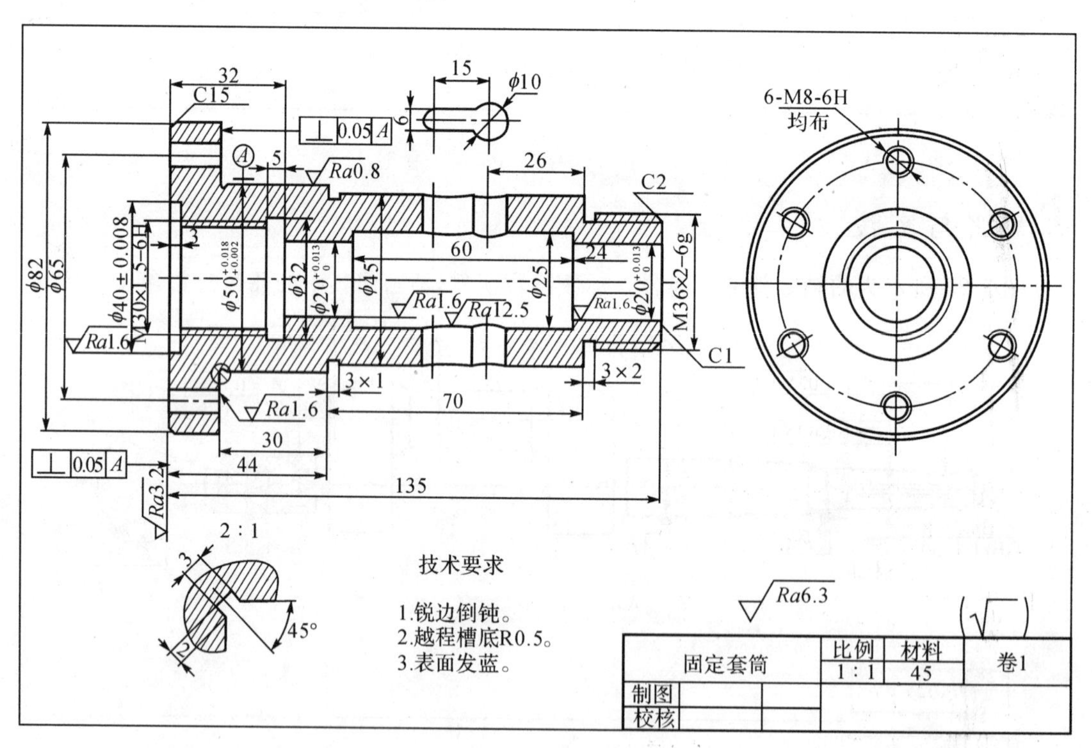

图 8-29　固定套筒

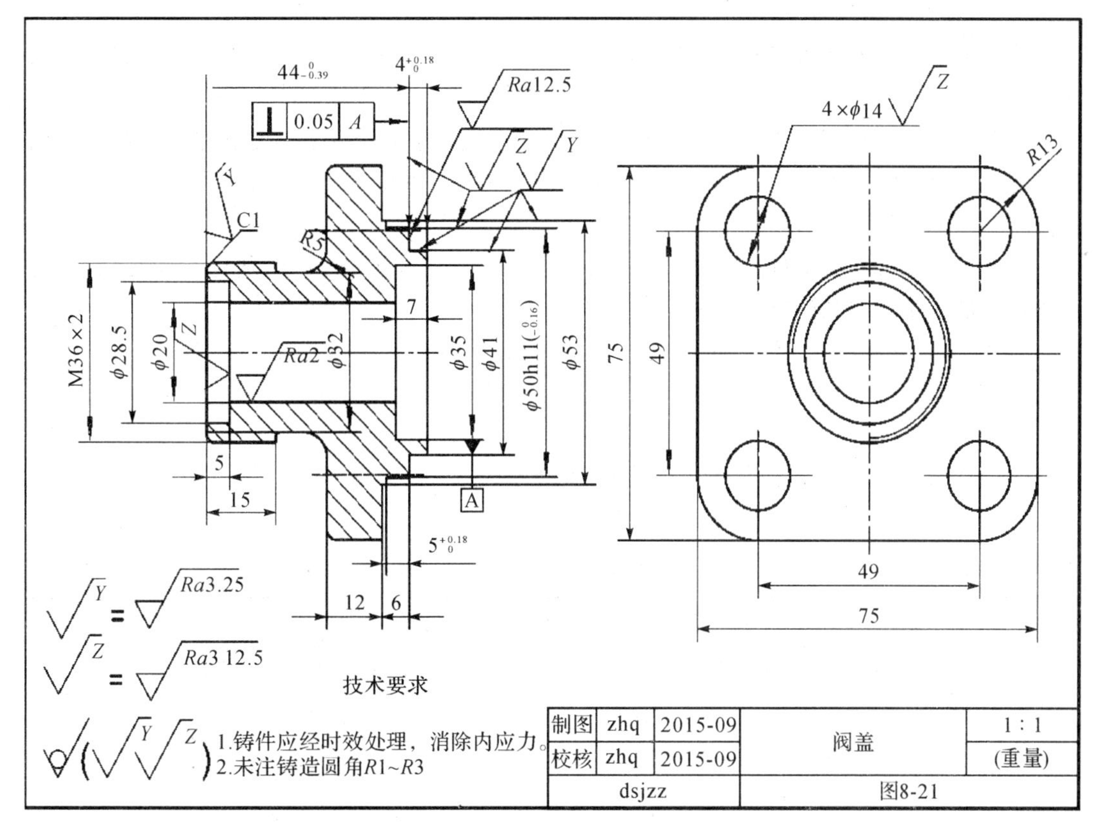

图 8-30　阀盖零件图

相关知识

零件图是生产和检测零件的依据。识读零件图的目的就是根据零件图的图样想象零件的结构形状，了解零件的尺寸规格和技术要求等内容，以便在加工中顺利生产出合格的产品。在读零件图时，联系该零件在机械或部件中的位置、功用以及与其他零件的装配关系，将更有利于理解和读懂零件图。

1. 识读零件图的一般方法和步骤

(1)概括了解

看标题栏，了解零件的名称、材料、比例等基本内容。从名称可判断其属于哪一类零件，从材料可大致了解其加工方法，从比例可以想象出零件的实际大小。

(2)视图分析，想象零件结构形状

看懂视图，想象零件图的结构形状是看零件图的重点。采用形体分析法和线面分析法，逐个分析各个视图。看图一般先看整体、后看局部，先看主体、后看细节，最后想象整个零件的结构形状。

(3)尺寸分析，了解零件的大小规格

先分析零件长、宽、高三个方向的尺寸基准，然后从基准出发找各部分结构的定形尺寸和定位尺寸，了解零件各部分结构的大小规格及相对位置关系。

(4)技术要求识读及分析,明确加工质量要求

分析零件的技术要求,识读尺寸公差、几何公差、表面结构要求等,了解各个代号、符号、标注的含义。

以上读图步骤是相互关联的,不能机械地加以区分,有时往往是相互交错识读的。读图时应将图形、尺寸、技术要求等综合考虑,才能形成对零件图形的完整的认识。

2.零件的类型和特点

零件是组成机器或部件的基本单元,机器零件形状千差万别,它们既有共同之处,又各有特点。根据零件的结构特点可将零件分为四类:

(1)轴套类零件,如机床主轴、各种传动轴、空心套等。

(2)盘盖类零件,如各种车轮、手轮、凸缘压盖、圆盘等。

(3)叉架类零件,如摇杆、连杆、支架等。

(4)箱体类零件,如变速箱、阀体、机座、床身等。

轴套类和盘盖类零件的特点如表 8-12 所示。

表 8-12 轴套类和盘盖类零件的特点

	轴套类	盘盖类
实例	转轴、套筒、衬套等	齿轮、链轮、凸轮、手轮、端盖等
用途	轴一般用来支撑传动零件和传递动力,套一般是装在轴上,起轴向定位、传动或连接等作用	盘一般用来传递动力和扭矩,盖主要起支撑、轴向定位以及密封等作用
形状特点	通常由几段共轴线不同直径的回转体组成,其轴向尺寸一般比径向尺寸大。常有键槽、退刀槽、越程槽、轴肩、螺纹等结构	主体多数是共轴线的回转体,也可能是方形或组合形体,其轴向尺寸小而径向尺寸较大。常有键槽、轮辐、均布孔等结构
毛坯和主要加工方法	毛坯一般用棒料,加工表面大多是内、外圆周面	毛坯多为铸件,加工表面多是端面

任务实施

图 8-29 和图 8-30 所示零件的识图见表 8-13 和表 8-14。

表 8-13 固定套筒零件图的识读

读图步骤	读图内容
概括了解	该零件名称是固定套筒,所用材料为 45 号钢
视图分析,想象结构形状	采用四个视图表达,主视图采用单一剖切平面剖切的全剖视图,表达零件内部结构及右端螺纹;左视图主要表达零件左端的螺孔形状和位置;主视图上方的局部视图表达通槽的形状;主视图下方的局部放大图表示退刀槽的结构和大小

续表

读图步骤	读图内容
尺寸分析，了解零件大小规格	轴向尺寸基准为左端面，径向尺寸基准为零件轴线。 螺纹代号 6－M8－6H 表示有 6 个普通螺纹，公称直径为 8mm，中径与顶径公差带代号均为 6H。 M36×2－6g 表示普通螺纹，螺距为 2mm，中径与顶径公差带代号均为 6g。 $\phi 50^{+0.018}_{+0.002}$表示基本尺寸为 ϕ50，上极限偏差为＋0.018，下极限偏差为＋0.002，公差为 0.016，上极限尺寸为 50.018，下极限尺寸为 50.002
技术要求识读及分析，明确加工质量要求	技术要求中，对表面要求进行发蓝处理； ⊥ 0.05 A 表示零件左端面相对于 ϕ50 圆柱轴线的垂直度公差为 0.05mm

表 8-14　阀盖零件图的识读

读图步骤	读图内容
概括了解	该零件图的名称为阀盖，绘图比例为 1∶1，为原值比例
视图分析，想象结构形状	采用两个基本视图表达：主视图采用全剖视图，表示零件的内腔结构以及左端 M36×2 的螺纹； 左视图表达了带圆角的方形凸缘和四个均布的通孔
尺寸分析，了解零件大小规格	零件的轴线为径向尺寸基准，由此注出阀盖各部分同轴线的直径尺寸、方形凸缘的高度和宽度。 阀盖的重要端面作为轴向尺寸基准，即表面粗糙度为 $\sqrt{Ra12.5}$ 的凸缘右端的端面。由此注出尺寸 $4^{+0.18}_{0}$、$44_{-0.39}^{0}$、$5^{+0.18}_{0}$ 和 6 等。
技术要求识读及分析，明确加工质量要求	阀盖是铸件，需进行时效处理，消除内应力。 视图中的小圆角(铸造圆角 R1～R3)是过渡表面，是不加工表面。 ϕ50h11 ($^{0}_{-0.16}$) 的圆柱表面与阀体有配合关系，表面粗糙度要求为 $\sqrt{Ra12.5}$。 ⊥ 0.05 A 是指 ϕ50h11($^{0}_{-0.16}$)的圆柱外表面相对于 ϕ35 圆柱孔轴线的垂直度公差值为 0.05mm

思考与实践

识读图 8-31 所示螺纹锥度轴零件图，完成以下问题：

(1)该零件的名称为________，材料为________，零件图采用的比例是________。

(2)该零件的主视图采用了________画法，零件实际总长度是________。

(3)图中 C2 表示________，6×ϕ28 表示________。

3×2 表示________，2×A2.5/5.3 表示________。

(4)中间圆锥体左端直径为 $\phi48$,长度是________,右端直径为________。

(5)哪个表面结构要求最高? ________。

√Ra6.3 表示________。

(6) ◎ $\phi0.03$ A-B 表示________。

↗ 0.012 A-B 表示________。

(7) Tr36×6−8e 表示________。

(8)指出螺纹锥度轴的径向尺寸基准和轴向尺寸基准。

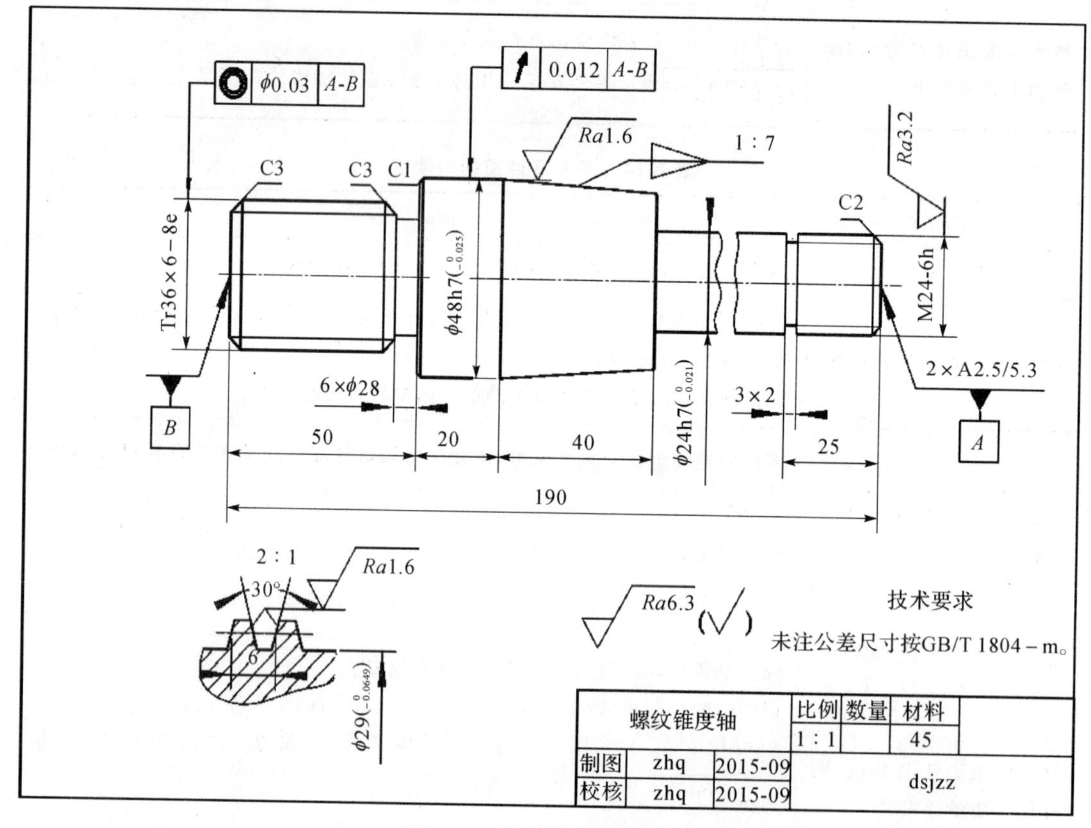

图 8-31 螺纹锥度轴零件图

任务六 识读叉架类和箱体类零件图

任务描述

识读图 8-32 和图 8-33 所示的零件图,想象零件的结构形状,了解零件的尺寸规格,理解图样的技术要求。

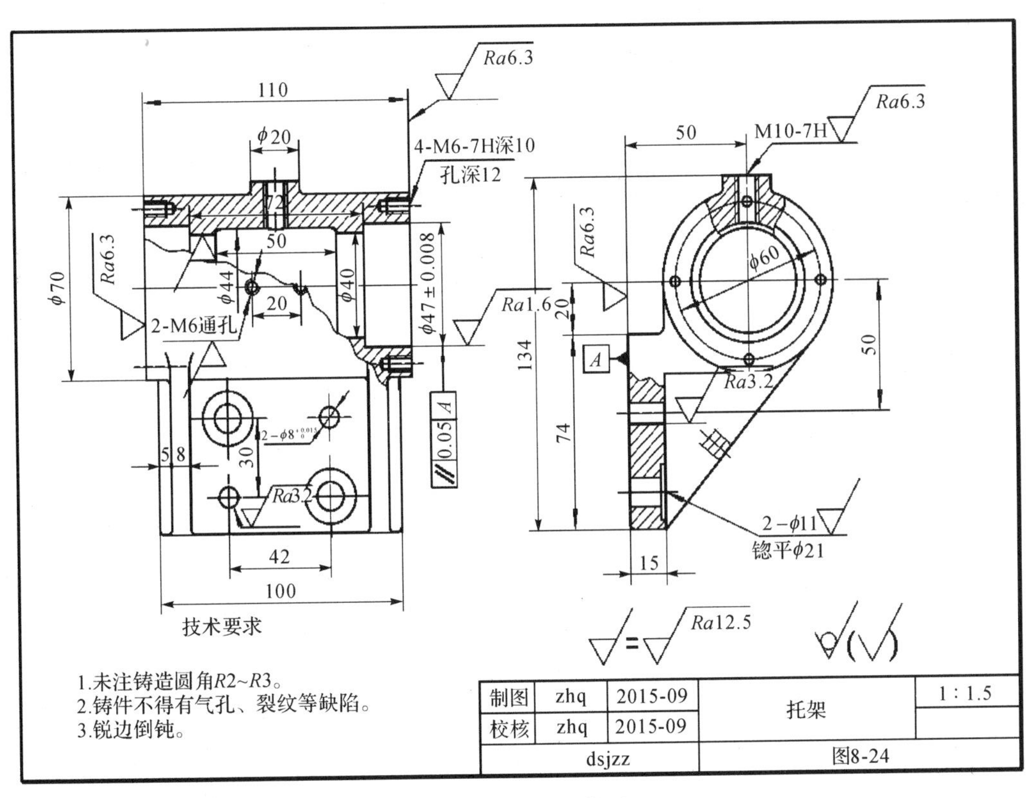

图 8-32 托架零件图

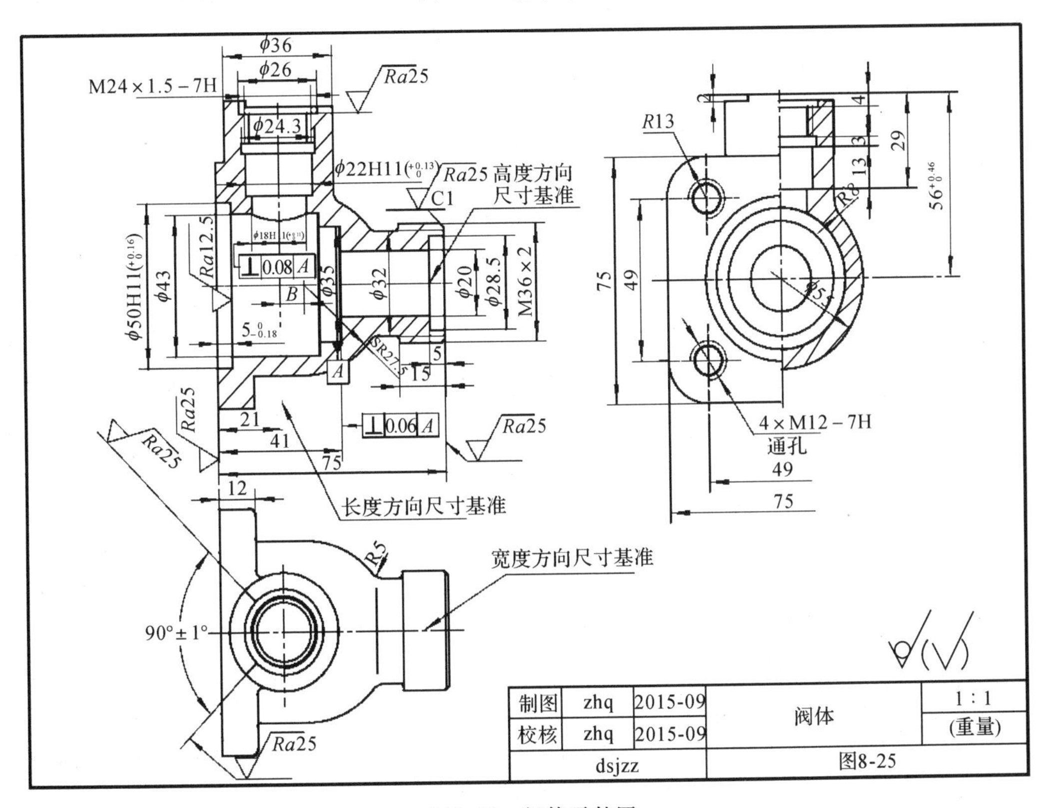

图 8-33 阀体零件图

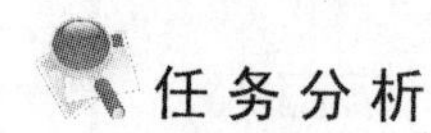

任务分析

分析图 8-32 和图 8-33 两个零件图，想象出零件的形状结构各有什么特点，与轴套类、盘盖类的零件主要有哪些不同？看懂图中的技术要求，能说明其含义。

相关知识

叉架类和箱体类零件的特点见表 8-15。

表 8-15 叉架类和箱体类零件的特点

	叉架类	箱体类
实例	支架、挂轮架、拨叉、摇臂、连杆等	泵体、阀体、减速箱等
用途	主要起支撑和连接的作用	一般起支撑、容纳、定位和密封作用
形状特点	通常由工作部分、支撑(或安装)部分及连接部分组成，形状复杂且不规则。常有叉形结构、肋板和孔、槽等	常有内腔、轴承孔、凸台、肋、孔等结构
毛坯和主要加工方法	毛坯多为铸件或锻件	毛坯一般为铸件

任务实施

图 8-32 所示托架零件图的识读见表 8-16。

表 8-16 托架零件图的识读

读图步骤	读图内容
概括了解	该零件的名称是托架，毛坯为铸件，要求该毛坯不得有气孔、裂纹等缺陷
视图分析，想象结构形状	采用了两个基本视图，主视图和左视图均采用了局部剖视图，表达内部结构形状；左视图还采用重合断面图，表达肋板断面形状
尺寸分析，了解零件大小规格	长度方向基准为左右对称平面，注出 110、ϕ20、72、50、20、42、100 等。 高度方向基准是水平孔轴线，如主视图 ϕ70、ϕ44、ϕ40，左视图 ϕ60，定位尺寸 50、20 等。 宽度方向基准为后端面，如定位尺寸 50，定形尺寸 15
技术要求识读及分析，明确加工质量要求	[// | 0.05 | A] 表示 $\phi47\pm0.008$ 圆柱孔轴线相对于后端面的平行度公差为 0.05mm

图 8-33 所示阀体零件图的识读见表 8-17。

表 8-17　阀体零件图的识读

读图步骤	读图内容
概括了解	零件名称为阀体，比例为 1∶1
视图分析，想象结构形状	采用三个基本视图。 主视图用全剖视图，表达零件的内部结构； 左视图采用半剖，既表达零件的内部结构，也表达零件的外部结构； 俯视图表达阀体俯视方向的外形
尺寸分析，了解零件大小规格	以阀体水平的孔轴线为高度方向尺寸基准，注出水平方向孔的直径尺寸ϕ50H11、ϕ43、ϕ35、ϕ20、ϕ28.5、ϕ32 以及右端外螺纹 M36×2 等，同时注出高度尺寸$56^{+0.046}_{0}$。 以阀体铅垂的孔轴线为长度方向尺寸基准，ϕ36、ϕ26、M24×1.5、ϕ22H11($^{+0.13}_{0}$)、ϕ18H11($^{+0.11}_{0}$)等，同时注出铅垂孔轴线到左端面的距离 21H11($^{0}_{-0.13}$)。 以阀体前后对称平面为宽度方向尺寸基准，在左视图注出阀体圆柱体外形尺寸ϕ55，方形凸缘尺寸 75×75，四个螺孔的宽度方向定位尺寸 49，俯视图上扇形限位块的角度尺寸 90°±1°
技术要求识读及分析，明确加工质量要求	阀体中比较重要的尺寸都标注了偏差要求，对应的表面结构要求也较高。零件上不太重要的表面粗糙度要求 Ra 值相对较低，一般为 25μm。 ⊥ 0.08 A 是指ϕ18H11($^{+0.11}_{0}$)的圆柱孔轴线相对于ϕ35 圆柱孔轴线的垂直度公差为 0.08mm。 ⊥ 0.06 A 是指ϕ35 圆柱孔右端面相对于ϕ35 圆柱孔轴线的垂直度公差为 0.06mm

思考与实践

识读图 8-34 所示泵体零件图，完成以下问题：

1. 该零件图采用了________个视图，主视图采用________视图，俯视图采用________视图，主要是为了表达________及支撑板的厚度及连接情况。

2. 该零件采用的材料是________，零件的比例是________，毛坯通常通过________（冲压/车削/铸造/焊接）的方法获得。

3. 符号 $\sqrt{Ra\,6.3}$ 的含义是__________，该零件的高度基准是________，长度基准是________。

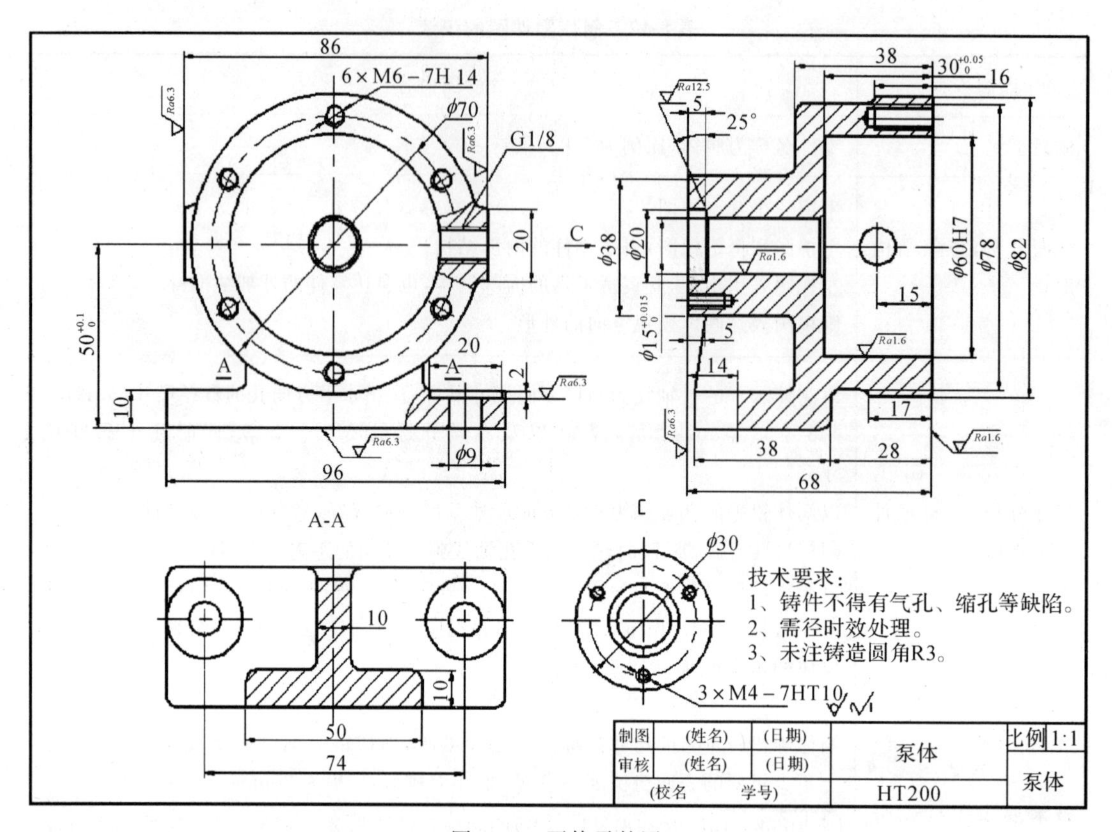

图 8-34 泵体零件图

课题二 绘制支座零件图

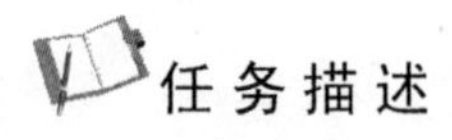

任务描述

请选择适当的比例和图幅抄画图 8-35 所示支座零件图。

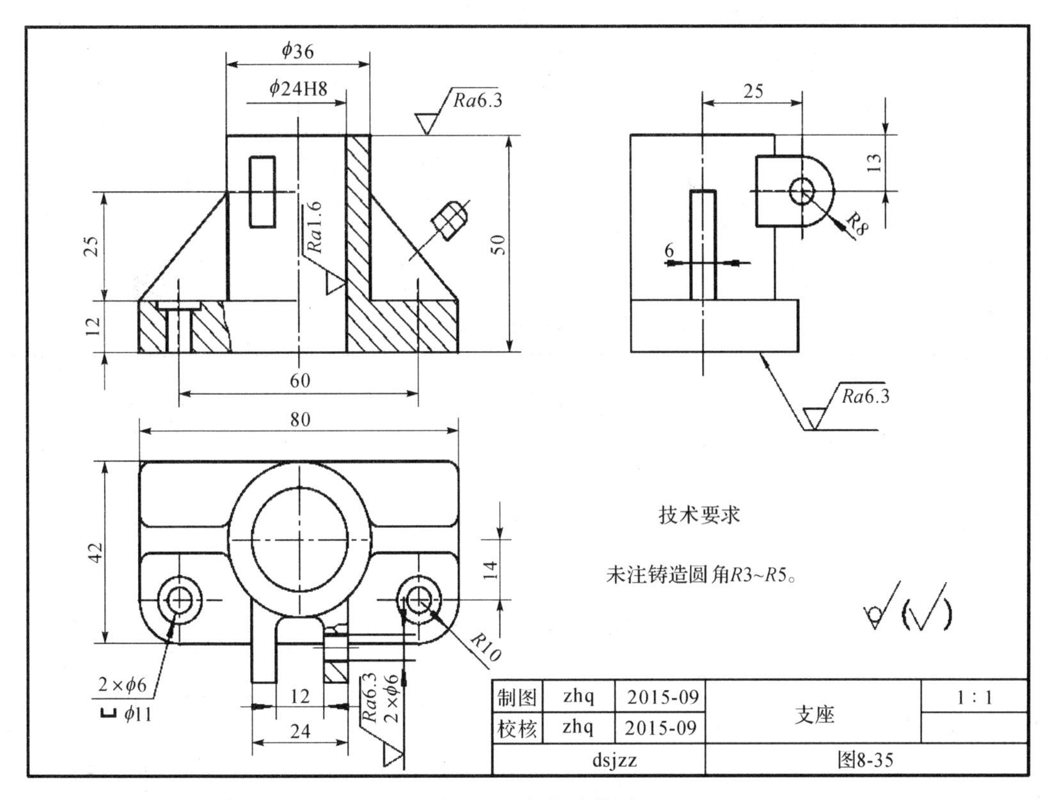

图 8-35　支座零件图

任务分析

绘制零件图应该先从哪里入手？绘图比例的确定、图纸幅面的选择是第一步，在绘图过程中要会正确使用绘图工具和绘图仪器，描深底稿应按“先粗后细，先曲后直，先水平后垂直”的顺序进行。

相关知识

绘制零件图的方法和步骤：

1. 确定绘图比例，选择图纸幅面。

根据实际零件的大小和复杂程度选择绘图比例（尽量用 1∶1）。根据表达方案、绘图比例，留出尺寸标注和技术要求的位置，选择图纸的图幅。

2. 画图框和标题栏。

3. 画图形底稿。

（1）在图纸上定出各视图的位置。画出各视图的基准线、中心线。安排各个视图位置时，要考虑各视图之间应留出标注尺寸的位置。

（2）画出图形。

(3)标注尺寸和技术要求

4.校核，描深轮廓线。

5.审核。

任务实施

支座零件图的绘制步骤见表 8-18。

表 8-18　支座零件图的绘制步骤

绘图步骤		示　例
画图框和标题栏	用粗实线绘制图框和标题栏的位置	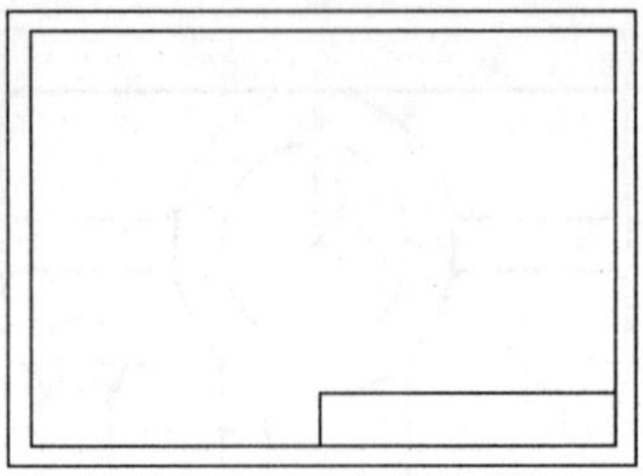
画图形底稿	确定各视图位置，画基准线、中心线	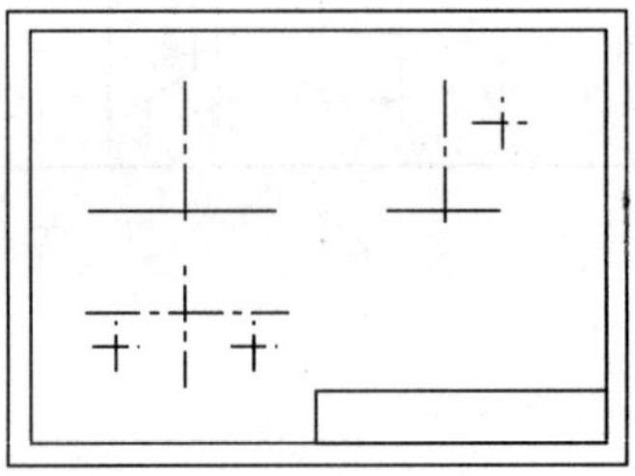
	画出图形	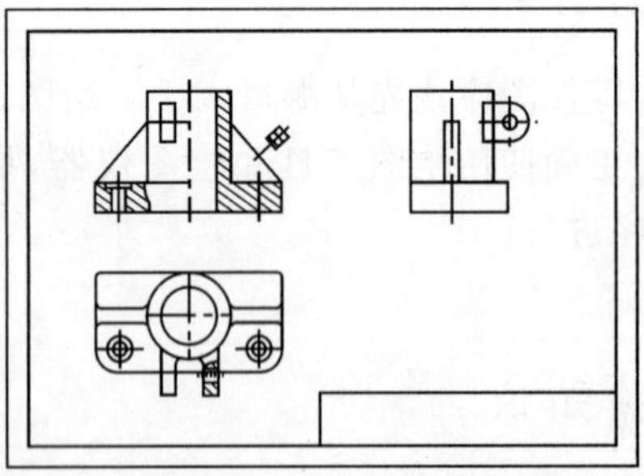
	标注尺寸和技术要求	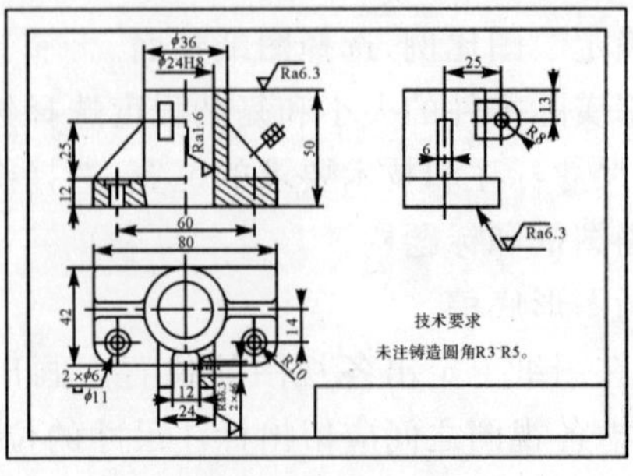

续表

绘图步骤		示 例
校核、描深轮廓线	描深底稿按“先粗后细，先曲后直，先水平后垂直”的原则进行	φ36 φ24H8 Ra6.3 Ra1.6 25 12 50 60 80 25 13 R8 6 Ra6.3 42 14 R10 2×φ6 ⌴φ11 12 24 Ra6.3 2×φ6 技术要求 未注铸造圆角R3~R5。 制图 zhq 2015-09 校核 zhq 2015-09 支座 1:1 drjzz 图8-24

模块九　装配图的识读

引言

装配图是表达机器(或部件)的图样。在设计过程中,一般是先画出装配图,然后拆画零件图;在生产过程中,先根据零件图进行零件加工,然后再依照装配图将零件装配成部件或机器。因此,装配图既是制订装配工艺规程,进行装配、检验、安装及维修的技术文件,也是表达设计思想、指导生产和交流技术的重要技术文件。

通过本课题的学习,一方面要掌握好装配图的规定画法和特殊表达方法,另一方面要熟悉各种标准件、常用件及典型零件的表达规律,从部件的功用出发,去分析了解各零件的作用、主要结构形状和装配关系及运动情况,从而把握装配体的工作原理和视图表达规律,以便能顺利识读。

知识目标

1. 了解装配图的作用和内容;
2. 理解装配图的规定画法、特殊画法;
3. 掌握识读装配图的一般方法和步骤;
4. 理解配合在图样上的标注规定及其含义。

能力目标

能正确识读简单装配图。

任务一　识读滑动轴承装配图

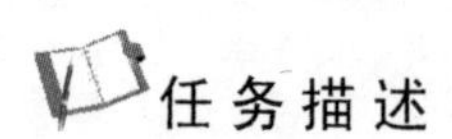

任务描述

看懂图 9-1 所示的滑动轴承装配图,并回答下列问题。

(1)该装配体的名称是________,采用了________比例绘制,共由________种零件组成。

(2)该装配体共采用了________个图形来表达,主视图是采用________剖视图。

(3)图中标注的尺寸，属于总体尺寸的有________。

(4)轴承座与下轴瓦的接触面不小于________，与上轴瓦的接触面不小于________。

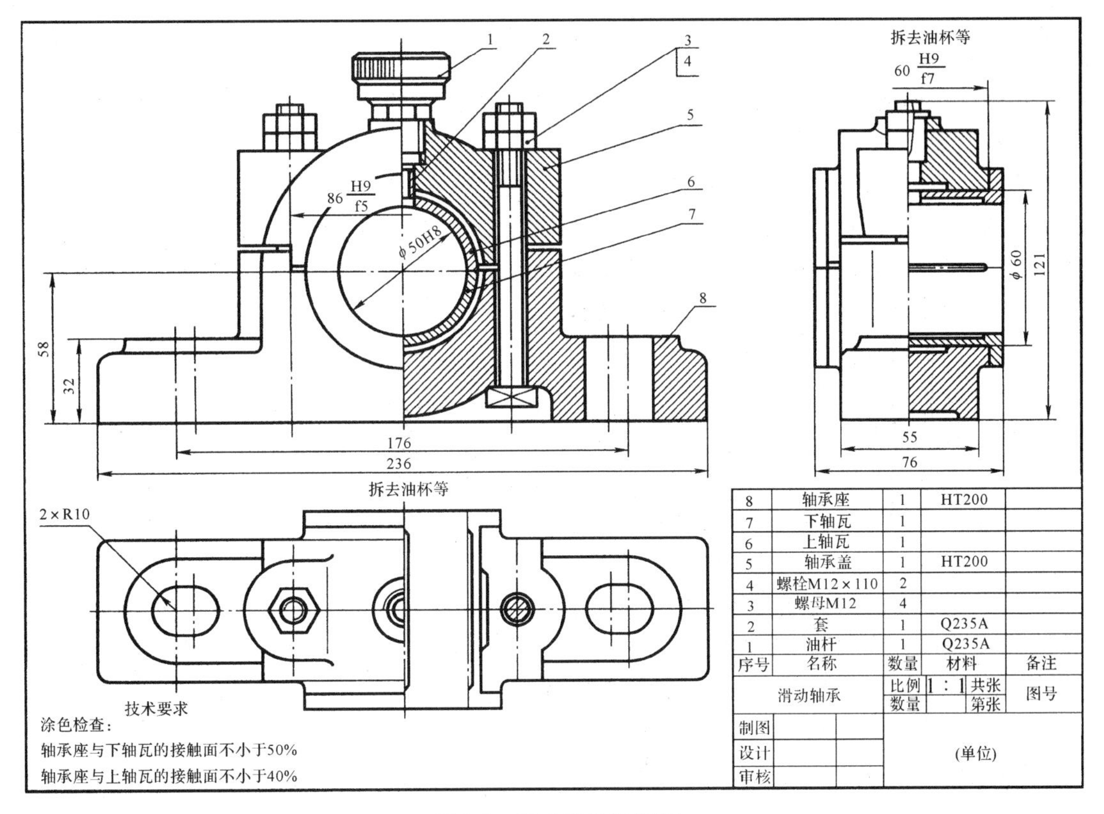

图 9-1 滑动轴承装配图

任务分析

观察图 9-1，这张图样显示了怎样的信息？跟零件图有什么相同的地方和不同的地方？

相关知识

1. 装配图及其作用

装配图不仅要表示机器(或部件)的结构，同时也要表达机器(或部件)的工作原理和装配关系。它是反映设计构思、指导生产、交流技术的重要工具，同零件图一样，也是生产中的重要技术要求。

2. 装配图的内容

一张完整的装配图应包含如下内容：

(1)一组图形

选择必要的一组图形和各种表达方法，将装配的工作原理、零件的装配关系、零件的连接和传动情况，以及各零件的主要结构形状表达清楚。

(2)必要的尺寸

装配图上只需标注表明装配体的规格(性能)、总体大小、各零件间的配合关系、安装、检验等的尺寸。

(3)技术要求

用文字说明或标注标记、代号指明该装配体在装配、检验、调试、运输和安装等方面所需达到的技术要求。

(4)零件序号、标题栏、明细栏

在图纸的右下角处画出标题栏,写明装配体的名称、图号、比例和责任者签字等;各零件必须标注序号并编入明细栏。明细栏接标题栏画出,填写组成零件的序号、名称、材料、数量、标准件的规格和代号以及零件热处理要求等。

3.识读装配图的基本要求

(1)了解装配体的名称、用途、性能、结构和工作原理。

(2)读懂各主要零件的结构形状及其在装配体中的作用。

(3)明确各主要零件之间的相对位置、装配关系、连接方式,了解装、拆的先后顺序。

(4)了解其他,如润滑系统、防漏系统等原理。

4.装配图中的尺寸注法

装配图与零件图的作用不同,对尺寸标注的要求也不同。装配图是设计和装配机器(或部件)时用的图样,因此不必把零件制造时所需要的全部尺寸都标注出来。

一般装配图应标注下面几类尺寸:

(1)性能(规格)尺寸

表示装配体的工作性能或产品规格的尺寸。这类尺寸是设计产品的依据。

(2)装配尺寸

用以保证机器(或部件)装配性能的尺寸。装配尺寸有以下两种。

①配合尺寸

零件间有配合要求的尺寸。

②相对位置尺寸

表示装配体在装配时需要保证的零件间较重要的距离尺寸和间隙尺寸。

(3)安装尺寸

表示零、部件安装在机器上或机器安装在固定基础上所需要的对外安装时连接用的尺寸。

(4)总体尺寸

表示装配体所占有空间大小的尺寸,即长度、宽度和高度尺寸。总体尺寸可供包装、运输和安装使用时提供所需要占有空间的大小。

(5)其他重要尺寸

根据装配的结构特点和需要,必须标注的重要尺寸,如运动件的极限位置尺寸、零件间的主要定位尺寸、设计计算尺寸等。

总之,在装配图上标注尺寸要根据情况作具体分析。上述五类尺寸并不是每张装配图都必须全部标出,而是按需要来标注。

5. 识读装配图的一般方法和步骤

识读装配图的方法和步骤没有固定的模式，但对初学者来说，通常的读图方法和步骤是：

(1)看标题栏和明细栏，概括了解；

(2)分析视图；

(3)了解装配关系和工作原理；

(4)分析零件，想象零件的结构形状；

(5)分析尺寸和技术要求；

(6)综合归纳。

任务实施

图 9-1 所示装配图的识读步骤见表 9-1。

表 9-1　滑动轴承装配图识读

步骤	内容
1. 看标题栏和明细栏	从标题栏可以看到装配图的名称为滑动轴承，采用的比例为 1∶1，共由 8 种零件组成
2. 分析视图	采用了 3 个基本视图，主、左视图采用的是半剖视图，俯视图拆去了油杯
3. 尺寸分析	总体尺寸：236、121、76；安装尺寸：176；配合尺寸：86H9/f5、60H9/f7
4. 技术要求分析	轴承座与下轴瓦的接触面不小于 50%，与上轴瓦的接触面不小于 40%

思考与实践

1. 一张完整的装配图包括哪些内容？

2. 装配图中的尺寸标注有哪些？

任务二　识读齿轮油泵装配图

任务描述

看懂图 9-2 所示的齿轮泵装配图，并回答下列问题。

(1)齿轮泵是由________种零件组成的，其中标准件有________个。

(2)本装配图共采用了________个图形来表达，主视图是________剖的________剖视图，左视图 *B-B* 属于________图。

(3)主视图中用细双点画线画出了一个齿轮和一个用于连接的销，这种画法称为________画法。

(4)图中标注的尺寸，属于安装尺寸的有________和________。

(5)填料(件 10)的作用是________，螺母(件 11)的作用是________，D 向视图中螺母(件 11)的四个缺口的作用是________。

(6)$\phi 14\mathrm{H7/g6}$ 表示从动轴(件 5)和件________之间的配合是________制的________配合，而 $\phi 16\mathrm{H7/p6}$ 表示件 5 和件________之间的配合是________制的________配合。因此，液压泵工作时，从动轴(件 5)的状态是________的(填:旋转或静止)。

(7)当主动齿轮轴(件 6)的转速为 $n=500\mathrm{r/min}$ 时，体积流量 $q_v=$________ L/min。

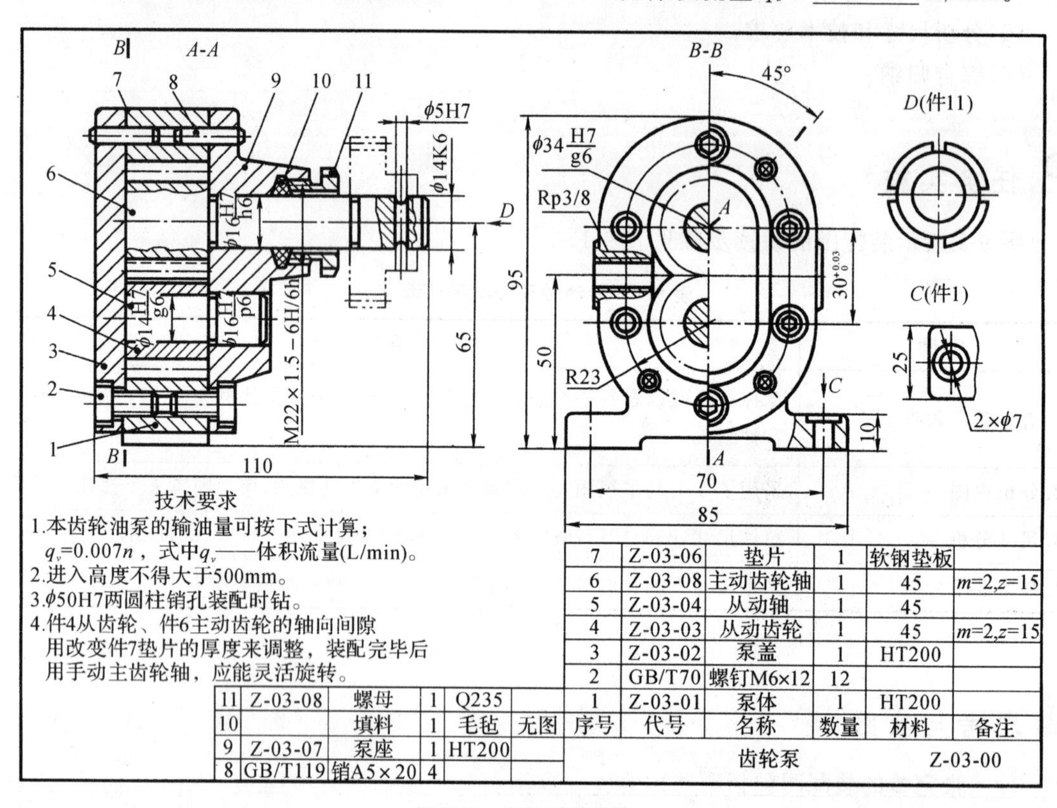

图 9-2　齿轮泵装配图

任务分析

观察图 9-2，从标题栏和明细栏你看到了哪些内容？图纸中采用了哪些视图？图中标注的尺寸都是什么尺寸？从技术要求中，你又得到了哪些信息？

相关知识

1. 装配图表达方案的确定以及画法规定

装配图要正确、清楚地表达装配体的结构、工作原理及零件间的装配关系，并不要求把每个零件的各部分结构均完整地表达出来。图样的基本表示法对装配图同样适用，但由于表达的侧重点不同，国家标准对装配图还作了专门的规定。

(1)装配图表达方案的确定

在按画法规定绘制装配图前,必须先恰当地确定表达方案。

装配图同零件图一样,要以主视图的选择为中心来确定整个一组视图的表达方案。表达方案的确定依据是装配体的工作原理和零件之间的装配关系。

主视图的选择原则:

①应选择能反映装配体的工作位置和总体结构特征的方位作为主视图的投射方向;

②应选择能反映该装配体的工作原理和主要装配线的方位作为主视图的投射方向;

③应选择能尽量多地反映该装配体内部零件间的相对位置关系的方位作为主视图的投射方向。

其他视图的选择:

为补充表达主视图上没有而又必须表达的内容,对其他尚未表达清楚的部位必须再选择相应的视图进一步说明。所选择的视图要重点突出,相互配合,避免重复。

(2)装配图画法的基本规定

①零件间接触面、配合面的画法

相邻两零件的接触面和基本尺寸相同的配合面只画一条线;不接触的表面和非配合表面即使间隙很小也应画两条线。

②剖面线画法

相邻两金属零件剖面线的倾斜方向应相反,或方向一致而间隔不等;各视图上,同一零件的剖面线方向和间隔应相同;断面厚度在 2mm 以下的图形允许以涂黑来代替剖面符号,见图 9-3。

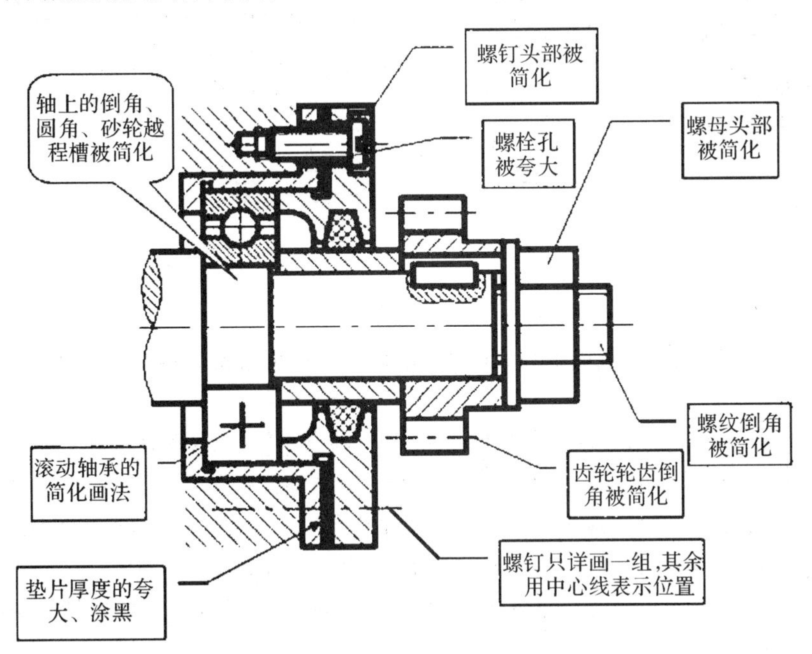

图 9-3 装配图的简化画法(一)

(3)装配图的简化画法规定

①装配图中若干相同的零、部件组,可仅详细地画出一组,其余只需用点画线表示出其位置,如图 9-4 所示。

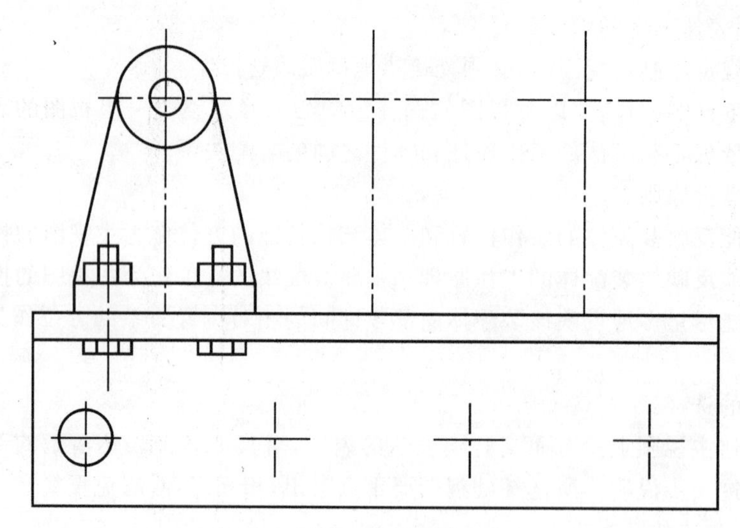

图 9-4 装配图的简化画法(二)

②在装配图中,可用粗实线表示带传动中的带,如图 9-5(a)所示;用细点画线表示链传动中的链,如图 9-5(b)所示。

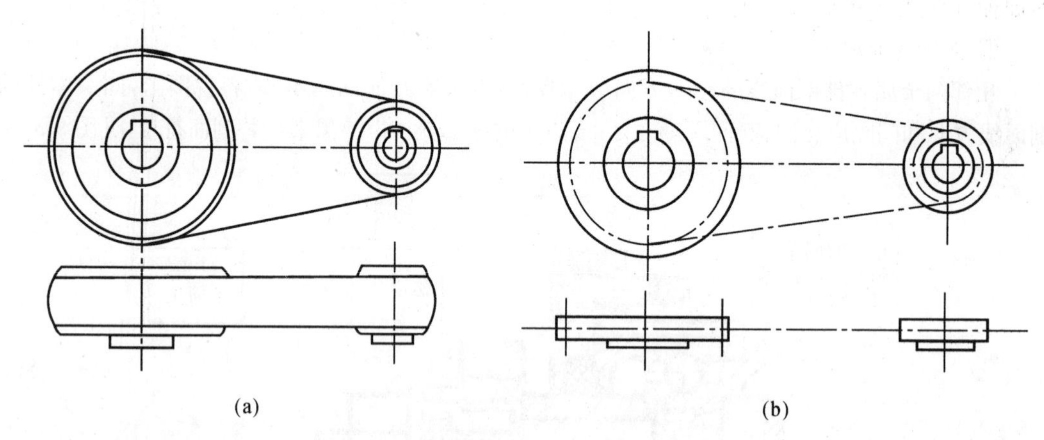

(a) (b)

图 9-5 装配图的简化画法(三)

③在装配图中,当剖切平面通过的某些部件为标准产品或该部件已由其他图形表示清楚时,可按不剖绘制。

④在装配图中,零件的倒角、圆角、凹坑、凸台、沟槽、滚花、刻线及其他细节等可不画出。

⑤在装配图中,对于紧固件以及轴、连杆、球、钩子、键、销等实心零件,若按纵向剖切,且剖切平面通过其对称平面或轴线时,则这些零件均按不剖绘制。如需要特别表明零件的构件,如凹槽、键槽、销孔等则可用局部剖视表示,如图 9-6 所示。

⑥在装配图中可假想沿某些零件的结合面剖切或假想将某些零件拆卸后绘制,需要说明时可加标注"拆去××等"。

⑦在装配图中,可以单独画出某一零件的视图,但必须标注清楚投射方向和名称并注上相同的字母。

⑧在装配图中可省略螺栓、螺母、销等紧固件的投影,而用细点画线和指引线指明它们的位置。此时,表示紧固件组的公共指引线应根据其不同类型从被连接件的某一端引出。

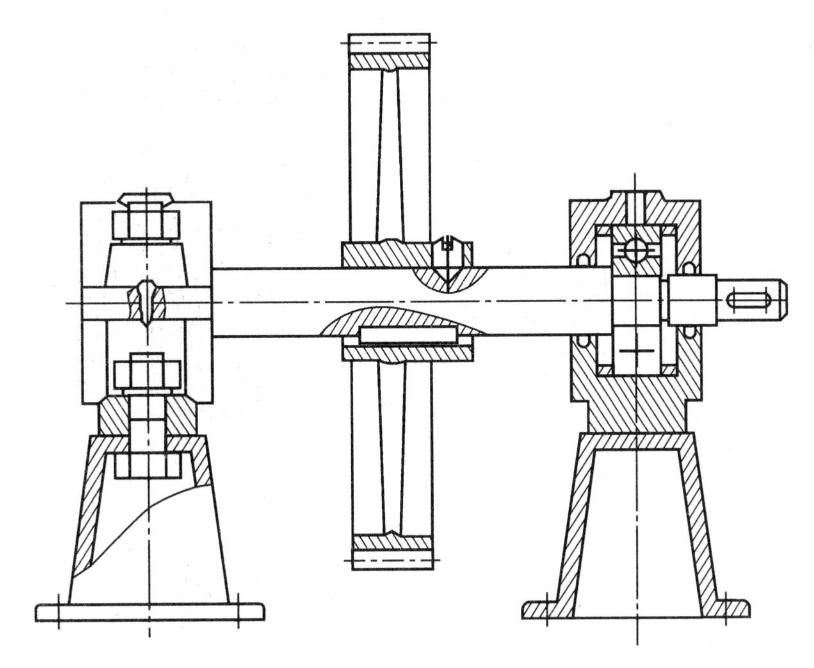

图 9-6 装配图的简化画法(四)

2.装配图中的零部件序号、明细栏和技术要求

(1)零部件序号的编排

为便于看图、管理图样和组织生产,装配图上需对每个不同的零、部件进行编号,这种编号称为序号。对于较复杂的较大部件来说,所编序号应包括所属较小部件及直属较大部件的零件。

序号的编排形式:

①将装配图上所有的零件,包括标准件和专用件一起,依次统一编排序号。

②将装配图上所有的标准件的标记直接注写在图形中的指引线上,而将专用件按顺序编号。

序号的编排方法:

①序号应编注在视图周围,按顺时针或逆时针方向顺次排列,在水平和铅垂方向应排列整齐,如图 9-7(a)所示。

②零件序号和所指零件之间用指引线连接,注写序号的指引线应自零件的可见轮廓线内引出,也可在末端画一圆点;若所指的零件很薄或涂黑的剖面不宜画圆点时,可在指引线末端画出箭头,并指向该零件的轮廓,如图 9-7(b)所示。

③指引线相互不能相交,不能与零件的剖面线平行。一般指引线应画成直线,必要时允许曲折一次。

④对于一组紧固件以及装配关系清楚的零件组,允许采用公共指引线。

⑤每一种零、部件(无论件数多少),一般只编一个序号,必要时多处出现的相同零、部件允许重复采用相同的序号标注。

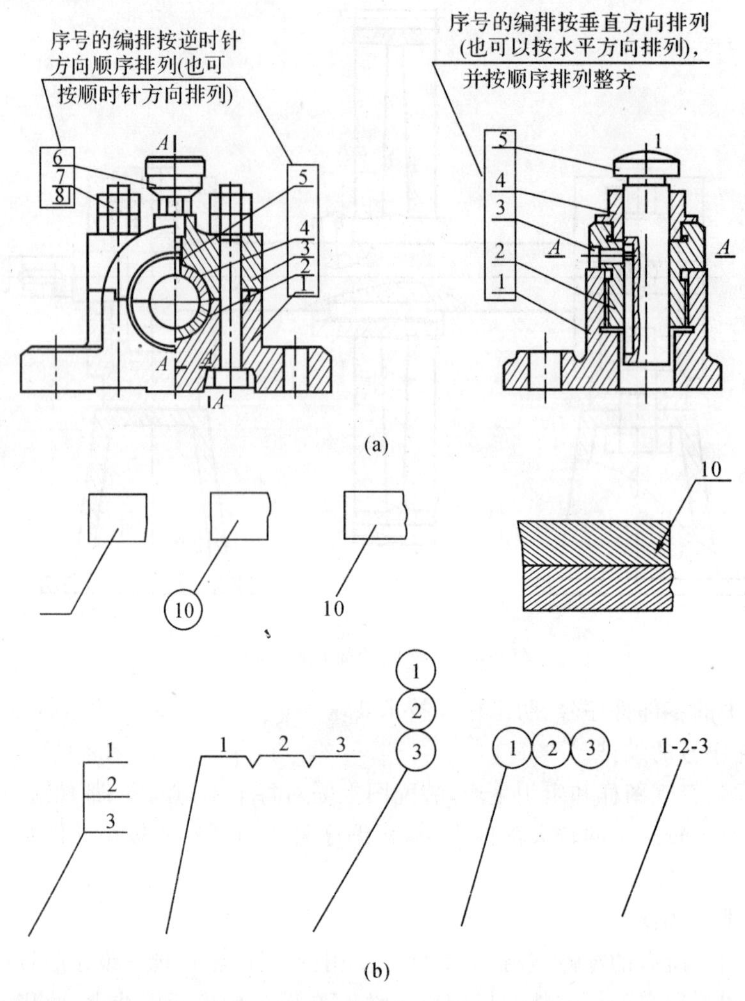

图 9-7　序号标注方法

(2)零件明细栏的编制

零件明细栏一般放在标题栏上方,并与标题栏对齐。填写序号时应由下向上排列,这样便于补充编排序号时被遗漏的零件。当标题栏上方位置不够时,可在标题栏左方继续列表由下向上接排。

(3)装配图的技术要求

各类不同的机器(或部件),其性能不同,技术要求也各不相同。因此,在拟定机器(或部件)装配图的技术要求时,应作具体分析。在零件图中已经注明的技术要求,装配图中不再重复标注。技术要求一般填写在图纸下方的空白处。

具体的技术要求应包括以下几个方面:

①装配要求

装配后必须保证的准确度(一般指位置公差),装配时的加工说明(如组合后加工),指定的装配方法和装配后的要求(如转动灵活、密封处不得漏油等)。

②检验要求

基本性能的检验方法和条件,装配后必须保证准确度的各种检验方法说明等。

③使用要求

对产品的基本性能、维护保养、操作等方面的要求。

任务实施

图 9-2 所示装配图的识读步骤如表 9-2 所示。

表 9-2 齿轮油泵装配图识读步骤

步骤	内容
1. 看标题栏和明细栏	从标题栏可以看到装配图的名称为齿轮泵，共用了 11 种零件，其中标准件有 2 种
2. 分析视图	采用了 2 个基本视图，2 个局部视图，主视图采用了 *A-A* 的全剖视图，左视图采用了 *B-B* 的半剖及局部剖
3. 尺寸分析	总体尺寸：110、85、95；安装尺寸：70、50；配合尺寸：ϕ14H7/g6、ϕ16H7/p6、ϕ16H7/h6、ϕ34H7/g6
4. 技术要求分析	齿轮泵输油量的计算，进入高度不得超过 500mm 等

思考与实践

装配图中主视图的选择原则有哪些？

附　录

附表 1　普通螺纹直径与螺距(GB/T 196—2003 和 GB/T 197—2003)

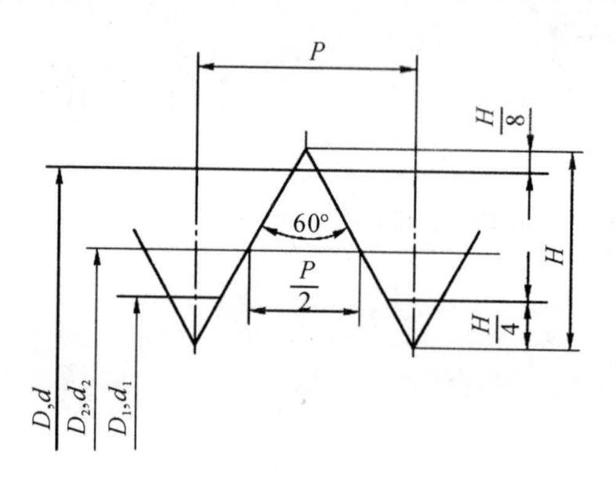

D—内螺纹的基本大径(公称直径);
d—外螺纹的基本大径(公称直径);
D_2—内螺纹的基本中径;
d_2—外螺纹的基本中径;
D_1—内螺纹的基本小径;
d_1—外螺纹的基本小径;
P—螺距;
H—$\frac{\sqrt{3}}{2}P$

标注示例

M24(公称直径为 24mm、螺距为 3mm 的粗牙右旋普通螺纹);
M24X1.5-LH(公称直径为 24mm、螺距为 1.5mm 的细牙左旋普通螺纹)

单位:mm

公称直径 D、d		螺距 P		粗牙中径 D_2、d_2	粗牙小径 D_1、d_1
第一系列	第二系列	粗牙	细牙		
3		0.5	0.35	2.675	2.459
	3.5	(0.6)		3.110	2.850
4		0.7	0.5	3.545	3.242
	4.5	(0.75)		4.013	3.688
5		0.8		4.480	4.134
6		1	0.75(0.5)	5.350	4.917
8		1.25	1,0.75,(0.5)	7.188	6.647
10		1.5	1.25,1,0.75,(0.5)	9.026	8.376
12		1.75	1.5,1.25,1,0.75,(0.5)	10.863	10.106

续表

公称直径 D、d		螺距 P		粗牙中径 D_2、d_2	粗牙小径 D_1、d_1
第一系列	第二系列	粗牙	细牙		
	14	2	1.5,(1.25),1,(0.75),(0.5)	12.701	11.835
16		2	1.5,1,(0.75),(0.5)	14.701	13.835
	18	2.5	1.5,1,(0.75),(0.5)	16.376	15.294
20		2.5		18.376	17.294
	22	2.5	2,1.5,1,(0.75),(0.5)	20.376	19.294
24		3	2,1.5,1,(0.75)	22.051	20.752
	27	3	2,1.5,1,(0.75)	25.051	23.752
30		3.5	(3),2,1.5,1,(0.75)	27.727	26.211

注:①优先选用第一系列,括号内尺寸尽可能不用,第三系列未列入。

②M14×1.25mm 仅用于火花塞

附表 2 梯形螺纹基本尺寸(GB/T 5796.3—2005)

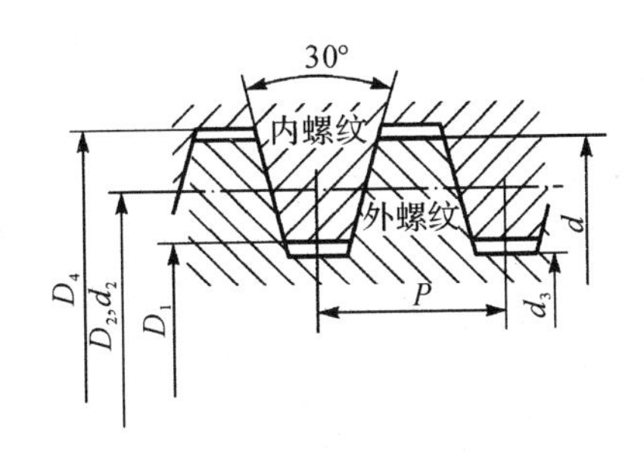

标记示例

公称直径为 36mm,导程为 12mm,螺距为 6mm 的双线左旋梯形螺纹:

Tr36×12(P6)LH

单位:mm

公称直径		螺距 P	中径 $d_2 - D_2$	大径 D_4	小径	
第一系列	第二系列				d_3	D_1
8		1.5	7.25	8.30	6.20	6.50
	9	1.5	8.25	9.30	7.20	7.50
		2	8.00	9.50	6.50	7.00
10		1.5	9.25	10.30	8.20	8.50
		2	9.00	10.50	7.50	8.00
	11	2	10	11.5	8.5	9.0
		3	9.50	11.50	7.50	8.00
12		2	11.00	12.50	9.50	10.00
		3	10.50	12.50	8.50	9.00
	14	2	13.00	14.50	11.50	12.00
		3	12.50	14.50	10.50	11.00
16		2	15.00	16.50	13.50	14.00
		4	14.00	16.50	11.50	12.00
	18	2	17.00	18.5	15.50	16.00
		4	16.00	18.50	13.50	14.00
20		2	19.00	20.50	17.50	18.00
		4	18.00	20.50	15.50	16.00
	22	3	20.50	22.50	18.50	19.00
		5	19.50	22.50	16.50	17.00
		8	18.00	23.00	13.00	14.00
24		3	22.50	24.50	20.50	21.00
		5	21.50	24.50	18.50	19.00
		8	20.00	25.00	15.00	16.00
	26	3	24.50	26.50	22.50	23.00
		5	23.50	26.50	20.50	21.00
		8	22.00	27.00	17.00	18.00
28		3	26.50	28.50	24.50	25.00
		5	25.50	28.50	22.50	23.00
		8	24.00	29.00	19.00	20.00
	30	3	28.50	30.50	26.50	29.00
		6	27.00	31.00	23.00	24.00
		10	25.00	31.00	19.00	20.00
32		3	30.50	32.50	28.50	29.00
		6	29.00	33.00	25.00	26.00
		10	27.00	33.00	21.00	22.00
	34	3	32.50	34.50	30.50	31.00
		6	31.00	35.00	27.00	28.00
		10	29.00	35.00	23.00	24.00
36		3	34.50	36.50	32.50	33.00
		6	33.00	37.00	29.00	30.00
		10	31.00	37.00	25.00	26.00
	38	3	36.50	38.50	34.50	35.00
		7	34.50	39.00	30.00	31.00
		10	33.00	39.00	27.00	28.00
40		3	38.50	40.50	36.50	37.00
		7	36.50	41.00	32.00	33.00
		10	35.00	41.00	29.00	30.00

附表3 螺纹密封管螺纹(GB/T 7306.1—2000和GB/T 7306.2—2000)

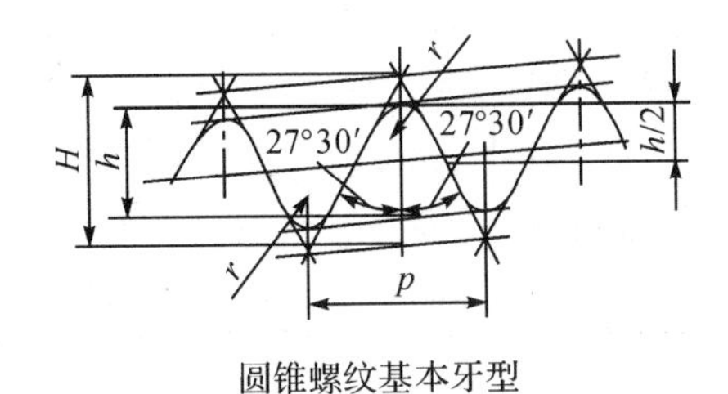

圆锥螺纹基本牙型

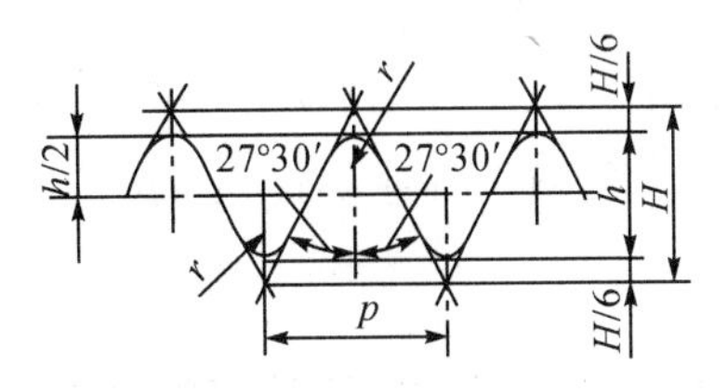

圆柱内螺纹基本牙型

标记示例

$1\frac{1}{2}$圆锥内螺纹：$R_c 1\frac{1}{2}$；

$1\frac{1}{2}$圆柱内螺纹：$R_p 1\frac{1}{2}$；

$1\frac{1}{2}$圆锥外螺纹左旋：$R1\frac{1}{2}$-LH；

圆锥内螺纹与圆锥外螺纹的配合：$R_c 1\frac{1}{2}/R1\frac{1}{2}$；

圆柱内螺纹与圆锥外螺纹的配合：$R_p 1\frac{1}{2}/R1\frac{1}{2}$；

单位：mm

尺寸代号	每25.4mm内的牙数 n	螺距 P	牙高 h	圆弧半径 r	基面上的基本尺寸			基准距离	有效螺纹长度
					大径 $d=D$	中径 $d_2=D_2$	小径 $d_1=D_1$		
$\frac{1}{16}$	28	0.907	0.581	0.125	7.723	7.142	6.561	4.0	6.5
$\frac{1}{8}$	28	0.907	0.581	0.125	9.728	9.147	8.566	4.0	6.5
$\frac{1}{4}$	19	1.337	0.856	0.184	13.157	12.301	11.445	6.0	9.7
$\frac{3}{8}$	19	1.337	0.856	0.184	16.662	15.806	14.950	6.4	10.1
$\frac{1}{2}$	14	1.814	1.162	0.249	20.955	19.793	18.631	8.2	13.2
$\frac{3}{4}$	14	1.814	1.162	0.249	26.441	25.279	24.117	9.5	14.5
1	11	2.309	1.479	0.317	33.249	31.770	30.291	10.4	16.8
$1\frac{1}{4}$	11	2.309	1.479	0.317	41.910	40.431	38.952	12.7	19.1
$1\frac{1}{2}$	11	2.309	1.479	0.317	47.803	48.324	44.845	12.7	19.1
2	11	2.309	1.479	0.317	56.614	58.135	56.656	15.9	23.4
$2\frac{1}{2}$	11	2.309	1.479	0.317	75.184	73.705	72.226	17.5	26.7
3	11	2.309	1.479	0.317	87.884	86.405	84.926	20.6	29.8

续表

尺寸代号	每25.4mm内的牙数 n	螺距 P	牙高 h	圆弧半径 r	基面上的基本尺寸			基准距离	有效螺纹长度
					大径 $d=D$	中径 $d_2=D_2$	小径 $d_1=D_1$		
$3\frac{1}{2}$	11	2.309	1.478	0.317	100.330	100.351	97.372	22.2	31.4
4	11	2.309	1.479	0.317	113.030	111.531	110.072	25.4	35.8
5	11	2.309	1.479	0.317	138.430	135.951	136.472	28.6	40.1
6	11	2.309	1.479	0.317	163.830	162.351	160.872	28.6	40.1

附表4 非密封管螺纹(GB/T 7307—2001)

标记示例

尺寸代号 $1\frac{1}{2}$,内螺纹:G1 $\frac{1}{2}$;

尺寸代号 $1\frac{1}{2}$,A级外螺纹:G1 $\frac{1}{2}$A;

尺寸代号 $1\frac{1}{2}$,B级外螺纹,左旋:G1 $\frac{1}{2}$B-LH

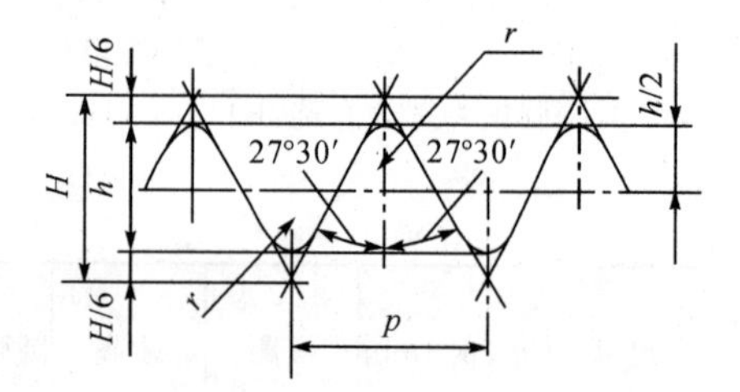

单位:mm

尺寸代号	每25.4mm内的牙数 n	螺距 P	牙高 h	圆弧半径 $r\approx$	基面上的基本尺寸		
					大径 $d=D$	中径 $d_2=D_2$	小径 $d_1=D_1$
$\frac{1}{16}$	28	0.907	0.581	0.125	7.723	7.142	6.561
$\frac{1}{8}$	28	0.907	0.581	0.125	9.728	9.147	8.566
$\frac{1}{4}$	19	1.337	0.856	0.184	13.157	12.301	11.445
$\frac{3}{8}$	19	1.337	0.856	0.184	16.662	15.806	14.950
$\frac{1}{2}$	14	1.814	1.162	0.249	20.995	19.793	18.631
$\frac{5}{8}$	14	1.814	1.162	0.249	22.911	21.749	20.587
$\frac{3}{4}$	14	1.814	1.162	0.249	26.441	25.279	24.117
$\frac{7}{8}$	14	1.814	1.162	0.249	30.201	29.039	27.877
1	11	2.309	1.479	0.317	33.249	31.770	30.291
$1\frac{1}{8}$	11	2.309	1.479	0.317	37.897	36.418	34.939

续表

尺寸代号	每25.4mm内的牙数 n	螺距 P	牙高 h	圆弧半径 $r\approx$	基面上的基本尺寸		
					大径 $d=D$	中径 $d_2=D_2$	小径 $d_1=D_1$
$1\frac{1}{4}$	11	2.309	1.479	0.317	41.910	40.431	38.952
$1\frac{1}{2}$	11	2.309	1.479	0.317	47.803	46.324	44.845
$1\frac{3}{4}$	11	2.309	1.479	0.317	53.746	52.267	50.788
2	11	2.309	1.479	0.317	59.614	58.135	56.656
$2\frac{1}{4}$	11	2.309	1.479	0.317	65.710	64.231	62.752
$2\frac{1}{2}$	11	2.309	1.479	0.317	75.184	73.705	72.226
$2\frac{3}{4}$	11	2.309	1.479	0.317	81.534	80.055	78.576
3	11	2.309	1.479	0.317	87.884	86.405	84.926
$3\frac{1}{2}$	11	2.309	1.479	0.317	98.851	98.851	97.372
4	11	2.309	1.479	0.317	100.330	111.551	110.072
$4\frac{1}{2}$	11	2.309	1.479	0.317	125.730	124.251	122.772
5	11	2.309	1.479	0.317	138.430	136.951	135.472
$5\frac{1}{2}$	11	2.309	1.479	0.317	151.130	149.651	148.172
6	11	2.309	1.479	0.317	168.830	162.351	160.872

附表5 普通螺纹的螺纹收尾、间距、退刀槽、倒角

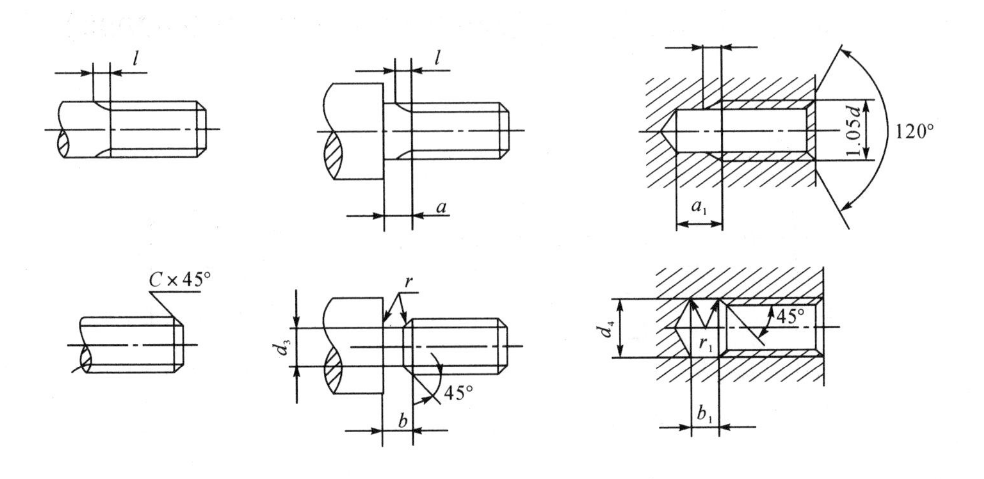

单位:mm

螺距 P	外螺纹 粗牙螺纹大径 D_d	外螺纹 螺纹收尾 l(不大于) 一般	短的	外螺纹 轴肩 a(不大于) 一般	长的	短的	外螺纹 退刀槽 b 一般	外螺纹 退刀槽 $r\approx$	外螺纹 退刀槽 d_3	倒角 C	内螺纹 螺纹收尾 l(不大于) 一般	短的	内螺纹 轴肩 a(不大于) 一般	长的	内螺纹 退刀槽 b_2 一般	内螺纹 退刀槽 $r\approx$	内螺纹 退刀槽 d_4
0.5	3	1.25	0.7	1.5	2	1	1.5	0.5P	$d-0.8$	0.5	1	1.5	3	4	2	0.5P	$d+0.3$
0.6	3.5	1.5	0.75	1.8	2.4	1.2	1.5		$d-1$		1.2	1.8	3.2	4.8			
0.7	4	1.75	0.9	2.1	2.8	1.4	2		$d-1.1$	0.6	1.4	2.1	3.5	5.6	3		
0.75	4.5	1.9	1	2.25	3	1.5	2		$d-1.2$		1.5	18	3.8	6			
0.8	5	2	1	2.4	3.2	1.6	2		$d-1.3$	0.8	1.6	2.4	4	6.4			
1	6.7	2.5	1.25	3	4	2	2.5		$d-1.6$	1	2	3	5	8	4		$d-0.5$
1.25	8	3.2	1.6	4	5	2.5	3		$d-2$	1.2	2.5	4	6	10	5		
1.5	10	3.8	1.9	4.5	6	3	3.5		$d-2.3$	1.5	3	4.5	7	12	6		
1.75	12	4.3	2.2	5.3	7	3.5	4		$d-2.6$	2	3.5	5.3	9	14	7		
2	14.16	5	2.5	6	8	4	5		$d-3$		4	6	10	16	8		
2.5	18,20,22	6.3	3.2	7.5	10	5	6		$d-3.6$	2.5	5	7.5	12	18	10		
3	24,27	7.5	3.8	9	12	6	7		$d-4.4$		6	9	14	22	12		
3.5	30,33	9	4.5	10.5	14	7	8		$d-5$	3	7	10.5	16	24	14		
4	36,39	10	5	12	16	8	9		$d-5.7$		8	12	18	26	16		
4.5	42,45	11	5.5	13.5	18	9	10		$d-6.4$	4	9	13.5	21	29	18		
5	48,52	12.5	6.3	15	20	10	11		$d-7$		10	15	23	32	20		
5.5	56,60	14	7	16.5	22	11	12		$d-7.7$	5	11	16.5	25	35	22		
6	64,68	15	7.5	18	24	12	13		$d-8.3$		12	2.25	28	38	24		

附表6 六角头螺栓—A级和B级(GB/T 5782—2000)

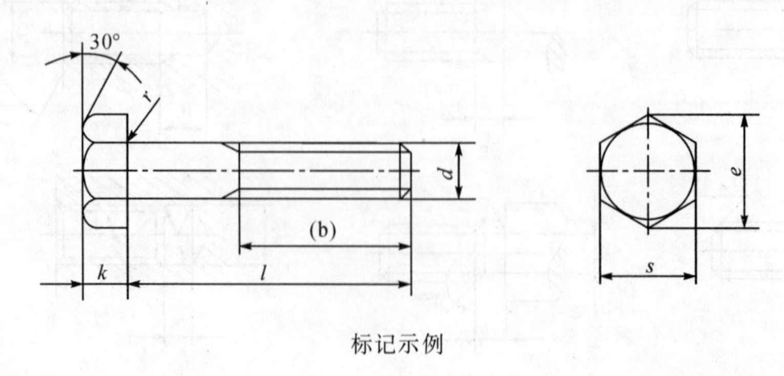

标记示例

螺纹规格 d=M12、公称长度 l=80mm、性能等级为 8.8 级、表面氧化、A 级的六角螺栓

螺栓 GB/T 5782—2000 M12×80mm

单位:mm

螺纹规格 d		5.5	7	8	10	13	16	18	24	30	36	46	55
s		2	2.8	3.5	4	5.3	6.4	7.5	10	12.5	15	18.7	22.5
r		0.1	0.2	0.2	0.25	0.4	0.4	0.6	0.6	0.8	0.8	1	1
e	A	6.01	7.66	8.79	11.05	14.38	17.77	20.03	26.75	33.53	39.98	—	—
	B	5.88	7.50	8.63	10.89	14.20	17.59	19.85	26.17	32.95	39.55	50.85	51.11
(b) GB/T 5782	l≤125	12	14	16	18	22	26	30	38	46	54	66	—
	125<l≤200	18	20	22	24	28	32	36	44	52	60	72	84
	l>200	31	33	35	37	41	45	49	57	65	73	85	97
l 范围 (GB/T 5782)		20~30	25~40	25~50	30~60	40~80	45~100	50~120	65~160	80~200	90~240	110~300	140~360
l 范围 (GB/T 5782)		6~30	8~40	10~50	12~60	16~80	20~100	25~120	30~150	40~150	50~150	60~200	70~200
l 系列	6,810,12,16,20,25,30,35,40,45,50,55,60,65,70,80,90,100,110,120,130,140,150,160,180,200,220,240,260,280,300,320,340,360,380,400,420,440,460,480,500												

附表 7 双头螺柱

$b_m=1d$(GB/T 897—1998) $b_m=1.25d$(GB/T 898—1998)

$b_m=1.5d$(GB/T 899—1998) $b_m=2d$(GB/T 900—1998)

A 型

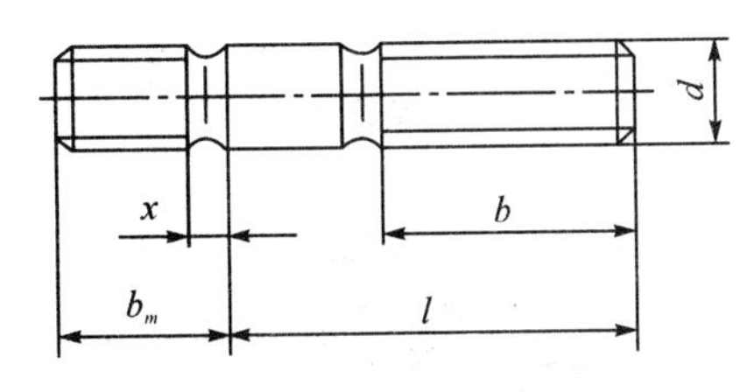

B 型

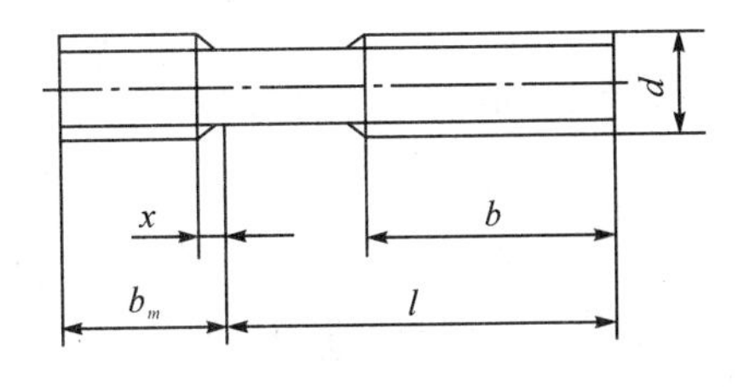

标记示例

两端均为粗牙普通螺纹、螺纹规格 d=M10、公称长度 l=50mm、性能等级为 4.8 级、不经表面处理、b_m=1、B 型的双头螺柱;螺柱 GB/T 897—1988 M10×50mm

螺纹规格 d	b_m				l/b
	GB/T 897—1988	GB/T 898—1988	GB/T 899—1988	GB/T 900—1988	
M5	5	6	8	10	$\frac{16\sim20}{10}$、$\frac{25\sim50}{16}$
M6	6	8	10	12	$\frac{20}{10}$、$\frac{25\sim30}{14}$、$\frac{35\sim70}{18}$
M8	8	10	12	16	$\frac{20}{12}$、$\frac{25\sim30}{16}$、$\frac{35\sim90}{22}$
M10	10	12	15	20	$\frac{25}{14}$、$\frac{30\sim35}{16}$、$\frac{40\sim120}{26}$、$\frac{130}{32}$
M12	12	15	18	24	$\frac{25\sim30}{16}$、$\frac{35\sim40}{20}$、$\frac{45\sim120}{30}$、$\frac{130\sim200}{36}$
M16	16	20	24	32	$\frac{30\sim35}{20}$、$\frac{40\sim35}{30}$、$\frac{60\sim120}{38}$、$\frac{130\sim200}{44}$
M20	24	25	30	40	$\frac{35\sim40}{25}$、$\frac{40\sim55}{30}$、$\frac{60\sim120}{38}$、$\frac{130\sim200}{44}$
M24	24	30	36	48	$\frac{45\sim50}{30}$、$\frac{60\sim75}{45}$、$\frac{80\sim120}{54}$、$\frac{130\sim200}{60}$
M30	30	38	45	60	$\frac{60\sim65}{40}$、$\frac{70\sim90}{50}$、$\frac{95\sim120}{66}$、$\frac{130\sim200}{72}$、$\frac{210\sim250}{85}$
M36	36	45	54	72	$\frac{65\sim75}{45}$、$\frac{80\sim110}{60}$、$\frac{120}{78}$、$\frac{130\sim200}{84}$、$\frac{210\sim300}{97}$
l 系列	16,20,25,30,35,40,45,50,(55),60,(65),70,(75),80,(85),90,(95),100,110,120,130,140,150,160,170,180,190,200,210,220,230,240,250,260,280,300				

附表 8　开槽螺钉

开槽圆柱螺钉(GB/T 65—2000)、开槽沉头螺钉(GB/T 68—2000)、开槽盘头螺钉(GB/T 67—2000)

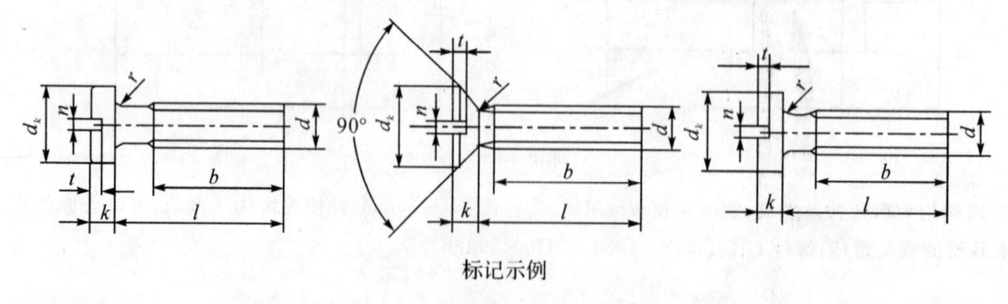

标记示例

螺纹规格 d=M5、公称长度 l=20mm、性能等级为 4.8 级、不经表面处理的开槽圆柱头螺钉：螺钉 GB/T 65—2000　M65×20mm

单位:mm

螺纹 d		M1.6	M2	M2.5	M3	M4	M5	M6	M8	M10
GB/T 65—2000	d_k					7	8.5	10	13	16
	k					2.6	3.3	3.9	5	6
	t_{min}					1.1	1.3	1.6	2	2.4
	r_{min}					0.2	0.2	0.25	0.4	0.4
	l					5～40	6～50	8～60	10～80	12～80
	全螺纹时最大长度					40	40	40	40	40
GB/T 67—2000	d_k	3.2	4	5	5.6	8	9.5	12	16	23
	k	1	1.3	1.5	1.8	2.4	3	3.6	4.8	6
	t_{min}	0.35	0.5	0.6	0.7	1	1.2	1.4	1.9	2.4
	r_{min}	0.1	0.1	0.1	0.1	0.2	0.2	0.25	0.4	0.44
	l	2～16	2.5～20	3～25	4～30	5～40	6～50	8～60	10～80	12～80
	全螺纹时最大长度	30	30	30	30	40	40	40	40	40
GB/T 68—2000	d_k	3	3.8	4.7	5.5	8.4	9.3	11.3	15.8	18.3
	k	1	1.2	1.5	1.65	2.7	2.7	3.3	4.65	5
	t_{min}	0.32	0.4	0.5	0.6	1	1.1	1.2	1.8	2
	r_{min}	0.4	0.5	0.6	0.8	1	1.3	1.5	2	2.5
	l	2.5～16	3～20	4～25	5～30	6～40	8～50	8～60	10～80	12～80
	全螺纹时最大长度	30	30	30	30	45	45	45	45	45
n		0.4	0.5	0.6	0.8	1.2	1.2	1.6	2	2.5
b		25				38				
l 系列		2,2.5,3,4,5,6,8,10,12,(14),16,20,25,30,35,40,45,50,(55),60,(65),70,(75),80								

附表 9 内六角圆柱头螺钉(GB/T 70.1—2000)

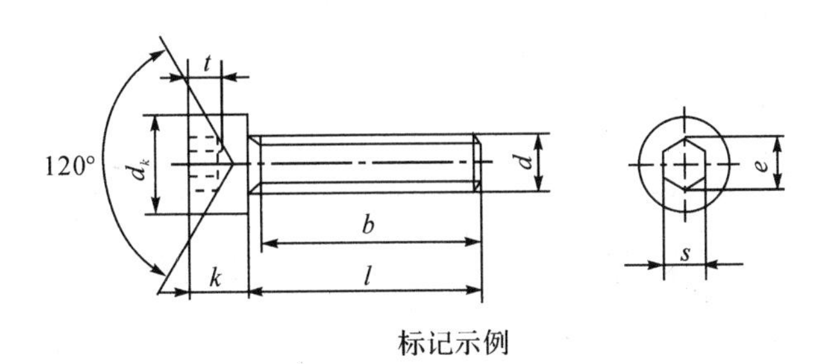

标记示例

螺纹规格 d＝M5、公称长度 l＝20mm、性能等级为 8.8 级、表面氧化的内六角圆柱头螺钉：螺钉 GB/T 70.1—2000 M5×20mm

单位：mm

螺纹规格 d	M2.5	M3	M4	M5	M6	M8	M10	M12	M16	M20	M24	M30	M36
d_{max}	4.5	5.5	7	8.5	10	13	16	18	24	30	36	45	54
k_{max}	2.5	3	4	5	6	8	10	12	14	20	24	30	36
t_{min}	1.1	1.3	2	2.5	3	4	5	6	7	10	12	15.5	19
r	0.1		0.2		0.25	0.4		0.6		0.8		1	
s	2	2.5	3	4	5	6	8	10	12	17	19	22	27
e	2.3	2.87	3.44	4.58	5.72	6.86	9.15	11.43	13.72	19.4	21.7	25.15	30.85
b(参考)	17	18	20	22	24	28	32	36	44	52	60	72	84
l 系列	2.5,3,4,5,6,8,10,12,16,20,25,30,35,40,45,50,55,60,65,70,80,90,100,110,120,130,140,150,160,180,200												

附表 10 开槽锥端紧定螺钉

锥端(GB/T 71—1985)、平端(GB/T 73—1985)、长圆柱端(GB/T 75—1985)

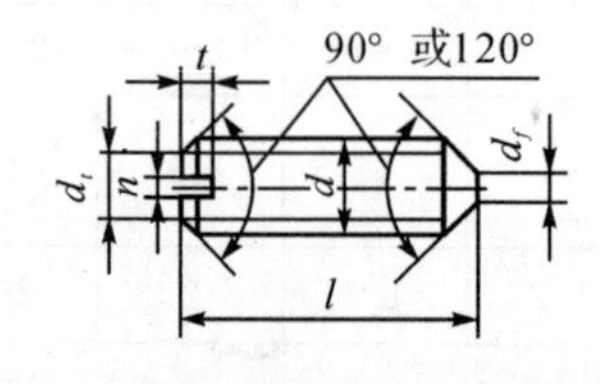

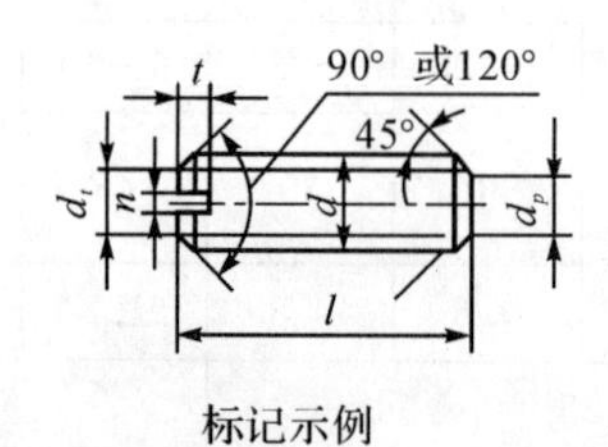

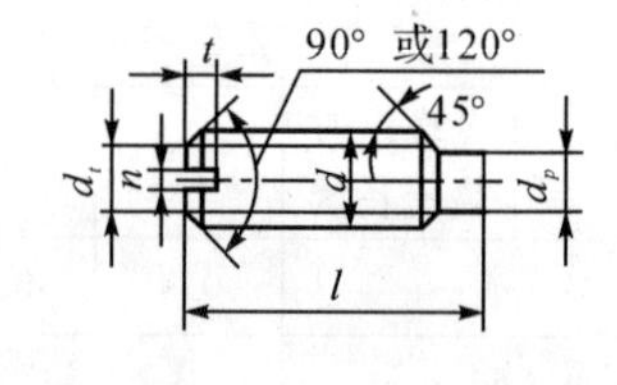

标记示例

螺纹规格 d＝M5、公称长度 l＝20mm、性能等级为 14H 级、表面氧化的开槽锥端紧定螺钉：螺钉 GB/T 71—1985 M5×20mm

单位：mm

螺纹规格 d	M2	M2.5	M3	M5	M6	M8	M10	M12
d_f	螺纹小径							
d_t	0.2	0.25	0.3	0.5	1.5	2	2.5	3
d_p	1	1.5	2	3.5	4	5.5	7	8.5
n	0.25	0.4	0.4	0.8	1	1.2	1.6	2
t	0.84	0.95	1.05	1.63	2	2.5	3	3.6
z	1.25	1.5	1.75	2.75	3.25	4.3	5.3	6.3
l 系列	2,2.5,3,4,5,6,8,10,12(14),16,20,25,30,35,40,45,50,(55),60							

附表 11 1 型六角螺母——C 级(GB/T 41—2000)、1 型六角螺母(GB/T 6170—2000)、六角薄螺母(GB/T 6172.1—2000)

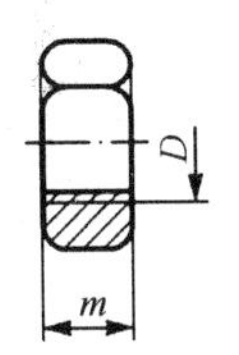

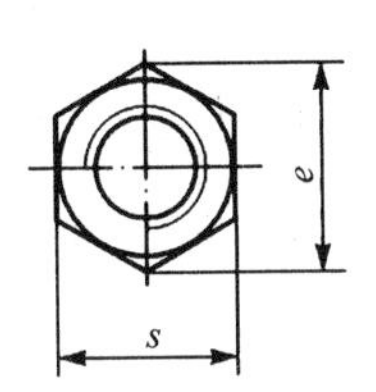

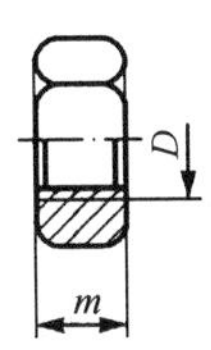

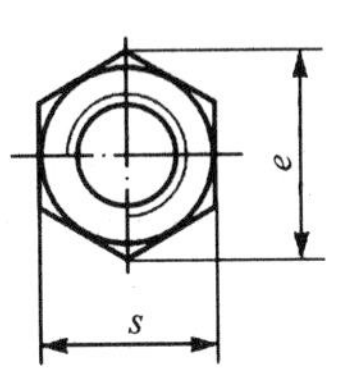

标记示例

螺纹规格＝M12、性能等级为 5 级、不经表面处理、C 级的 1 型六角螺母：

螺母 GB/T 41—2000 M12

单位：mm

螺纹规格 D		M3	M4	M5	M6	M8	M10	M12	M16	M20	M24	M30	M36	M42	M48
e_{min}	GB/T 41			8.63	10.89	14.20	17.59	19.85	26.17	32.95	39.55	50.85	60.79	71.3	82.3
	GB/T 6170	6.01	7.66	8.79	11.05	14.38	17.77	20.03	26.75	32.95	39.55	50.85	60.79	71.3	82.6
	GB/T 6172	6.01	7.66	8.79	11.05	14.38	17.77	20.03	16.75	32.95	39.55	50.85	60.79	71.3	82.6
s		5.5	7	8	10	13	16	18	24	30	36	46	55	65	75
m_{max}	GB/T 6170	2.4	3.2	4.7	5.2	6.8	8.4	10.8	14.8	18	21.5	25.6	31	34	38
	GB/T 6172	1.8	2.2	2.7	3.2	4	5	6	8	10	12	15	18	21	24
	GB/T 41			5.6	6.4	7.9	9.5	12.2	15.9	19	22.3	26.4	31.5	34.9	38.9

附表 12 1 型六角开槽螺母——A 级和 B 级(GB/T 6178—1986)

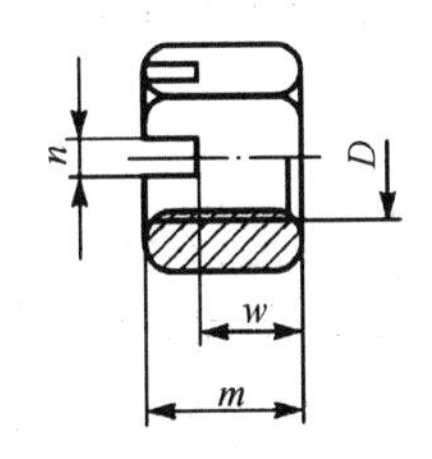

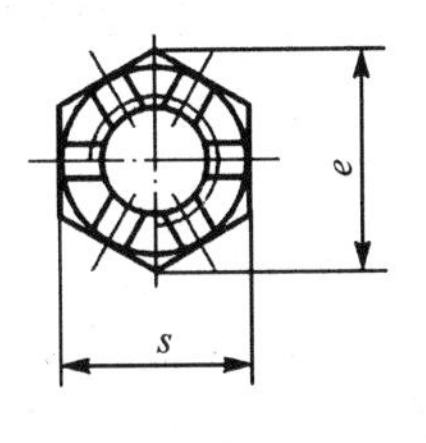

螺纹规格 D＝M5、性能等级为 8 级、不经表面处理、A 级的 1 型六角开槽螺母：

螺母 GB/T 6178—1986 M5

单位:mm

螺纹规格 D	M4	M5	M6	M8	M10	M12	(M14)	M16	M20	M24	M30
e	7.7	8.8	11	14	17.8	20	23	26.8	33	39.6	50.9
m	6	6.7	7.7	9.8	12.4	15.8	17.8	20.8	24	29.5	34.6
n	1.2	1.4	2	2.5	2.8	3.5	3.5	4.5	4.5	5.5	7
s	7	8	10	13	16	18	21	24	30	36	46
w	3.2	4.7	5.2	6.8	8.4	10.8	12.8	14.8	18	21.5	25.6
开口销	1×10	1.2×12	1.6×14	2×16	2.5×20	3.2×22	3.2×25	4×28	4×36	5×40	6.3×50

附表 13 平垫圈——A 级(GB/T 97.1—2002)、平垫圈倒角型——A 级(GB/T 97.2—2002)

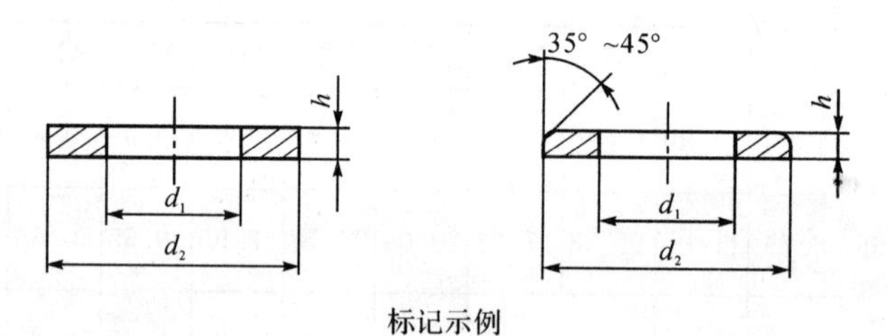

标记示例

标准系列、公称尺寸 d=8mm、由钢制造的等级为 200HV 级、不经表面处理、产品等级为 A 级的平垫圈;垫圈 GB/T 97.1—2002 8

单位:mm

规格(螺纹直径)	2	2.5	3	4	5	6	8	10	12	14	16	20	24	30
内径 d_1	2.2	2.7	3.2	4.3	5.3	6.4	8.4	10.5	13	15	17	21	25	31
内径 d_2	5	6	7	9	10	12	16	20	24	28	30	37	44	56
厚度 h	0.3	0.5	0.5	0.8	1	1.6	1.6	2	2.5	2.5	3	3	4	4

附表 14 标准型弹簧垫圈(GB/T 93—1987)、轻型弹簧垫圈(GB/T 859—1987)

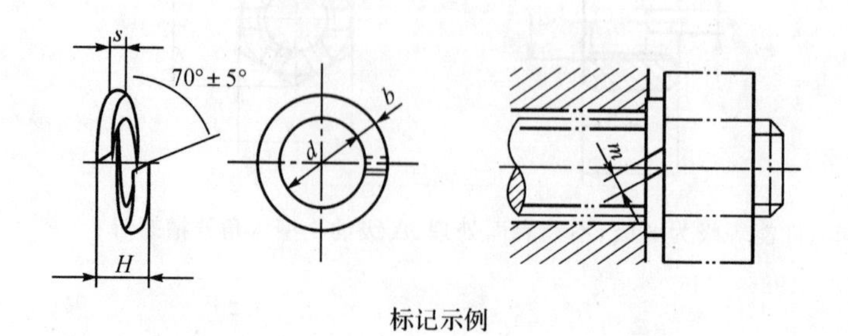

标记示例

公称直径为 16mm、材料为 Mn、表面氧化的标准型垫圈：

垫圈 GB/T 93—1987 16

单位：mm

规格（螺纹直径）		2	2.5	3	4	5	6	8	10	12	16	20	24	30	36	42
d		2.1	2.6	3.1	4.1	5.1	6.2	8.2	10.2	12.3	16.3	20.5	24.5	30.5	36.6	42.6
H	GB/T 93	1.2	1.6	2	2.4	3.2	4	5	6	7	8	10	12	13	14	16
	GB/T 859	1	1.2	1.6	1.6	2	2.4	3.2	4	5	6.4	8	9.6	12		
s(b)	GB/T 93	0.6	0.8	1	1.2	1.6	2	2.5	3	3.5	4	5	6	6.5	7	8
s	GB/T 859	0.5	0.6	0.8	0.8	1	1.2	1.6	2	2.5	3.2	4	4.8	6		
$m\leqslant$	GB/T 93	0.4		0.5	0.6	0.8	1	1.2	1.5	1.7	2	2.5	3	3.2	3.5	4
	GB/T 859	0.3		0.4		0.5	0.6	0.8	1	1.2	1.6	2	2.4	3		
b	GB/T 859	0.8		1	1.2		1.6	2	2.5	3.5	4.5	5.5	6.5	8		

附表 15 平键和键槽的断面尺寸（GB/T 1095—2003）、平通平键的尺寸（GB/T 1096—2003）

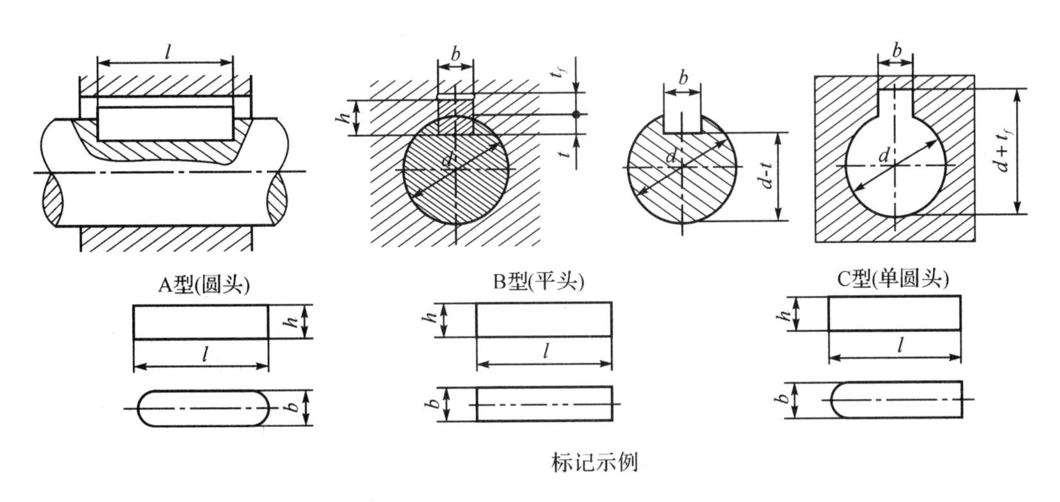

标记示例

圆头普通平键（A）型：$b=16$mm、$h=10$mm、$L=100$mm；

键 16×100 GB/T 1096—2003

单位:mm

<table>
<tr><th>轴径</th><th colspan="2">键</th><th colspan="5">键 槽</th></tr>
<tr><th rowspan="3">d</th><th rowspan="3">b</th><th rowspan="3">h</th><th colspan="3">宽度</th><th rowspan="3">轴 t</th><th rowspan="3">毂 t_1</th></tr>
<tr><th rowspan="2">b</th><th colspan="2">一般键连接偏差</th></tr>
<tr><th>轴 N9</th><th>毂 JS9</th></tr>
<tr><td>自 6~8</td><td>2</td><td>2</td><td>2</td><td rowspan="2">−0.004
−0.029</td><td rowspan="2">±0.0125</td><td>1.2</td><td>1</td></tr>
<tr><td>>8~10</td><td>3</td><td>3</td><td>3</td><td>1.8</td><td>1.4</td></tr>
<tr><td>>10~12</td><td>4</td><td>4</td><td>4</td><td rowspan="3">0
−0.030</td><td rowspan="3">±0.018</td><td>2.5</td><td>1.8</td></tr>
<tr><td>>12~17</td><td>5</td><td>5</td><td>5</td><td>3.0</td><td>2.3</td></tr>
<tr><td>>17~22</td><td>6</td><td>6</td><td>6</td><td>3.5</td><td>2.8</td></tr>
<tr><td>>22~30</td><td>8</td><td>7</td><td>8</td><td rowspan="2">0
−0.036</td><td rowspan="2">±0.018</td><td>4.0</td><td>3.3</td></tr>
<tr><td>>30~38</td><td>10</td><td>8</td><td>10</td><td>5.0</td><td>3.3</td></tr>
<tr><td>>38~44</td><td>12</td><td>8</td><td>12</td><td rowspan="4">0
−0.043</td><td rowspan="4">±0.0215</td><td>5.0</td><td>3.3</td></tr>
<tr><td>>44~50</td><td>14</td><td>9</td><td>14</td><td>5.5</td><td>3.8</td></tr>
<tr><td>>50~58</td><td>16</td><td>10</td><td>16</td><td>6.0</td><td>4.3</td></tr>
<tr><td>>58~65</td><td>18</td><td>11</td><td>18</td><td>7.0</td><td>4.4</td></tr>
<tr><td>>65~75</td><td>20</td><td>12</td><td>20</td><td rowspan="4">0
−0.052</td><td rowspan="4">±0.026</td><td>7.5</td><td>4.9</td></tr>
<tr><td>>75~85</td><td>22</td><td>14</td><td>22</td><td>9.0</td><td>5.4</td></tr>
<tr><td>>85~95</td><td>25</td><td>14</td><td>25</td><td>9.0</td><td>5.4</td></tr>
<tr><td>>95~110</td><td>28</td><td>16</td><td>28</td><td>10.0</td><td>6.4</td></tr>
<tr><td>>110~130</td><td>32</td><td>18</td><td>32</td><td rowspan="4">0
−0.062</td><td rowspan="4">±0.031</td><td>11.0</td><td>7.4</td></tr>
<tr><td>>130~150</td><td>36</td><td>20</td><td>36</td><td>12.0</td><td>8.4</td></tr>
<tr><td>>150~170</td><td>40</td><td>22</td><td>40</td><td>13.0</td><td>9.4</td></tr>
<tr><td>>170~200</td><td>45</td><td>25</td><td>45</td><td>15.0</td><td>10.4</td></tr>
<tr><td>l 系列</td><td colspan="7">6,8,10,12,18,20,22,25,28,32,36,40,45,50,56,63,70,80,90,100,110,125,140,160,180,200,220,250,280,320,360,400,450</td></tr>
</table>

附表16　圆柱销(GB/T 119.1—2000)

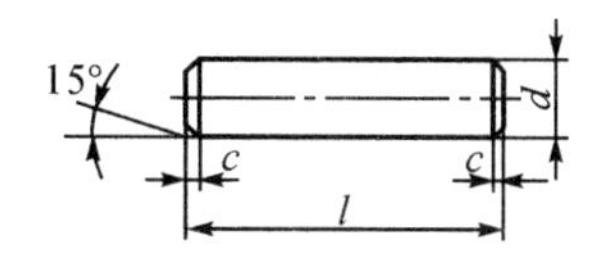

标记示例

公称直径 d=8mm、公差为m6、长度 l=30mm、材料35号钢、不经淬火、不经表面处理的圆柱销：

销　GB/T 119.1—2000 8　m6×30

单位 mm

d	1	1.2	1.5	2	2.5	3	4	5	6	8	10	12
$a\approx$	0.12	0.16	0.20	0.25	0.30	0.40	0.50	0.63	0.80	1.0	1.2	1.6
$c\approx$	0.20	0.25	0.30	0.35	0.40	0.50	0.63	0.80	1.2	1.6	2	2.5
l 系列	2,3,4,5,6,8,10,12,14,16,18,20,22,24,26,28,30,32,35,40,45,50,55,60,65,70,75,80,85,90,95,100,120,140											

附表17　深沟球轴承(GB/T 276—2013)
圆锥滚子轴承(GB/T 297—2015)
球轴承(GB/T 301—2015)

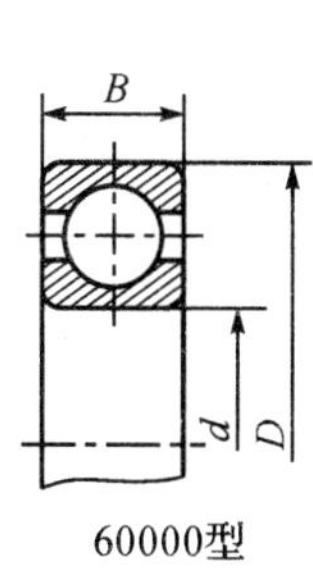

60000型

标记示例

滚动轴承 6310 GB/T 276—2013

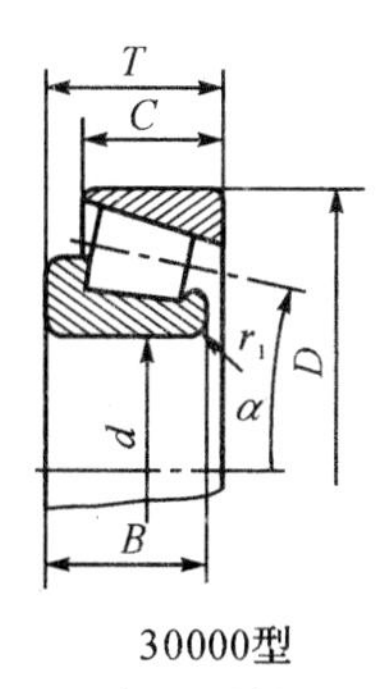

30000型

标记示例

滚动轴承 30212 GB/T 297—2015

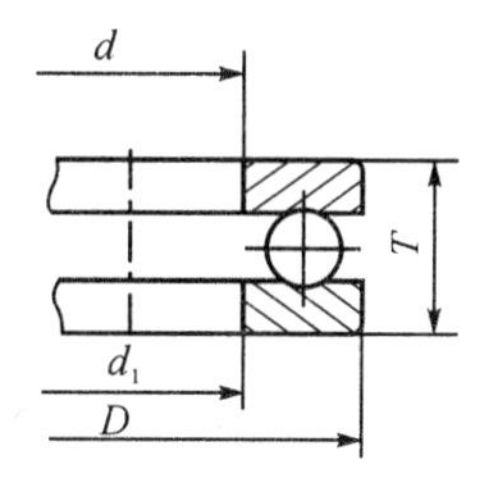

标记示例

滚动轴承 51305 GB/T 301—2015

轴承	尺寸/mm			轴承型号	尺寸/mm					轴承型号	尺寸/mm			
	d	D	B		d	D	B	C	T		d	D	T	d_1
尺寸系列[(0)2]				尺寸系列[02]						尺寸系列[12]				
6202	15	35	11	30203	17	40	12	11	13.25	51202	15	32	12	17
6203	17	40	12	30204	20	47	14	12	15.25	51203	17	35	12	19
6204	20	47	14	30205	25	52	15	13	16.25	51204	20	40	14	22
6205	25	52	15	30206	30	62	16	14	17.25	51205	25	47	15	27
6206	30	62	16	30207	35	72	17	15	18.25	51206	30	52	16	32
6207	35	72	17	30208	40	80	18	16	19.75	51207	35	62	18	37
6208	40	80	18	30209	45	85	19	16	20.75	51208	40	68	19	42
6209	45	85	19	30210	50	90	20	17	21.75	51209	45	73	20	47
6210	50	90	20	30211	55	100	21	18	22.75	51210	50	78	22	52
6211	55	100	21	30212	60	110	22	19	23.75	51211	55	90	25	57
6212	60	110	22	30213	65	120	23	20	24.75	51212	60	95	26	62
6302	15	42	13	30302	15	42	13	11	14.25	51304	20	47	18	22
6303	17	47	14	30303	17	47	14	12	15.25	51305	25	52	18	27
6304	20	52	15	30304	20	52	15	13	16.25	51306	30	60	21	32
6305	25	62	17	30305	25	62	17	15	18.25	51307	35	68	24	37
6306	30	72	19	30306	30	72	19	16	20.75	51308	40	78	26	42
6307	35	80	21	30307	35	80	21	18	22.75	51309	45	85	28	47
6308	40	90	23	30308	40	90	23	20	25.25	51310	50	95	31	52
6309	45	100	25	30309	45	100	25	22	27.25	51311	55	105	35	57
6310	50	110	27	30310	50	110	27	23	29.25	51312	60	110	35	62
6311	55	120	29	30311	55	120	29	25	31.50	51313	65	115	36	67
6312	60	130	31	30312	60	130	31	26	33.50	51314	70	125	40	72

附表 18　标准公差数值(GB/T 1800.1—2009)

公称尺寸/mm		标准公差等级																	
		IT1	IT2	IT3	IT4	IT5	IT6	IT7	IT8	IT9	IT10	IT11	IT12	IT13	IT14	IT15	IT16	IT17	IT18
大于	至	μm											mm						
—	3	0.8	1.2	2	3	4	6	10	14	25	40	60	0.1	0.14	0.25	0.4	0.6	1	1.4
3	6	1	1.5	2.5	4	5	8	12	18	30	48	75	0.12	0.18	0.3	0.48	0.75	1.2	1.8
6	10	1	1.5	2.5	4	6	9	15	22	36	58	90	0.15	0.22	0.36	0.58	0.9	1.5	2.2
10	18	1.2	2	3	5	8	11	18	27	43	70	110	0.18	0.27	0.43	0.7	1.1	1.8	2.7
18	30	1.5	2.5	4	6	9	13	21	33	52	84	130	0.21	0.33	0.52	0.84	1.3	2.1	3.3
30	50	1.5	2.5	4	7	11	16	25	39	62	100	160	0.25	0.39	0.62	1	1.6	2.5	3.9
50	80	2	3	5	8	13	19	30	46	74	120	190	0.3	0.46	0.74	1.2	1.9	3	4.6
80	120	2.5	4	6	10	15	22	35	54	87	140	220	0.35	0.54	0.87	1.4	2.2	3.5	5.4
120	180	3.5	5	8	12	18	25	40	63	100	160	250	0.4	0.63	1	1.6	2.5	4	6.3
180	250	4.5	7	10	14	20	29	46	72	115	185	290	0.46	0.72	1.15	1.85	2.9	4.6	7.2
250	315	6	8	12	16	23	32	52	81	130	210	320	0.52	0.81	1.3	2.1	3.2	5.2	8.1
315	400	7	9	13	18	25	36	57	89	140	230	360	0.57	0.89	1.4	2.3	3.6	5.7	8.9
400	500	8	10	15	20	27	40	63	97	250	250	400	0.63	0.97	1.55	2.5	4	6.3	9.7

尺寸小于或等于 1mm,无 IT14 至 IT18

附表 19 尺寸≤120mm 轴的基本偏差数值(GB/T 1800.1—2009)

公称尺寸/mm		基本偏差数值/μm															
		上极限偏差 es											js	下极限偏差 ei			
		a	b	c	cd	D	e	ef	f	fg	g	h		j		k	
大于	至	所有等级												IT5 和 IT6	IT7	4～7	≤3 >7
6	10	−280	−150	−80	−56	−40	−25	−18	−13	−8	−5	0	偏差=±Itn/2，式中 Itn 是 IT 的数值	−2	−5	+1	0
10	18	−290	−150	−95		−50	−32				−6	0		−3	−6	+1	0
18	30	−300	−160	−110		−65	−40				−7	0		−4	−8	+2	0
30	40	−310	−170	−120		−80	−50				−9	0		−5	−10	+2	0
40	50	−320	−180	−130													
50	65	−340	−190	−140		−100	−60				−10	0		−7	−12	+2	0
65	80	−360	−200	−150													
80	100	−380	−220	−170		−120	−72				−12	0		−9	+15	+3	0
100	120	−410	−240	−180													

附表 20 尺寸≤120mm 孔的基本偏差数值(GB/T 1800.1—2009)

公称尺寸/mm		基本偏差数值/μm																				
		上极限偏差 es											JS	下极限偏差 ei					Δ值			
		A	B	C	CD	D	E	EF	F	FG	G	H		J			K					
大于	至	所有等级												IT6	IT7	IT8	≤IT8	>IT8	IT5	IT6	IT7	IT8
6	10	+280	+150	+80	+556	+40	+25	+18	+13	+8	+5	0	偏差=±Itn/2，式中Itn是IT的数值	+5	+8	+12	−1+Δ		2	3	6	7
10	14	+290	+150	+95		+50	+32		+16		+6	0		+6	+10	+12	−1+Δ		3	3	7	9
14	18																					
18	24	+300	+160	+110		+65	+40		+20		+7	0		+8	+12	+20	−2+Δ		3	4	8	12
24	30																					
30	40	+310	+170	+120		+80	+50		+25		+9	0		+10	+12	+24	−2+Δ		4	5	9	12
40	50	+320	+180	+130																		
50	65	+340	+190	+140		+100	+60		+30		+10	0		+13	+18	+28	−2+Δ		5	6	11	16
65	80	+360	+200	+150																		
80	100	+380	+220	+170		+120	+72		+36		+12	0		+16	+22	+34	−3+Δ		5	7	13	19
100	120	+410	+240	+180																		

附表 21 轴的极限偏差数值(GB/T 1800.2—2009)

代号		a	b	c	d	e	f	g	h								js	k	m	n	p	r	s	t	u	v	x	y	z
公称尺寸/mm		公差等级																											
大于	至	11	11	11	9	8	7	6	5	6	7	8	9	10	11	12	6	6	6	6	6	6	6	6	6	6	6	6	6
—	3	−270 −330	−140 −200	−60 −120	−20 −45	−14 −28	−6 −16	−2 −8	0 −4	0 −6	0 −10	0 −14	0 −25	0 −40	0 −60	0 −100	±3	+6 0	+8 +2	+10 +4	+12 +6	+16 +10	+20 +14	—	+24 +18	—	+26 +20	—	+32 +26
3	6	−270 −345	−140 −215	−70 −145	−30 −60	−20 −38	−10 −22	−4 −12	0 −5	0 −8	0 −12	0 −18	0 −30	0 −48	0 −75	0 −120	±4	+9 +1	+12 +4	+16 +8	+20 +12	+23 +15	+27 +19	—	+31 +23	—	+36 +28	—	+43 +35
6	10	−280 −338	−150 −240	−80 −170	−40 −76	−25 −47	−13 −28	−5 −14	0 −6	0 −9	0 −15	0 −22	0 −36	0 −58	0 −90	0 −150	±4.5	+10 +1	+15 +6	+19 +10	+24 +15	+28 +19	+32 +23	—	+37 +28	—	+43 +34	—	+51 +42
10	14	−290 −400	−150 260	−95 −205	−50 −93	−32 −59	−16 −34	−6 −17	0 −8	0 −11	0 −18	0 −27	0 −43	0 −70	0 −110	0 −180	±5.5	+12 +1	+18 +7	+23 +12	+29 +18	+34 +23	+39 +28	—	+44 +33	—	+51 +40	—	+61 +50
14	18																							—		+50 +39	+56 +45	—	+71 +60
18	24	−300 −430	−160 −290	−110 −240	−65 −117	−40 −73	−20 −41	−7 −20	0 −9	0 −13	0 21	0 −33	0 −52	0 −84	0 −130	0 −210	±6.5	+15 +2	+21 +8	+28 +15	+35 +22	+41 +28	+48 +35	—	+54 +41	+60 +47	+67 +54	+76 +63	+86 +73
24	30																							+54 +41	+61 +48	+68 +55	+77 +64	+88 +75	+101 +88

代号		a	b	c	d	e	f	g	h								js	k	m	n	p	r	s	t	u	v	x	y	z
30	40	−310 −470	−170 −330	−120 −280	−80 −142	−50 −89	−25 −50	−9 −25	0 −11	0 −16	0 −25	0 −39	0 −62	0 −100	0 −160	0 −250	±8	+18 +2	+25 +9	+33 +17	+42 +26	+50 +34	+59 +43	+64 +48	+76 +60	+84 +68	+96 +80	+110 +94	+128 +112
40	50	−320 −480	−180 −340	−130 −290																				+70 +54	+86 +70	+97 +81	+113 +97	+130 +114	+152 +136
80	100	−380 −600	−220 −440	−170 −390	−120 −207	−72 −126	−63 −71	−12 −34	0 −15	0 −22	0 −35	0 −54	0 −87	0 −140	0 −220	0 −350	±11	+25 +3	+35 +13	+45 +23	+59 +37	+73 +51	+93 +71	+113 +91	+146 +124	+168 +146	+200 +178	+236 +214	+280 +258
100	120	−410 −630	−240 −460	−180 −400																		+76 +54	+101 +79	+126 +104	+166 +144	+194 +172	+232 +210	+276 +254	+332 +310
120	140	−460 −710	−260 −510	−200 −450	−145 −246	−85 −148	−43 −83	−14 −39	0 −18	0 −25	0 40	0 −63	0 −100	0 −160	0 −250	0 −400	±12.5	+28 +3	+40 +15	+52 +27	+68 +48	+88 +63	+117 +92	+147 +122	+195 +170	+227 +202	+273 +248	+325 +300	+390 +365
140	160	−520 −770	−280 −530	−210 −460																		+90 +65	+125 +100	+159 +134	+215 +190	+253 +228	+305 +280	+365 +340	+440 +415
160	180	−580 −830	−310 −560	−230 −480																		+93 +68	+138 +108	+171 +146	+235 +210	+277 +252	+335 +310	+405 +380	+490 +465
180	200	−660 −950	−340 −630	−240 −530	−170 −285	−100 −172	−50 −96	−15 −44	0 −20	0 −29	0 −46	0 −72	0 −115	0 −185	0 −290	0 −460	±14.5	+33 +4	+46 +17	+60 +31	+79 +50	+106 +77	+151 +122	+195 +166	+265 +236	+313 +284	+379 +350	+454 +425	+549 +520
200	225	−740 −1030	−380 −670	−260 −550																		+109 +80	+159 +130	+209 +180	+287 +258	+339 +310	+414 +385	+499 +470	+604 +575
225	250	−820 −1110	−420 −710	−280 −570																		+113 +84	+169 +140	+225 +196	+313 +284	+396 +340	+454 +425	+549 +520	+669 +640

代号		a	b	c	d	e	f	g	h								js	k	m	n	p	r	s	t	u	v	x	y	z
250	280	−920 −1240	−480 −800	−300 −620	−190 −320	−110 −191	−56 −108	−17 −49	0 −23	0 −32	0 −52	0 −81	0 −130	0 −210	0 −320	0 −520	±16	+36 +4	+52 +20	+66 +34	+88 +56	+126 +94	+190 +158	+250 +218	+347 +315	+417 +385	+507 +475	+612 +580	+742 +710
280	315	−1050 −1370	−540 −860	−330 −650																		+130 +98	+202 +170	+272 +240	+382 +350	+457 +425	+557 +525	+682 +650	+822 +790
315	355	−1200 −1560	−600 −960	−360 −720	−210 −250	−125 −214	−62 −119	−18 −54	0 −25	0 −36	0 −57	0 −89	0 −140	0 −230	0 −360	0 −570	±18	+40 +4	+57 +21	+73 +37	+98 +62	+144 +108	+226 +190	+304 +268	+426 +390	+511 +475	+626 +590	+766 +730	+936 +900
355	400	−1350 −1710	−680 −1040	−400 −760																		+150 +114	+224 +208	+330 +294	+471 +435	+566 +530	+696 +660	+856 +820	+1036 +1000
400	450	−1500 −1900	−760 −1160	−440 −840	−230 −385	−135 −232	−68 −131	−20 −60	0 −27	0 −40	0 −63	0 −97	0 −155	0 −250	0 −400	0 −630	±20	+45 +5	+63 +23	+80 +40	+108 +68	+166 +126	+272 +232	+370 +330	+530 +490	+635 +595	+780 +740	+960 +920	+1140 +1100
450	500	−1650 −2050	−840 −1240	−480 −880																		+172 +132	+292 +252	+400 +360	+580 +540	+700 +660	+860 +820	+1040 +1000	+1290 +1250

附表 22 孔的极限偏差数值(GB/T 1800.2—2009)

代号		A	B	C	D	E	F	G	H							JS		K	M	N	P	R	S	T	U	V	X	Y	Z
公称尺寸/mm		公差等级																											
大于	至	11	11	11	9	8	8	7	6	7	8	9	10	11	12	6	7	6	7	8	7	6	7	6	7	7	7	7	7
—	3	+300 +270	+200 +140	+120 +60	+45 +20	+28 +14	+20 +6	+12 +2	+6 0	+10 0	+14 0	+25 0	+40 0	+60 0	+100 0	±3	±5	0 −6	0 −10	0 14	−2 −12	−4 −10	−4 −14	−6 −12	−6 −16	−10 −20	−14 24	—	−18 −28
3	6	+345 +270	+215 +140	+145 +70	+60 +30	+38 +20	+28 +10	+16 +4	+8 0	+12 0	+18 0	+30 0	+48 0	+75 0	+120 0	±4	±6	+2 −6	+3 −9	+5 −13	0 −12	−5 −13	−4 −16	−9 −17	−8 −20	−11 −23	−15 −27	—	−19 −31
6	10	+370 +280	+240 +150	+170 +80	+76 +40	+47 +25	+35 +13	+20 +5	+9 0	+15 0	+22 0	+36 0	+58 0	+90 0	+150 0	±4.5	±7	+2 −9	+5 −10	+6 −16	0 −15	−7 −16	−4 −19	−12 −21	−9 −24	−13 −28	−17 −21	—	−22 −37
10 14	14 18	+400 +290	+260 +150	+205 +95	+93 +50	+59 +32	+43 +16	+24 +6	+11 0	+18 0	+27 0	+43 0	+70 0	+110 0	+180 0	±5.5	±9	+2 −9	+6 −12	+8 −19	0 −18	−9 20	−5 −23	−15 −26	−11 −29	−16 −34	−21 −39	—	−26 −44
18	24	+430 +300	+290 160	+240 +110	+117 +65	+73 +40	+53 +20	+28 +7	+13 0	+21 0	+33 0	+52 0	+84 0	+130 0	+210 0	±6.5	±10	+2 −11	+6 −15	+10 −23	0 −21	−11 −24	−7 −28	−18 −31	−14 −35	−20 −41	−27 −48	—	−33 −54
24	30																											−33 −54	−40 −61

代号		A	B	C	D	E	F	G	H								JS	K	M	N	P	R	S	T	U	V	X	Y	Z
30	40	+470 +310	+330 +170	+280 +120	+142 +80	+89 +50	+64 +25	+34 +9	+16 0	+25 0	+39 0	+62 0	+100 0	+160 0	+250 0	±8	±12	+3 −13	+7 −18	+12 −27	0 −25	−12 −28	−8 −33	−21 −37	−17 −42	−25 −50	−34 −59	−39 −64	−51 −76
40	50	+480 +320	+340 +180	+290 +130																								−45 −70	−61 −86
50	65	+530 +340	+380 +190	+330 +140	+174 +100	+106 +60	+76 +30	+40 +10	+19 0	+30 0	+45 0	+74 0	+120 0	+190 0	+300 0	±9.2	±15	+4 −15	+9 −21	+14 −32	0 −30	−14 −33	−9 −39	−26 −45	−21 −51	−30 −60	−42 −72	−55 −85	−76 −106
65	80	+550 +360	+390 +200	+340 +150																						−32 −62	−48 −78	−64 −94	−91 −121
80	100	+600 +380	+440 +220	+390 +170	+207 +120	+126 +72	+90 +36	+47 +12	+22 0	+35 0	+54 0	+87 0	+140 0	+220 0	+350 0	±11	±17	+4 −18	+10 −25	+16 −38	0 −35	−16 −38	−10 −45	−30 −32	−24 −59	−38 −73	−58 −93	−78 −113	−111 −146
100	120	+630 +410	+460 +240	+400 +180																						−41 −76	−66 −101	−91 −126	−131 −166
120	140	+710 +460	+510 +260	+450 +200	+245 +145	+148 +82	+106 +43	+54 +14	+25 0	+40 0	+63 0	+100 0	+160 0	+250 0	+400 0	±12.5	±20	+4 −21	+12 −28	+20 −43	0 −40	−20 −45	−12 −52	−36 −61	−28 −68	−48 −88	−77 −117	−107 −147	−155 −195
140	160	+770 +520	+530 +280	+460 +210																						−50 −90	−85 −125	−119 −159	−175 −215
160	180	+830 +580	+560 +310	+480 +230																						−53 −93	−93 −133	−131 −171	−195 −235

代号		A	B	C	D	E	F	G	H								JS	K	M	N	P	R	S	T	U	V	X	Y	Z
180	200	+950 +660	+630 +340	+530 +240																						−60 −106	−105 −151	−149 −195	−219 −265
200	225	+1030 +740	+670 +380	+550 +260	+285 +170	+172 +100	+122 +50	+61 +15	+29 0	+46 0	+72 0	+115 0	+185 0	+290 0	+460 0	±14.5	±23	+5 −24	+13 −33	+22 −50	0 −46	−22 −51	−14 −60	−41 −70	−33 −79	−63 −109	−113 −159	−163 −209	−241 −287
225	250	+1110 +820	+710 +420	+570 +280																						−67 −113	−123 −169	−179 −225	−267 −313
250	280	+1240 +920	+800 +480	+620 +300	+320 +190	+191 +110	+137 +56	+69 +17	+32 0	+52 0	+81 0	+130 0	+210 0	+320 0	+520 0	±16	±26	+5 −27	+16 −36	+25 −56	0 −52	−25 −57	−14 −66	−47 −79	−36 −88	−74 −126	−138 −190	−198 −250	−295 −347
280	315	+1370 +1050	+860 +540	+650 +330																						−78 −130	−150 −202	−220 −272	−330 −382
315	355	+1560 +1200	+960 +600	+720 +360	+350 +210	+214 +125	+151 +62	+75 +18	+36 0	+57 0	+89 0	+140 0	+230 0	+360 0	+570 0	±18	±28	+7 −29	+17 −40	+28 −61	0 −57	−26 −62	−16 −73	−51 −87	−41 −98	−87 −144	−169 −226	−247 −304	−369 −426
355	400	+1710 +1350	+1040 +680	+760 +400																						−93 −150	−187 −244	−273 −330	−414 −471
400	450	+1900 +1500	+1160 +760	+840 +440	+385 +230	+232 +135	+165 +68	+83 +20	+40 0	+63 0	+97 0	+155 0	+250 0	+400 0	+630 0	±20	±31	+8 −32	+18 −45	+29 −68	0 −63	−27 −67	−17 −80	−55 −95	−45 −108	−103 −166	−209 −272	−307 −370	−467 −530
450	500	+3050 +1650	+1240 +840	+880 +480																						−109 −172	−229 −292	−337 −400	−517 −580

附表 23 线性尺寸的一般公差(GB/T 1804—2000)

公差等级	尺寸分段							
	0.5～3	>3～6	>6～30	>30～120	>120～400	>400～1000	>1000～2000	>2000～4000
f（精密度）	±0.05	±0.05	±0.1	±0.15	±0.2	±0.3	±0.5	—
m（中等级）	±0.1	±0.1	±0.2	±0.3	±0.5	±0.8	±1.2	±2
C（粗糙度）	±0.2	±0.3	±0.5	±0.8	±1.2	±2	±3	±4
V（最粗级）	—	±0.5	±1	±1.5	±2.5	±4	±6	±8